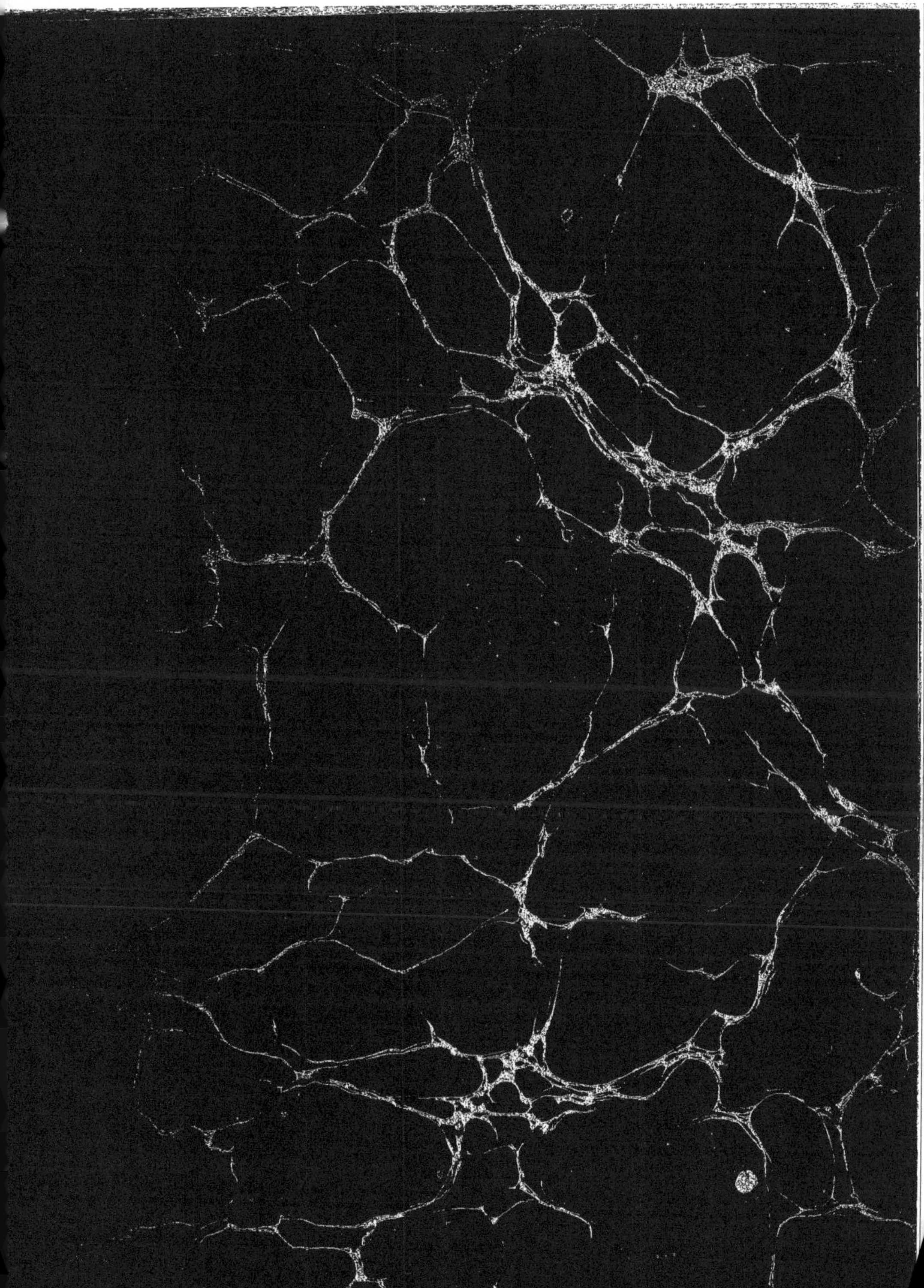

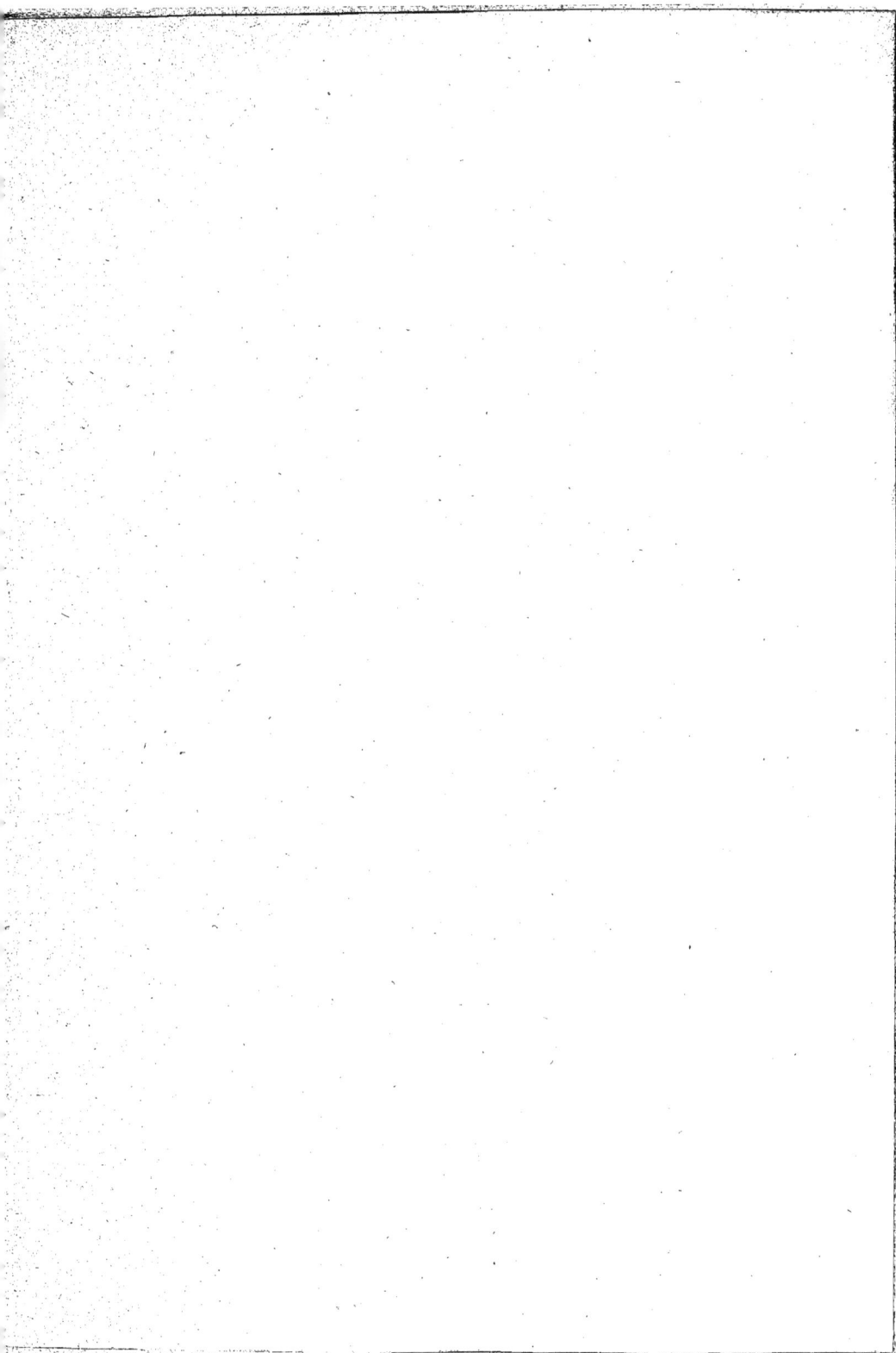

RECHERCHES

SUR

LES OSSEMENS FOSSILES DE QUADRUPEDES.

TOME II.

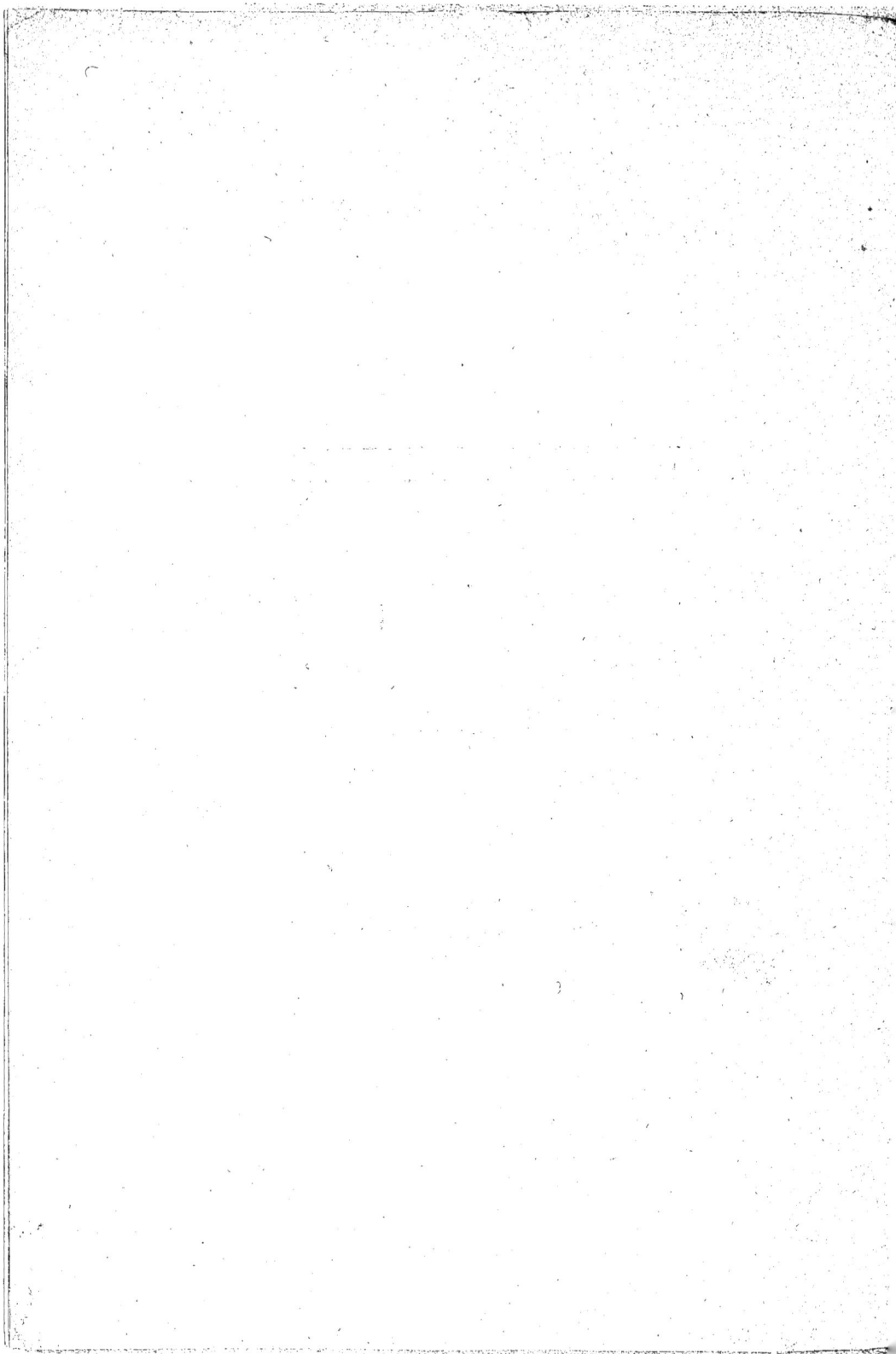

RECHERCHES

SUR

LES OSSEMENS FOSSILES DE QUADRUPÈDES,

OU L'ON RÉTABLIT

LES CARACTÈRES DE PLUSIEURS ESPÈCES D'ANIMAUX

QUE LES RÉVOLUTIONS DU GLOBE PAROISSENT AVOIR DÉTRUITES;

PAR M. CUVIER,

Chevalier de l'Empire et de la Légion d'honneur, Secrétaire perpétuel de l'Institut de France, Conseiller titulaire de l'Université impériale, Lecteur et Professeur impérial au Collége de France, Professeur administrateur au Muséum d'Histoire naturelle; de la Société royale de Londres, de l'Académie royale des Sciences et Belles-Lettres de Prusse, de l'Académie impériale des Sciences de Saint-Pétersbourg, de l'Académie royale des Sciences de Suède, de l'Académie impériale de Turin, des Sociétés royales des Sciences de Copenhague et de Gottingue, de l'Académie royale de Bavière, de celles de Harlem, de Vilna, de Gênes, de Sienne, de Marseille, de Rouen, de Pistoia; des Sociétés philomatique et philotechnique de Paris; des Sociétés des Naturalistes de Berlin, de Moscou, de Vetteravie; des Sociétés de Médecine de Paris, d'Edimbourg, de Bologne, de Venise, de Pétersbourg, d'Erlang, de Montpellier, de Berne, de Bordeaux, de Liége; des Sociétés d'Agriculture de Florence, de Lyon et de Vérone, de la Société d'Art vétérinaire de Copenhague; des Sociétés d'Emulation de Bordeaux, de Nancy, de Soissons, d'Anvers, de Colmar, de Poitiers, d'Abbeville, etc.

TOME SECOND.

CONTENANT LES PACHYDERMES DES COUCHES MEUBLES ET DES TERRAINS D'ALLUVION.

A PARIS,

CHEZ DETERVILLE, LIBRAIRE, RUE HAUTEFEUILLE, n° 8.

1812.

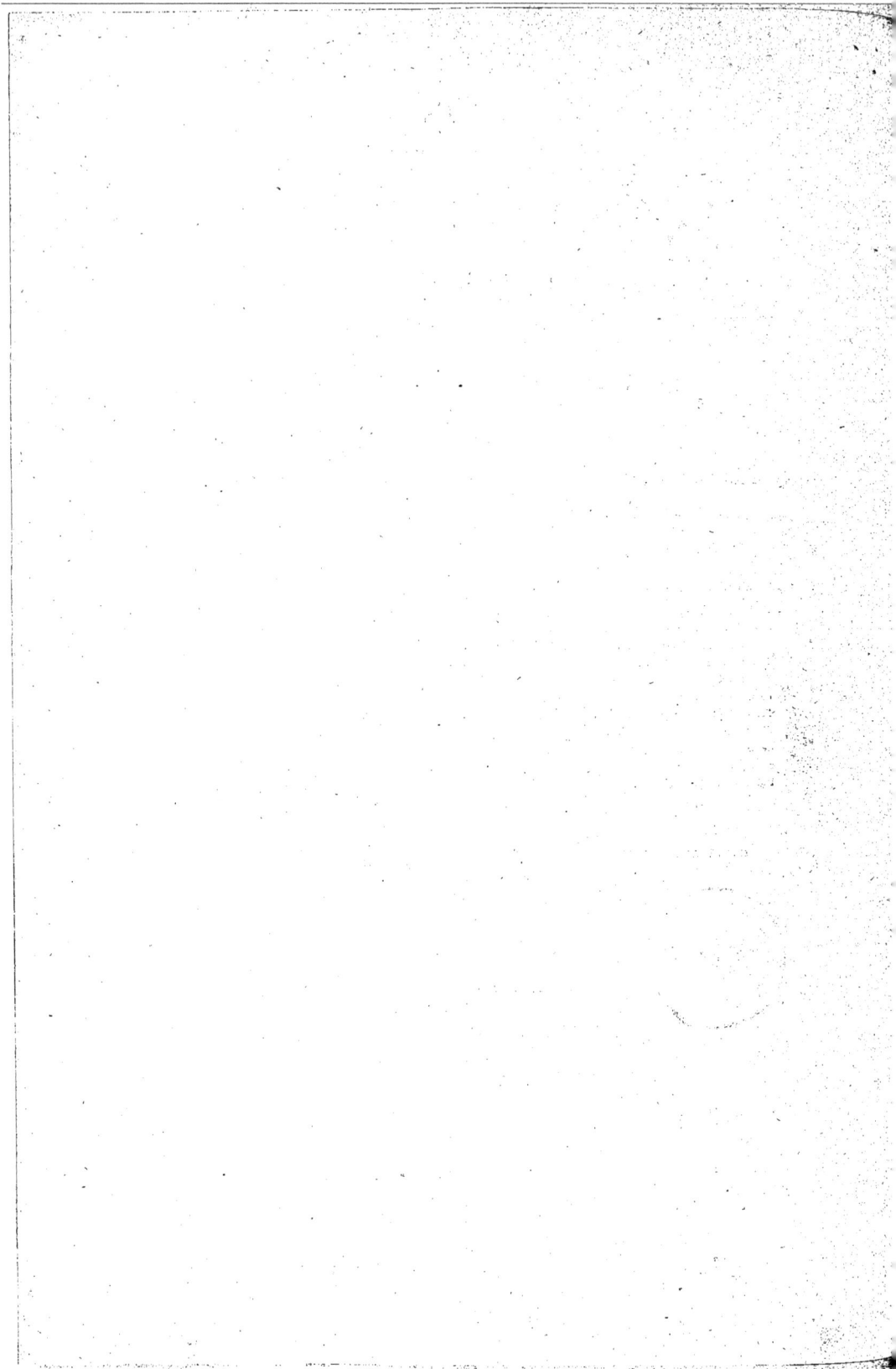

TABLE DES CHAPITRES

Dont se compose cette première Partie.

	NOMBRE des PAGES.	NOMBRE des PLANCHES.
I. Remarques générales sur la famille des pachydermes	10 —	0
II. Description ostéologique et comparative du daman	12 —	2
III. Description ostéologique du rhinocéros unicorne	22 —	4
IV. Sur les ossemens fossiles de rhinocéros	34 —	4
V. Sur l'hippopotame et sur son ostéologie	30 —	3
VI. Sur les ossemens fossiles d'hippopotames	24 —	3
VII. Description ostéologique du tapir . . . . VIII. Sur les ossemens fossiles de tapir	20 —	5
Addition	5 —	2
IX. Sur les éléphans vivans et fossiles.	140 —	8
X. Sur le grand mastodonte, vulg. animal de l'Ohio . .	43 —	8
XI. Sur divers mastodontes de moindre taille	20 —	4
XII. Résumé général de cette première partie	4 —	0
Total . .	364 —	43

PREMIÈRE PARTIE.

OSSEMENS FOSSILES

DE

QUADRUPÈDES PACHYDERMES

ET D'ÉLÉPHANS,

Trouvés dans les terrains meubles ou d'alluvion.

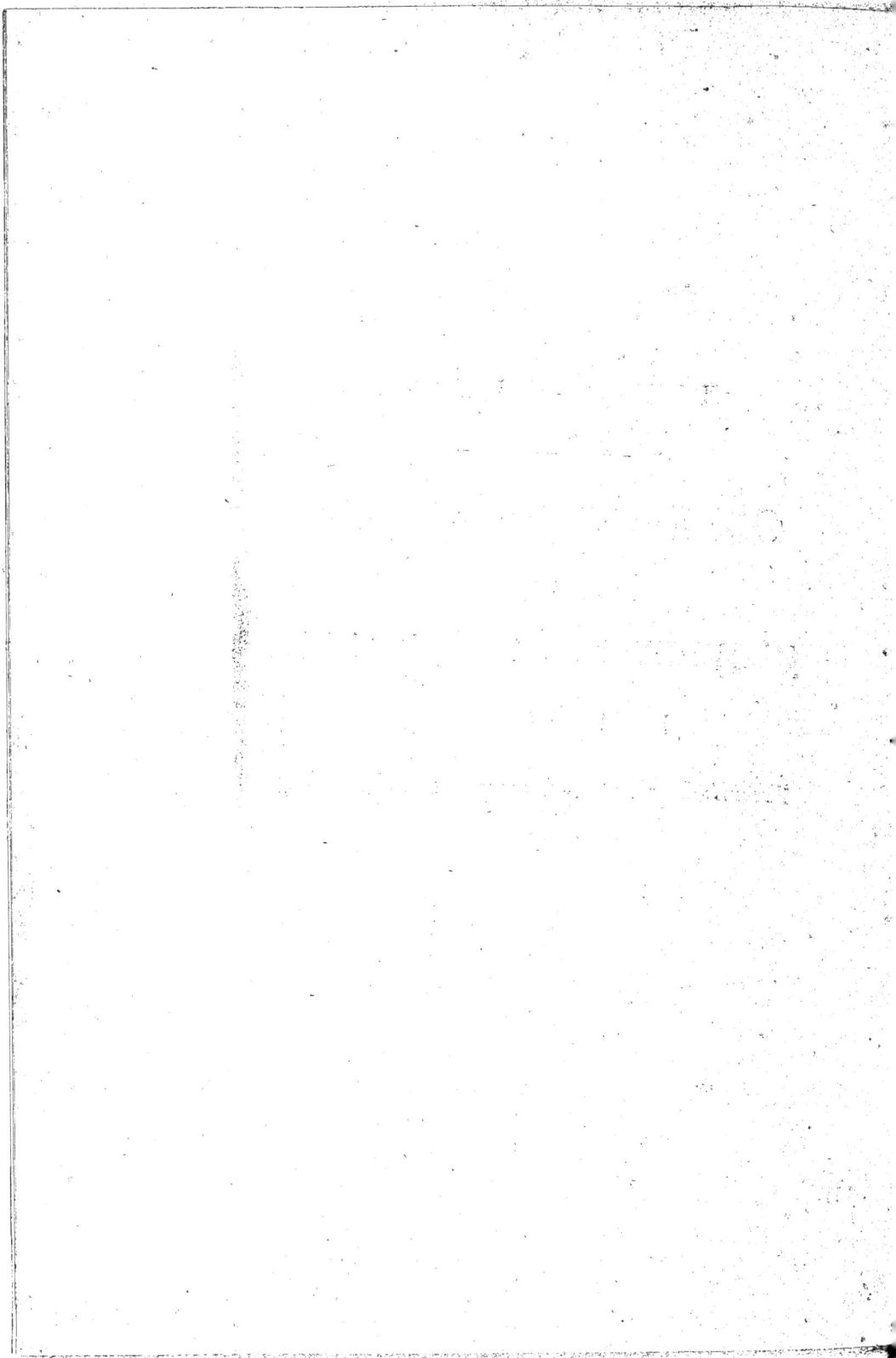

PREMIÈRE PARTIE.

Ossemens fossiles de QUADRUPÈDES PACHYDERMES *et d'*ELÉPHANS, *déterrés dans les terrains meubles ou d'alluvion.*

Remarques préliminaires sur ces sortes de terrains et sur la famille des Pachydermes en général.

PLUSIEURS raisons nous ont déterminé à choisir ces ossemens pour les objets de nos premières recherches. D'abord les os fossiles en général sont beaucoup plus communs dans les terrains meubles et d'alluvion que dans toutes les autres couches. Ceux de quadrupèdes sont même si rares dans les couches pierreuses régulières, que des géologistes célèbres ont douté qu'ils y existassent.

La nature meuble de ces terrains fait qu'on en retire les os plus entiers et plus reconnoissables. D'ailleurs, comme ils forment les couches les plus superficielles du globe, ce sont eux que l'on fouille le plus souvent; et comme les couches superficielles sont nécessairement aussi les plus récentes, les os qu'elles recèlent sont aussi plus semblables à ceux des animaux d'aujourd'hui, et par conséquent plus faciles à déterminer.

Il y a néanmoins encore de grandes différences d'ancienneté entre les couches meubles; les unes, qui forment le fond des grandes vallées ou la superficie des grandes plaines, s'étendent à de grandes distances et à de grandes profondeurs ; ce sont elles qui font l'objet principal de nos recherches actuelles. La plupart des os qu'elles recèlent appartiennent évidemment, au moins à des animaux étrangers à nos climats, tels que des éléphans, des rhinocéros, des buffles, etc.

Les autres couches meubles, moins étendues et surtout plus récentes, sont déposées journellement par les rivières, soit lors de leurs inondations, soit dans les endroits où leur bord est le plus concave, et sont ce que l'on nomme proprement des *alluvions*. Composées presque uniquement de sables roulés, elles n'enveloppent que des os d'animaux du pays.

Mais parmi tous les os des couches meubles, nous avons encore eu des raisons particulières de commencer par ceux des pachydermes, en y joignant ceux des éléphans.

Ce sont eux que l'on a le plus généralement recueillis, parce que la plupart des espèces qui appartiennent à ces familles sont fort grandes ; et qu'étant toutes étrangères à nos climats, si l'on en excepte le *cochon*, leurs dépouilles ont dû frapper davantage les curieux par leur singularité. Ainsi nous avons eu des matériaux plus abondans que pour les autres.

L'examen ostéologique en étoit aussi plus aisé, parce que l'ordre des pachydermes ne comprend qu'un petit nombre de genres ; que ces genres sont fort distincts les uns des autres, et qu'il est par conséquent plus facile d'en reconnoître les parties. Il n'y a pas une de leurs dents, ni de leurs os de la tête ou des extrémités, qui ne soit isolément en état de fournir des caractères distinctifs suffisans : c'est ce que les ruminans par exemple ne feroient point, parce qu'ils sont trop semblables entre eux.

Enfin, l'état de la science me donne un dernier ordre de

raisons. J'avois beson pour toute la suite de mes démonstrations, et particulièrement pour la détermination des animaux extraordinaires de nos pierres à plâtre, qui font l'objet de ma seconde partie, et que je regarde comme mes principales découvertes en ce genre, j'avois besoin, dis-je, de l'ostéologie de plusieurs animaux de cette famille, dont les squelettes n'ont point encore été décrits.

On ne connoissoit point celui du *rhinocéros*, de l'*hippopotame*, ni du *tapir ;* celui de l'*éléphant* lui-même ne l'étoit encore qu'imparfaitement. J'avois donc à les décrire ; et l'endroit le plus naturel pour le faire étoit celui où je devois parler des os fossiles des mêmes genres.

Ainsi c'étoit par ces fossiles que je devois commencer mon travail.

Quand j'en aurai terminé l'histoire, je passerai, dans ma seconde partie, à celle des animaux de nos pierres à plâtre, qui sont aussi presque tous de la famille des *pachydermes*, mais de genres entièrement inconnus; puis revenant aux fossiles des terrains meubles, je traiterai successivement, dans ma troisième partie, des *carnassiers* et autres onguiculés fossiles, ainsi que des animaux à sabots non *pachydermes.*

L'ordre que je suivrai ne sera donc ni rigoureusement géologique, ni rigoureusement zoologique ; mais ce sera le plus commode pour conduire le lecteur à travers tant de recherches difficiles, et pour lui faire saisir le fil et sentir la justesse des preuves, en lui développant la véritable marche suivie dans les découvertes.

Cette famille si naturelle des pachydermes, entièrement inconnue par *Linnæus*, et encore plus par ses prédécesseurs, n'a été bien sentie que par *Storr.*

Il l'avoit définie : *mammifères à sabots à plus de deux doigts*, et par conséquent y avoit compris l'*éléphant*.

Mais une comparaison exacte m'a fait reconnoître que ce dernier animal doit être isolé dans le système des quadrupèdes, zoologiquement parlant ; et si je le laisse ici avec les autres *pachydermes* dans la même partie, c'est parce que ses os sont presque toujours pêle-mêle avec les leurs.

Comme j'ai découvert parmi les fossiles un genre à deux doigts seulement, qui n'en est pas moins un vrai *pachyderme* (l'*anoplotherium* de nos carrières à plâtre), le nombre des doigts ne peut non plus servir de caractère.

Je pense même que si l'on consulte tout l'ensemble de la structure, il faudroit laisser les *solipèdes* avec les *pachydermes* ordinaires, ou du moins les en rapprocher beaucoup.

Il est nécessaire aussi de séparer les *pécaris* d'Amérique des *cochons* de l'ancien continent. Les premiers n'ont point de queue ; leurs dents canines supérieures ne se relèvent point pour former des défenses ; leurs pieds de derrière n'ont que trois doigts, et les deux grands os du métatarse sont soudés ensemble ; enfin ils ont sur le dos une poche d'où suinte une humeur particulière. C'est plus de caractères qu'il n'en faut pour établir un genre, d'après les idées qu'on se forme aujourd'hui de cette sorte de subdivision.

Du reste, l'*hippopotame*, le *cochon* et le *pécari*, sont plus voisins entre eux que des autres pachydermes, et forment un petit groupe particulier, qui a des rapports marqués avec les ruminans, surtout par l'ostéologie des pieds, et qui se lie à cet égard avec le *chameau*, par l'intermédiaire de mon nouveau genre *anoplotherium*. On sait que le *chameau* lui-même s'écarte assez des autres ruminans par ses incisives, ses nombreuses canines, un os de plus au tarse, une autre nature de sabots, et même par quelques différences dans la forme de l'estomac.

Un autre petit groupe est celui qui comprend le *rhinocéros*, le *tapir*, et le *daman*, que je montrerai bientôt être un vrai pachyderme.

Le *daman* lie par ses dents le *rhinocéros* à mes deux nouveaux genres du *palæotherium* et de l'*anoplotherium*; car ces quatre genres ont presque absolument les mêmes mâchelières.

D'un autre coté, le *palæotherium* lie le *tapir* au *rhinocéros* par la forme des pieds; comme le *tapir* lie le *palæotherium* aux *pécaris*, et par suite aux *cochons*, mais surtout au *cheval*, par le moyen des incisives et des canines.

L'*anoplotherium* seul reste isolé à ce dernier égard, ne ressemblant à aucun animal connu.

Les dents de devant ne sont pas le seul rapport du *cheval* avec le *tapir*, le *palæotherium* et le *rhinocéros*. Les os des extrémités de ces animaux sont très-semblables : quoique le *cheval* ait l'air de n'avoir qu'un doigt, il en a réellement; trois les latéraux presque réduits à rien se trouvant cachés sous sa peau, et nous verrons une espèce de *palæotherium* où le doigt du milieu de derrière est déjà beaucoup plus grand que les deux autres.

La trompe du *tapir*, à laquelle celle du *palæotherium* devoit fort ressembler, n'est aussi qu'un prolongement des naseaux du *cheval*. Plusieurs muscles tres-singuliers sont communs aux deux espèces, comme on peut le voir dans mon *Anatomie comparée*; tandis que la trompe de l'*éléphant* est construite sur un tout autre plan.

L'*éléphant* ne trouvera d'analogues que dans les *mastodontes* ou animaux de l'*Ohio*, de *Simorre*, etc.

Ainsi, au moyen des genres *palæotherium* et *anoplotherium* que j'ai découverts, des genres *mastodonte* et *pécari* que j'ai établis, et des genres *daman* et *cheval* que j'y rapporte, les *animaux à sabot non ruminans* comprendront désormais onze genres divisés en trois sections, savoir : dans l'une, les *éléphans* et les *mastodontes ;* dans la seconde, les *hippopotames*, les *cochons*, les *pécaris* et les *anoplotheriums ;* dans la troisième enfin, les *rhinocéros*, les *damans*, les *palæotheriums*, les *tapirs* et les *anoplotheriums.*

La première section pourra, si l'on veut, être placée avant les *ruminans* et les deux autres après, de manière que les *solipèdes* resteroient toujours à la fin des quadrupèdes herbivores; mais je n'attache aucune importance à cet arrangement, parce que je suis bien convaincu de l'impossibilité de disposer tous les animaux sur une seule ligne.

Quoi qu'il en soit, les rapports zoologiques multipliés que je viens d'indiquer seront développés et approfondis dans mes premières parties, à mesure que j'aurai à décrire les ossemens des animaux qui en font l'objet. Mais comme le *daman* n'a aucune espèce fossile connue qui s'y rapporte, je vais terminer ces remarques générales par une description particulière de son ostéologie.

DESCRIPTION

OSTÉOLOGIQUE ET COMPARATIVE

DU DAMAN,

Hyrax Capensis.

Il n'est point de quadrupède qui prouve mieux que le *daman* la nécessité de recourir à l'anatomie, pour déterminer les véritables rapports des animaux.

Les colons hollandais l'ont nommé *Blaireau du Cap*; Kolbe, premier auteur qui en ait parlé, a préféré le nom de *Marmotte*, adopté depuis par *Vosmaër* et par *Buffon*, qui consacra ensuite celui de *daman*. M. *Blumenbach*, qui est cependant un naturaliste rigoureux, l'a encore laissé récemment parmi les marmottes. M. Pallas qui l'a décrit le premier méthodiquement, l'a placé dans le genre *cavia* établi par Klein, pour les *agoutis*, *cochons d'inde*, *etc.*, tout en remarquant qu'il s'en distingue à l'intérieur par des différences insignes; *insigniter differt*. Feu Herrmann proposa ensuite pour le daman l'établissement d'un genre particulier qu'il nomma *Hyrax*, et qui fut adopté par Schreber et par Gmelin, mais qui resta toujours dans l'ordre des rongeurs, même dans mon tableau élémentaire des animaux.

Mon objet est aujourd'hui de prouver en détail la proposition que j'ai avancée le premier dans mes leçons d'anatomie comparée, tome II, p. 66, ainsi que dans le 2.me tableau du 1.er vol.; c'est que le daman est un vrai *pachyderme*; qu'on doit même, malgré la petitesse de sa taille, le considérer comme intermédiaire entre les rhinocéros et le tapir.

M. Wiedeman, qui a donné depuis dans ses archives zootomiques, tome III, p. 42, une bonne description du crâne du daman, reconnoît aussi qu'on ne peut le regarder comme un rongeur, mais il ne s'explique point sur la place qu'il faut lui donner.

Pour expliquer comment la véritable famille du *daman* a été si long-temps méconnue, il suffit de savoir que Pallas, le seul naturaliste qui ait décrit cet animal anatomiquement, ne put en obtenir la tête et les pieds, parties les plus caractéristiques du squelette, qui restèrent dans la peau empaillée.

A la vérité, la tête du daman étoit déjà décrite à la fin du 15.e volume de l'histoire des quadrupèdes, mais sous le titre de tête d'*un animal inconnu aux naturalistes*, et l'animal l'étoit en effet quand cette description fut faite.

On s'aperçut si peu depuis que cette tête appartenoit au *daman*, qu'elle reparut gravée dans le tome VII du supplément in-4.°, pl. 37, long-temps après les descriptions de l'animal entier, et que par une erreur presque inconcevable, elle fut attribuée au *loris paresseux du Bengale*, avec lequel elle n'a aucun rapport ni de grandeur, ni de forme, ni de composition.

La description détaillée mais sans figure, de M. Wiedeman, ne fait que de paroître.

De plus, le squelette du rhinocéros lui-même n'étoit point connu, et n'a encore été publié que dans le présent ouvrage.

Ainsi les naturalistes n'avoient pas les matériaux nécessaires pour la solution du problème; j'espère donc qu'ils me sauront gré de produire à-la-fois et le fait et ses preuves.

Je me sers, comme Buffon, du mot *daman* qui est arabe, pour désigner l'*hyrax*, mais je n'ose y ajouter, comme lui, d'épithète d'espèce, parce que je ne vois point de différence entièrement certaine entre le *daman de Syrie* et celui du *Cap*; Buffon dit, d'après les conversations ou les notes de Bruce, que le premier n'a point cet ongle oblique et tranchant du pied de derrière qui caractérise l'autre; mais il suffit de voir la figure que le même Bruce a donnée de son *ashkokoo* qui est ce daman, pour y distinguer cet ongle. Gmelin semble croire que les autres doigts de derrière n'ont pas d'ongle du tout dans le daman du Cap; mais je me suis assuré du contraire: il y a des ongles arrondis et qui rappellent très-bien en petit les sabots du rhinocéros.

La différence relative aux poils ou soies plus longues que les autres qui hérissent le corps du daman de Syrie et non celui du daman du Cap, n'a rien de plus certain; car Pallas parle clairement de ces soies dans sa description, et si la figure de

Bruce les montre plus fortes que celles des individus du Cap de nos cabinets, elle est une autorité suffisante pour établir une espèce sur ce seul caractère.

On peut cependant ajouter ce que j'ai observé sur les têtes de ces deux damans que nous possédons au Muséum; celle du Cap, quoique adulte, toutes ses dents étant développées, est plus courte que celle de Syrie qui n'a pas ses dernières molaires tout-à-fait sorties, de 0,08; et comme la première est néanmoins aussi large, les proportions sont un peu différentes.

La composition générale du tronc, connue de Pallas, par rapport au daman, mais non par rapport au rhinocéros, indique déjà une certaine analogie. Ce daman a vingt-une côtes de chaque côté, nombre supérieur à celui de tous les autres quadrupèdes, l'unau excepté, qui en a vingt-trois; et ceux qui en ont le plus après le daman, appartiennent précisément à cet ordre des pachydermes dans lequel nous voulons le ranger; l'éléphant et le tapir en ont chacun vingt; le rhinocéros en particulier en a dix-neuf; les solipèdes qui approchent beaucoup des pachydermes, en ont dix-huit. La plupart des rongeurs n'en ont au contraire que douze ou treize, et le castor, qui en a le plus parmi eux, n'en a que quinze. Neuf de ces côtes sont vraies dans le daman.

Les sept dernières fausses côtes n'ont point de tubérosités et ne s'appuyent point sur les apophyses transverses des vertèbres; les cinq dernières du rhinocéros sont dans ce cas-là : le sternum est composé de sept os, et d'un cartilage xyphoïde ovale.

Il y a six vertèbres lombaires, et treize tant sacrées que

coccygiènes, car il est difficile de distinguer ces deux dernières espèces dans le squelette encore un peu jeune que nous possédons.

Le rhinocéros commence à s'écarter ici sensiblement de notre daman, il n'a que trois vertèbres lombaires, quatre sacrées et vingt-une ou vingt-deux caudales; mais ce dernier point tient à la longueur de sa queue, caractère peu important en zoologie.

La différence devient plus sensible par la forme du bassin, où les os des îles sont très-larges dans le rhinocéros, et assez étroits dans le daman; elle est notable encore pour les os des cuisses, auxquels la dilatation des trochanters extérieurs donne une largeur extraordinaire dans le rhinocéros; tandis que le daman ne montre à cet égard rien de particulier.

Mais dans tous ces points, le cochon et le tapir s'écartent du rhinocéros, au moins autant que notre daman, ainsi il n'y a rien là qui doive contrarier son aggrégation à cet ordre.

C'est sur-tout par l'ostéologie de la tête que le daman annonce qu'il s'éloigne des rongeurs, et qu'il se rapproche des pachydermes, et en particulier du rhinocéros.

A la vérité, comme son nez n'a point de corne à supporter, ses os du nez n'ont point reçu comme dans le rhinocéros l'épaisseur nécessaire pour servir de base à cette arme défensive.

Mais les os maxillaires s'écartent sur-le-champ de ceux des rongeurs par la petitesse du trou sous-orbitaire qui est énorme dans cette classe.

Les incisives supérieures sont au nombre de deux, en

quoi le daman ressemble également aux rongeurs et au rhinocéros unicorne; mais il y en quatre inférieures, ce qui ne se trouve qu'en lui et dans ce même rhinocéros unicorne.

Les incisives supérieures du daman ne sont d'ailleurs point faites comme celles des rongeurs, en prisme quadrangulaire ou en cylindre, courbé et terminé par une troncature ou par un tranchant de coin. Elles sont triangulaires et terminées en pointe, et rappellent très-bien les canines de l'hippopotame.

Les incisives inférieures sont couchées en avant comme celle du cochon, plates et dentelées dans la jeunesse, mais s'usant bientôt par leur frottement contre les supérieures.

Les molaires représentent, à s'y méprendre, celles du rhinocéros et pour le nombre et pour la forme; il y en a sept de chaque côté tant en haut qu'en bas; vingt-huit en tout. Pallas, qui n'en a compté que seize ou vingt, en ajoutant celle qu'il appelle accessoire antérieure, et qui a été suivi par Gmelin, n'avoit vu que celles d'individus très-jeunes.

Celles d'en bas sont formées de deux croissans simples, placés à la suite les uns des autres; celles d'en haut ont la couronne carrée; une ligne à leur bord externe formant deux angles saillans en en bas, et deux lignes transversales perpendiculaires à la première.

Il faut remarquer qu'ici, comme dans la plupart des quadrupèdes, la pénultième ou l'antépénultième molaire est toujours la plus grosse, et que les autres vont en diminuant, soit en avant soit en arrière.

Notre daman est sujet, comme tous les animaux, à n'avoir

pas le même nombre de dents à tous les âges. Ses molaires antérieures tombent aussi, comme celles de la plupart des herbivores, à une certaine époque où le développement des postérieures ne leur laisse plus de place.

Nous avons, par exemple, une mâchoire inférieure d'un jeune où il y a encore sept dents d'un côté, et l'alvéole de la première déjà vide de l'autre ; et une d'un adulte où les deux antérieures, tombées depuis long-temps, n'ont plus laissé de traces de leurs alvéoles, et où il n'y a par conséquent que six dents de chaque côté.

Dans un très-jeune individu qui n'a, comme celui que M. Pallas a décrit, que quatre molaires par-tout, il y a en avant, près de la suture qui sépare l'os maxillaire de l'os incisif, une très-petite dent pointue qui est sans doute celle que le grand naturaliste que nous venons de citer, appelle *dent accessoire*, mais que nous ne ferions aucun scrupule de nommer *canine* ; car nous voyons dans les phalangers et même dans quelques-unes des nouvelles espèces de kanguroo dont M. Geoffroy enrichira bientôt la zoologie, des canines encore plus petites que celles-là.

Cette canine achève de séparer le daman des rongeurs, et de le rapprocher des pachydermes plus intimement encore, que le rhinocéros lui-même qui n'a jamais aucune canine.

Le condyle de la mâchoire inférieure est très-différent de tout ce qu'on voit dans les rongeurs ; chez ceux-ci il est toujours comprimé longitudinalement, de manière qu'outre le mouvement ordinaire de bascule, il ne permet à la mâchoire de se mouvoir dans le sens horizontal que d'arrière en avant et d'avant en arrière.

Dans le daman, il est comprimé transversalement, comme

dans les pachydermes et dans tous les autres herbivores non rongeurs, s'appuyant d'ailleurs sur une surface plane de l'os temporal, ce qui lui permet de se mouvoir plus ou moins horizontalement de droite à gauche et de gauche à droite, et ce qui le distingue éminemment de tous les carnivores, ou le condyle, transversal à la vérité, mais entrant dans un creux profond de l'os des tempes, ne permet à la mâchoire d'autre mouvement que celui de bascule.

Il n'y a parmi les animaux qu'on pourroit être tenté de placer avec les rongeurs, que les kanguroos et les phascolomes qui partagent avec le daman cette forme de condyle; aussi trouve-t-on dans les couronnes des dents de ces trois genres, des caractères communs qui se rapportent à cette forme.

C'est que lorsque leurs dents sont sorties de la gencive et usées par la trituration, elles agissent principalement par leurs bords latéraux qui restent saillans, la couronne ayant aussi cette figure de croissant, quoique plus large que dans le daman et le rhinocéros. Le kanguroo arrive à cette forme plus tard que les autres, et les couronnes de ses molaires sont long-temps composées comme celles du tapir, de deux collines transversales saillantes.

Un des caractères les plus constans des rongeurs est de n'avoir qu'un seul pariétal sans suture, avec deux frontaux, ce qui est précisément le contraire de l'homme : dans le daman comme dans les pachydermes et les carnassiers, il y a deux frontaux et deux pariétaux.

Dans les rongeurs, l'os de la pommette ne fait que la partie intermédiaire et la plus petite de l'arcade zigomatique; dans le daman comme dans le rhinocéros, cet os commence dès la base antérieure de l'arcade, et règne jusqu'à son autre extrémité.

Les molaires supérieures des rongeurs ont leurs couronnes dirigées en dehors; et leurs deux séries sont par conséquent plus rapprochées que celles des inférieures, et reçues entre ces dernières. C'est le contraire pour les deux points dans le daman comme dans les pachydermes.

Le nombre des doigts du daman est de quatre devant, et de trois derrière, précisément comme dans le tapir; à la vérité, quelques rongeurs et particulièrement le cabiai, (*cavia capybara*) ont le même nombre, et les dernières phalanges de cette espèce se rapprochent aussi de la forme aplatie de celles des pachydermes, mais leurs doigts plus alongés et plus libres, décèlent leur famille.

Le daman a les doigts réunis par la peau jusqu'à l'ongle, comme l'éléphant et le rhinocéros, et plus que le tapir et l'hippopotame; à plus forte raison davantage que le cochon.

Ses ongles sont si minces que Pallas semble ne les avoir pas reconnus pour des ongles. Voici la manière obscure dont il s'énonce à leur sujet: (*Miscell. zool. p. 25.*) « *Palmœ margine quadrilobœ, lobi obtusissimi, callo soleœ subreflexo prœmuniti, cœteroquin mutici, supraque velut vestigio unguis muniti.* » Ces ongles représentent cependant très-bien en petit ceux de l'éléphant, tant par leur figure que par la manière dont ils sont placés sur le pied. Il n'y a, comme tous les naturalistes précédens l'ont fort bien observé, que le doigt interne des pieds de derrière qui se détache et qui soit armé d'un ongle crochu et oblique, contourné autour de l'extrémité. La phalange qui porte cet ongle est peut-être unique dans la classe des quadrupèdes, car elle est fourchue, et ses deux pointes sont l'une au-dessus de l'autre; dans les fourmiliers et les pangolins, il y a aussi des phalanges fourchues, mais les deux pointes sont à côté l'une de l'autre.

Le carpe du daman ne diffère de celui du tapir que par de légers traits dans la configuration des os, et parce que l'os trapézoïde est divisé transversalement en deux, comme dans les singes et quelques rongeurs : c'est un point que le daman a encore de commun avec le *cabiai;* mais il diffère de celui-ci en ce que son *scaphoïde* et son *sémilunaire* ne sont pas réunis, mais restent distincts comme dans l'homme et les *pachydermes.* Comme il n'y a pas de pouce, le *trapèze* est fort petit et ne porte qu'un seul osselet. Il n'y a point d'os hors de rang du côté du pouce.

Le pied de derrière n'a que ses trois doigts sans rudimens de pouce; ainsi le scaphoïde est simple, et porte deux os cunéiformes seulement. Le cuboïde ne porte qu'un seul os du métatarse; il n'y a point cette partie interne divisée du reste du scaphoïde, qui se fait remarquer dans quelques rongeurs, et même dans le cabiai, quoiqu'elle n'y ait qu'un rudiment de pouce à porter; de sorte que le daman est plus pachyderme encore par cette partie que par toutes les autres.

Maintenant que je crois avoir suffisamment développé et comparé aux espèces voisines, les points de l'ostéologie du daman qui lui assignent une place parmi les pachydermes, je vais donner une description absolue, mais abrégée, du reste de son squelette, dont la connoissance sera très-importante pour mes recherches ultérieures.

La tête d'un adulte a, du sommet de la crête occipitale au bout des os du nez, 0,077.

La distance est la même entre le bord inférieur du trou occipital et l'antérieur des os intermaxillaires.

Du même sommet au-dessous de la mâchoire inférieure, en ligne verticale, 0,065.

Les parties les plus saillantes des arcades zigomatiques sont écartées de 0,053.

La fosse temporale a en ligne horizontale 0,038, l'orbite 0,02.

Les sept dents molaires supérieures forment ensemble une longueur de 0,039; et les inférieures de 0,036. Le plus grand écartement des bords externes des supérieures est de 0,051; celui des inférieures de 0,024. Au reste, on peut prendre une idée plus nette de la figure et des proportions de cette tête et des os qui la composent, dans la planche que j'ai dessinée moi-même d'après des procédés rigoureux, qu'on ne le feroit dans aucune description.

On y remarquera sur-tout l'extrême largeur de la branche montante de la mâchoire inférieure, et la courbe qu'elle fait en arrière : cette circonstance est importante, parce que nous la retrouverons dans quelques animaux fossiles. Cette largeur est ici de 0,029; la hauteur de 0,043; la longueur totale, sans les incisives, 0,072.

Dans un jeune individu dont nous avons le squelette entier, la tête longue de 0,055, faisoit un peu moins du quart de la longueur totale qui étoit 0,225; mais il est probable que sa proportion seroit moindre dans un adulte. Le col avoit 0,024; le dos 0,071; les lombes 0,03; le sacrum et le coccyx ensemble 0,042 de longueur. Le bassin étoit long de 0,045, et large de 0,029 entre les épines des os des îles; chaque os des îles avoit 0,029 de long, et 0,013 de large.

Longueur de l'omoplate . . . . 0,027.
Largeur en haut. . . . . 0,017.

L'épine avoit sa plus grande saillie à son tiers inférieur; point d'acromion ni de clavicule; une petite épiphyse en avant de la tête de l'omoplate paroissoit devoir tenir lieu de ce dernier os.

Longueur de l'humérus . . . . 0,037.
———— Du cubitus 0,032
———— Du radius . . . . 0,022.

Le radius répond par sa tête supérieure aux deux saillies du cubitus, et par conséquent il ne peut tourner sur son axe, mais il est réduit à se fléchir ou à s'étendre avec le cubitus.

Longueur de la main . . . . 0,02.

Il y a au premier rang du carpe trois os qui répondent au radius, et un hors de rang ou pisiforme assez gros; au second rang, un petit trapèze hors de rang portant un très-petit rudiment de pouce; un trapézoïde divisé transversalement en deux, et portant le métacarpien de l'index; un grand os répondant à l'index et au médius; un cunéiforme qui répond un peu au médius, à tout l'annulaire, et qui porte sur son bord externe tout le petit doigt.

Longueur du fémur	0,04.
Longueur des deux os de la jambe.	0,036.
Longueur du pied	0,037.

Le tibia est exactement triangulaire dans sa moitié supérieure: le péroné est grêle et comprimé.

L'astragale touche un peu le cuboïde. Le scaphoïde porte deux cunéiformes: un petit pour le premier doigt; un grand qui répond un peu au premier et à tout le moyen. Le cuboïde ne porte que le troisième doigt.

Le calcanéum reçoit l'astragale sur deux facettes, une grande ovale à double face en arrière, et une très-petite à l'angle interne et inférieur,

Daman Hyrax.

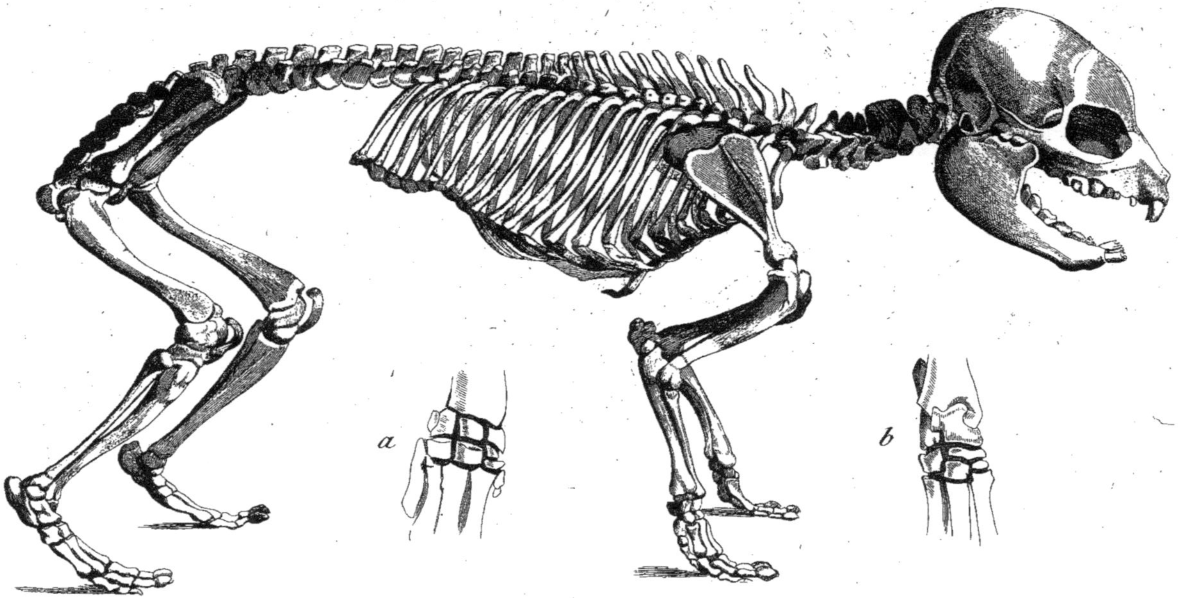

Squelette d'un jeune Daman

a. Carpe droit; b. Tarse droit; d'un adulte.

De Wailly del. *B. Droüet aqua. et Sculp. an 11.*

Daman Hyrax.

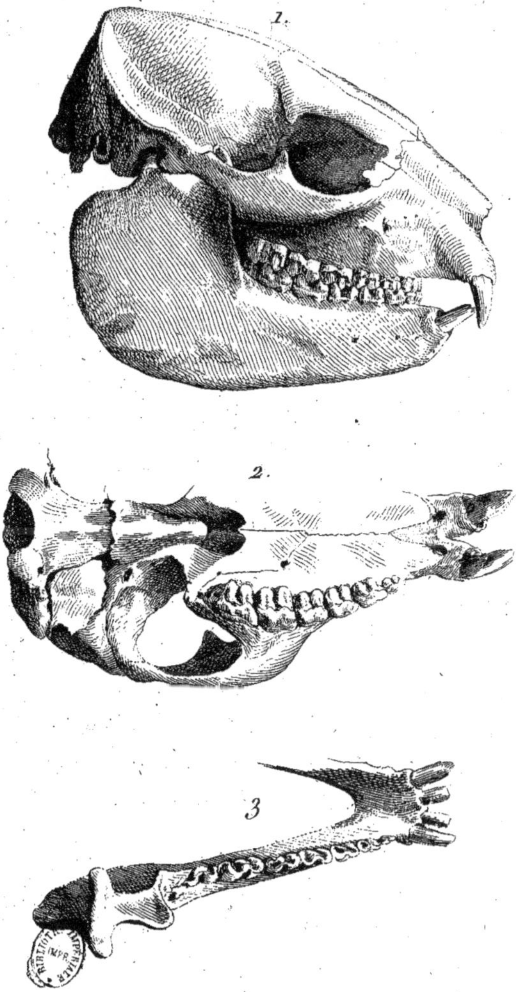

Cuvier. del. Miger. Sc

1. Tête de Daman de Profil; 2. vue en dessous; 3. Machoire inférieure.

DESCRIPTION OSTÉOLOGIQUE

DU

RHINOCÉROS UNICORNE.

Lorsque Pallas fit connoître le premier, dans le treizième volume des *Novi Commentarii* de Pétersbourg, les dépouilles fossiles de rhinocéros découvertes en différentes contrées de la Sibérie, il témoigna ses regrets de ne trouver dans aucun des ouvrages des naturalistes, une description de l'ostéologie du rhinocéros vivant, et sur-tout de son crâne.

Camper eut quelque temps après l'occasion de lui procurer une partie de ce qu'il désiroit; il adressa à l'académie de Pétersbourg une description et des figures de la tête et du crâne du rhinocéros bicorne du Cap de Bonne-Espérance. Son mémoire fut inséré dans le premier tome des actes pour l'année 1777, part. 2, lequel ne fut imprimé qu'en 1780.

Ce grand anatomiste n'avoit alors aucune connoissance des différences de dents qui caractérisent les deux rhinocéros; et comme il n'avoit point trouvé d'incisives à son espèce bicorne, il accusa d'erreur Parsons, Linné et Buffon, pour en avoir attribué à l'epèce unicorne.

Mais pendant le temps même qu'on se disposoit à imprimer son mémoire, il vint à Paris, et observa le rhinocéros unicorne qui vivoit alors à la ménagerie de Versailles; il reconnut ses dents incisives; il se procura même la tête d'un jeune individu de cette espèce, et en dessina les alvéoles : il envoya la note de tous ces faits à Pallas, assez tôt pour qu'ils fussent imprimés avec son mémoire principal.

Il rapporta les mêmes faits dans sa dissertation hollandaise sur le rhinocéros bicorne, imprimée en 1782, dont les figures furent les mêmes que celles qu'il avoit adressées à l'académie de Pétersbourg.

Il les confirma en 1785, qu'il dessina encore une tête d'unicorne au Muséum britannique; et en ayant acquis lui-même une plus âgée que celle qu'il avoit eue d'abord, il la fit graver, en 1787, par Vinkeles avec son ancienne figure de bicorne, dans une superbe planche *in-folio*, dédiée à Jacques Vandersteege, planche qu'il n'a point publiée, mais dont il a seulement donné quelques exemplaires à ses amis. J'en dois un aux bontés dont son fils veut bien m'honorer.

Cette figure de la tête de l'unicorne est imparfaite, en ce que plusieurs ligamens y couvrent encore la vraie figure des os; il y en a notamment un derrière l'orbite, qui pourroit tromper les personnes peu au fait, et passer pour une cloison osseuse qui sépareroit cette fosse de celle des tempes.

Cependant M. Blumenbach a fait copier cette planche en petit, dans son recueil de figures d'histoire naturelle, premier cahier, n.° 7.

Enfin, M. Faujas a fait dessiner en petit, par Maréchal, la tête osseuse du squelette adulte du rhinocéros unicorne qui est au Muséum, et l'a fait graver à la planche X.me de ses *Essais de géologie;* mais cette figure n'est pas plus accompagnée de description que celle de Camper; d'ailleurs, quoiqu'assez exacte au total, elle est embrouillée par des rugosités trop marquées par le graveur, et l'on n'y voit point les sutures.

Si l'on ajoute à ce que je viens d'exposer, les excellentes figures de la face inférieure du crâne et de la mâchoire inférieure du rhinocéros bicorne, que M. Merck a données, également sans description, dans sa troisième lettre sur les os fossiles, imprimée à Darmstadt en 1786, on aura, je crois, le résumé complet des matériaux publiés jusqu'ici sur l'ostéologie de ce genre remarquable de quadrupèdes, et l'on voit que je n'étois pas dispensé de reprendre ce sujet, et de le traiter avec une étendue proportionnée à son importance.

Les pièces qui vont servir de base à ma description, sont le beau squelette préparé par M. Mertrud, du rhinocéros qui a vécu vingt-un ans à la ménagerie de Versailles, le même qui a été observé vivant par Meckel et Pierre Camper, et la tête d'un rhinocéros plus jeune, que notre Muséum doit à la générosité de M. Adrien Camper, et qui est précisément celle qui a servi d'original à la planche de son illustre père, dont j'ai parlé tout à l'heure.

1.° *La Tête.*

Ce qui frappe le plus dans la forme de la tête du rhinocéros, c'est la saillie pyramidale de son crâne : l'occipital en fait la face postérieure, les fosses temporales font les faces des côtés; la continuation obliquement ascendante du front la face antérieure; au lieu de pointe le sommet est une ligne transversale.

L'occipital monte obliquement d'arrière en avant, cela

est propre au rhinocéros, et rend sa pyramide presque droite. Le cochon même qui a une pyramide presque semblable, l'a inclinée en arrière.

Le contour de l'occipital est une demi-ellipse qui s'élargit vers sa base, pour produire une lame saillante derrière le trou de l'oreille, et la base postérieure de l'arcade zygomatique.

La ligne de la base présente à son milieu les condyles, et aux côtés les apophyses mastoïdes pointues et crochues: dans le cochon elles sont précisément sous les condyles.

En avant de chacune de ces apophyses, il y en a une autre fort grande qui appartient à l'os temporal, et qui contribue à la formation de l'articulation de la mâchoire; elle l'empêche de se mouvoir beaucoup de droite à gauche, et elle correspond à une échancrure située à l'extrémité interne du condyle.

Entre ces deux apophyses, mais un peu plus en dedans est une autre apophyse courte, dont le bout est creux et reçoit l'os styloïde.

Les impressions des muscles divisent la face occipitale en quatre fosses; la face antérieure de la pyramide descend en s'élargissant jusque entre les yeux, où les apophyses post-orbitaires du frontal sont ses limites les plus écartées. La pointe du nez achève de former le rhomboïde qui caractérise la face supérieure de tout le crâne. La région d'entre les yeux est concave dans le sens longitudinal, et plane dans le transverse; celle des os du nez redevient convexe en tout sens.

Les pariétaux commencent un peu en avant du sommet de la pyramide; ils finissent vers le milieu de l'espace entre cette crête et les apophyses orbitaires. Les frontaux finissent un peu en avant des apophyses. Les sutures analogues à la coronale et à la lambdoïde sont parfaitement transverses.

La suture écailleuse, ou la limite du pariétal et du temporal, dans la fosse de ce dernier nom, est parallèle à la direction de la face antérieure de la pyramide.

La grande aîle du sphénoïde ne monte que très-peu dans la fosse temporale, et cet os ne s'articule point avec le pariétal.

La moitié postérieure de l'arcade zygomatique appartient au temporal, tout le reste est de l'os jugal ou de la pommette.

La direction de l'arcade est comme une *S* italique descendant obliquement d'arrière en avant : son bord inférieur est très-épais et très-saillant dans notre individu adulte ; il l'est beaucoup moins dans le jeune sujet donné par M. Camper.

Le maxillaire s'avance sous l'orbite et y forme un plancher : il n'y a point d'apophyse, ni du frontal, ni du jugal pour joindre l'arcade zygomatique au front et fermer l'orbite en arrière.

Le trou sous orbitaire est petit, plus haut que large, et voisin du fond de l'échancrure nasale.

Les os maxillaires forment en avant une apophyse saillante parallèle aux os du nez et située sous eux, qui s'articule avec les incisifs. Les alvéoles des incisives forment ensemble un angle de plus de quatre-vingt degrés dans l'adulte, mais qui n'en a pas soixante dans le jeune. Le trou incisif est très-grand, elliptique, et non divisé en deux.

Les os incisifs ont à leur bord supérieur une petite apophyse en lame carrée, qui s'élève vers le plafond formé par les os du nez.

Ceux-ci sont d'une grosseur et d'une épaisseur dont il n'y a nul exemple dans les autres quadrupèdes ; ils forment une voûte qui surplombe sur les os incisifs, et qui porte la corne. Dans notre individu adulte, leur face supérieure est grenue comme une tête de chou-fleur.

Entre eux et les os incisifs, ainsi que la partie des maxillaires qui porte ceux-ci, est cette grande échancrure nasale qui caractérise, au premier coup-d'œil, le crâne des rhinocéros. Il résulte de la profondeur de cette échancrure, que dans cet animal trois paires d'os, les nasaux, les incisifs et les maxillaires contribuent à former le contour des ouvertures extérieures des narines; tandis qu'il n'y a que les deux premiers dans les autres quadrupèdes, le tapir excepté. L'os lacrymal est petit et avance peu sur la joue. Il a un canal lacrymal très-large, en avant duquel est une petite apophyse pointue.

Le vomer n'est ossifié que dans sa partie la plus reculée, et il n'en reste rien dans les $\frac{4}{5}$ de sa longueur, même dans notre rhinocéros parfaitement adulte, et où toutes les sutures étoient effacées; cette remarque est essentielle pour la comparaison des rhinocéros vivans, aux fossiles.

L'échancrure postérieure du palais est très-profonde, car elle s'avance jusque vis-à-vis la cinquième molaire. La suture qui sépare les os palatins des maxillaires répond à l'intervalle de la quatrième à la cinquième molaire.

Les apophyses ptérygoïdes sont courtes dans le sens longitudinal, mais très-hautes dans le vertical, simples et seulement un peu fourchues vers le bout.

La partie moyenne du sphénoïde est étroite, et se porte beaucoup plus en arrière que ses ailes ptérygoïdes; son articulation avec la partie basilaire de l'occipital forme une saillie très-sensible. Le long du milieu de cette partie basilaire est une arête saillante qui s'élargit et s'aplatit vers le bord inférieur du trou occipital.

Le rocher est petit et très-irrégulier ; le trou déchiré est grand, et s'étend tout le long du bord interne du rocher. (1)

2.° Les Dents.

La connoissance du nombre et de la position des dents, mais sur-tout de leurs changemens de figures dans les différens âges, est de première importance dans l'étude de la nature des animaux en général, mais sur-tout dans la recherche des espèces auxquelles ont appartenu les os fossiles ; aussi nous y sommes-nous attachés plus qu'à aucune autre partie.

Cela étoit sur-tout nécessaire par rapport au rhinocéros ; le défaut de bons moyens d'observer avoit fait varier plusieurs naturalistes à cet égard ; et M. Faujas, qui en a traité le dernier, n'a, pour ainsi dire, fait qu'augmenter les doutes ; l'intérêt de la vérité nous force de relever ce qu'il vient de dire à ce sujet.

Nos observations sont d'autant plus nécessaires, que ce savant géologiste a tiré de ces faits mal vus, des conclusions qu'il croit destructives des bases sur lesquelles reposent les méthodes zoologiques. Or, les personnes qui ne sont pas à portée de vérifier les faits en question, et qui, d'un autre côté, ne connoissent point les fondemens rationnels des méthodes, pourroient adopter trop vîte des

---

(1) Longueur de la tête depuis le bord du trou occipital jusqu'aux bords des os incisifs . . . . 0,6.

Distance entre la partie la plus saillante des apophyses zigomatiques	0,43.
Hauteur de l'occiput à compter du bord inférieur du trou occipital.	0,26.
Largeur entre les apophyses placées derrière les trous des oreilles	0,31.
—— Entre les apophyses orbitaires du frontal	0,23.
Profondeur de l'échancrure nasale	0,15.
Sa hauteur	0,095.

conclusions avancées par un naturaliste d'une aussi grande autorité, ce qui reculeroit encore beaucoup l'époque où les véritables principes de la zoologie seront généralement avoués.

Nous disons donc en général, que tous les rhinocéros ont sept molaires de chaque côté, tant en haut qu'en bas; vingt-huit en tout.

La tête du bicorne de notre Muséum n'en montre, il est vrai, que vingt d'apparentes, à cause de la jeunesse de l'individu dont elle provient; mais les anatomistes ne se trompent point dans ces sortes de cas, parce qu'ils savent retrouver dans les loges du fonds des mâchoires les germes des dents qui n'ont pas encore paru, et ces germes ont existé en effet dans cette tête, qui auroit eu vingt-huit dents comme toutes celles de son espèce, si l'animal qui la portoit n'avoit été tué trop jeune.

Le squelette d'unicorne, qui fait l'objet principal de notre description actuelle, montre encore, il est vrai, d'un côté de sa mâchoire inférieure, six dents ou tronçons de dents, et de l'autre sept; mais ce n'est aussi là qu'une apparence qui ne peut tromper, lorsqu'on a étudié les lois de la croissance des dents, sur-tout d'après la méthode de M. Tenon.

Tous les animaux herbivores, à commencer par le cheval, usent leurs dents jusqu'à la racine, parce qu'à mesure que la couronne diminue par la trituration, l'alvéole se remplit et pousse la racine en-dehors. Lorsque cette racine est composée de deux branches, comme dans le rhinocéros, et que le fust de la dent est entièrement usé, il reste deux tronçons de racine : ces tronçons tombent l'un après l'autre toujours diminués par la trituration, et poussés au-dehors par l'accroissement de l'os dans l'intérieur de l'alvéole. A la fin les alvéoles mêmes s'effacent entièrement.

C'est ce qui est arrivé en partie à notre rhinocéros; il avoit déjà perdu ses deux premières molaires, et les alvéoles s'en étoient presque effacés; il avoit poussé la détrition des deux suivantes jusqu'aux racines, et même il avoit déjà perdu d'un côté l'un des tronçons de la racine, tandis que ceux de l'autre côté étoient encore restés tous les deux.

D'ailleurs aucun animal n'a les dents en nombre impair, ni ne peut les y avoir, vu la symétrie des côtés de la tête, et la suture qui, divisant les os maxillaires, empêche qu'il n'y ait un alvéole au milieu : ainsi lorsqu'on trouve d'un côté une dent de plus que de l'autre, on en ajoute par la pensée une de celui-ci.

Mais si ce rhinocéros avoit perdu des molaires avec l'âge, il n'avoit pas gagné des incisives; cela n'arrive pas plus à lui qu'aux autres animaux qui vieillissent. Les deux petites incisives intermédiaires de la mâchoire d'en bas, existent dès la jeunesse, comme on le voit par la tête donnée au cabinet par M. Adrien Camper, et encore mieux par le bout de mâchoire inférieure d'un très-jeune sujet, dessiné par son père, dans les actes de Pétersbourg pour 1777, pl. IX, f. 3; mais elles restent en tout temps cachées sous la gencive, et voilà pourquoi Meckel ne les avoit pas vues dans l'animal vivant, tandis qu'elles se sont montrées dans le squelette. M. Thomas, chirurgien de Londres, qui vient de publier quelques observations anatomiques sur le rhinocéros unicorne, a aussi trouvé ces petites dents dans le squelette d'un individu de quatre ans.

Mais ce que personne à ma connoissance n'a encore

publié, c'est que le rhinocéros a aussi, pendant un certain temps de sa vie, deux pareilles incisives à la mâchoire supérieure; seulement elles y sont en dehors des grandes, tandis qu'à la mâchoire inférieure elles sont entre les grandes. Cela pouvoit déjà se conclure du dessin de l'os intermaxillaire du très-jeune rhinocéros, donné par Camper le père, dans les actes cités, pl. IX, f. 2. J'avois même cru d'abord que cet os devoit nécessairement provenir d'une autre espèce.

Mais en examinant les dessins de l'anatomie de notre rhinocéros, faits avec le plus grand soin par Maréchal, sous les yeux de Viq-d'Azir et de Mertrud, je reconnus la figure d'une très-petite dent en dehors de la grande incisive supérieure du côté droit; et je vis dans l'explication qui accompagne ce dessin, et qui est de la propre main de Viq-d'Azir, qu'il y avoit en effet de ce côté une petite dent qui manquoit de l'autre; je courus au squelette, j'y trouvai d'un côté un reste d'alvéole, mais la dent déjà trop déracinée s'étoit perdue lors de la macération; de l'autre côté l'alvéole même s'étoit effacé.

Il est facile de voir que toutes ces observations ne prouvent rien contre l'importance qu'ont en zoologie les caractères pris des dents; mais il faut sans doute, pour employer par exemple leur nombre comme caractère, prendre les précautions convenables pour s'assurer quel il est, et en général se munir avant tout des connoissances préliminaires que la chose exige. Alors on ne s'expose point à créer des espèces qui n'ont point existé, faute qui au reste seroit tout aussi facheuse dans la simple histoire des animaux, et dans ses méthodes systématiques, que dans la géologie; car si l'histoire naturelle a besoin de vérité, c'est sur-tout dans celles de ses parties qui n'ont rien de conjectural.(1)

Après cette digression nécessaire, je reviens à mon sujet, et je continue à décrire les dents de mon rhinocéros.

Pour bien connoître les dents des herbivores, il ne suffit pas de les voir comme celles des carnivores, à une seule époque de la vie; comme ces dents s'usent continuellement, la figure de leur couronne change aussi continuellement, et le naturaliste doit les suivre depuis l'instant où elles percent la gencive, jusqu'à celui où elles tombent hors de la bouche.

Au reste, il n'est pas toujours nécessaire pour cela d'avoir à sa disposition des individus de tous les âges. Comme les dents du devant paroissent plutôt, elles s'usent aussi plus vîte; et l'on peut souvent suivre sur une seule mâchoire tous les degrés de détrition, en allant des dents postérieures aux antérieures.

Voici donc ce qui se remarque sur les dents du rhinocéros; d'abord sur les supérieures : la base ou le collet de la dent est quadrangulaire ; le côté interne et le postérieur sont un peu plus courts que l'antérieur et l'extérieur; par conséquent ceux-ci interceptent un angle aigu, et les autres un obtus. Sur cette base (en supposant le côté de la racine en bas) s'élèvent des colines dont le sommet est tranchant et tout recouvert d'émail, tant que la dent n'a point été usée. L'une de ~~ces collines suit exactement~~ le bord externe de la dent, ou plutôt le forme : elle a une côte verticale saillante vers le tiers antérieur.

La seconde colline est vers le bord antérieur; elle se joint à la première à l'angle antérieur externe, puis se porte

(1) Voyez les Essais de géologie de M. Faujas, tom. 1, p. 193 à 196.

vers l'antérieur interne, mais en allant un peu plus en arrière que le bord antérieur de la base.

La troisième colline part du tiers postérieur de la première, se porte d'abord directement en dedans, puis se bifurque; une de ses branches se rend en avant, l'autre obliquement en arrière vers l'angle interne postérieur.

Ces collines tranchantes, et assez éloignées l'une de l'autre par leurs sommets, ont des bases évasées qui se touchent; le premier effet de la détrition est d'user l'émail du sommet, et de découvrir par-tout une ligne de matière osseuse bordée de deux lignes d'émail. A mesure que la détrition augmente et descend à la partie épaisse des collines, la largeur de la partie osseuse augmente, et celle des creux entre les collines diminue. Lorsqu'elle avance encore davantage, le crochet antérieur de la troisième colline se joint à la seconde, et il reste un creux rond vers le milieu de la dent; un peu plus tard, l'autre branche de la troisième colline s'unit au bord postérieur de la dent, et il reste un second creux en arrière; ensuite ces deux collines transverses s'unissent par leur extrémité interne, et laissent entre elles un grand creux ovale et oblique en avant de la dent. Enfin, quand la détrition est allée jusqu'à la base des collines, les creux eux-mêmes disparoissent, et la couronne n'offre plus qu'une surface unie de matière osseuse entourée d'un bord d'émail.

On peut suivre ces différens états dans nos figures de la planche II, dont l'une présente les dents d'un bicorne encore jeune, l'autre celles d'un unicorne adulte: on peut y suivre aussi les variations des molaires d'en bas, qui sont beaucoup moins considérables.

Elles sont composées de deux collines contournées en portion de cylindre, et placées obliquement l'une derrière l'autre; de manière que leur concavité est dirigée en dedans et un peu en avant. La détrition ne fait qu'élargir les croissans de leurs sommets; mais cette figure de double croissant se conserve jusqu'à ce que les collines soient usées à leur base, époque où la dent devient quadrangulaire et simple.

C'est faute d'avoir bien connu cette variation des figures des dents par la détrition, que Merck, à qui nous devons cependant les premiers efforts pour le débrouillement de cette partie de l'histoire des rhinocéros, a cru pouvoir avancer dans la troisième lettre sur les os fossiles, p. 10, un fait que le citoyen Faujas a reproduit d'après lui dans ses *Essais de géologie*, tom. 1.er p. 207; c'est que l'on trouve en Allemagne des dents fossiles des deux espèces vivantes de rhinocéros.

Quand même ce fait seroit vrai, il seroit impossible de le prouver, parce que les dents des deux espèces se ressemblent quand elles sont du même âge; mais Merck possédoit une tête d'un jeune bicorne. Toutes les dents fossiles qui ressembloient à celles de cette tête, passoient à ses yeux pour venir du bicorne, et celles qui étoient plus avancées, pour venir de l'unicorne.

Au fond ces dents ne venoient ni de l'un ni de l'autre, comme nous le prouverons ailleurs, mais d'une troisième espèce qui diffère des deux premières autrement que par les dents.

Nous donnons, dans notre troisième planche, des échantillons de ces dents fossiles de rhinocéros : on y verra que sans les règles que nous venons d'établir par l'observation, tout le monde pourroit être tenté de les attribuer à des animaux très-différens.

La figure 1.re représente une molaire supérieure du côté droit, fort usée; l'original est dans notre Muséum.

La figure 2.e offre une portion de mâchoire supérieure avec deux dents, dont une entière, encore absolument intacte. Ce morceau, du cabinet de Joubert, a été trouvé près du village d'Issel, le long des dernières pentes de la montagne Noire. L'individu devoit être de petite taille.

Figure 3.e du même cabinet, est une des dents inférieures encore peu usée. Elle vient des environs d'Avignonet.

Figure 4.e est un germe de molaire supérieure, à-peu-près pareil à ceux de la figure 2.e Il est au Muséum : on en ignore l'origine.

Figure 5.e molaire supérieure postérieure du côté droit, peu usée, des environs de Canstadt. Elle m'a été communiquée par M. Autenrieth, professeur à Tubingen.

Figure 6.e est un germe de molaire supérieure postérieure gauche, du rhinocéros bicorne vivant.

Figure 7.e une molaire supérieure antérieure d'un grand individu, de la collection du Muséum : on en ignore l'origine.

Figure 8.e une molaire inférieure des environs de Canstadt. Elle m'a été aussi communiquée par M. Autenrieth.

Nous reviendrons sur ces diverses dents, dans un autre mémoire.

3.° *Les Vertèbres.*

Il y en a 56 en tout,

7 Cervicales.
19 Dorsales.
3 Lombaires.
5 Sacrées.
22 Coccygiennes.

L'atlas a ses apophyses transverses grandes et larges, autant qu'aucun autre animal. Elles ont un trou au lieu de l'échancrure de la base de leur bord antérieur. L'épineuse n'est qu'un gros tubercule. Il y a sous le corps une petite crête longitudinale.

Les apophyses transverses de l'axis sont petites et dirigées en arrière : celles des suivantes sont très-larges, et descendent vers les côtés ; elles ont trois angles, un antérieur et deux postérieurs.

La septième n'en a qu'une petite qui touche à la sixième, ce qui doit beaucoup gêner leur mouvement respectif.

Les apophyses épineuses vont en croissant ; la troisième vertèbre n'a la sienne que de 0,04, la septième de 0,25.

Celle de la deuxième dorsale est la plus longue, elle a 0,40 ; elle est de plus très-grosse : elles vont ensuite en diminuant de longueur, et en s'aplatissant par les côtés jusqu'à la treizième qui en est la plus basse ; elle a 0,12, et elles augmentent de nouveau. La première lombaire a 0,15. Les trois apophyses épineuses des lombaires sont verticales, toutes celles du dos sont dirigées en arrière. Les apophyses transverses sont très-courtes et présentent aux tubercules des côtes de facettes presque verticales : celles des lombes sont un peu plus longues.

Les cinq apophyses épineuses de l'os sacrum sont soudées en une crête. Les six premières vertèbres de la queue ont une partie annulaire et des apophyses épineuses et transverses. Les seize autres sont simplement pyramidales et vont en diminuant de grosseur. (1)

4.° *Les côtes.*

Il y en a dix-neuf paires dont sept vraies. Celles de la première paire sont soudées ensemble par le bas. Le sternum est composé de quatre os. Le premier est comprimé en soc de charrue, et fait une saillie pointue en avant de la première côte.

5.° *L'extrémité antérieure.*

L'omoplate est oblongue; sa plus grande largeur est à son quart supérieur : son bord postérieur est relevé et épaissi à cet endroit là. La crête a une apophyse très-saillante, au tiers supérieur, un peu dirigée en arrière; elle finit au quart inférieur de l'omoplate. Il n'y a par conséquent nul acromion; une tubérosité remplace le bec coracoïde; la cavité glénoïde est presque ronde.

Cette figure de l'omoplate des rhinocéros la distinguera toujours de celles des autres grands quadrupèdes; celle de

(1) Longueur depuis l'extrémité de la mâchoire supérieure jusqu'à l'origine de la queue. . . . . 2,9.
—— De la partie cervicale de l'épine . . . . 0,5.
—— De la partie dorsale . . . . 0,3.
———— Lombaire. 0,2.
———— Sacrée. . . . . 0,2.
———— Coccygienne. . . . . 0,7.

l'éléphant, par exemple, est en triangle presque équilatéral, et l'épine a une grande apophyse récurrente.

L'humérus est très-remarquable, en ce que sa grosse tubérosité est une large crête qui se porte d'avant en arrière, et que la ligne âpre qui se trouve par là triangulaire au lieu de linéaire, se termine en bas par un crochet très-saillant. L'extrémité antérieure de la grosse tubérosité fait un crochet en avant : la petite en produit un pareil ; entre deux est un large canal sans doute pour le passage du tendon du biceps. Tous ces caractères distingueront encore très-bien l'humérus du rhinocéros, de celui de tout autre quadrupède de sa taille. Le condyle externe est peu saillant ; l'autre ne l'est pas du tout : l'articulation inférieure est en simple poulie, à milieu creux.

Le radius occupe en haut tout le devant de l'avant-bras ; sa tête est faite en simple poulie saillante ; il ne peut que se fléchir et non tourner ; en bas il s'élargit à-peu-près autant qu'en haut, et se termine par deux courtes apophyses : une pointue interne, et une tronquée ; celle-ci reçoit le semilunaire : entre elles est une fosse qui reçoit le scaphoïde. Son plus grand rétrécissement est vers son tiers supérieur.

Le cubitus presque triangulaire par-tout, a vers le bas un creux qui reçoit une saillie du radius : il se termine par une cavité pour l'os cunéiforme ; l'olécrane est très-comprimé, renflé au bout et fait le quart de tout l'os. (1)

(1) Longueur de l'omoplate	0,53.
Largeur à son tiers supérieur	0,23.
Largeur au col	0,09.
Hauteur de la tubérosité de l'épine	0,15.
Longueur de l'humérus	0,44.
Largeur en haut	0,2

Le carpe est composé de huit os. Le scaphoïde et l'unciforme sont très-grands. Le pisiforme est à-peu-près arrondi.

Sur le scaphoïde et le trapézoïde, est un os hors de rang qui est l'analogue du trapèze et le seul vestige de pouce. Le sémilunaire, le grand os, qui ici est un des plus petits, et l'unciforme ont de très-grandes protubérances à la face palmaire. (1)

Le métacarpien externe s'articule avec l'unciforme, et a à son côté interne deux facettes pour le moyen; celui-ci s'articule avec le grand os par une facette très-concave, et avec l'unciforce, par une petite. L'interne s'articule avec le trapézoïde et le grand os, et touche au moyen par une petite facette triangulaire.

6.° *L'extrémité postérieure.*

Le bassin est extrêmement large; la partie évasée de l'os des îles ayant 0,5 de largeur; son épine est fourchue, ce qui le distingue tout de suite de l'os des îles de l'éléphant; l'angle qui touche au sacrum est aussi plus relevé; le cou surtout est beaucoup plus long et plus étroit: il a 0,15 de

——— En bas	0,17.
Diamètre du corps	0,08.
Longueur du radius	0,38.
Largeur en haut	0,12.
——— En bas	*Ibid.*
Longueur du cubitus	0,5.
De l'olécrane	0,12.
Hauteur de l'olécrane	0,1.
Diamètre du corps du cubitus	0,05.
——— De sa tête inférieure	0,08.
(1) Longueur du carpe	0,109.
Longueur du métacarpien du milieu	0,18.
Longueur du doigt du milieu	0,12.

long, 0,08 de large; le bord externe de cet os est à-peu-près aussi grand que l'interne, tandis que dans l'éléphant il est beaucoup plus petit; la crête du pubis commence dès le haut du cou de l'os des îles. Les trous ovalaires sont plus larges que longs; la tubérosité de l'ischion est par le haut très-grosse et en forme de crochet.

Le *fémur* du rhinocéros est peut-être encore plus remarquable que son humérus; sa partie supérieure est extrêmement aplatie d'avant en arrière; l'éminence que j'appelle troisième trochantère est extrêmement saillante et forme un crochet qui remonte pour toucher un crochet descendant du grand trochantère ordinaire, de manière qu'il reste un trou ovale entre ces deux éminences. La poulie inférieure est très-étroite par-devant; le condyle interne y est beaucoup plus saillant, et monte plus haut que l'autre. Par derrière, les deux condyles sont plus écartés que par-devant, mais ils font à-peu-près la même saillie. Le tibia a sa tête en triangle équilatéral, seulement l'angle interne postérieur fait une saillie en crochet; l'angle antérieur fait une tubérosité très-forte au-dessous de la rotule. Le bas du tibia est un peu aplati d'avant en arrière. Le péroné est grêle, comprimé latéralement et renflé à ses deux extrémités. (1)

(1) Longueur du fémur	0,5.
Sa largeur en haut	0,2.
———— En bas	0,15.
Longueur du tibia	0,4.
Sa largeur en haut	0,14.
———— En bas	0,11.
Diamètre du corps	0,09.
Longueur du péroné	0,34.
Largeur en bas	0,05.

Le calcanéum est gros et court. Sa face antérieure ou astragalienne est triangulaire. Il y a deux larges facettes pour l'astragale; celle du côté interne se prolonge en une espèce de queue tout le long du bord inférieur de cette face; je crois que c'est un caractère propre à distinguer l'espèce. La facette qui touche au cuboïde est très-petite; les facettes de l'astragale sont la contre-épreuve de celles du calcanéum; les deux bords de sa poulie sont d'égale hauteur. La partie de la face antérieure qui touche au cuboïde est étroite.

Le cuboïde a en arrière une longue et grosse protubérance. Au côté interne du pied en est une pareille produite par un os surnuméraire attaché au scaphoïde, au cunéiforme interne et au métatarsien interne. Le scaphoïde a donc trois facettes articulaires à sa face antérieure; le cunéiforme interne est beaucoup plus petit que l'autre.

Le métatarsien externe ne s'articule qu'avec le cuboïde, et touche par deux facettes du bord interne de sa tête, au métatarsien moyen: celui-ci ne s'articule qu'avec le grand cunéiforme; il a deux facettes plus petites pour l'externe. Ce dernier touche par le côté interne au précédent et au grand cunéiforme, et par l'externe à l'os surnuméraire. Il a pour lui une seule facette.

Les phalanges sont toutes plus larges que longues. (1)

---

(1) Longueur du calcanéum à son bord externe . . . . 0,13.
Largeur de sa face articulaire . . . . 0,9.
Largeur de l'astragale . . . . 0,8.
Longueur de l'os moyen du métatarse . . . . 6,165.
Longueur du doigt moyen . . . . 0,11.

Nous donnons dans notre quatrième planche des figures séparées des os les plus caractéristiques de ce rhinocéros.

Figure 1 est le *fémur* par derrière; figure 2, par devant; figure 3, sa tête inférieure; figure 4, la postérieure.

Figure 5, l'*omoplate* par sa face externe; figure 6, par sa tête.

Figure 7, l'*humérus* par devant; figure 8, par derrière; figure 9, par sa tête supérieure; figure 10, par l'inférieure.

Figure 11, le *cubitus* par devant ou par sa face radiale; figure 12, par le côté; figure 13, par sa tête inférieure.

Figure 14, le *radius* par devant.

Figure 15, par sa tête supérieure.

Figure 16, par l'inférieure.

Figure 17, le *tibia* par devant.

Figure 18, par sa tête supérieure.

Figure 19, par l'inférieure.

Figure 20, le *calcanéum* vu en dessus; figure 21, en avant. Figure 22, par sa face scaphoïdienne ou antérieure; 23, par la calcanienne ou postérieure; 24, par la latérale externe; 25; par la supérieure ou tibiale; 26, par la latérale interne.

Fig. 27, la moitié de l'*atlas* par sa face inférieure; 28, par la supérieure; 29, par l'antérieure; 30, par la postérieure.

Ces figures suppléeront à ce que les descriptions pourroient avoir de trop concis.

Les mesures données ci-dessus indiqueront de combien chaque figure est réduite.

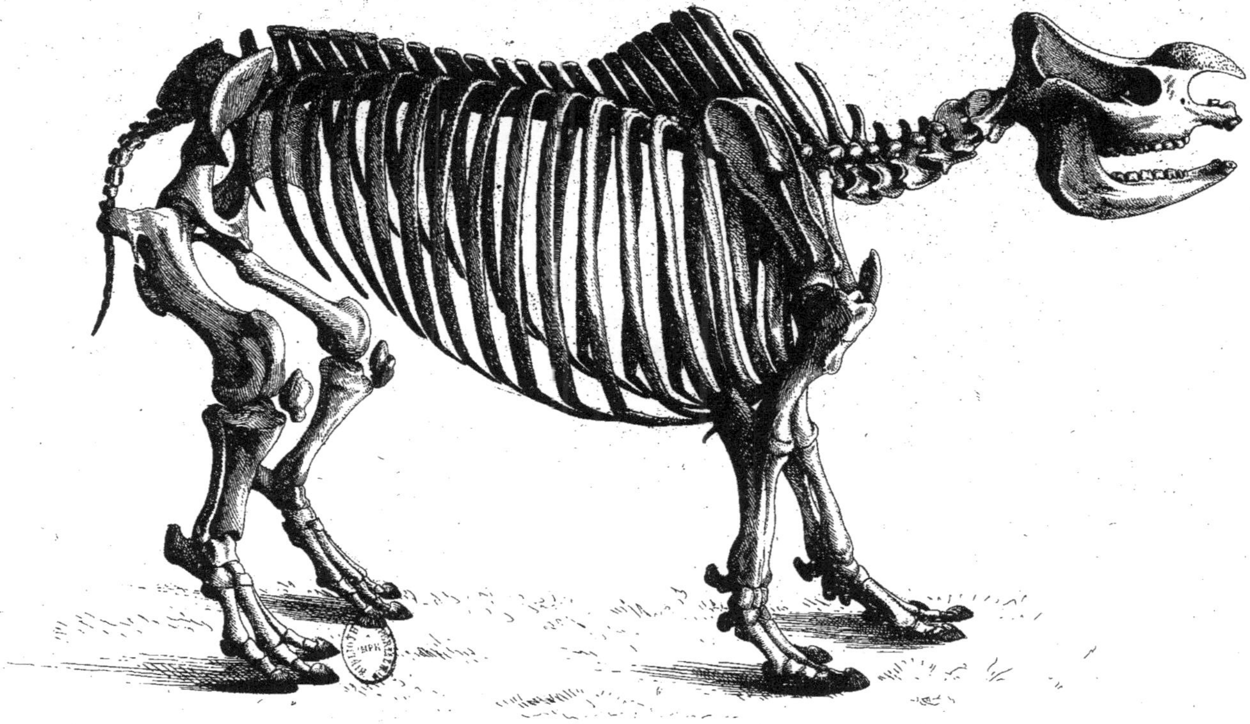

Squelette du Rhinocéros unicorne.

Cuvier del. et aqua-forté.

Terminé par T.T. Droüet, l'an 11.

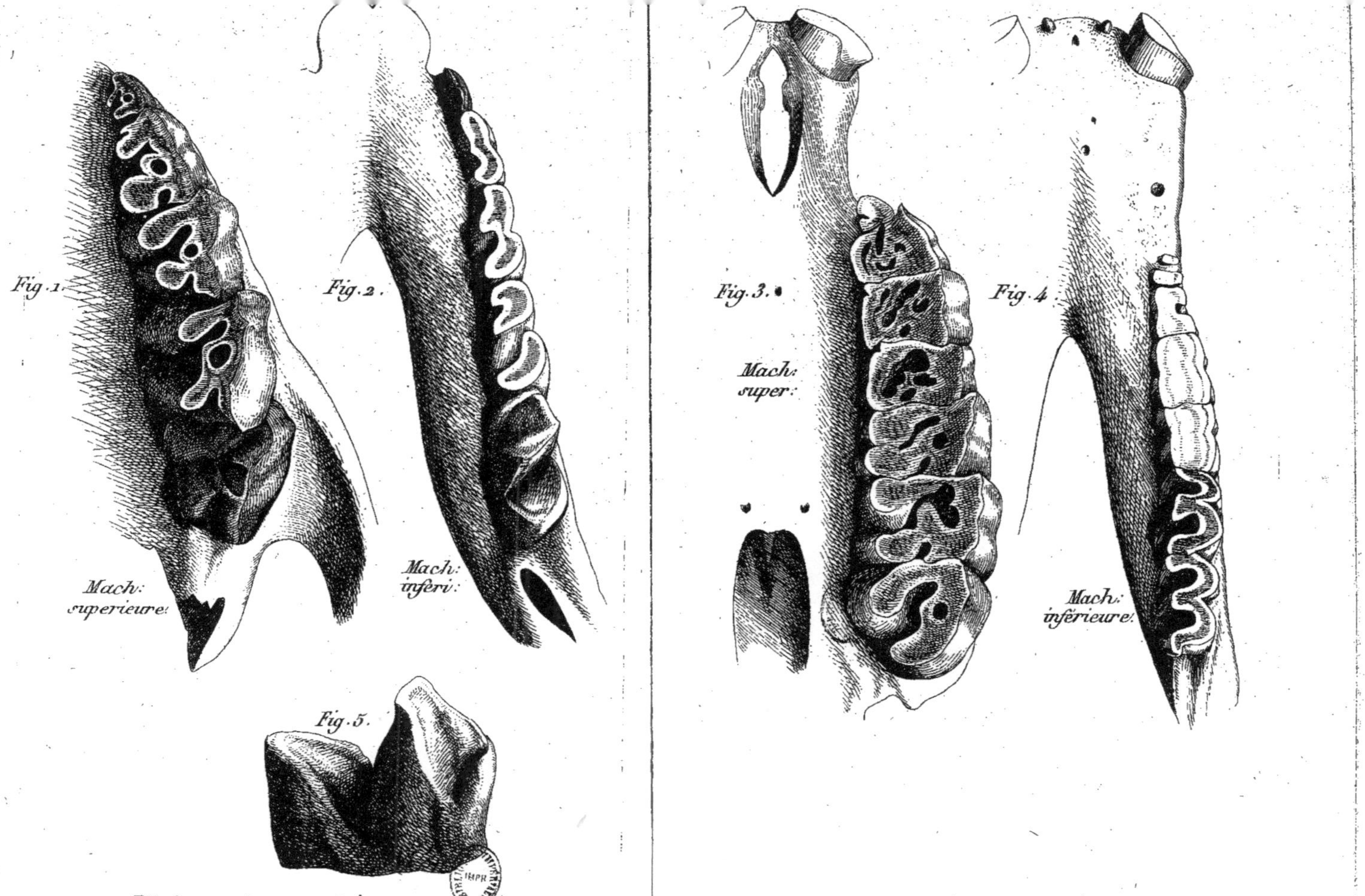

Rhinocéros bicorne.

Rhinocéros unicorne.

Cuvier del. et aqua-forte.

Terminé par T.T. Droüet, Vanx.

Fig. 1.

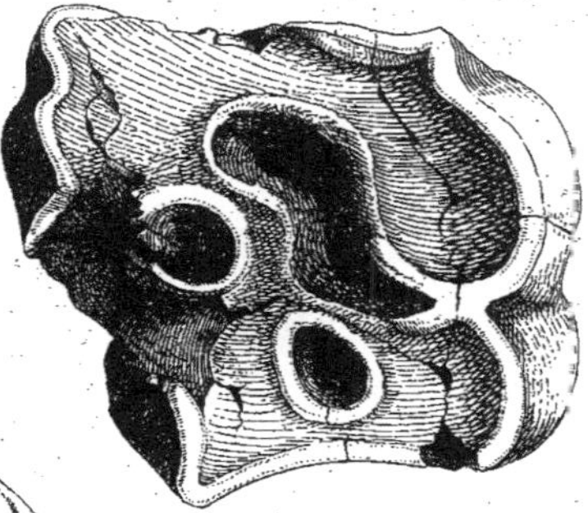

Fig. 2.

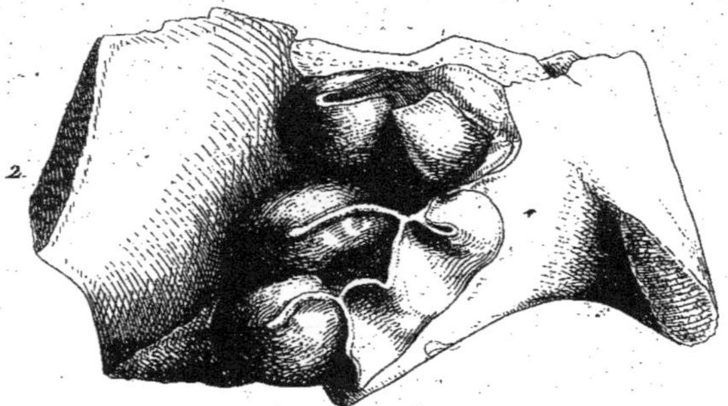

Fig. 3.

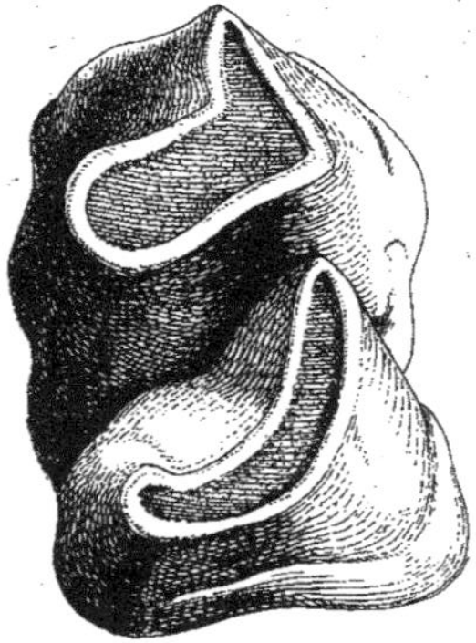

Fig. 4.

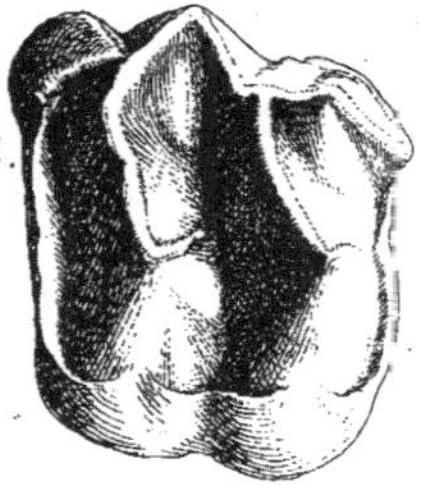

Fig. 5.

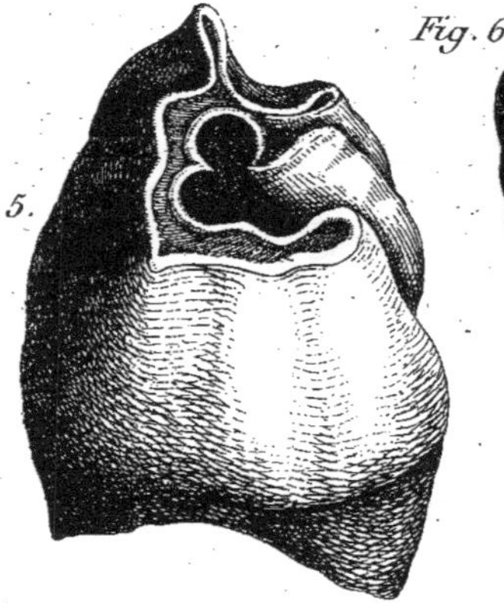

Fig. 6.

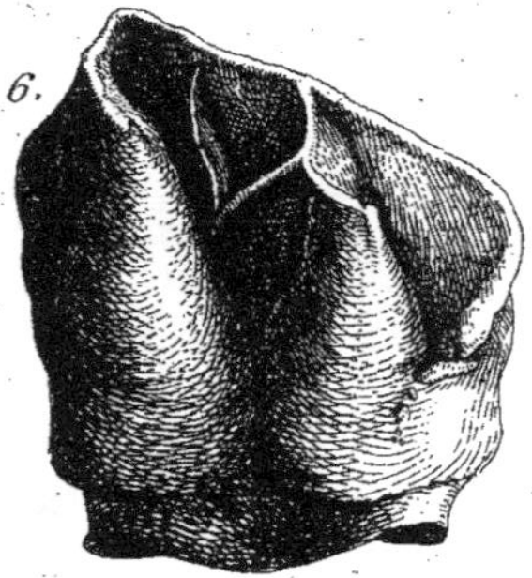

Fig. 7.

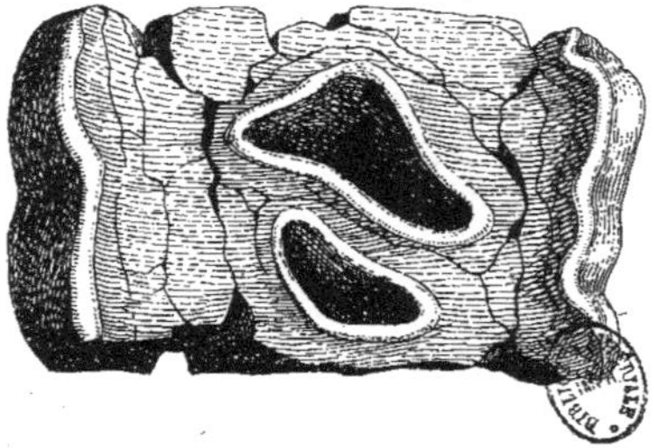

Fig. 8.

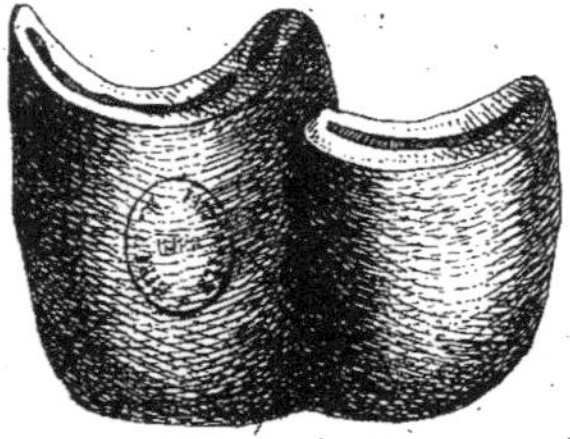

Dents Fossiles de Rhinocéros.

Cuvier del. et aqª forte.

Terminé par T.T. Droüet l'an 11.

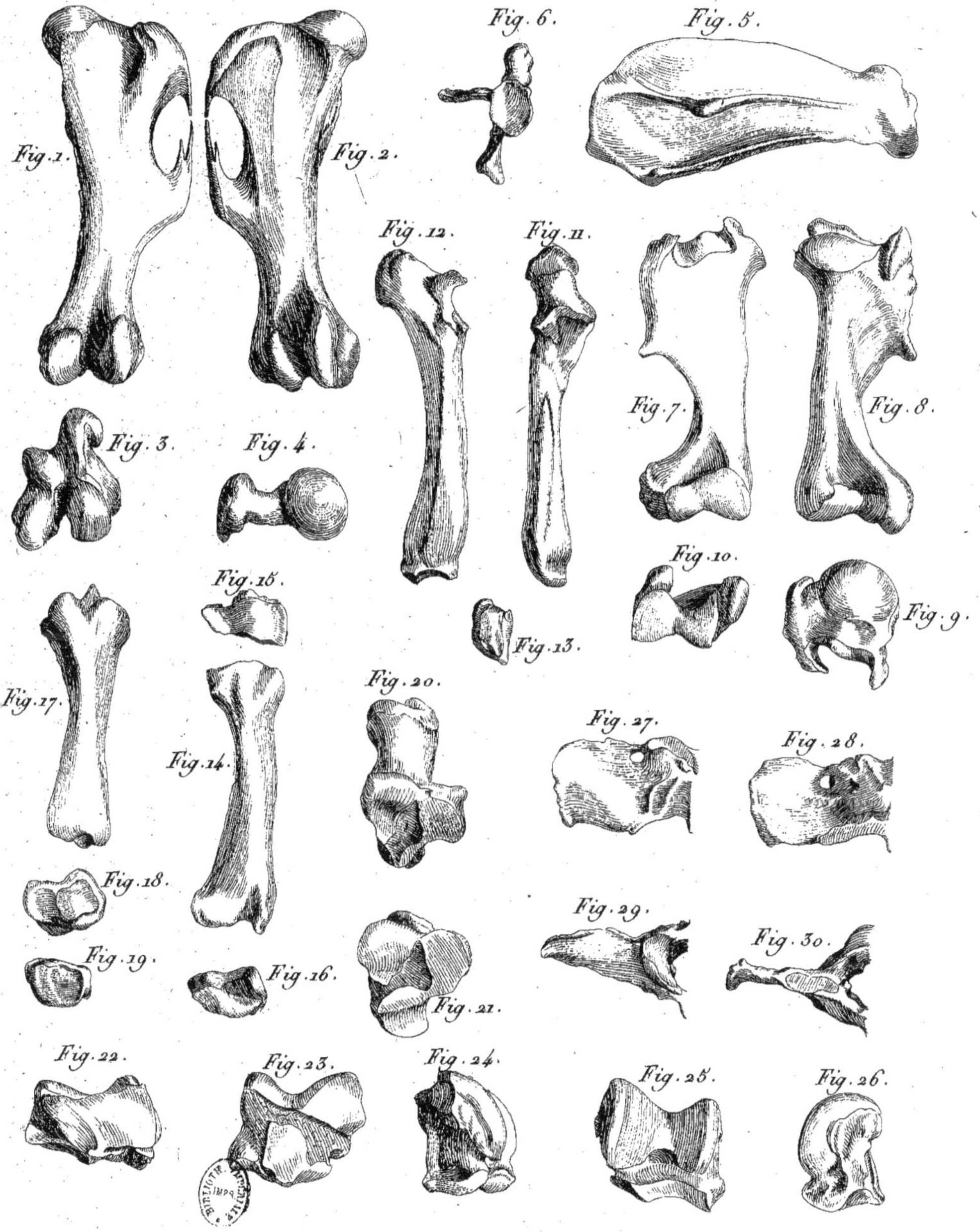

Divers os du RHINOCEROS unicorne.

Laurillard del. et sculp.

SUR LES OSSEMENS FOSSILES

DE RHINOCÉROS.

Le rhinocéros fossile n'est point une de ces espèces que je fais connoître dans cet ouvrage pour la première fois, et qui sont si nouvelles pour les naturalistes, quoique probablement plus anciennes en réalité que toutes celles que nous voyons aujourd'hui. Ses ossemens ont déjà été décrits ou indiqués par beaucoup d'auteurs célèbres. Il n'y a guère que l'éléphant fossile dont on ait parlé davantage, quoiqu'il ne soit pas beaucoup plus répandu, car on trouve des rhinocéros fossiles dans les mêmes pays et dans les mêmes lieux où l'on trouve des éléphans: mais ils y sont peut-être un peu moins nombreux; leurs dents, moins considérables, auront d'ailleurs été moins remarquées, et les dents étant la partie qui se conserve le mieux, c'est principalement sur elles que l'on a jugé et décrit les animaux fossiles.

Le premier morceau fossile de *rhinocéros* que je trouve mentionné dans les auteurs, est une molaire représentée dans le *Museum societatis regiæ* de *Nehemias Grew*, pl. 19, fig. 3, et simplement annoncée comme la *dent d'un animal terrestre*, sans autre description ni indication de lieu. Cependant Grew parle aussi, p. 254, en termes exprès, d'un *fragment de mâchoire de rhinocéros* trouvé près de Cantorbéry; mais il n'en donne aucun détail.

La seconde annonce d'ossemens fossiles de *rhinocéros*, et en même temps l'un des écrits les mieux faits sur les os fossiles quelconques, est la dissertation de *Samuel-Chrétien*

Hollman, insérée dans le deuxième volume des *Mémoires de la société royale de Gœttingen pour* 1752. On avoit trouvé, en 1751, près de *Herzberg*, au pied méridional du *Harz*, dans la partie du pays d'*Hanovre* que l'on nomme la principauté de *Grubenhagen*, un nombre d'ossemens remarquables par leur grandeur. On les crut d'abord d'éléphant, mais *Hollmann* les ayant parfaitement décrits et représentés, montra, par la comparaison qu'il en fit avec les descriptions de squelettes d'éléphans alors publiées, qu'ils ne pouvoient en être; la description de la tête osseuse de l'*hippopotame*, donnée, en 1724, par *Antoine de Jussieu*, fit aussi exclure cet animal; enfin, *Meckel*, ayant comparé l'une des dents trouvées à *Herzberg* avec celles d'un *rhinocéros* vivant, qu'il eut occasion d'observer à Paris, reconnut leur ressemblance; ainsi le genre de ces os fut déterminé.

Pallas ayant été chargé, vers 1758, de la direction du cabinet de Pétersbourg, y trouva, parmi les os fossiles qu'y avoient accumulés depuis long-temps les recherches faites en Sibérie, quatre crânes et cinq cornes de *rhinocéros*; il représenta et décrivit en détail, dans le XIII.ᵉ vol. des *Commentarii de l'académie impériale*, le plus parfait des quatre crânes, qui étoit cependant encore privé de toutes ses dents.

Ayant voyagé lui-même en Sibérie: il fut en état, quinze ans après, de donner une infinité de nouveaux faits du même genre. Il publia, en 1773, dans le XVII.ᵉ volume, la relation de la découverte étonnante d'un rhinocéros entier trouvé avec sa peau, en décembre 1771, enseveli dans le sable sur les bords du *Wiluji*, rivière qui se jette dans la *Léna*. Il y ajouta la figure et la description d'un crâne beaucoup plus complet que ceux qu'il avoit décrits d'abord, trouvé au-delà du lac

Baïkal, près du *Tchikoï*, qui se jette dans la *Selenga*; crâne dont il redonna encore une nouvelle figure posée sur sa mâchoire inférieure, dans les *Acta pour* 1777, *part.* II, pl. 15.

Il parle aussi d'os fossiles de cette espèce en divers endroits de son voyage, et donne la figure d'une mâchelière, trouvée près de l'*Aleï*, tome 3, pl. 18, de la trad. franç. éd. in-4.°. Enfin il dit dans ses *Neue nordische beytræge*, I, 176, qu'on envoya en 1779, du gouvernement de *Casan* à Pétersbourg, un crâne mutilé, une mâchoire inférieure et un humérus.

On ne tarda point à s'apercevoir que l'Europe ne récèle guère moins de ces os que la Sibérie. Outre ceux de *Grew* et de *Hollmann*, *Zückert* en fit connoître, en 1776, dans le 2.e tome des *Naturalistes de Berlin*, qui avoient été déterrés en 1728, près de *Quedlimbourg*, au même endroit où l'on avoit trouvé, en 1663, cette fameuse prétendue licorne dont parle *Leibnits* dans sa *protogæa*, laquelle n'étoit probablement aussi qu'un rhinocéros. Quant aux os décrits par *Zuckert*, qui consistent dans une portion considérable de museau, un humérus, une dent inférieure, une phalange onguéale, ils sont de cette espèce, à n'en pas douter.

Merck annonça, en 1782, dans une lettre, *ex professo*, un crâne et plusieurs ossemens trouvés sur les bords du *Rhin*, dans le pays de *Darmstadt*, avec beaucoup d'os d'éléphans et de bœufs.

Dans une seconde lettre imprimée en 1784, il parle d'un autre crâne trouvé dans le pays de *Worms*, que *Collini* décrivit, la même année, dans le tome V.^e des *Mémoires de l'académie de Manheim*.

Merck parle aussi dans cette lettre d'un troisième crâne découvert par le prince de *Schwartzbourg Rudolstadt*, à *Cum-*

bach, près de sa capitale, en 1782, de deux dents trouvées à *Weissenau* près de *Mayence*, et d'une déterrée à *Strasbourg*, et recueillie par *Hermann*.

Dans une troisième et dernière lettre, imprimée en 1786, le même auteur parle de morceaux de la même espèce trouvés le long du *Rhin* vers *Cologne*, et qui ont en grande partie passé dans le cabinet de *Camper*, et de plusieurs autres découverts en différens endroits : d'où il résulte que l'Allemagne seule en avoit fourni, à cette époque, des fragmens d'au moins vingt-deux individus.

On peut ajouter à cette énumération le crâne entier trouvé près de *Lippstadt* en Westphalie, et appartenant à M. Camper ; les deux dents trouvées en 1700 aux bords du *Necker* près de *Cantstadt*, et dont nous avons donné la figure dans notre article précédent, pl. *des dents fossiles*, fig. 5 et 8, et deux autres du même lieu dont parle *Davila*, cat. 3, p. 229 et 230.

La France n'en a pas tant fourni que l'Allemagne à beaucoup près ; cependant on y en trouve aussi dans plusieurs points assez éloignés.

Nous avons déjà donné une dent inférieure, loc. cit. fig. 3, des environs de *Vignonet* en *Languedoc*, et deux supérieures qui sont aussi de France, quoique nous ne sachions pas précisément de quel lieu, fig. 1 et 7.

Nous en donnons aujourd'hui une troisième, pl. 1, fig. 6, recueillie par M. *de Gérardin*, employé dans ce Muséum, qui a bien voulu me l'adresser. C'est la sixième du côté droit ; elle a été trouvée par les ouvriers qui travaillent au canal du centre, près du bourg de *Chagny*, département de *Saône et Loire*, à 53 pieds de profondeur, dans la colline qui sépare le vallon de la *Dhure* de celui de la *Thalie*. Il y avoit auprès une dent d'éléphant et plusieurs ossemens que les ouvriers ont détruits par superstition. Le tout gisoit sur un lit de sable assez pur, et sous différentes couches d'argile, de mine de fer et de sable.

Nous y joignons, fig. 8, celle qu'on trouva à Strasbourg en 1750, en aplanissant la place d'armes. C'est la même que Merck a déjà représentée, II.ᵉ lettre, pl. 4; notre figure est prise de l'original que M. *Hammer* a bien voulu nous prêter.

C'est la cinquième du côté droit encore usée.

Nous aurions pu encore en ajouter une que nous avons vue dans le riche cabinet de M. de Tersan, et qui est singulièrement bien conservée; c'est aussi la cinquième, mais du côté gauche. Comme elle ne différe point des précédentes, il nous a paru inutile de la faire graver.

On verra plus bas qu'on a aussi trouvé des fragmens considérables de rhinocéros en Italie, dans le val d'Arno; ils y sont pêle-mêle avec des os d'éléphans et d'hippopotames.

Les six premières figures de notre planche première représentent autant de molaires supérieures, du cabinet de M. *Adrien Camper.* Elles ont toutes été recueillies en Allemagne; et ce savant, aussi obligeant qu'habile, a bien voulu les dessiner lui-même pour en enrichir notre ouvrage.

Fig. 1 est la deuxième molaire gauche.

Fig. 2 paroît la troisième.

Fig. 11 est la deuxième ou troisième droite, peu usée.

Fig. 3 est la quatrième droite.

Fig. 5 est la septième du côté gauche, peu usée.

Fig. 4 est la sixième droite, très-peu usée.

Cette suite de figures a l'avantage de montrer les différentes formes par lesquelles passent les dents à mesure qu'elles s'usent, et pourra éviter de doubles emplois aux naturalistes qui en observeront par la suite d'isolées, et qui les trouvant plus ou moins différentes de celles qu'on a publiées jusqu'ici, seroient tentés d'établir de nouvelles espèces.

En comparant ces dents entre elles et avec celles du *rhinocéros unicorne* très-âgé, et du *rhinocéros bicorne* jeune, que nous avons données dans l'article précédent, on jugera combien d'accidens et de configurations diverses peuvent résulter des différens degrés de détrition. On le verra encore mieux en y ajoutant l'examen d'un *rhinocéros unicorne*, d'âge intermédiaire, et peut-être d'une espèce à part que nous avons aussi dans le cabinet, et dont nous représentons les dents supérieures, pl. 1, fig. 7.

Ces variations sont telles, qu'il ne paroît point que les molaires isolées puissent servir à distinguer les espèces, toutes les différences que l'on y remarque pouvant tenir à l'âge des individus.

Ainsi les molaires fossiles seules ne nous disent point si elles viennent de nos espèces vivantes, ou d'une espèce perdue.

Heureusement le crâne entier parle plus clairement.

Si l'on compare toutes les figures des crânes de *rhinocéros fossiles* que nous venons de citer, et qui ont été publiées par *Pallas*, par *Merck* et par *Collini*, il est aisé de se convaincre qu'elles se ressemblent toutes, et qu'elles sont toutes, sans exception, provenues d'une seule et même espèce. Nous donnons une copie de la plus complète des figures de *Pallas*, pl. 3, fig. 1, et nous y joignons, pl. 4, fig.   , celle du crâne de *Lippstadt*, qui nous a été fournie par M. Adrien Camper, et qui est encore de la même espèce que tous les autres.. Si l'on compare ces mêmes figures avec celles des crânes des *rhinocéros vivans*, que nous donnons aujourd'hui, pl. 2, on se convaincra tout aussi clairement que l'espèce fossile est entièrement différente de toutes celles-ci, quels qu'aient pu être les raisonnemens qui tendent à prouver une identité quelconque avec l'une d'elles.

Il est d'abord facile de sentir que tous les argumens qu'offrent les écrits antérieurs à l'époque où les caractères des divers rhinocéros vivans ont été déterminés, tombent d'eux-mêmes; ainsi nous n'avons nul besoin de nous arrêter à ce qu'ont pu dire *Hollmann*, *Pallas* dans ses premiers Mémoires, ni *Camper* tant qu'il n'eut pas vu le crâne du *rhinocéros unicorne*: or, il n'eut cet avantage que vers la fin de sa vie, et il n'a rien publié depuis sur ce sujet.

Le seul naturaliste qui ait eu en son pouvoir tous les moyens nécessaires pour traiter cette question, est donc M. *Faujas*; mais ses recherches ne paroissent pas avoir produit de résultat bien précis; car, après avoir demandé (*Essais de géologie*, I, p. 222) *si l'alongement plus grand de la tête, dans le rhinocéros fossile, ne pourroit pas venir de l'influence du climat?* et après avoir cherché à prouver, p. 223 et suivantes *que l'ossification de sa cloison nazale peut venir de l'âge*, il se détermine, p. 226, à le regarder *comme très-voisin de l'espèce d'Afrique;* et cependant, après avoir employé ensuite des raisonnemens étrangers à l'anatomie, il y revient, p. 231, et se rappelant que Pallas a cru trouver des apparences d'alvéoles d'incisives, il a l'air de conclure, p. 233 et 234, *que si ces dents incisives existoient en effet, les crânes fossiles auront appartenu à de véritables rhinocéros de Sumatra.*

Cependant les figures mêmes que ce savant géologiste a fait insérer dans son Ouvrage donnent, à elles seules et dès la première inspection, la preuve évidente que le *rhinocéros fossile* n'est ni celui de *Sumatra*, ni l'*unicorne d'Asie*, ni le *bicorne d'Afrique;* et l'on peut y voir clairement qu'il resteroit encore entre son crâne et ceux de ces trois autres animaux, des différences spécifiques essentielles, quand même (ce qui n'est pas) l'alongement de ce crâne viendroit du climat; quand même (ce qui n'est pas non plus) l'ossification de sa cloison nazale viendroit de l'âge; et quand même enfin il seroit démontré qu'il avoit des incisives.

Voilà ce que j'espère faire voir aux plus prévenus dans le cours de cet article.

Commençons par bien faire connoître les différences des espèces vivantes.

I.° *Sur les divers rhinocéros vivans.*

La difficulté de voir, et surtout de voir ensemble les divers *rhinocéros*, a retardé long-temps la connoissance des véritables caractères de leurs espèces. Ces animaux ont été rares dans tous les temps. *Aristote* n'en parle point du tout. Le premier dont il soit fait mention dans l'histoire fut celui qui parut à la fête célèbre de *Ptolémée Philadelphe*, et que l'on fit marcher le dernier des animaux étrangers, apparemment comme le plus curieux et le plus rare; il étoit d'Éthiopie. (Athénée, lib. V, p. 201, éd. 1597). Le premier que vit l'Europe parut aux jeux de *Pompée*. Pline dit qu'il n'avoit qu'une corne, et que ce nombre étoit le plus ordinaire (lib. VIII, cap. 20). *Auguste* en fit tuer un autre dans le cirque avec un hippopotame, lorsqu'il triompha de Cléopâtre. *Dion Cassius* qui rapporte ce fait, (lib. LI), semble indiquer qu'il étoit unicorne; *cornu autem ex ipso naso prominens habet.* Il ajoute, contre l'autorité de Pline, dans le passage que nous venons de citer, que c'étoient les premiers individus de ces deux espèces de quadrupèdes qu'on eût vus à Rome; *tunc primùm et visi Romæ et occisi sunt.*

Strabon décrit fort exactement, lib. XVI, p. 1120, éd. Amst. 1707, un *Rhinocéros unicorne* qu'il vit à Alexandrie; il parle même des plis de sa peau.

Pausanias, de son côté, décrit en détail la position des deux cornes dans le *bicorne* qu'il nomme *taureau d'Ethiopie*, lib. IX, p. 572, éd. Hanov. 1613. Il en avoit paru deux de cette dernière espèce à Rome, sous *Domitien*, qui furent gravés sur quelques médailles de cet empereur, et firent l'objet de quelques épigrammes de *Martial*, que les modernes ont été long-temps fort embarrassés à expliquer, parce qu'il y étoit fait mention de deux cornes. *Schrœck* l'a fait cependant, dès 1688, dans les Éphémérides des cur. de la nat. *Antonin*, *Gordien*, *Héliogabale*, *Héraclius* ont également fait voir des *rhinocéros*.

Les anciens avoient donc sur ces animaux des connoissances qui ont long-temps manqué aux modernes. Le premier que ceux-ci aient vu étoit de l'espèce *unicorne*. Il avoit été envoyé des Indes au roi de Portugal *Emmanuel*, en l'an 1513. Ce roi en fit présent au pape; mais le rhinocéros ayant eu dans la traversée un accès de fureur, fit périr le bâtiment qui le transportoit. On en envoya de Lisbonne un dessin au célèbre peintre et graveur de Nuremberg, *Alber Durer*, qui en grava une figure que les livres d'histoire naturelle ont long-temps recopiée. (*Gessner*, quadr. p. 843; *Aldrov.* bisulc, 884; *Jonst.* quadr. t. XXXVIII). Elle est fort bonne pour le contour général; mais les rides et les tubercules de la peau y sont exagérés, au point de faire croire que l'animal est couvert d'écailles. On en conduisit un second en Angleterre, en 1685; un troisième fut montré dans presque toute l'Europe, en 1739; et un quatrième, qui étoit femelle, en 1741. Celui de 1739 fut décrit et figuré par *Parsons*, (Transact. phil. XLII, n.° 523), qui mentionna aussi celui de 1741. Je crois que ce dernier est le même qui fut montré à Paris en 1749, et peint par *Oudri*, et que c'est aussi lui qu'*Albinus* a fait figurer dans les planches 4 et 8 de son Histoire des muscles. Il fut le sujet de la description de *Daubenton* et des observations de *Meckel* dont nous avons parlé ci-dessus. Celui dont nous avons décrit l'ostéologie n'est par conséquent que le cinquième. Un sixième, très-jeune, destiné pour la ménagerie de l'empereur, est mort à Londres, peu après son arrivée des Indes, en 1800, et a été disséqué par M. *Thomas*, chirurgien, qui a publié ses observations dans les Transactions philosophiques. Ces six étoient de l'espèce des Indes, à une seule corne. Deux individus décrits par des voyageurs, savoir, celui que *Chardin* vit à Ispahan, et qui venoit d'Ethiopie, et celui dont *Pison* inséra la figure dans l'*Histoire naturelle des Indes* de *Bontius*, n'avoient également qu'une corne; ainsi, d'une part, le *rhinocéros à deux cornes* n'a jamais été amené vivant en Europe, dans les temps modernes, et de l'autre, les voyageurs ont été fort long-temps à en donner une description détaillée. On ne le connoissoit que par ses cornes seulement que l'on avoit dans plusieurs cabinets.

Aldrovande en avoit publié à la vérité une figure reconnoissable, quoique médiocre, (Solid. p. 383), qui lui avoit été communiquée par *Camerarius*, médecin de Nuremberg; mais cette figure, sans description ni détail, fort mal copiée par *Jonston*, tab. XI, fut entièrement oubliée des autres naturalistes.

Parsons chercha le premier à établir que le *rhinocéros unicorne* étoit toujours d'Asie, et le *bicorne* d'Afrique. Quoique *Flaccourt* ait vu de loin ce dernier dans la baie de *Saldagna*, le colonel *Gordon* fut le premier qui le décrivît exactement en entier, et sa description fut insérée par *Allamand* dans les Supplémens de Buffon.

Sparmann en donna une autre dans les Mémoires de l'académie de Suède pour 1778, et dans la Relation de son voyage trad. fr. tome II. On sut alors qu'outre le nombre des cornes le *rhinocéros du Cap* diffère de celui des *Indes*, en ce que sa peau est absolument privée de ces plis extraordinaires qui distinguent ce dernier; mais ce fut *Camper* qui mit le sceau à la détermination de ces deux espèces, en montrant d'abord dans son Traité sur le *rhinocéros bicorne*, que le *rhinocéros du Cap* n'a, comme le dit aussi *Sparmann*, que vingt-huit molaires sans incisives, et en confirmant ensuite, par sa propre observation, ce que *Parsons* et *Daubenton* avoient dit avant lui, que celui des *Indes* a en avant des incisives séparées des molaires par un espace vide.

William Bell, chirurgien au service de la compagnie des Indes à *Benkoolen*, a fait connoître en 1793, dans les *Transactions philosophiques*, un *rhinocéros de Sumatra*, qui paroît former une troisième espèce, et tenir une sorte de milieu entre les deux autres; car il a deux cornes, et la peau peu plissée, comme celui *du Cap*, et cependant il a des incisives comme celui *des Indes*.

Nous donnons, pl. 2, fig. 8, la copie du crâne, figuré par M. *Bell*: c'est celui d'un individu peu âgé, car il n'a encore que six molaires de sorties,

Il ressemble singulièrement au crâne d'un individu un peu plus âgé d'*unicorne*, que nous donnons, pl. 2, fig. 2 : c'est le même que *Camper* a déjà représenté dans une planche séparée, et que M. *Blumenbach* a fait copier, Abb. cah. I, pl. 7 ; mais nous l'avons débarrassé de ses ligamens et de sa corne, pour le faire dessiner de nouveau.

Sa dernière molaire ne fait que percer l'alvéole, et n'a point encore commencé à s'user.

En le comparant à celui de *Sumatra*, on trouve que ce dernier a l'angle postérieur de la mâchoire plus obtus, et la branche montante de celle-ci plus étroite, ce qui pourroit tenir au développement moins avancé de ses dents ; que les os du nez qui portent la première corne sont moins relevés, et que les os incisifs sont plus courbés vers le bas, et n'ont point ce petit angle saillant en avant qui se remarque dans l'*unicorne*.

On ne voit pas non plus dans les figures de M. *Bell* de traces des petites incisives intermédiaires d'en bas, ni de leurs alvéoles, et il n'en parle point dans sa description ; mais comme celle-ci est fort abrégée, ce pourroit être un oubli.

Les différences de ces deux crânes se réduisent donc à peu de chose.

Elles sont réellement moins fortes que celles qu'on peut remarquer entre ce crâne de *jeune unicorne* et celui de l'*unicorne adulte* que nous représentons séparément, pl. 2, fig. 1, et dont nous avons déjà décrit le squelette.

Je n'insiste pas sur la détrition des incisives de ce dernier, qui est accidentelle, ni sur l'angle postérieur de la mâchoire inférieure moins obtus : c'est l'effet du développement de la septième molaire, et par conséquent le produit de l'âge.

Je ne m'arrête pas non plus aux rugosités excessives des os du nez et de l'arcade zygomatique qui peuvent également venir de l'âge.

Mais j'avoue que j'ai peine à m'expliquer l'élévation si disproportionnée du crâne et de la crête occipitale; la hauteur totale de la tête posée sur sa mâchoire inférieure est, dans l'adulte, à la même dimension dans le jeune, comme quatre à trois, tandis que la longueur est égale. Je ne conçois surtout point comment l'apophyse, qu'on remarque au bord inférieur de la narine, peut entièrement manquer dans le jeune individu.

Il y a encore une difficulté : nous avons vu, d'après *Vicq-d'Azyr*, que cet unicorne adulte avoit d'un côté un tronçon d'incisive externe, à côté de la grande d'en haut. Nous avons vu aussi, d'après *Camper*, *Mém. de Pétersb. pour* 1777, pl. 2, p. 211, qu'une tête très-jeune d'unicorne lui a montré dans l'os incisif de chaque côté deux alvéoles bien prononcées; et pour montrer la chose clairement, nous avons fait copier, pl. 2, fig. 4, la figure donnée par Camper de cet os incisif, et, fig. 5, celle du bout de la mâchoire inférieure qui lui correspondoit.

Or, notre *unicorne* d'âge intermédiaire, n'a point d'incisive externe, et ne montre aucune trace d'alvéole qui ait pu la contenir.

Comment cela se pourroit-il, s'il étoit de la même espèce que ce très-jeune et ce très-vieux qui ont offert chacun des traces de cette dent ?

Y auroit-il en Asie deux espèces distinguées par la forme de la tête et par le nombre des incisives, mais dont l'une au moins seroit indifféremment unicorne ou bicorne ?

Ou bien ces trois crânes appartiendroient-ils à une seule et même espèce, aussi indifféremment unicorne ou bicorne, et les différences offertes par l'adulte tiennent-elles seulement à son âge ?

Je viens de m'apercevoir que *Pierre Camper* doit avoir aussi reconnu cette différence entre les rhinocéros d'Asie : « *J'ai eu occasion* (dit-il, dans une lettre à *Pallas*, insérée dans les » Neue nordische beytræge, VII, 249), *de distinguer deux » espèces de rhinocéros asiatiques qui ont l'une et l'autre » quatre grandes incisives. J'enverrai, à ce sujet, à l'académie de Pétersbourg la continuation de mon Mémoire sur » ces animaux.* » La mort de ce grand homme, arrivée peu après cette lettre, l'empêcha sans doute d'exécuter son dessein; mais comme c'est l'une des têtes de son cabinet qui a servi de base à mes observations précédentes, il est probable que les siennes avoient eu la même source, et l'avoient conduit au même résultat.

Au reste, cette question, de quelque manière qu'on vienne à la décider, n'a heureusement, comme nous le verrons bientôt, aucune influence sur ce qui nous occupe principalement ici, je veux dire sur la question de l'identité ou de la non identité de l'espèce fossile avec les vivantes.

Quant au *rhinocéros bicorne du Cap*, il ne reste point de doute qu'il ne soit d'une espèce bien distincte de toutes les autres.

Non seulement sa peau n'a point de plis; non-seulement la forme générale de sa tête est différente; non-seulement il a constamment deux cornes, mais il n'a jamais que vingt-huit dents, toutes molaires; il manque toujours d'incisives, et n'a même point de place pour elles à l'extrémité antérieure de ses mâchoires. Son os incisif est beaucoup trop petit pour en contenir, et même, à sa mâchoire inférieure, les molaires, bien loin de laisser, comme dans les autres rhinocéros, un grand espace vide entre elles et le bord incisif, se rapprochent tellement, que des incisives auroient peine à tenir entre elles.

Tous ces points résultent de la description donnée par *Camper* de cette espèce de rhinocéros, et l'on peut s'en faire une idée nette, en consultant, la seconde planche de notre article sur l'Ostéologie de ce genre, où les dents de l'*unicorne* et du *bicorne* sont représentées, et les fig. 6 et 7 de notre seconde planche actuelle.

La fig. 6 est une copie de celle que Camper a donnée trois fois d'un crâne de *rhinocéros bicorne adulte du Cap.* La fig. 7 est celle d'un jeune crâne de la même espèce, de notre Muséum, qui n'a que cinq molaires de venues. Elle se trouve parfaitement semblable à celle que donne *Sparrmann*, *Voyage trad. fr.*, tome II, pl. 3.

On voit que ces deux crânes ne diffèrent sensiblement que par un peu plus de longueur proportionnelle dans l'adulte, produit naturel du développement de deux molaires de plus, de chaque côté à chaque mâchoire.

Tels sont les rhinocéros, découverts jusqu'à ce jour, vivans.

Je sais que *Bruce* a publié une figure d'un *bicorne* très-différent de celui du Cap, et qu'il prétend avoir vu en *Abyssinie ;* mais cette figure n'est qu'une copie de celle de l'*unicorne* donnée par *Buffon*, à laquelle *Bruce*, a seulement ajouté une corne. S'est-il déterminé à composer ainsi cette image, parce qu'il avoit vu en effet un être auquel elle ressembloit ? ou n'a-t-il commis qu'un plagiat que rien ne peut faire excuser ? c'est ce que je n'ose décider ; mais en supposant même l'existence d'un tel animal, ce ne seroit probablement qu'un individu accidentellement *bicorne* de l'espèce des Indes, ou à dents incisives. Il s'éloigneroit moins encore de cette espèce que le *rhinocéros de Sumatra* qui est également bicorne.

Je sais aussi que *Gordon* attribue à son *rhinocéros bicorne du Cap* quatre dents incisives à la partie antérieure des mâchoires; mais cet officier pourroit bien avoir ajouté après coup cet article à sa description, sur ce qu'il trouva dans les auteurs qui avoient parlé de l'*unicorne*: l'animal qu'il décrivoit est bien certainement le même que celui de *Sparmann* et de *Camper*; et le témoignage de ces deux naturalistes, confirmé par la nature même, dans la tête de notre cabinet, doit prévaloir sur celui de *Gordon*.

Après avoir déterminé les espèces vivantes, nous pouvons leur comparer en détail l'espèce fossile, et il nous sera bien aisé de voir qu'elle ne ressemble entièrement à aucune d'elles.

II.° *Comparaison des crânes fossiles avec ceux des espèces vivantes.*

1.° Les crânes fossiles sont en général plus considérables.

Les quatre premiers, décrits par *Pallas* (*nov. com. XIII*), avoient 33.''; 31.'' 3.'''; 30.'' 9.''' et 29.'' 5.'''; celui des bords du *Tchikoï*, 31.''; celui de *Darmstadt*, décrit par *Merck*, 31.''; un de ceux que M. Camper conserve dans son cabinet et qui a été trouvé près de *Lipstadt*, 31.'' du Rhin, qui font 29.'' 11 lignes de Paris; celui de *Manheim*, décrit par *Collini*, 28.'' 6.'; celui qu'on trouva avec sa peau sur les bords du *Wilhouï*, 27.''' 6.''' et le plus petit de tous, donné par l'académie de Pétersbourg à feu *Camper*, 26.'' du Rhin ou 24.'' 5 lig. de Paris. En prenant dans tous la longueur depuis la crête de l'occiput, jusqu'à la pointe des os du nez, ce qui est en effet la plus grande dimension dans cette espèce.

Cette même dimension n'est que de 21." 6.''' dans notre unicorne adulte, et de 19." 6.''' dans le jeune; mais en prenant la longueur, depuis les condyles de l'occipital jusqu'au bout des os du nez, ils ont l'un et l'autre 25". Les deux dimensions sont à peu près égales entre elles dans le *bicorne d'Afrique.* L'adulte de Camper les a de 26 pouces du Rhin, qui font 24." 5''' de Paris, précisément comme le plus petit des fossiles; notre jeune, de 17.".

Comme il est possible que les crânes d'individus vivans ne viennent pas des plus grands de leur espèce, nous n'insisterons pas beaucoup sur cette première différence.

2.° Mais les mesures même que nous venons de donner nous indiquent déjà une deuxième différence beaucoup plus importante, parce qu'elle tient à la forme.

Dans le rhinocéros du Cap, la crête occipitale est à peu près au-dessus des condyles de même nom, et la face postérieure de l'occiput à peu près perpendiculaire sur l'axe de la tête.

Dans le jeune unicorne, cette face s'incline en avant, ce qui rend la distance du nez à la crête plus courte que celle du nez au condyle, comme 19 à 25.

Autant qu'on peut en juger par la figure de Bell, il en est de même dans le bicorne de Sumatra.

Dans notre unicorne adulte, cette inclinaison en avant est encore plus sensible, quoique la différence des deux lignes soit moindre, comme 21 à 25, à cause de la hauteur extrême de cette face occipitale.

Dans tous les crânes fossiles, au contraire, la face occipitale est fortement inclinée en arrière, et la distance du nez à la crête, notablement plus longue que celle du nez aux condyles. On en peut juger par toutes les figures qu'on en a publiées, quoique les auteurs ne nous aient point donné de mesures qui nous mettent à même de déterminer cette différence avec précision.

3.° Le méat auditif a son axe vertical dans les espèces vivantes; mais, par suite de l'obliquité des temporaux, entraînés en arrière par l'inclinaison de l'occiput, cet axe est oblique dans l'espèce fossile. Je dois cette remarque à M. *Adrien Camper.*

4.° Le *rhinocéros fossile* étoit certainement bicorne : cela se juge par les deux disques pleins d'inégalités qui se remarquent sur son crâne, l'un sur l'extrémité du nez, et l'autre au-dessus des yeux. M. *Pallas* l'a très-bien vu sur le rhinocéros entier du Wilhouï. « *Apparent autem cornu nasalis, pariter atque* » *frontalis, evidentissima vestigia.* » Nov. Com. XVII, 588. Cependant il n'a rien de plus de la forme du bicorne d'Afrique; ses ceux cornes ne se touchoient point comme dans celui-ci et dans celui de Sumatra; mais il restoit un assez grand espace entre leurs bases, voyez pl. 3, fig. 1 et 4 : ce qui s'accorde avec l'alongement plus considérable du crâne fossile. De plus, cette base de la seconde corne est relevée en bosse et très-rugueuse dans l'espèce fossile, tandis qu'elle est plus ou moins concave dans les bicornes vivans. Cette dernière remarque est encore de M. *Adrien Camper.*

5.° Loin d'avoir l'apophyse antérieure de l'os maxillaire supérieur, courte, et les os intermaxillaires très-petits, comme le *bicorne d'Afrique*, le *bicorne fossile* a ces parties extrêment longues et fortes, plus longues même que dans tous les autres rhinocéros : ce qui rend la longueur de son échancrure nazale plus considérable : elle fait le quart de la longueur totale; 8." 3.'" pour 33." Pall. nov. Comm. XIII, p. 456. Dans le *bicorne d'Afrique* jeune, elle n'en fait que le sixième, et dans l'adulte que le *septième;* dans le *bicorne de Sumatra* et le jeune *unicorne*, moins du quart; dans l'unicorne *adulte*, un peu moins d'un cinquième.

6.° Il porte au bord supérieur de l'os incisif une proéminence qui n'existe ni dans le bicorne d'Afrique, ni dans celui de Sumatra, ni dans ce jeune unicorne que nous croyons voisin de celui de Sumatra. Elle n'existe que dans notre grand unicorne, si différent pour tout le reste du fossile.

7.° Le caractère le plus important du rhinocéros fossile est la forme de ses os du nez, et leur jonction avec les incisifs. Il se distingue par là non-seulement des autres rhinocéros, mais encore de tous les animaux connus. La pointe des os du nez, au lieu de se terminer en l'air, à une certaine distance au-dessus des incisifs, descend sans s'amincir au-devant des échancrures nazales, et après s'être partagée en trois tubercules saillans, se joint, par une portion un peu plus mince, à l'endroit où les os incisifs se réunissent et forment eux-mêmes deux autres tubercules. On peut prendre une idée nette de cette réunion dans notre planche 3, fig. 2, qui est empruntée de Collini, et qui représente le nez vu pardevant, et en y joignant les figures 4 et 5 qui le représentent de côté et en dessous.

Je dois ces deux dernières à la complaisance du célèbre M. *Blumenbach*, qui a bien voulu les faire dessiner sur un morceau du cabinet de l'université de Gœttingen, lequel a été trouvé près du fleuve Kartamisch dans le gouvernement d'Ufa en Sibérie, et données à ce cabinet par le baron d'*Asch*.

Ces os se soudent si bien ensemble tous les quatre, qu'on n'y aperçoit plus de suture, même à un âge assez peu avancé. On ne voit point non plus la suture qui distingue l'intermaxillaire du maxillaire.

Cette construction si solide est sans doute destinée au soutien de la corne, et doit faire croire que ce rhinocéros l'avoit plus forte encore, et pouvoit s'en servir avec plus d'avantage que ceux d'aujourd'hui.

8.° Derrière cette jonction des os du nez aux incisifs, commence une cloison osseuse qui sépare les deux narines, et qui se porte en arrière pour se joindre au vomer.

M. *Adrien Camper* m'apprend que dans son crâne fossile de *Lipstadt*, qui provient d'un jeune sujet, cette cloison est soudée avec les os incisifs, mais qu'elle se distingue encore des os nazaux par une suture. Dans un autre crâne plus âgé de Sibérie (celui que l'académie de Pétersbourg avoit donné à son illustre père), la cloison est soudée des deux côtés.

Avec l'âge, elle se soudoit aussi au vomer, et ne formoit avec lui qu'un tout continu. « *Cette cloison, de l'épaisseur* » *d'un pouce* (m'écrit encore M. *Camper*), *passe sous forme* » *d'un mur très-solide, depuis l'extrémité du museau, jus-* » *qu'au vomer, sans interruption, et soudée de toute part* » *aux os du nez, des mâchoires et à ceux du palais comme* » *au vomer.* » Mais avant que cette union fût complétée par l'âge, il restoit pendant quelque temps un vide assez considérable, qu'un cartilage remplissoit pendant la vie. C'est ce vide qui a fait croire à M. *Faujas* que toute la cloison n'est qu'un produit de l'âge; il auroit pu voir aisément, cependant, que même alors elle n'en resteroit pas moins un caractere spécifique, puisque les *rhinocéros vivans* n'en ont de telle à aucun âge. Notre *unicorne*, qui est assurément bien adulte, puisque toutes les sutures de son crâne sont effacées, n'en a pas la moindre trace; tandis que le crâne fossile des bords du *Tchikoï*, dont toutes les dents ne sont pas encore sorties, l'a déjà presque complète.

9.° Il résulte de cette cloison que les trous incisifs sont séparés l'un de l'autre; tandis que dans les espèces vivantes ils se confondent en une vaste ouverture. Je dois encore cette observation à M. *Adrien Camper*. Les figures de M. *Pallas* ne sont pas bien claires sur ce point. On peut en prendre une meilleure idée dans notre fig. 5, et pl. 4, fig. Il me paroît, d'après la figure de *Zückert* (*Cur. de la nat. de Berl.* II, pl. 10, fig. 3), qu'ils se rétrécissent à leur partie supérieure. Voici la description qu'en donne *Collini*, le seul qui en ait parlé clairement, (*Mémoires de Manheim*, tome V). « Il y a de » chaque côté une petite cavité, et à côté d'elles on voit un » conduit cylindrique presque horizontal, qui a un diamètre » d'environ 6 lignes; chacun de ces conduits a communica- » tion avec un des nazeaux, par une ouverture qui se trouve » entre l'os de la mâchoire et le vomer. Ils sont divergens, » en s'enfonçant horizontalement dans les nazeaux, parce » qu'ils suivent la forme de la mâchoire ». On voit qu'il n'y a rien là qui ressemble à nos *rhinocéros vivans*.

10°. La longueur de l'échancrure nazale paroît avoir été la cause du reculement de l'œil, qui est plus en arrière dans ce rhinocéros que dans les autres. « Il étoit placé au-dessus de la » dernière molaire, au lieu qu'il est situé au-dessus de la qua- » trième dans l'espèce d'Asie, » m'écrit M. *Adrien Camper* ayant les deux espèces sous les yeux. Le *bicorne d'Afrique* dont les molaires se portent plus en avant, n'a l'œil que sur la cinquième.

Le point le plus essentiel à déterminer eût été l'absence ou la présence, ainsi que le nombre des incisives; mais après une infinité de recherches, je n'ai encore rien d'entièrement certain: cependant j'oserois presque affirmer que le rhinocéros fossile en manquoit au moins à la mâchoire supérieure.

« *Non parum miratus sum*, écrivoit M. Pallas en 1759 » (nov. Com. XIII, 453) *in omnibus quatuor craniis nul-* » *lum omninò superesse vestigium dentium primorum.* » Quatorze ans après, en 1773, il dit encore en parlant du rhinocéros des bords du Wilhouï, « *Extremitates maxillarum,* » *neque dentium, neque alveolorum vestigium ullum habent.* » (Nov. Com. XVII, p. 590.)

Mais, quelques pages plus loin, p. 600, il ajoute en parlant du crâne des bords du *Tchikoï*, le plus entier de tous ceux qui ont été découverts: « *In apice maxillæ inferioris, seu* » *ipso margine, ut ita dicam, incisorio, dentes quidem nulli* » *adsunt; verumtamen apparent vestigia obliterata quatuor,* » *alveolorum minusculorum æquidistantium, e quibus exte-* » *riores duo obsoletissimi, sed intermedii satis insignibus* » *fossis denotati sunt. In superiore quoque maxilla hujus* » *cranii ad anticum palati terminum utrinquè tuber osseum* » *astat, obsoletissima fossa notatum, quæ alveoli quondam* » *præsentis vestigium refert.* »

On voit donc que, même d'après ce rapport, si ce crâne avoit eu des incisives, elles devoient être fort petites, et ne ressembler en rien à celles de nos *rhinocéros d'Asie* et de *Sumatra.* On ne peut pas dire que ce soit l'âge qui les ait fait tomber, et qui en ait rempli les alvéoles, car ce crâne étoit d'un jeune individu qui n'avoit que cinq molaires de sorties. Si l'on examine bien notre fig. 5, on verra que les extrémités des os incisifs *a* et *a*, ne paroissent pas même assez grandes pour avoir contenu des dents. *Collini* est du même sentiment. « *Il ne paroît point*, dit-il, *qu'il y ait pu avoir des dents in-* » *cisives à cette extrémité antérieure de mâchoire; car rien* » *n'y paroît pouvoir servir d'alvéoles* ». (Loc. cit.)

Pallas finit par prendre la même opinion, au rapport de *Pierre Camper*. « *Il approuva mon observation*, dit ce der- » nier, *en insistant néanmoins toujours sur l'apparence in-* » *contestable des alvéoles dans la partie antérieure de la mâ-* » *choire inférieure.* » (Œvres de Camp. trad. fr. I, 262.)

Comme M. *Pallas* est jusqu'à présent le seul qui ait vu cette mâchoire inférieure, et qu'il est d'ailleurs un juge très-compétent, nous pouvons nous en rapporter à lui; mais il n'en reste pas moins constant que si ce rhinocéros avoit des incisives, c'étoit tout au plus à la mâchoire inférieure, et qu'elles y étoient fort petites. Il différoit donc des rhinocéros vivans à cet égard, comme pour tout le reste; et il n'avoit point en cela, comme le pense M. *Faujas* (Ess. de géol. I, 433), de rapport avec le *rhinocéros de Sumatra*, car ce dernier a des incisives très-grosses et aux deux mâchoires.

Je ne dois point dissimuler cependant qu'il existe deux dents que l'on assure avoir été trouvées sous terre auprès de *Mayence*, et qui paroissent de vraies incisives supérieures d'un *rhinocéros*. Elles étoient dans le cabinet du célèbre anatomiste *Sœmmerring*. *Merck* en a représenté une, III.e lettre, pl. III, fig. 1. Nous donnons le dessin de l'autre, pl. I, fig. 9 et 10, tel que nous le tenons de la complaisance de M. *Adrien Camper*, qui est aujourd'hui propriétaire de ce morceau.

En supposant que ces dents étoient en effet fossiles, ce fait isolé ne prouveroit rien contre ce qui résulte de l'examen des têtes fossiles ordinaires; il annonceroit seulement qu'il y a encore parmi les fossiles une espèce de *Rhinocéros* différente de celle qu'on y a trouvée jusqu'ici, et il faudroit attendre qu'on en eût d'autres morceaux pour la pouvoir juger. Enfin, quand par impossible ces dents auroient en effet appartenu à des têtes de l'espèce que nous avons décrite jusqu'ici, cette espèce, comme nous l'avons vu, n'en resteroit pas moins distincte des autres par beaucoup de caractères.

Je pourrois encore trouver d'autres différences entre les crânes *fossiles* et ceux des *rhinocéros vivans*; mais j'espère bien que les dix que je viens d'exposer suffiront pour convaincre tous les naturalistes que ce rhinocéros fossile différoit des autres, plus qu'ils ne diffèrent entre eux. Toutes les objections qu'on a voulu faire contre cette distinction d'espèce, restent donc anéanties.

J'ai déjà dit plusieurs fois qu'il n'y a point de différence constante pour les dents molaires. Nous avons pu voir ci-devant la ressemblance des supérieures, prises chacune à part. La planche I en offre assez de preuves.

Nous en donnons une, pl. III, fig. 7, pour celles d'en bas: c'est un fragment de mâchoire du *Val-d'Arno* en Toscane, contenant deux dents. Ce morceau est du cabinet de M. *Camper*. Il y en a de mieux conservées dans celui de M. *Targioni-Tozzetti* à Florence. Le nombre des dents est aussi le même.

M. *Adrien Camper* à qui je dois la connoissance du morceau précédent, et qui possède encore deux crânes fossiles, dont un trouvé en Allemagne, d'un jeune mais grand sujet, a les os maxillaires parfaitement entiers, et contenant encore deux molaires, et les alvéoles des autres non endommagées, m'écrit: « *L'espèce éteinte avoit évidemment sept molaires* » *comme les espèces vivantes.* »

Il est vrai que le beau crâne des bords du *Tchikoï*, figuré par M. *Pallas* n'en a que cinq en haut et en bas; mais on voit déjà à la mâchoire inférieure les ouvertures d'où devoient sortir les arrière-molaires. Ce moindre nombre tenoit donc uniquement à la jeunesse de l'individu.

Après avoir ainsi terminé l'histoire de la tête, partie la plus importante de toutes, voyons ce qu'on a pu recueillir des autres débris de cette espèce fossile.

III.° *Parties du rhinocéros fossile autres que le crâne.*

1°. La *corne*.

Il y en avoit, en 1759 (selon *Pallas*, loc. cit.) dans le cabinet de Pétersbourg, cinq, toutes trouvées en Sibérie, et toutes d'une grandeur considérable; l'une avoit 33." 3.''' de longueur; une seconde, 25." 4.'''; une troisième, 49.", ce qui excède tout ce que l'on connoît parmi les cornes de *rhinocéros vivans*; la quatrième, 32.", et la cinquième, 25." 6.'''. Ces cornes avoient la même structure fibreuse que les ordinaires. Aucune d'elles n'a été trouvée attachée à son crâne. Je ne connois point d'autre renseignement sur cette partie. Il est vrai que *Walch* (*Comment. sur Knorr.* tom. II, sect. II, p. 149), renvoie à divers auteurs où il doit être question de cornes de *rhinocéros* pétrifiées, mais, vérification faite, je n'y ai rien trouvé de certain.

2.° L'*humérus*.

Hollmann en a eu des portions de deux, et *Zückert* d'un. La plus parfaite est celle d'*Hollmann* dont nous donnons des copies, pl. IV, fig. 1 et 2. Elle avoit été trouvée, en 1750, dans les environs de *Schartzfels*, et donnée à *Hollmann* par *Brendel*. Il n'y manque qu'une partie de la crête supérieure et de l'inférieure ; et l'on peut rétablir celle-ci par un autre morceau des environs de *Herzberg*, publié par le même auteur, et copié, pl. IV, fig. 3.

Cet humérus fossile a tous les caractères d'un humérus de *rhinocéros*, principalement la saillie excessive des deux crêtes ; le crochet de la supérieure, l'obliquité extrême de la poulie radiale.

Une comparaison détaillée avec le squelette d'*unicorne* de notre *Muséum* a montré que cette obliquité est plus forte dans le fossile, et que la crête inférieure y est plus longue. Sa hauteur fait le tiers de celle de l'os dans le fossile ; elle n'en fait que deux septièmes dans le vivant.

L'os fossile est un peu moins long que celui de notre squelette, et il est néanmoins plus gros. Pour plus d'exactitude, nous allons donner une table de quelques-unes de leurs dimensions homologues. Nous empruntons celles du fossile de la dissertation d'*Hollmann* (*Comment. soc. reg. Gœtt.* II, p. 227).

	HUMÉRUS FOSSILE.	HUMÉRUS DU SQUELETTE Du Rhin. unic.	OBSERVATIONS.
Longueur totale de l'os prise obliquement depuis le sommet de la tête, jusqu'au bas du condyle externe, *a*, *k*, fig. 1 et 2, pl. IV	16"	17" 6"'	L'excédent de cette mesure dans le fossile, à proportion de la suivante, montre que son condyle externe desc. nd bien davantage.
Depuis le bord inférieur de la tête, jusqu'au bas du condyle interne, *b*, *f*,	11" 8"	13" 9"'	
La plus petite circonférence . .	10"	9' 2"'	
Distance du bord inférieur interne de la tête, à la pointe inférieure de la crête supérieure, *b*, *d*	8" 6"'	9"	Cette partie n'étoit pas entière dans le fossile.

3.° L'*acetabulum*.

Hollmann donne (loc. cit. p. 233, pl. III, fig. 1), un fragment de bassin trouvé à *Herzberg*, qui n'a d'entier que la fosse cotyloïde. Ses dimensions sont en longueur 4." 8.'''; en largeur, 4.'''. Notre rhinocéros a 4." 6.''' dans les deux sens.

4.° Le *femur*.

Hollmann (p. 234, pl. III, fig. 2 et 3), n'en a que des têtes de 13 à 15." de circonférence. Celles de notre squelette ont 12." 6.'''; ainsi encore en ce point il est moins gros que le fossile.

5.° Le *tibia*.

Hollmann (p. 236, pl. III, fig. 4, 5 et 6) en donne un dont la tête supérieure est un peu mutilée, et qui a encore 13." 6.''' de longueur totale. Le nôtre a 15." 6.'''; du reste, la figure de cet os, et ce que *Hollmann* en dit dans sa description, conviennent bien avec son analogue dans le squelette: seulement, à en juger par sa figure 6 que nous copions ici, pl. II, fig. 9, l'articulation inférieure auroit eu son diamètre transverse plus grand à proportion que l'autre. L'os entier est copié, fig. 10.

6.° L'*omoplate*.

M. *Wiedemann*, professeur à *Brunswick*, a eu la bonté de me procurer un dessin de grandeur naturelle, représentant une omoplate fossile, trouvée, en 1773, dans un bois près d'*Osterode*, au pied du Harz, et non loin d'*Herzberg*, à 18 pieds de profondeur dans de la marne. J'en donne une copie réduite au sixième, pl. IV, fig. 11. Cette omoplate comparée à celles de tous les grands animaux, se rapproche plus de celle du rhinocéros que de toute autre; ce qui, joint au voisinage des lieux, me fait conclure qu'elle est en effet celle du rhinocéros fossile ; c'est l'omoplate gauche. Son bord inférieur *a*, *b*, est beaucoup plus droit et plus mince que dans le rhinocéros vivant ; et la partie la plus saillante de l'épine qui devoit se trouver vers *c*, est beaucoup plus avancée vers la tête articulaire. Je ne puis comparer cette dernière partie, parce qu'elle est mutilée dans l'os fossile.

Ses dimensions ne surpassent pas beaucoup celles du vivant ; le dessin donne 0,59 de longueur de *d* en *e* ; et 0,24 de largeur d' *a* en *f*. Le vivant a 0,53 et 0,22. Aussi cette omoplate paroît-elle venir d'un jeune individu, car ses apophyses paroissent perdues.

7.° Le *radius*.

M. *Wiedemann* m'en a aussi envoyé le dessin d'un fragment trouvé au même endroit que cette omoplate. Nous en donnons une copie réduite au sixième, pl. fig. 12 ; mais ce fragment étoit tellement mutilé, que nous ne pouvons nous en servir pour des comparaisons détaillées. Il nous fait seulement juger qu'il venoit d'un individu considérablement plus grand que l'omoplate. Sa largeur en bas est de 0,19 ; et celle du vivant, de 0,13 seulement. Mais peut-être ce dessin est-il trop grand.

8.° L'*atlas*.

Hollmann en a eu un qu'il suppose presque entier (p. 251, pl. I, fig. 3, 4, 5). Nous copions les trois figures qu'il en donne, pl. IV, fig. 6, 7, 8. Il faut que les bords des deux apophyses transverses aient été plus rompues que *Hollmann* ne le croyoit, car il n'avoit que 13 pouces en travers d'*a* en *a*, et le nôtre en a 16, quoique les parties moyennes soient de même grandeur, et la largeur de chaque aile d'avant en arrière aussi, savoir de 5.''. Mais il y a d'autres différences de forme qu pourroient faire penser que celle de la largeur transverse tient à l'espèce. Les échancrures *f*, *f*, sont de véritables trous dans notre squelette, parce qu'elles y sont fermées en avant par une traverse osseuse. La protubérance supérieure *d* n'y est point arrondie, et porte trois arrêtes longitudinales; la pointe postérieure *g* existe bien, mais se prolonge en une arrête de la face inférieure, et celle-ci se termine vers *k*, par une forte échancrure du bord antérieur inférieur qui manque au fossile. Enfin, ce qui est le plus important, les deux facettes de l'atlas du squelette ne sont nullement disposées comme dans le fossile en *c*, *c*, faisant ensemble un angle presque de 90°; mais elles sont sur une ligne presque droite, et dans la même direction que les apophyses transverses, *a*, *a*.

Du reste, ces deux atlas se ressemblent, et le fossile ne peut être provenu que d'un animal du genre du rhinocéros. Aucun animal de cette grandeur n'en a dont la figure soit approchante.

C'est une nouvelle preuve de la différence d'espèce.

10.° L'*axis*.

Hollmann donne (p. 223, pl. I, fig. 6 et 7), précisément celui qui s'articuloit avec l'atlas précédent: nous copions ses figures, pl. III, fig. 8 et 9. La différence des facettes articulaires de l'*atlas* devoit nécessairement influer sur celles de l'*axis*; aussi ces deux dernières, *e*, *e*, sont-elles beaucoup moins en ligne transversale, c'est-à-dire que leur angle externe se porte plus en arrière que dans le *rhinocéros vivant*. Ces angles sont aussi moins distans l'un de l'autre, car ils n'ont dans le *fossile* que 5 pouces d'intervalle, et ils en ont six et demi dans le *vivant*. L'apophyse épineuse ou la crête *b*, *b*, est plus comprimée et plus longue à proportion, ayant 5." de long, tandis qu'elle n'a que 3." 6.''' dans le *vivant*. Les transverses *k*, sont cassées dans le *fossile*; ainsi l'on ne peut établir de comparaison. Les bords externes des apophyses articulaires postérieures sont à 4." 4."' l'un de l'autre dans le fossile, a 3." 9."' dans le vivant.

Ainsi, quoique cet *axis* ne puisse par sa grandeur, jointe avec sa forme, être que de *rhinocéros*, ses proportions montrent encore qu'il est d'une autre espèce que le *rhinocéros unicorne.*

11.° La troisième *vertèbre cervicale.*

La face postérieure du corps de cet axis fossile est ovale et très-concave; elle s'articuloit très-bien avec une autre vertèbre trouvée dans le même lieu, que nous empruntons encore d'*Hollmann* (p. 221, pl. I, fig. 8 et 8) et que nous donnons, pl. III, fig. 9, par sa face antérieure. Comme ses apophsyes sont mutilées, on ne peut faire de comparaison exacte. La face antérieure du corps a 3." 8."' de long et 3." de large, et dans le vivant ces dimensions ne sont que de 2." 5."' et de 1." 9."'. On voit donc qu'il n'y a pas plus d'accord de proportion ici que pour les autres os.

Voilà tous les os de *rhinocéros fossile* sur lesquels j'ai pu obtenir des renseignemens exacts. On voit que chacun d'eux, quand même on l'eût trouvé isolé, auroit indiqué, par sa configuration générale, à quel genre il appartient; mais on voit aussi qu'il n'en est pas un qui ne montre dans le détail de ses proportions des différences spécifiques très-marquées.

J'aurois voulu déterminer les proportions générales du corps et surtout celle de la tête aux membres; mais il auroit fallu pour cela avoir une tête et quelques os de membre qui eussent appartenu au même individu; et c'est ce qui nous manque, puisqu'il n'y avoit point de tête entière parmi les os d'*Herzberg*. Voici comment je m'y suis pris pour suppléer à ce défaut jusqu'à un certain point.

Il y avoit un fragment d'occiput, pl. II, fig. 11, contenant le trou occipital entier qui, selon *Hollmann*, p. 220, représentoit un triangle équilatéral de 2." 4.''' de côté.

Or, *Merck* (prem. lettre, p. 10), dit que le crâne fossile de *Darmstadt*, long de 31." avoit pour base de son trou occipital 2." 3.'''. Le crâne dont provenoit le fragment d'*Herzberg* devoit donc surpasser très-peu celui-là en longueur.

Ainsi les *rhinocéros fossiles* dont le crâne étoit à peu près long de 31 à 32.", avoient l'humérus de 16.", tandis que le *rhinocéros unicorne* dont le crâne est long de 21." ou de 25." suivant qu'on le mesure par la crête ou par les condyles, a l'humérus de 17." 6.'''.

Il y a une différence analogue, plus forte encore dans la proportion de la tête aux pieds de derrière. Le *rhinocéros fossile* du *Wilhouï*, dont le crâne étoit long de 27." 6.''', avoit, du calcanéum au bout des doigts, 15." 2.''', et notre unicorne a 18." 6.'''.

Un jeune bicorne empaillé, de ce *Muséum*, a la tête de 16." de longueur, et le pied, depuis le calcanéum jusqu'au bout du doigt du milieu, de 10." 3.'''. Il faudroit que sa tête eût 18." pour être dans la proportion du fossile; et cependant ce jeune individu a la tête encore plus grande que l'adulte de son espèce.

Enfin l'on arrive à ce résultat d'une troisième façon. *Hollmann* nous donne, p. 259, les mesures d'un os du métacarpe qu'il avoit deux fois, et qui étoit long de 3." 4.'''. Il ne dit pas si c'étoit le moyen ou l'un des latéraux. Notre rhinocéros unicorne a son métacarpien moyen long de 7."; l'externe de 6." 3.''', et l'interne de 5." 9.'''.

Il est donc clair que la tête du fossile est non-seulement plus grande absolument parlant, mais encore qu'elle l'est beaucoup plus à proportion de la hauteur des membres, et que la forme générale de l'animal devoit être très-différente.

C'est encore un argument pour établir la différence de l'espèce, s'il étoit nécessaire d'en ajouter à tous ceux que j'ai rapportés jusqu'ici; mais j'espère qu'il y en a beaucoup plus qu'il n'en faut pour convaincre les naturalistes instruits.

Une grande espèce de quadrupède inconnue aujourd'hui se trouve donc ensevelie dans une infinité d'endroits de l'Europe et de l'Asie; et ce qui est bien remarquable, elle n'y a pas été apportée de loin, et ce n'est pas par des changemens lents et insensibles, mais par une révolution subite, qu'elle a cessé d'y vivre.

Le *rhinocéros entier*, trouvé avec ses chairs et sa peau, enseveli dans la glace aux bords du *Wilhouï*, en 1770, démontre évidemment ces deux propositions. Comment seroit-il arrivé jusque là des Indes ou d'un autre pays chaud, sans se dépécer? Comment se seroit-il conservé, si la glace ne l'eût saisi subitement? et comment l'eût-elle pu saisir de cette manière, si le changement de climat eût été insensible?

Cet individu des bords du *Willhouï* nous apprend même quelques détails sur l'extérieur de l'animal, détails que nous serons forcés d'ignorer par rapport à la plupart des autres espèces fossiles; nous voyons, par exemple, que la tête n'avoit point ces protubérances ou callosités irrégulières qui rendent celle du *rhinocéros unicorne* si hideuse, mais qu'elle étoit lisse comme celle du *bicorne du Cap.* (Voyez Pall. nov. Com. XVII, pl. XV, fig. 1). Les pieds de l'animal se terminoient chacun par trois sabots absolument semblables à ceux des *rhinocéros* d'aujourd'hui, à en juger du moins par les ongéaux qui les portent, car les sabots mêmes étoient perdus. (*Id. ib.* fig. 2 et 3 et p. 591.)

On peut même reconnoître la nature des poils du museau et des pieds (*Id. ib.* p. 586). Ce qui est bien remarquable, c'est que les poils étoient très-abondans, surtout aux pieds, tandis que nos rhinocéros des Indes et du Cap en manquent absolument à cette partie. « *Pili in multis locis corii adhuc* » *supersunt, ab unà ad 3 lineas longi, satis rigidi sordide* » *cinereo pallescentes; totumque pedem iisdem fasciculatim* » *nascentibus deorsumque prostratis obsitum fuisse, e relic-* » *tis detritorum reliquiis apparet. Tantam verò pilorum co-* » *piam, quantam in hoc pede atque in descripto capite* » *adfuisse apparet, in rhinocerotibus quos in Europam ad-* » *vectos nostra vidit œtas, nunquàm si benè memini obser-* » *vata fuit.* »

M. Pallas en conclut même que cet animal pouvoit être d'un climat plus tempéré que les rhinocéros ordinaires : mais comme on vient de voir que ce n'étoit pas une simple variété, mais une espèce à part, cette conclusion ne repose plus sur rien de positif.

Il n'a tenu qu'à quelques paysans de Sibérie que nous ne connussions cette espèce de l'ancien monde, aussi bien que la plupart de celles de nos jours. Avec un peu plus de précautions, on en auroit conservé le corps entier aussi bien que la tête et les pieds; il est heureux du moins que les parties les plus essentielles de ce monument d'un genre et d'une date si extraordinaires, soient désormais à l'abri de la destruction.

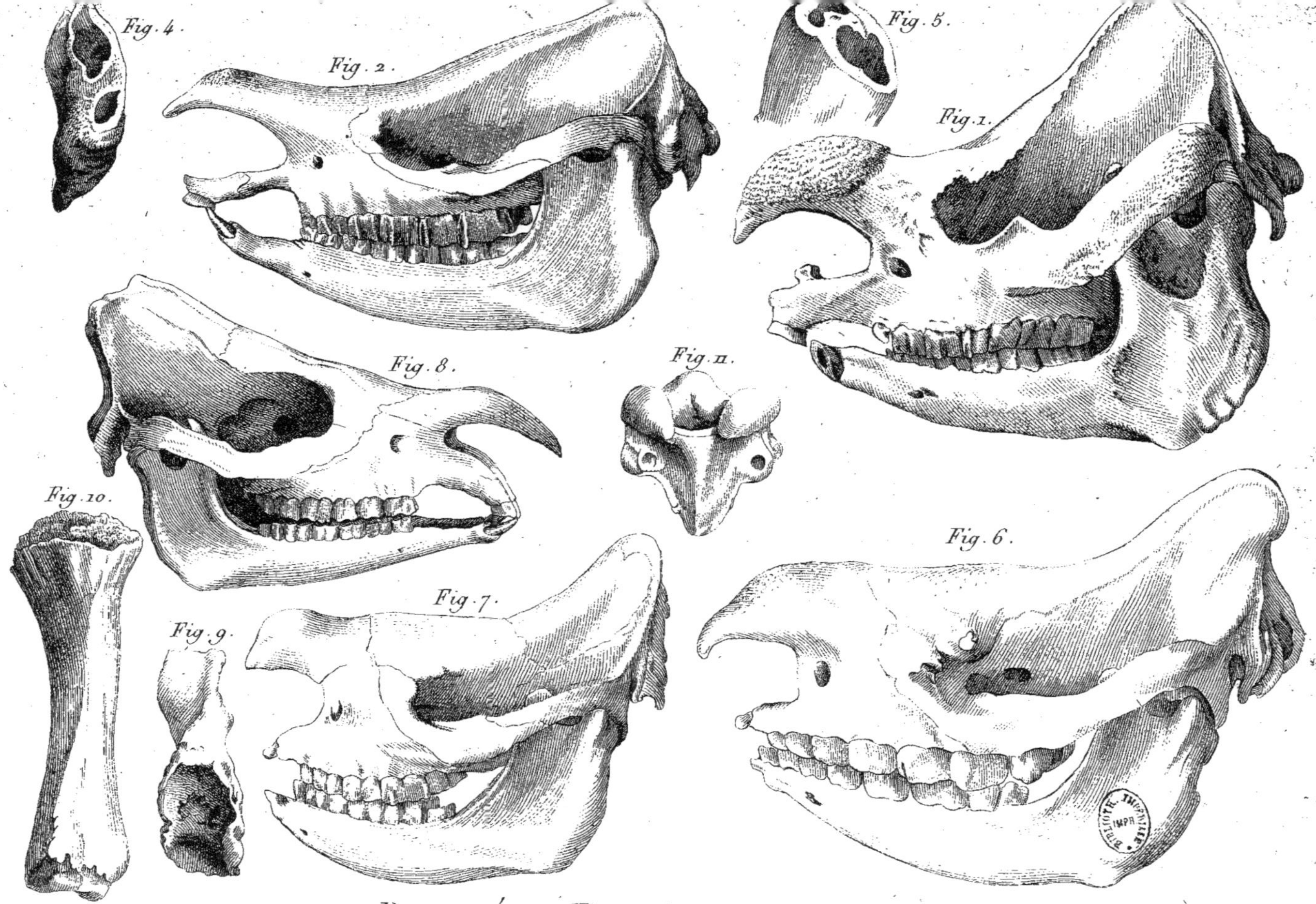

RHINOCÉROS Têtes vivantes.

Laurillard del. Couët Sc.

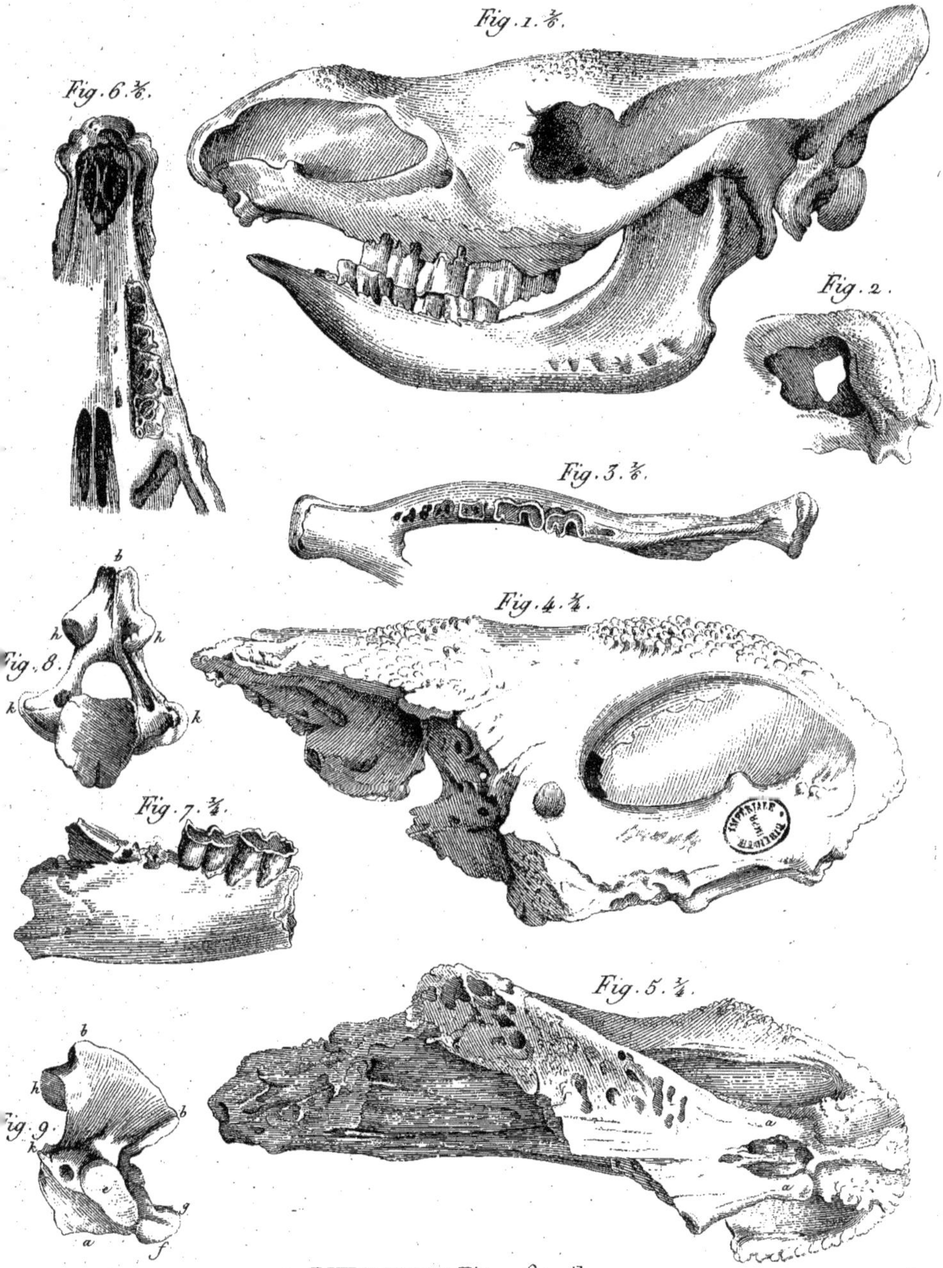

RHINOCEROS, Têtes fossiles.

...liard delin. *Couet Sculp.*

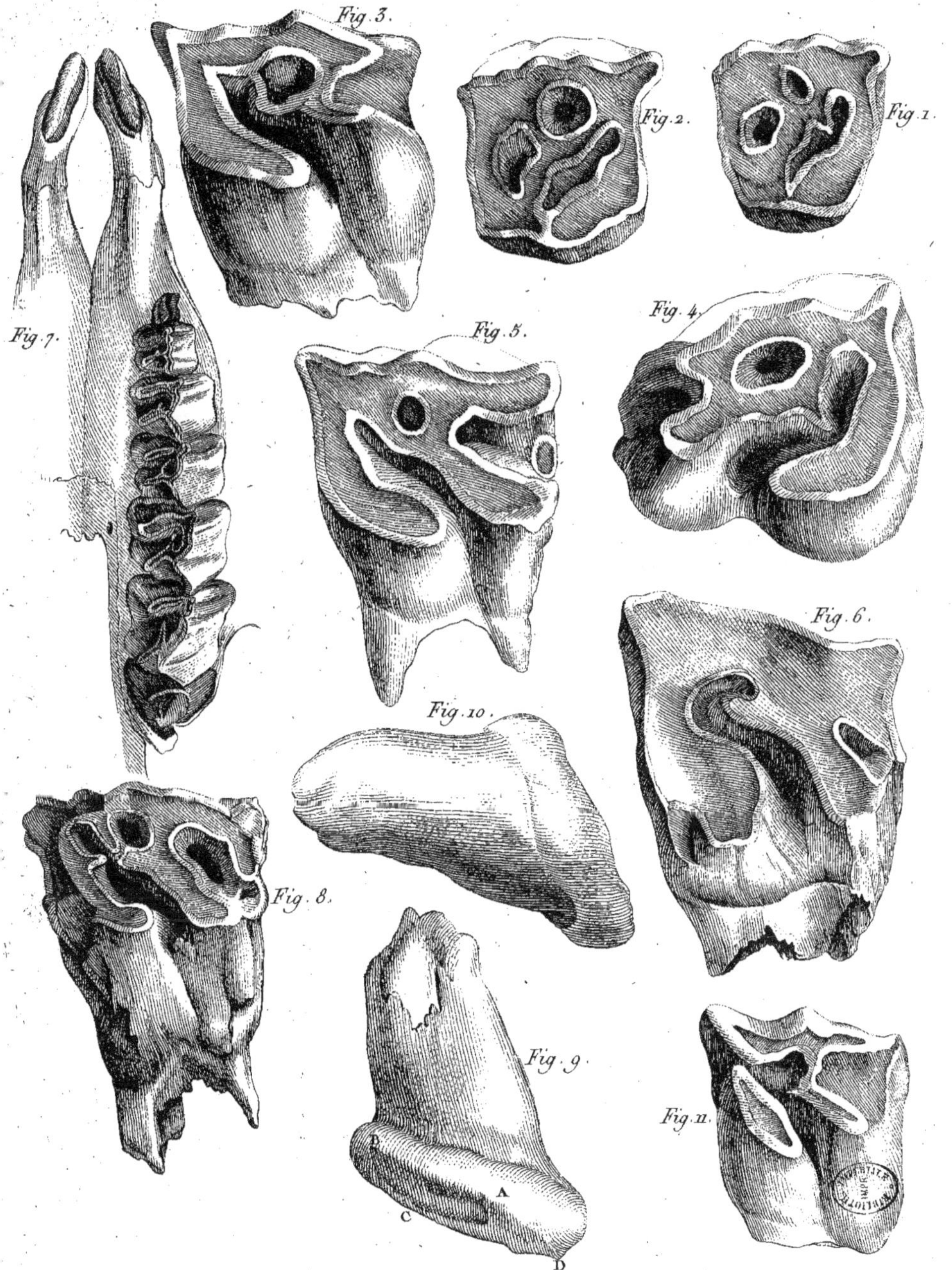

Laurillard del.

RHINOCÉROS Dents fossiles.

Couet Sc.

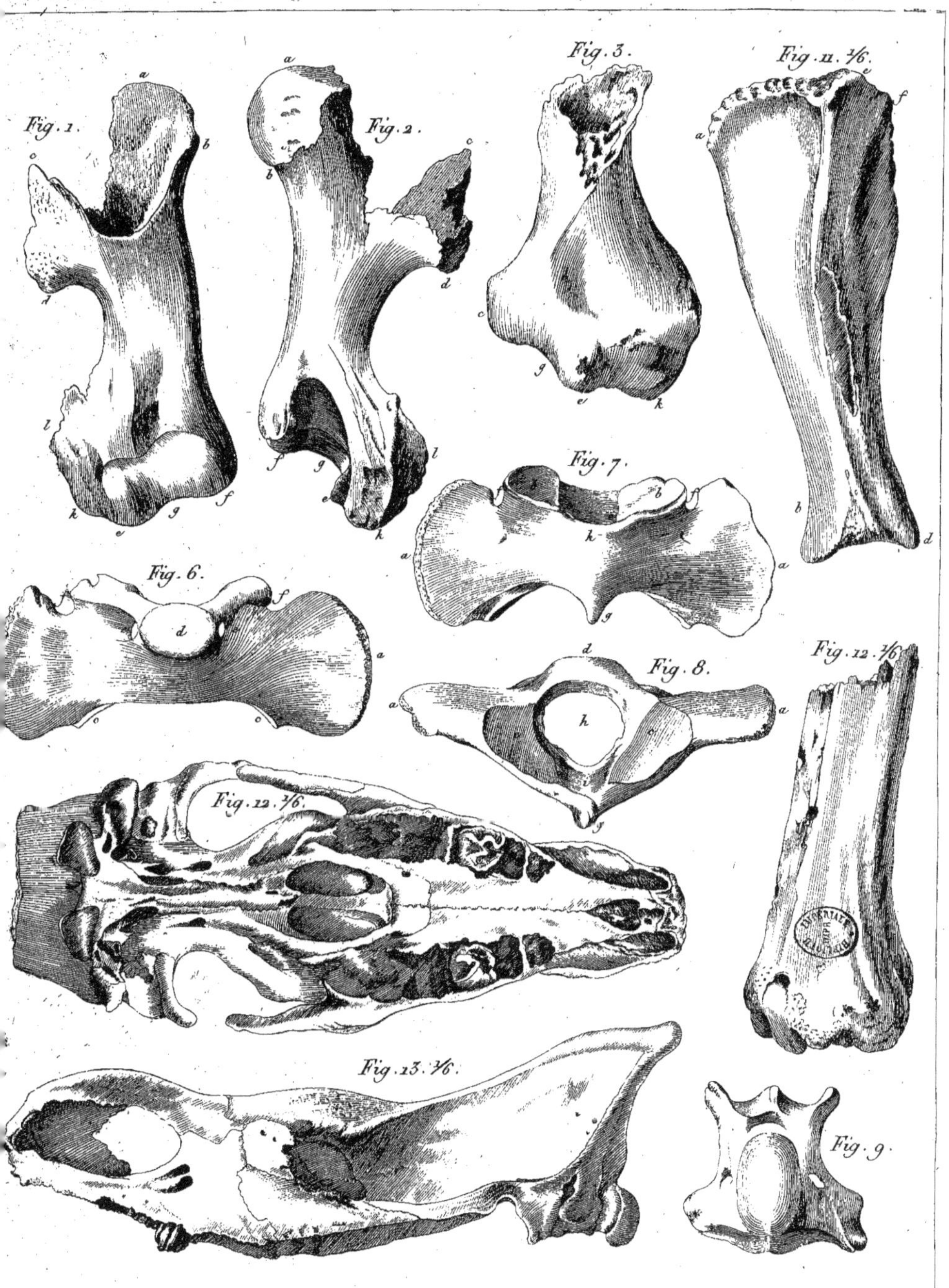

rillard del. Daréna Sculp.

RHINOCEROS, Os fossiles.

SUR L'HIPPOPOTAME

ET

SUR SON OSTÉOLOGIE.

L'HIPPOPOTAME a toujours été et est encore celui de tous les grands quadrupèdes dont on a le moins connu l'histoire et l'organisation.

Quoiqu'il soit assez vraisemblable que c'est le *behemoth* de *Job* (Bochart. hierozoic. præf. p. 57), ce qui en est dit dans ce livre est trop vague pour le caractériser.

La description qu'Aristote donne de son hippopotame, Hist. anim., liv. II, chap. 7, est si éloignée de l'animal que nous connoissons aujourd'hui sous ce nom, qu'on ne sait comment expliquer un tel assemblage d'erreurs. Il lui assigne, il est vrai, l'Egypte pour patrie; mais il lui attribue aussi la *taille de l'âne, la crinière et la voix du cheval et le pied fourchu du bœuf* (διχηλὸν δ᾽ἐστι ὥσπερ βοῦς). *Son museau est camus, sa bouche est médiocrement fendue, ses dents un peu sorties, et sa queue pareille à celle du sanglier; la peau de son dos est si épaisse, qu'on en fabrique des javelots.*

On est d'autant plus étonné de cette description bizarre, qu'en remontant aux sources on trouve qu'elle est presque entièrement empruntée d'Hérodote, écrivain si exact pour ce qu'il a vu par lui-même. Il a seulement une erreur de plus qu'Aristote; car il dit que la *queue de l'hippopotame est aussi semblable à celle du cheval*; mais en revanche il en a une autre de moins en donnant à cet animal la *grandeur des plus grands bœufs*. Herod. Euterp. ou liv. II, 71,(1).

On seroit tenté, d'après ces deux descriptions, de croire que le nom d'*Hippopotame* s'appliquoit alors à une autre espèce qu'à présent, si Diodore de Sicile ne nous ramenoit évidemment à celle-ci. D'abord il rend à l'hippopotame sa vraie taille; *il a cinq coudées de long*, dit-il, *et sa masse approche de celle de l'éléphant*. Il décrit ensuite ses dents de devant: *Il a de chaque côté trois dents saillantes plus grandes que les défenses du sanglier*; seulement il lui laisse *les pieds fourchus du bœuf*. Diod. Sic. liv. 1.

Pline qui auroit pu connoître la description de Diodore, s'est borné à copier celle d'Aristote, excepté pour la grandeur qu'il ne détermine pas, et l'emploi de la peau qu'il dit seulement propre *à faire des casques et des boucliers impénétrables tant qu'ils ne sont point mouillés*. Liv. VIII, cap. 25, sub fin. Il ajoute à tout cela une erreur de plus, *que l'hippopotame est couvert de poils comme le phoque*. Lib. IX, cap. 12.

Il auroit dû cependant pouvoir se procurer de meilleurs renseignemens, même indépendamment de l'autorité de Diodore, puisqu'il dit lui-même qu'*un hippopotame fut montré à Rome par Scaurus, dans son édilité*. Lib. VIII, cap. 26. Et nous savons par Dion qu'*Auguste en montra*

---

(1) Une chose assez remarquable, et qui n'est sans doute due qu'au hasard, c'est que, la grandeur et l'oubli des cornes excepté, la description d'Hérodote se rapporte parfaitement au *gnou* (*antilope gnu*. L.)

un autre lorsqu'il triompha de Cléopâtre. Dion. lib. LI, p. 655, ed. Reimari.

On vit encore beaucoup d'hippopotames après la mort de Pline. *Antonin en fit voir un troisième* au rapport de Jules Capitolin. Hist. Aug. ed. Salmas. p. 21. b.

Dion, lib. LXXII, p. 1211 et p. 1219, assure encore que *Commode en montra cinq dans une occasion, et en tua de sa propre main un dans une autre. Héliogabale en eut aussi un*, selon Lampride, Hist. Aug. p. 111, et *Gordien un autre*, selon Jules Capitolin, ib. p. lib XXII, cap. 15.

Néanmoins, les auteurs anciens postérieurs à Pline, ne nous ont point donné de meilleure description de cet animal. Ammien lui attribue encore *la forme du cheval, une queue courte et le pied fourchu*. Il est vrai que selon lui *les hippopotames avoient déjà, dès le temps de l'empereur Julien, disparu de l'Egypte*. Am. Marc. lib. XXII, cap. 15. C'est pour avoir confondu l'addition de Gylius avec le texte d'Ælien, qu'Aldrovande, Quad. dig. lib. I, p. 181, et Jonston, de quadr. p. 76, attribuent à celui-ci une description que Gylius a tirée de Diodore, mais sans citer son auteur. Ælian. Gylii. lib. XI, cap. 45.

Les artistes anciens ont mieux rendu cet animal que les naturalistes et que les historiens. Il est représenté d'une manière très-reconnoissable, avec l'ibis, le crocodile et la plante du Lotus, sur la plinthe de la *statue du Nil* qui ornoit autrefois le *Belvédère* à Rome, et qui va bientôt être placée au *Muséum Napoléon*; seulement les détails des pieds et des dents n'y sont pas exacts; la *mosaïque de Palestrine* où l'on s'est plu à représenter les animaux de l'Egypte et de l'Ethiopie, offre trois figures excellentes d'hippopotames, vers le bas à gauche, dont deux percées de flèches par des chasseurs nègres, et une à demi-plongée dans le fleuve; mais ces figures n'y sont point accompagnées d'un nom comme la plupart des autres.

Les médailles d'*Adrien* qui représentent si souvent l'Egypte et ses attributs, offrent aussi l'hippopotame avec le crocodile et la figure du Nil. On voit une de ces médailles dans l'hist. aug. d'Angeloni, pl. 149, fig. 58, et une autre dans les numismat. imp. rom. de Jacob. Biæus, pl. 39, fig. 7. L'hippopotame est monté par un enfant dans la première de ces médailles; il est accompagné du crocodile dans l'une et dans l'autre.

Ces monumens suppléent à ce que les descriptions ont de défectueux, et ne laissent point de doute sur la véritable application du nom d'hippopotame. On voit toujours sa figure parmi celles qui doivent servir de symbole à l'Egypte, comme on voit toujours son nom parmi ceux des animaux propres et caractéristiques de ce pays. Il seroit tout naturel d'en conclure, quand même on n'en auroit aucune autre preuve, que ce nom et cette figure se rapportent au même être.

L'Europe chrétienne n'a point vu d'hippopotame vivant; et *Bêlon* est le premier moderne qui l'ait observé par lui-même.

Il en vit un à Constantinople dont il parle de mémoire dans son livre des poissons, y ajoutant la figure prise de la médaille d'Adrien. Il rectifia l'erreur de la statue du Nil qui donne à l'animal cinq doigts au lieu de quatre, mais ne parle des dents que pour dire qu'*elles tiennent de celles du cheval.* Nat. et divers. des poissons, p. 18 et 19.

Gessner n'eut autre chose à faire que de copier Bélon. Gesn. pisc. art. *hippop.*

Gylius, qui d'après sa lettre au cardinal d'Armagnac, citée par *Prosper Alp. de reb. æg.* I, 248, paroît aussi avoir vu un de ces animaux à Constantinople, et peut-être le même individu que Bélon, se borna cependant, comme nous l'avons vu, à copier la description de Diodore.

Un demi-siècle après Bélon, un chirurgien italien nommé *Zerenghi*, apporta d'Egypte des peaux d'hippopotamesdes deux sexes, et publia même une très-bonne description de l'espèce, avec une figure de la femelle.

Aldrovande à qui *Zerenghi* avoit montré cette même femelle, l'avoit fait dessiner pour son histoire des animaux; cependant ce ne fut point cette figure-là qu'il publia, mais une autre qui lui avoit été envoyée, dit-il, de Padoue, et sans doute par *Prosper Alpin*, car c'est la même qui revient dans l'ouvrage de celui-ci, publié seulement en 1735, pag. 247. On la voit dans Aldrovande de quadr. dig. viv. lib. I, pag. 184, edit. de Bol. 1638, et la tête séparément, la gueule ouverte, p. 185.

Le savant *Fabius Columna* avoit aussi fait faire de son côté, de l'animal rapporté par Zerenghi, un dessin beaucoup meilleur, qui parut, avec une bonne description, dans ses Aquat. obs. p. 30, en 1616, et par conséquent avant celui d'*Aldrovande*, quoique ce dernier eût été fait plutôt, même en le supposant de *Prosper Alpin*; car ce médecin quitta l'Egypte en 1583; il y avoit passé les trois années précédentes, et mourut professeur à Padoue, en 1617; son traité sur les affaires d'Egypte, qu'on ne publia, comme je viens de le dire, qu'en 1735, fut cause que la matière commença à s'embrouiller.

Il intitule son chapitre XII : *du Chœropotame et de l'hippopotame* ; il y donne d'abord la figure de deux peaux empaillées, l'une d'un grand animal femelle, et l'autre de son fétus, qu'il avoit vues dans la maison du pacha du Caire; ce sont évidemment deux peaux de nos hippopotames d'aujourd'hui, mais dont le crâne et par conséquent les dents, avoient été enlevées avec le reste de la chair et des os.

Il conclut de cette absence des dents que ce ne pouvoit être là l'hippopotame des Grecs, puisque celui-ci doit avoir les dents un peu sorties; et ayant vu, peu de temps après, à Alexandrie, une autre peau avec son crâne et ses dents, il en donna aussi la figure, la même qu'Aldrovande avoit déjà publiée, et il déclara que celle-ci seule provenoit du véritable hippopotame, comme si elle s'étoit mieux accordée avec la description donnée par les Grecs. Il pensa par la même raison que les figures de la plinthe de la statue du Nil et celles des médailles d'Adrien ne représentent point l'hippopotame, mais ce prétendu animal différent dont il avoit vu la peau sans dents.

Cette erreur des anciens que les dents de l'hippopotame sortent de la bouche, étoit difficile à éviter, lorsqu'on n'avoit pas vu l'animal vivant. Ces dents, sur-tout les canines, sont si grandes qu'on a peine à concevoir qu'elles puissent tenir sous les lèvres; or, les anciens voyoient déjà beaucoup de ces dents, même lorsqu'ils n'avoient encore aucune idée de la taille de l'animal, et qu'ils le croyoient au plus égal à un âne; elles faisoient un objet de commerce, et on les employoit au lieu d'ivoire dans les ouvrages les plus précieux de l'art.

Pausanias parle d'une statue de déesse dont la face étoit faite de ces dents. Pausan. Arcad. ed. hanau. 1613, p. 530. Et Cosmas, du temps de l'empereur Justin, rapporte en avoir vu une du poids de 13 livres; les plus grandes que nous ayons ici n'en pèsent que six.

Néanmoins c'est un fait constant que l'hippopotame ne montre nullement ses dents quand sa gueule est fermée; plusieurs témoins oculaires en font foi, et les têtes qui ont conservé leur peau sans l'avoir retirée par le desséchement, le prouvent encore mieux : nous en avons une telle au Muséum.

Les figures antiques en question nous présentent donc des images fidèles de cet animal, et il est inutile de supposer l'existence d'une autre espèce, pour les expliquer.

Prosper Alpin la supposa, comme nous l'avons vu, et donna à cette prétendue espèce le nom de *porc de rivière*, appelé, dit-il, *chæropotame* par les Grecs.

Or, aucun ancien Grec, du moins à moi connu, n'a employé ce mot de *chæropotame* pour désigner un animal déterminé. La *mosaïque de Palestrine*, qu'au reste Prosper Alpin ne connoissoit pas, montre un quadrupède avec quelques lettres à peine déchiffrables, où l'on a cru lire χοιροπ. Mais comme les anciens avoient un *chæropithèque* ou singe cochon qui étoit très-probablement le *mandrill* ou quelque *cynocéphale*, et que la figure en question n'est pas absolument éloignée de ressembler à ce dernier, on n'en peut rien conclure pour l'existence d'un *chæropotame*.

Cependant *Herman*, dans son tableau des rapports des

animaux, *Joh. Hermanni, tabula affinitatum animalium*, pag. 96, admet cette existence pour ainsi dire comme si elle étoit démontrée; il va jusqu'à dire que Prosper a bien développé la différence du chæropotame et de l'hippopotame, *disertis verbis distinguit.* C'est ainsi que les plus habiles gens sont entraînés à des erreurs lorsque celles-ci sont favorables à leurs systèmes généraux. Herman cherchoit à prouver que tous les animaux tiennent les uns aux autres par une infinité de chaînons. Il trouvoit les genres de la classe des pachydermes trop isolés pour justifier son idée; il dut donc chercher à se faire croire à lui-même qu'il y a encore beaucoup d'espèces inconnues de cette classe; et tout ce qui pouvoit faire supposer l'existence de quelqu'une, étoit avidement recueilli par lui.

Peut-être dira-t-on que l'objet actuel de nos recherches nous donne en quelque sorte un intérêt contraire, et que nous devons être sans cesse tenté d'effacer les traces qui pourroient conduire à des espèces vivantes inconnues, afin de rendre le nombre des perdues plus considérable. Nous avons senti d'abord que nous courrions ce danger, et nous chercherons toujours à l'éviter; en ce moment même nous sommes loin de nier l'existence d'espèces pareilles à celles dont il est question; nous dirons seulement qu'il n'y en a aucune preuve.

On ne sait trop comment les deux hippopotames de Zerenghi, et le premier de ceux de Prosper Alpin s'étoient égarés près de Damiette, ni d'où venoit le second que Prosper vit à Alexandrie, mais il est certain qu'il n'y a plus aujourd'hui de ces animaux au-dessous des Cataractes. Tous ceux qui ont voyagé en Egypte dans le 18.e siècle, sont d'accord à ce sujet, et les savans attachés à notre expédition d'Egypte, qui ont remonté le Nil jusqu'au de-là de Sienne, n'en ont pas rencontré un seul; ce n'est que dans les pays de l'Afrique, au midi de l'Atlas, et sur-tout au Sénégal et au Cap qu'on a pu observer l'hippopotame dans ces derniers temps.

C'est du Sénégal que venoient le fétus décrit par Daubenton, Hist. nat. tome XI, et le jeune hippopotame du cabinet de Chantilly, déposé aujourd'hui dans celui du Muséum, représenté, suppl. tome III, pl.

C'est du Cap qu'ont été apportés l'hippopotame adulte du cabinet de Leyden, décrit par Allamand, Hist. nat. ed. d'Holl. tome XII, p. 28, et celui du cabinet du Stathouder que nous possédons aussi aujourd'hui au Muséum, et qui fut préparé par Klockner, et décrit par lui, Hist. nat. suppl. tome III, p. 306 et 308.

Enfin c'est au Cap que Sparman a observé l'hippopotame, et que Gordon en a fait la description et les figures publiées par Allamand, Hist. nat. ed. d'Holl. suppl., tome V, pl. 1 et 2, et ensuite par Buffon, suppl. tome VI, pl. IV et V.

Ces divers travaux n'ont rien laissé à désirer pour la connoissance extérieure de l'animal; il ne reste qu'à circonscrire plus rigoureusement les limites des pays qu'il habite.

Outre le Cap et le Sénégal, on sait par Barbot et par beaucoup d'autres voyageurs qu'il y en a quantité en Guinée et au Congo. Bruce assure qu'ils sont très-nombreux dans le Nil d'Abyssinie, et dans le lac Tzana. Levaillant en a vu dans toutes les parties de la Cafrerie qu'il a parcourues; ainsi l'Afrique méridionale en est peuplée presque par-tout. Mais n'y en a-t-il que dans cette partie du monde?

C'est une ancienne opinion. Strabon, lib. XV, p. 1012, A. ed. Amsterd. 1707, sur le témoignage d'Eratosthènes, nie déjà qu'il y en ait aux Indes, quoiqu'il avoue qu'Onésicrite l'eût affirmé. Aucun voyageur accrédité n'a en effet rapporté depuis qu'on en trouvât sur le continent de l'Inde, même au-delà du Gange; et je ne sais sur quelle autorité Linnæus le croyoit et l'a dit dans ses éditions X et XII; M. Faujas paroissoit donc autorisé à ne point y admettre l'existence de l'hippopotame; mais il n'auroit pas dû étendre sa négation à l'Asie entière : car M. Marsden, auteur de considération, assure qu'on le trouve dans l'île de Sumatra. Hist. of. Sumatra, 1784.

C'est une question importante pour la zoologie et pour la théorie de la terre; il sera sur-tout intéressant de savoir, au cas qu'il y ait quelque chose d'exact dans l'assertion de M. Marsden, si cet hippopotame de Sumatra ressemble en tout à celui d'Afrique? Ce seroit une chose très-remarquable et peu d'accord avec ce qu'on sait d'ailleurs de la répartition géographique des grandes espèces.

Peut-être cet hippopotame de Sumatra et le *succotyro* de Java, représenté par Neuhof, ne sont-ils qu'un seul et même animal, un peu défiguré par l'un de ces auteurs, et mal nommé par l'autre. Quoiqu'il en soit, cette recherche est la plus curieuse que puissent faire les naturalistes qui se trouveront dans ces contrées éloignées.

Je ne me suis occupé dans ce qui précède que des travaux relatifs à l'extérieur de l'hippopotame; ce qui concerne son anatomie est infiniment moins complet.

Nehemias Grew publia le premier une figure de l'ostéologie de la tête avec quelques remarques, dans son *Museum regalis societatis*, imprimé en 1681.

Antoine de Jussieu donna de la même partie, des figures meilleures et une description plus détaillée dans les mémoires de l'académie pour 1724. Il y ajouta des détails sur les dents et sur l'ostéologie des doigts de devant.

Daubenton donna en 1764, dans le XI.e volume de l'histoire naturelle, une figure et une description encore meilleures de la tête, l'ostéologie des doigts de devant et de derrière, et celle du deuxième rang du carpe, le tout d'après des adultes; et comme il avoit eu, en 1762, occasion de rechercher l'origine de quelques os fossiles, et particulièrement d'un fémur de l'animal de l'Ohio, il enleva le fémur d'un fétus d'hippopotame qui étoit au cabinet, le décrivit et le fit graver pour montrer que ce n'étoit pas à lui que ressembloit celui de l'animal fossile.

Cependant ces trois auteurs négligèrent d'examiner assez attentivement et de décrire en détail les dents; Daubenton alla jusqu'à trouver à celles de l'Ohio et de Simore, une analogie avec celles de l'hippopotame qu'elles n'ont certainement point; il intitula même celles qu'on trouve à Simore, *dents d'hippopotame*. Desc. du cab. du roi, dans l'Hist. nat., tome XII, in-4.°, p. de 74 à 78.

Pallas ayant reçu de Sibérie des dents semblables à celles de l'Ohio, et voulant vérifier ce que leur comparaison avec celle de l'hippopotame avoit de réel, demanda à Camper et en obtint une bonne figure de dent mâchelière qu'il fit graver dans les mémoires de Pétersbourg, pour 1777, part. II, pl. VIII, fig. 3, afin de montrer combien elle différoit de celles de ces grands animaux fossiles.

Enfin Buffon dans les notes justificatives de ses époques

de la nature, imprimées en 1777, suppl. tome V, pl. VI, fit encore représenter une molaire d'hippopotame, dans la même vue que Pallas, c'est-à-dire, pour prouver combien elle diffère de celles de l'animal de l'Ohio, lorsque celles-ci ne sont point usées. Il est vrai qu'au même endroit il regarde d'autres dents de l'Ohio qui avoient changé de forme par la trituration, comme étant des dents d'hippopotame; mais c'est là une erreur particulière dont nous parlerons ailleurs.

Voilà l'exposé complet de tout ce qui est parvenu à ma connoissance sur l'ostéologie de ce grand quadrupède; à la vérité, il y avoit déjà, dans ces documens, des moyens suffisans de reconnoître plusieurs morceaux fossiles, tels que toutes les espèces de dents, les fragmens de tête, etc.; et comme il existe de ces morceaux dans les collections, tout autant que de ceux des autres parties du corps dont l'ostéologie étoit encore inconnue, on n'auroit pas dû mettre en doute l'existence des os fossiles d'hippopotames, comme l'a fait mon célèbre collégue Faujas-de-Saint-Fond, dans ses essais de géologie.

Quoique je fusse parfaitement convaincu de l'espèce des fossiles en question, je sentis cependant que je serois mieux en état de mettre la vérité danstout son jour, lorsque le squelette entier de l'animal seroit connu; et après plusieurs efforts pour m'en procurer un d'adulte, efforts qui n'ont point encore obtenu de succès; voyant que la suite de mes recherches sur les quadrupèdes fossiles exigeoit que je m'occupasse enfin de cet objet, je pris le parti auquel Daubenton avoit eu recours dans une occasion semblable. Il avoit extrait un seul os d'un corps de fétus; je fis préparer le reste du squelette; mais comme les parties non encore ossifiées se seroient raccornies par le desséchement, et auroient perdu leur vraie forme, je fis conserver le tout dans la liqueur. De cette manière, j'ai obtenu, à peu de chose près, la forme de tous les os, la tête exceptée, et j'en ai composé la figure de squelette que je donne au public. La tête étoit trop grande à proportion, et comme les dents n'y étoient pas toutes sorties de l'alvéole, ni les sinus développés, sa forme étoit très-différente de celle de l'adulte. J'y ai suppléé en la remplaçant dans ma figure de squelette par une tête dessinée d'après l'adulte; il ne falloit, pour cela, qu'estimer jusqu'à quel point celle-ci devoit être réduite pour l'adapter à mon petit squelette; ou, ce qui revient au même, combien la longueur de la tête est comprise de fois dans celle du corps entier de l'adulte; les dimensions extérieures données par divers auteurs, et les individus empaillés d'hippopotames, à ma disposition, me donnoient bien cette proportion, mais je ne la trouvois pas égale par tout.

Par exemple, selon Zerenghi, le corps entier a 11′. 2″. La tête, 2′. 4″., ou un peu plus d'un cinquième.

Selon Columna, 13. — 3. ou un peu moins du quart.

La figure de Columna, fait la tête au corps comme 2 à 7.

Selon Daubenton, pour le fétus, 1′. 3″. 7‴. — 5″. 3‴. ou plus du tiers.

L'hippopotame de Leyden selon Allamand, — 9′. 4″. 8‴. — 1′. 11″. ou un peu moins du quart.

L'hippopotame de La Haye selon Klokner, — 13.—2. 9. *id.*

La figure du petit hippopotame de Chantilly, fait la tête au corps comme 1 à *4*.

Selon Gordon, le mâle, — 11′. 4″. 9‴. — 2′. 8″., presque comme selon Zerenghi.

— La femelle, — 11. — 2. 4. — *id.*

D'après ces différentes proportions, je crus pouvoir, sans beaucoup m'écarter du vrai, donner à la tête à peu-près le quart de la longueur totale, la queue non comprise, et ce fut sur ce pied que je dessinai mon squelette.

Quant aux dimensions effectives des différentes parties, il n'auroit pas suffi de donner celles actuelles de mon petit squelette de fétus. Il me parut plus commode pour le lecteur de calculer celles que l'adulte devoit avoir, et pour cet effet, je supposai que la tête de cet adulte auroit 60 centimètres, comme elle les a en effet souvent; je m'en fis alors une échelle à laquelle je rapportai les autres parties. Je crois que de cette manière je n'ai pû m'écarter beaucoup des proportions réelles.

Dimensions absolues d'une tête d'hippopotame adulte en mètres.

NOMS DES PARTIES.	
Depuis le sommet de la crête occipitale jusqu'au bord de l'ouverture extérieure des narines, partie supérieure.	0,530
Depuis le même endroit, jusque vis-à-vis le bord alvéolaire des incisives moyennes.	0,240
Du bord supérieur d'un orbite à l'autre	0,240
De la partie la plus saillante d'une arcade zygomatique à l'autre.	0,400
Largeur de la crête occipitale.	0,190
Largeur de la tête prise en-dessus, vis-à-vis des trous sous-orbitaires	0,120
Largeur de la tête prise en dessus, de l'alvéole d'une canine à l'autre	0,300
Même largeur prise en-dessous, de la partie la plus extérieure de la tubérosité qui répond aux deux canines d'un côté, à celle du côté opposé.	0,230
Hauteur de la tête prise vis-à-vis le trou sous-orbitaire, depuis le bord alvéolaire	0,130

Distance de l'extrémité de l'apophyse zygomatique de l'os de la pomette jusqu'au bord du trou sous-orbitaire.	0,270 mètres.
De cette même extrémité à la partie moyenne de la crête occipitale	0,260.
Diamètre des orbites	0,070
Profondeur de la fosse zygomatique prise depuis la face interne de la partie de l'arcade la plus éloignée du crâne, jusqu'à celui-ci	0,130
Hauteur de la tête prise du bord supérieur du trou occipital, au milieu de la crête du même nom.	0,140
Largeur de la tête dans le même endroit, prise d'un angle inférieur de la crête occipitale à l'autre.	0,280
Hauteur du trou occipital	0,040
Largeur du même trou	0,050.
Longueur du bord alvéolaire des molaires	0,260
Distance de l'extrémité antérieure du bord alvéolaire des molaires, à l'alvéole de la canine.	0,110
Du même endroit à l'alvéole de l'incisive moyenne	0,170
Du trou occipital à l'épine postérieure de la voûte palatine.	0,150
Hauteur de l'ouverture des arrières narines	0,050
Largeur	0,070

Mâchoire inférieure.

Largeur de la mâchoire prise du bord alvéolaire d'une canine à l'autre.	0,320
Largeur du bord alvéolaire des incisives	0,170
Distance d'un condyle à l'autre, prise de la partie la plus extérieure de chaque condyle	0,350
D'une apophyse coronoïde à l'autre.	0,220
Intervalle entre une apophyse coronoïde et le condyle du même côté.	0,090
Hauteur des branches de la mâchoire, prise depuis l'angle jusqu'au sommet du condyle	0,300
Longueur de la mâchoire depuis le bord supérieur de l'alvéole d'une canine, jusqu'à la partie la plus reculée de la branche du même côté.	0,510
Longueur du bord alvéolaire des molaires.	0,290
Distance des angles inférieurs	0,350

Mesures du squelette de l'hippopotame.

NOMS DES PARTIES.	Dimensions absolues du fétus.	Dimensions conclues pour l'adulte.
Longueur du col	0,065	
— Du dos	0,140	
— Des lombes	0,055	
— Depuis l'orifice de l'os sacrum jusque vis-à-vis la tubérosité de l'ischion	0,090	
Total	0,350	
La tête, si l'animal étoit adulte, devroit être un peu moins du quart	0,080	
Elle est réellement de	0,130	
Celle d'un adulte est de		0,600
Pour avoir les dimensions des os de l'adulte, il faudra les supposer à celles du fétus, comme 60 à 8, c'est-à-dire, multiplier les dimensions correspondantes du fétus par 7 ½.		
Longueur de l'OMOPLATE depuis le bord supérieur de la cav. cot. jusqu'à l'angle post. sup.	0,065	0,487
Depuis le bord infér. de cette cav. jusqu'à l'angle postérieur inférieur	0,055	0,412
Longueur du bord compris entre les deux angles postérieurs	0,030	0,225
Largeur du col	0,015	0,112
Longueur de l'épine	0,044	0,330
Elévation de l'épine	0,007	0,052
Longueur de la cav. cotyl.	0,016	0,120
Largeur	0,013	0,097
Elévation de l'apoph. cor. au-dessus du bord de la cavité	0,014	0,105
Longueur de l'HUMÉRUS; sommet de la grande tubérosité jusqu'au bas du condyle externe	0,070	0,525
Diamètre antéro-postérieur de sa tête supérieure	0,030	0,225
Diamètre transverse	0,020	0,150
Diamètre de la tête inférieure d'un condyle à l'autre	0,025	0,187
Largeur transverse de sa poulie articulaire	0,020	0,150

NOMS DES PARTIES.	Dimensions absolues du fétus.	Dimensions conclues pour l'adulte.
Diamètre antéro-postérieur de la gorge la plus étroite de cette poulie	0,011	0,082
Diamètre du segment de sphère qui forme la facette arthrodiale de sa tête supérieure	0,018	0,135
Diamètre de l'endroit le plus mince de l'os	0,010	0,075
Distance de cet endroit au sommet de la grande tubérosité	0,035	0,262
— A la jointure de l'épiphyse au bord postérieur	0,024	0,180
Longueur du CUBITUS	0,065	0,487
— De sa facette sygmoïdale	0,014	0,105
— De l'olécrâne; du bord postérieur de l'articulat.	0,016	0,120
Hauteur de l'olécrâne	0,020	0,150
Longueur de la facette carpienne	0,005	
Longueur du RADIUS	0,045	0,037
Grand diamètre de sa facette humérale	0,019	0,122
Petit	0,010	0,075
Grand diamètre de sa face carpienne	0,019	0,122
Petit	0,010	0,075
Diamètre du milieu de l'os	0,007	0,052
Largeur de la crête antérieure de l'os DES ILES entre ses deux épines	0,050	0,375
Distance entre son épine antérieure et le bord antérieur de la cavité cotyl.	0,030	0,225
Endroit le plus étroit du col	0,013	0,097
Diamètre de la cavité cotyl.	0,020	0,150
Distance entre le bord postérieur de la cav. cot. et la tubérosité de l'ISCHION	0,035	0,262
Distance entre son bord inférieur et l'extrémité antérieure de la symphise	0,020	0,150
Longueur de la symphise	0,032	0,240
Longueur du trou ovalaire	0,021	0,157
Largeur	0,012	0,090
Distance entre l'extrémité postérieure de la symphise et la tubérosité de l'ischion	0,021	0,157
Distance entre les épines externes de l'os des îles	0,100	0,750

NOMS DES PARTIES.	Dimensions absolues du fétus.	Dimensions conclues pour l'adulte.
Distance d'une épine de l'ischion à l'autre . . .	0,021	0,157
Distance des deux tubérosités ischiatiques . . .	0,015	0,112
Plus grande largeur de l'os sacrum à sa face antér.	0,042	0,315
Longueur du FÉMUR, du sommet de sa tête supérieure au bas du condyle interne.	0,080	0,600
Plus grande largeur supérieure de la plus grande saillie de la tête à celle du grand trochanter .	0,028	0,210
Diamètre de la tête.	0,016	0,120
Diamètre du col dans le sens de la longueur de l'os	0,015	0,112
— D'avant en arrière	0,010	0,075
— A sa face supérieure	0,006	0,045
Plus grande largeur inférieure entre les deux condyles	0,028	0,210
Distance entre le bord postérieur du cond. int. et l'angle ant. int. de la poulie articulaire . . .	0,036	0,270
— Entre le bord post. du cond. ext. et l'angle ant. ext. de la poulie	0,028	0,210
Longueur de la poulie articul.	0,021	0,157
Largeur	0,015	0,112
Diam. de l'endroit le plus mince de l'os . . .	0,010	0,075
Longueur du TIBIA depuis le milieu de sa tête supérieure jusqu'au milieu de l'inférieure . . .	0,052	0,390
Diamètre transverse de sa tête sup.	0,028	0,210
—Antéro-postér. entre ses deux facettes aticulaires.	0,020	0,150
Longueur de la face externe.	0,022	
— Interne	0,022	
—Postérieure	0,021	0,157
Diamètre transv. de la tête inférieure.	0,021	0,157
— Antéro-postérieur	0,015	0,112
Saillie de la malléole interne vers le bas	0,007	0,052
Diamètre transv. de l'endroit le plus mince. . .	0,010	0,075
Longueur du PERONÉ	0,042	0,315
Longueur du CALCANEUM.	0,032	0,240
— De sa saillie postérieure	0,018	0,135
— De sa plus grande facette astragalienne . . .	0,014	0,105

NOMS DES PARTIES.	Dimensions absolues du fétus.	Dimensions conclues pour l'adulte.
Largeur	0,009	0,047
Longueur de la plus petite	0,007	0,052
Largeur	0,004	0,030
Longueur de sa facette cuboïdienne	0,010	0,075
Largeur	0,004	0,030
Longueur de l'ASTRAGALE	0,020	0,150
Largeur	0,016	0,120
Hauteur	0,011	0,082
Largeur de la portion cuboïdienne de sa poulie inférieure	0,011	0,082
— De la scaphoïdienne	0,011	0,082
Largeur du CUBOÏDE	0,013	0,097
Longueur	0,011	0,082
Epaisseur	0,005	0,037
Largeur du SCAPHOÏDE	0,008	0,060
Longueur	0,010	0,075
Epaisseur	0,003	0,022
Longueur des deux grands os du MÉTATARSE	0,024	0,030
Largeur au milieu	0,007	0,052
Longueur des deux petits	0,016	0,120
Largeur au milieu	0,004	0,030
Longueur des deux premières PHALANGES du milieu	0,012	0,090
— Des deux latérales	0,010	0,075

La tête de l'hippopotame est d'une forme très-extraordinaire ;

1.° Par la ligne droite du chamfrein, depuis la crête occipitale, jusqu'au bord du nez, *a*, *b*, pl. I, fig. 1 ;

2.° Par la saillie des voûtes orbitaires en deux sens, savoir, au-dessus de cette ligne droite *c*, *c*, *ib.*, de manière que les yeux sont très-relevés, et en dehors de la ligne moyenne, de manière que les axes des orbites font avec elle une espèce de croix.

3.° Par la forme d'abord presque cylindrique du museau *c*, *c*, pl. II, fig. 2, qui s'élargit ensuite subitement en quatre grosses boursouflures, une de chaque côté, pour contenir les alvéoles des incisives, *a*, pl. II, fig. 2, et une plus extérieure pour celle de la canine *b*, *ib.* Un sillon oblique et profond *d*, sépare ces boursouflures, et contient la suture qui distingue l'os incisif du maxillaire.

La racine du museau est aplatie et évasée pour couvrir la partie antérieure des orbites. Cet évasement est formé par l'os lacrymal et la base du jugal. Le lacrymal est beaucoup plus large du côté du nez que vers le bord de l'orbite où il produit une petite échancrure. Le trou lacrymal est cependant creusé assez dans la profondeur de l'orbite où l'os lacrymal se réfléchit.

Les fosses temporales sont si enfoncées que le crâne est encore un peu moins large que la portion moyenne du museau, voyez en *e*, pl. II, fig. 2. Elles laissent entre elles une crête en ligne droite, et l'angle frontal qui les sépare en avant est très-obtus. Le frontal est concave entre les deux orbites.

L'os de la pomette produit une apophyse aiguë qui s'élève en arrière de l'orbite, et en termine presque le cercle. Il reste cependant un petit intervalle entre le sommet de cette apophyse et le bord de l'arcade sourcilière du frontal; on sait que les quadrumanes, les ruminans et les solipèdes ont seuls cet intervalle rempli par l'os. Le frontal, après avoir formé l'arcade surcilière, continue de former une crête qui se porte obliquement en arrière, distinguant par sa saillie la fosse temporale de l'orbite. Cette crête se continue sur le pariétal et sur le sphénoïde.

Le pariétal ne s'unit au sphénoïde dans le fond de la fosse, que sur un intervalle de quelques millimètres.

L'arcade zygomatique est droite tant dans le sens longitudinal *d*, *e*, pl. I. fig. 1, que dans son plan horizontal *f*, *g*, pl. II, fig. 2; dans celui-ci elle se porte en dehors à mesure qu'elle va en arrière. Sa partie la plus saillante *g* est presque vis-à-vis l'articulation de la mâchoire.

La suture qui distingue l'apophyse du temporal de l'os jugal, descend obliquement en arrière depuis l'apophyse post-orbitaire de celui-ci, jusque vers l'articulation de la mâchoire (Voyez *d*, *e*, fig. I, pl. 1.).

Comme la fosse temporale est fort profonde, la distance entre le crâne et l'arcade *e*, *h*, pl. II, fig. 2, est un peu plus grande que la largeur du crâne *e*, *e*, *ib*.

Le trou de l'oreille est excessivement petit, dirigé en haut, et placé tout en arrière de l'arrête supérieure de l'arcade.

Les os du nez sont très-longs et étroits; ils s'élargissent à leur base par une petite pointe qui se porte en dehors entre le frontal et le lacrymal.

Le trou sous-orbitaire est placé dans le milieu de la partie rétrécie du museau et assez grand. L'ouverture extérieure des narines est verticale et à peu près ronde; elle n'est entourée que des os nazaux et incisifs.

La face inférieure du crâne, pl. II, fig. 2, est remarquable par ce singulier élargissement du museau en avant, formé sur-tout par les alvéoles des canines, et parce que les deux séries de molaires sont ou parallèles ou même un peu écartées en avant; cette dernière circonstance n'a lieu, que je sache, dans aucun autre animal.

Le palais est fortement échancré en avant, *u*, entre les incisives; il y a un double trou incisif, *v*, *v*; et la suture qui sépare l'incisif du maxillaire, fait ensuite une forte pointe en arrière, *w*. L'os maxillaire présente un autre grand trou où commence un petit canal qui se termine à un autre trou incisif en *y*. Il paroît en général que les énormes lèvres de l'hippopotame exigeoient de gros nerfs pour le passage desquels ces trous sont pratiqués; les os palatins avancent jusqu'en *z*, vis-à-vis l'intervalle de la quatrième et de la cinquième molaire. L'échancrure postérieure &, répond à la fin de la série des dents. Le sphénoïde n'occupe qu'une petite place dans l'aile ptérigoïde, laquelle est absolument simple. Il y forme un très-petit crochet, *α*; le rocher *β β* est irrégulier, anguleux, peu saillant; la caisse ne forme point une grande capsule osseuse, comme dans tant de quadrupèdes; l'apophyse mastoïde est pointue et courte. En général, toute la partie basilaire du crâne est petite à proportion.

La facette glénoïde du temporal est peu concave, et se porte obliquement de dehors en dedans, et un peu de haut en bas et en arrière.

La forme de la mâchoire inférieure est aussi fort remarquable; ses deux branches, presque parallèles, *a*, *b*, fig. 1, pl. II, au lieu de former un rétrécissement à l'endroit de leur réunion, s'y élargissent en un espace presque carré, au bord antérieur duquel, *c*, *d*, les incisives sont implantées sur une ligne droite, et dont les angles *e* saillent obliquement en avant pour porter les canines.

Considérée par le côté, la branche de la mâchoire est remarquable par l'angle extrêmement saillant *f*, pl. I, fig. 1, en forme de demi-croissant qu'elle fait en-dessous, et qui est déterminé par une large échancrure en demi-cercle, *g*. Le bord postérieur de la branche montante est singulièrement épais.

Le condyle est en cylindre irrégulier, et descend de dehors en dedans; les trous pour la sortie du nerf sont au nombre de deux ou trois, au-dessous de la première molaire, et un peu plus en avant.

Il n'y a point d'animal qui ait besoin plus que l'hippopotame d'être étudié à différens âges, pour bien faire connoître ses dents molaires; elles changent de forme, de nombre et de position.

Le nombre définitif est de six de chaque côté, en haut et en bas, vingt-quatre en tout; et, comme dans le cheval il y en a en avant trois qui se renouvellent, et les trois postérieures ne se renouvellent point.

Il y a de plus, comme dans le cheval, une dent en avant qui tombe sans être remplacée.

Il y a donc quatre molaires de lait; trois molaires de remplacement, et trois arrière-molaires.

Les trois premières molaires de lait et les trois molaires de remplacement ont une forme particulière, conique et beaucoup plus simple que celle des arrière-molaires.

La quatrième molaire de lait, au contraire, ressemble aux arrière-molaires par sa forme compliquée. Elle est remplacée par une molaire simple; mais comme à la même époque la dernière arrière molaire sort de la mâchoire, le nombre des molaires compliquées reste toujours le même, c'est-à-dire, de trois.

C'est une règle générale que les molaires de lait participent dans tous les animaux de la forme compliquée des arrière-molaires, plus que ne le font les molaires de remplacement; et la raison en est bien simple, c'est que les molaires de lait doivent en partie remplir les fonctions des arrière-molaires qui n'existent pas toutes encore.

Cette forme que je nomme *compliquée*, consiste essentiellement dans l'hippopotame en quatre collines coniques, adossées deux à deux, de manière qu'une paire soit devant l'autre, en travers. Ces collines sont creusées chacune, à la face par laquelle elles ne se regardent point, de deux profonds sillons longitudinaux, de manière que la couronne de la dent lorsqu'elle commence à s'user, présente la figure d'un double trèfle pour chaque paire de collines. Lorsque la détrition est descendue jusqu'à la hauteur où les collines s'unissent, il se forme une figure quadrilobée pour chaque paire; quand les deux paires s'unissent, on ne voit plus qu'un grand carré curviligne occupant toute la couronne de la dent.

Les deux dernières molaires de la mâchoire d'en bas ont de plus que les autres, une colline simple en arrière des deux autres; elle forme sur la couronne, par la détrition, un ovale placé en arrière des deux paires de trèfles.

Les trois premières molaires de lait ont une forme de cône comprimé par les côtés, aigu et presque tranchant.

Les trois molaires de remplacement qui succèdent aux trois dernières de lait, sont en forme de cône, moins comprimé, marqué de deux sillons sur la face externe, de manière que la détrition donne aussi à leur couronne une figure lobée.

Les figures 1 et 2 de la planche II représentent les mâchoires d'un hippopotame adulte. Il ne reste plus ni en haut ni en bas de vestige de l'alvéole de la première molaire de lait qui étoit en *f* et en *g*.

En *h*, *i*, *k* sont les trois molaires de remplacement inférieures; et en *l*, *m*, *n*, les supérieures.

La troisième d'en bas, *k*, est encore peu usée, et celle d'en haut, *n*, ne l'est pas du tout, parce qu'elle ne fait que sortir de l'alvéole, tandis que la première arrière-molaire, *o* et *p*, est fort usée aux deux mâchoires, et ne montre plus ses trèfles; mais on les voit très-bien dans les deux dernières molaires tant d'en bas, *q*, *r*, que d'en haut, *s*, *t*; *q*, *r*, montrent de plus le petit talon qui distingue les deux dernières molaires d'en bas de celles d'en haut.

Telles sont les choses dans l'hippopotame qui a changé toutes ses dents. Ce que j'ai dit des autres états de cet animal a été observé sur une suite de sept têtes, toutes de différens âges, où l'on peut observer chaque dent depuis son état de germe, avec toutes ses collines encore intactes, et toutes couvertes d'émail, jusqu'à celui de la détrition complète.

Nous voilà donc pourvus de moyens de reconnoître les molaires fossiles d'hippopotames, si nous en rencontrons, à quelque âge et dans quelque état qu'elles soient tombées.

Les incisives et les canines sont encore plus aisées à reconnoître. Les incisives inférieures sont couchées en avant comme dans le cochon; elles sont cylindriques, et s'usent un peu en pointe; leur partie radicale ou renfermée dans l'alvéole qui est très-longue, est cannelée longitudinalement dans son pourtour. Les deux du milieu, *v*, *v*, fig. 1 pl. II, sont beaucoup plus grosses, et trois fois plus longues, quant à leur partie externe, que les deux latérales *δ δ*.

C'est la position des incisives supérieures qui détermine cette différence. Elles sont courbées, presque verticalement en bas, et les externes, *z*, fig. 2, sont placées beaucoup plus en arrière que les intermédiaires ι ; de manière qu'elles ne permettent point aux latérales d'en bas δ, de se porter en avant.

Les supérieures intermédiaires sont usées sur leur face interne; les latérales sur leur face externe et un peu postérieure. C'est le contraire pour les incisives inférieures.

Les canines inférieures ϰ, sont énormes, courbées en arc de cercle, triangulaires sur leur coupe, cannelées à leurs deux faces antérieures, et usées sur presque toute la postérieure.

Les supérieures δ, sont beaucoup plus courtes, également triangulaircs, et la détrition produit un plan oblique qui entame leurs deux faces antérieures. La postérieure est creusée d'un sillon profond et longitudinal.

Les douze dents antérieures de l'hippopotame sont au reste toujours reconnoissables au tissu particulier de leur substance osseuse. Elle est de la plus grande dureté, et si bien polie qu'elle soit, on voit toujours sur sa coupe des stries extrêmement fines et serrées, toutes concentriques au contour de la dent. L'émail en est médiocrement épais.

L'hippopotame a donc en tout trente-six dents, savoir: huit incisives, quatre canines et vingt-quatre molaires; et en comptant les molaires antérieures qui tombent sans être remplacées, il y en a quarante.

Il y a sept vertèbres cervicales, quinze dorsales, cinq lombaires, trois sacrées, et dix-sept coccygiennes; quarante-sept en tout.

L'atlas et l'axis ont des formes assez ordinaires dans les grands animaux. La crête supérieure de l'axis est longue et prononcée. Les apophyses transverses des vertèbres suivantes vont en s'élargissant jusqu'à la sixième cervicale qui a la sienne très-large et coupée carrément. La septième l'a très-courte.

C'est la troisième dorsale qui a son apophyse épineuse la plus longue ; mais il s'en faut bien que la saillie du garrot approche de ce qu'elle est dans le rhinocéros par exemple.

Toutes les apophyses épineuses des vertèbres dorsales sont dirigées en arrière ; toutes celles des lombaires, excepté la première, reviennent en avant. Les transverses des lombaires paroissent très-longues ; mais en général, les formes des vertèbres ne sont pas tout-à-fait assez prononcées dans mon fétus, pour que j'en puisse donner une description exacte ; je n'ai même pu dessiner d'une manière nette celles de la queue.

Il y a quinze côtes, dont sept vraies et huit fausses. La partie antérieure du sternum est comprimée en soc de charrue.

L'*omoplate*, pl. I, fig. 1, A, et fig. 6, est facile à distinguer de ceux du Rhinocéros et de l'éléphant. Il est assez large en arrière ; son épine *a*, *c*, fait plus de saillie en avant que par-tout ailleurs ; elle y produit une apophyse ou espèce d'acromion, *a*, qui avance plus que sa base *d* ; son arrête est très-grosse dans le milieu de sa longueur *b* ; il y a pour tout bec coracoïde un tubercule obtus *e*. L'échancrure antérieure *f* est assez forte ; la cavité glénoïde *g*, *h*, et *ib.* fig. 5, est elliptique.

L'*humérus*, pl. I, fig. 1, B, et fig. 2, 3 et 4 a sa grande tubérosité, *a*, très-élevée, et se divisant en deux lobes dont le postérieur *a* est plus petit ; la petite *b* est plus basse ; la tête articulaire *c* se porte très-en arrière et est ovale. La ligne âpre est peu saillante ; elle se perd obliquement du dehors en dedans sur le devant de l'os, *d*, *e*, fig. 2 ; le condyle externe *g* est plus saillant que l'interne *f* ; la poulie articulaire *h* est simple, oblique du dehors en dedans, n'ayant qu'une seule gorge peu concave. En arrière, entre les deux condyles, est une fosse pour l'olécrâne très-profonde, mais ne perçant pas l'os. Il n'y a pas non plus au condyle interne de trou pour l'artère cubitale.

Le *radius* E, fig. 1, pl. I, et *a*, *b*, fig. 3, pl. II, est gros et court, un peu aplati d'avant en arrière; sa tête supérieure *c*, *d*, fig. 7, *ib.* est transversalement oblongue, un peu saillante dans son milieu *e*, ce qui ne lui permet qu'un mouvement de flexion sur l'humérus.

Sa tête inférieure *e*, *f*, fig. 4, offre deux facettes obliques *g* et *h*, pour les deux premiers os du carpe.

Le *cubitus* F, pl. I, fig. 1, et *c*, *d*, pl. II, fig. 3, est comprimé ; l'olécrane *c* est peu prolongé ; la facette sygmoïdale *f*, fig. 3 et 7, est étroite. La facette inférieure, pour le troisième os du carpe *i*, fig. 4, est très petite. Il y a quatre os au premier rang du *carpe*, en comptant le pisiforme ou hors de rang, *k*, *l*, *m*, *n*, pl. II, fig. 3 et 5, et trois au second, *o*, *p*, *q*, fig. 3 et 6. On voit de plus vers *r* un très-petit os qui est l'unique vestige de pouce. Les faces antérieures de ces quatre os sont représentées fig. 3, et les supérieures, fig. 5 et 6. Il seroit, je crois, superflu de donner plus d'étendue à leur description verbale ; ce que nous en avons dessiné devant suffire pour les reconnoître.

La facette inférieure des os du *métacarpe* n'est pas sensiblement en poulie, et doit laisser beaucoup de liberté aux doigts. Celle des premières *phalanges* est un peu plus creuse ; les secondes sont plus larges que longues, et les troisièmes presque en demi-cercle.

Le bassin, représenté à part et de face, pl. III, fig. 7, s'y trouve placé sens-dessus-dessous par l'inadvertance du graveur. On en voit le profil au grand squelette, pl. I, fig. 1, G, H.

Le sacrum *a*, *b*, est très-large; la partie externe des os des îles *c*, *d*, est très-évasée et presque dans le même plan. Leur partie située en arrière ou plutôt en-dessus du sacrum se relève un peu. Le col de l'os *e*, *e*, est large et court, et l'os lui-même est plus large que long; son bord externe est aussi long que l'interne; sa face postérieure est concave; ce qu'on voit de l'antérieure, en n'ôtant pas le sacrum, est plane. Les pubis *f*, *f*, sont peu saillans, de manière que la cavité du bassin est petite. Le diamètre antéro-postérieur *g h*, est néanmoins plus long d'un tiers que le transverse *i k* (cette proportion ne peut se juger dans la figure à cause de la perspective.) Le plan du détroit antérieur est oblique en arrière. La partie postérieure de l'ischion *m*, *m*, est fort élargie.

Le *fémur* KK, pl. I, fig. 1, et pl. III, fig. 8 et 6, n'a rien de particulier; son grand trochanter *a*, ne dépasse pas la hauteur de sa tête *b*; le petit *c* est médiocre. Il n'y en a point de troisième comme dans le rhinocéros, le tapir et le cheval. La tête inférieure est fort grosse.

Le *tibia* L L, pl. I, fig. 1, et pl. III, fig. 1, est gros et court beaucoup plus aux extrémités qu'ailleurs, et triangulaire par-tout; seulement son arrête antérieure, *a*, *b*, dérive en dedans vers la malléole interne *b*; la malléole externe est formée, comme dans le cochon et les ruminans, par un osselet particulier *c*, qui s'articule avec le péroné, le tibia, l'astragale et une facette particulière du calcanéum. Le *péroné d* est très-grêle, et fort écarté du tibia par-tout, hors ses deux extrémités.

Le corps de l'*astragale*, pl. III, fig. 2 et 3, est très-court, et l'os fort gros. Sa face inférieure se divise comme dans les ruminans et le cochon, en deux gorges, *a*, *b*, séparées par une arrête mousse. L'externe *a* répond au cuboïde; l'interne *b*, au scaphoïde. La poulie tibiale *c* est bien prononcée; il y a à la face postérieure une grande facette *d* pour l'articulation avec le calcanéum, et deux autres à la face externe. Cette face en montre de plus une *g* pour l'articulation avec l'osselet malléolaire, *c*, fig. I, et il y en a une presque pareille à la face interne, pour la malléole interne tibiale.

Le *calcanéum*, pl. III, fig. 6, est assez étroit pour sa longueur; il a en dehors un rebord saillant *a*, pour son articulation avec l'osselet malléolaire; à la face interne de cette saillie, est une facette *b* pour l'astragale; il y en a une autre grande *c*, et une plus petite *d*; sous celle-ci, est celle *e* qui termine l'os en l'articulant avec le cuboïde; elle est étroite.

Le *cuboïde*, fig. 4, A, correspond, par sa forme aux deux os précédens; sa facette calcanienne *a*, est plus étroite que l'astragalienne *b*; et sa face antérieure *c* est un peu en équerre. L'inférieure A, fig. 5, offre deux facettes *a*, *b*, pour les deux os externes du métatarse.

Le *scaphoïde* B, fig. 4 et 5, est petit et mince. Sa face inférieure offre trois facettes dont deux, *a* et *b*, pour les deux os cunéiformes D et E, fig. 4, qui répondent aux deux os externes du métatarse, et la troisième *c* pour un osselet surnuméraire qui tient lieu de pouce, et qu'on voit en F, fig. 4; ce que nous avons dit des doigts de devant, convient aussi à ceux de derrière.

Je pense que les notes, les dimensions et les figures que je viens de donner nous mettront en état de reconnoître les ossemens de l'hippopotame, et de les distinguer dans tous les cas de ceux des autres grands animaux, tels que l'éléphant, le rhinocéros, la giraffe, etc.

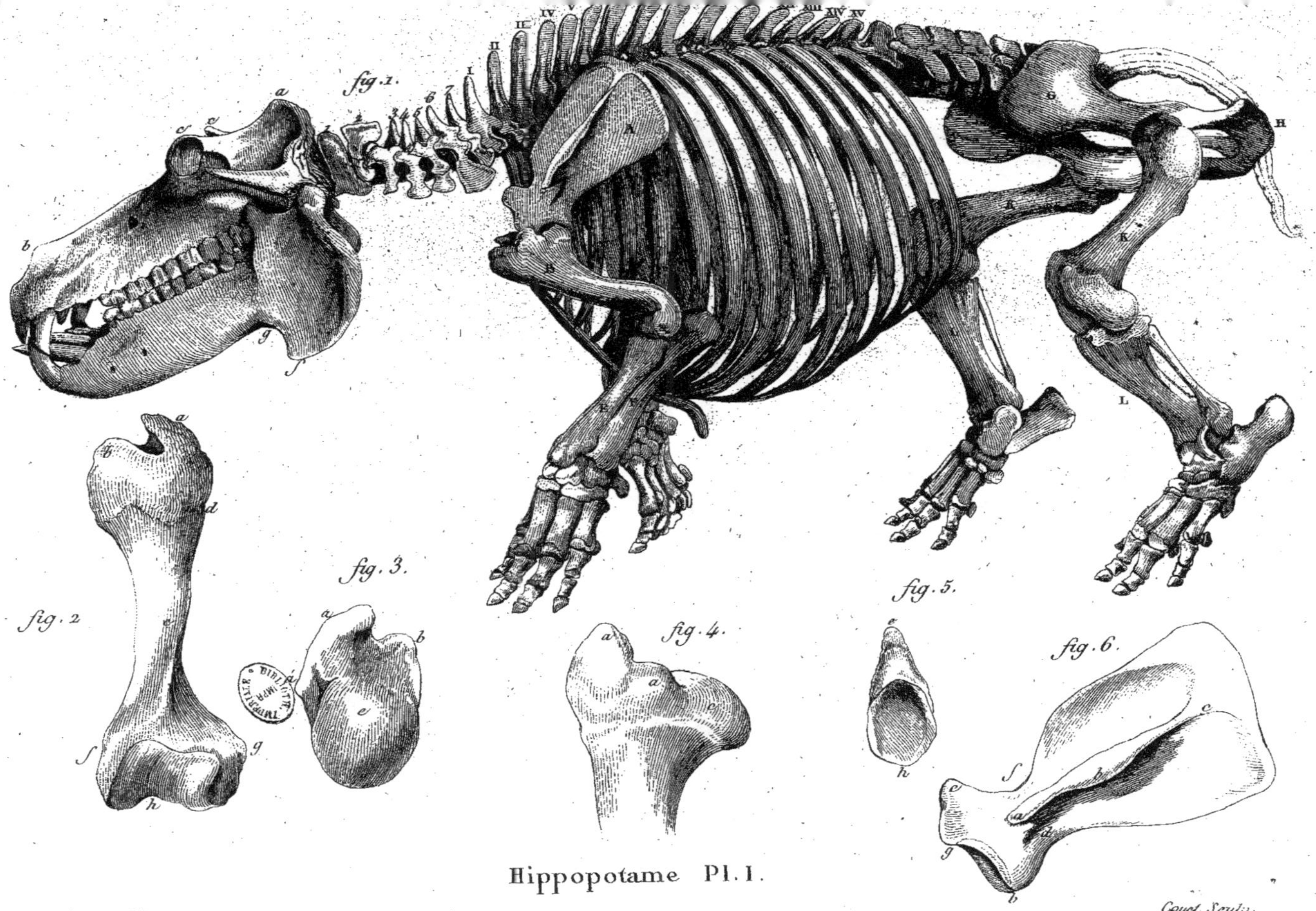

Hippopotame Pl. I.

Cuvier del. Couet Sculp.

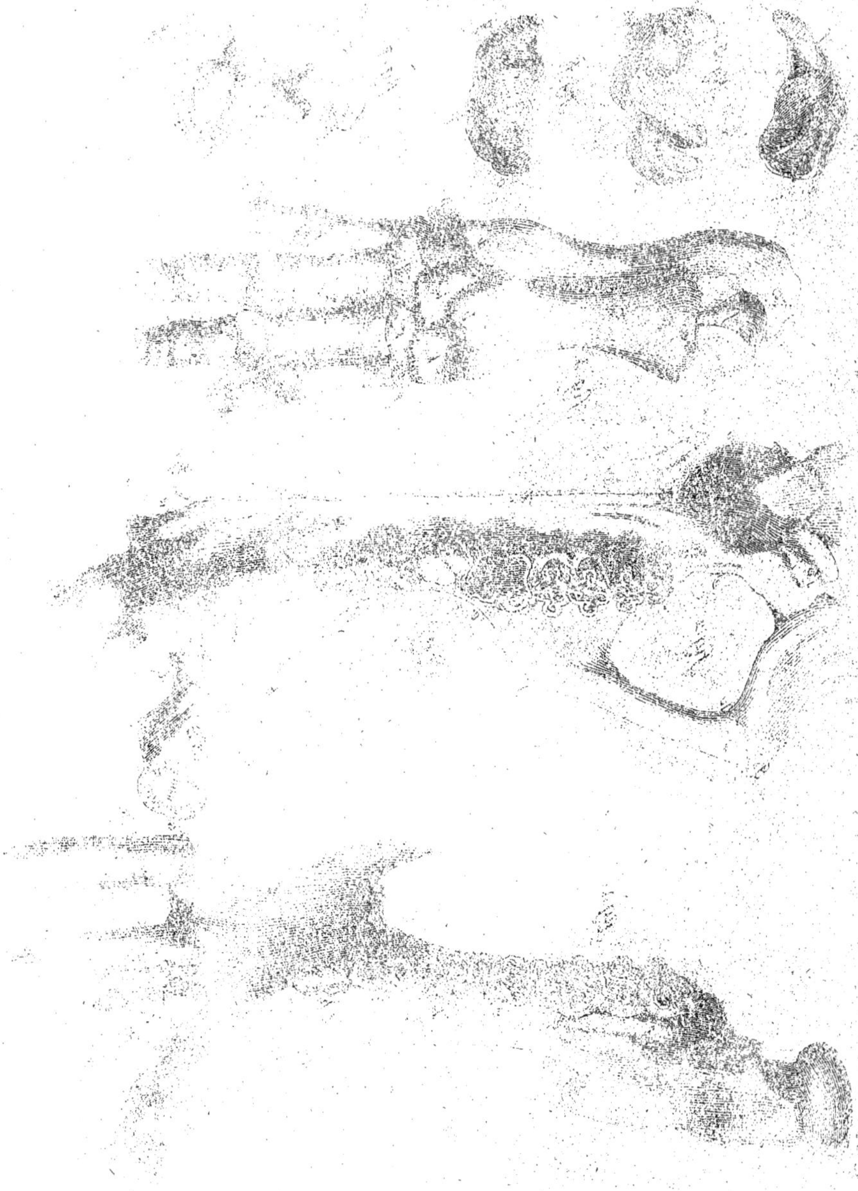

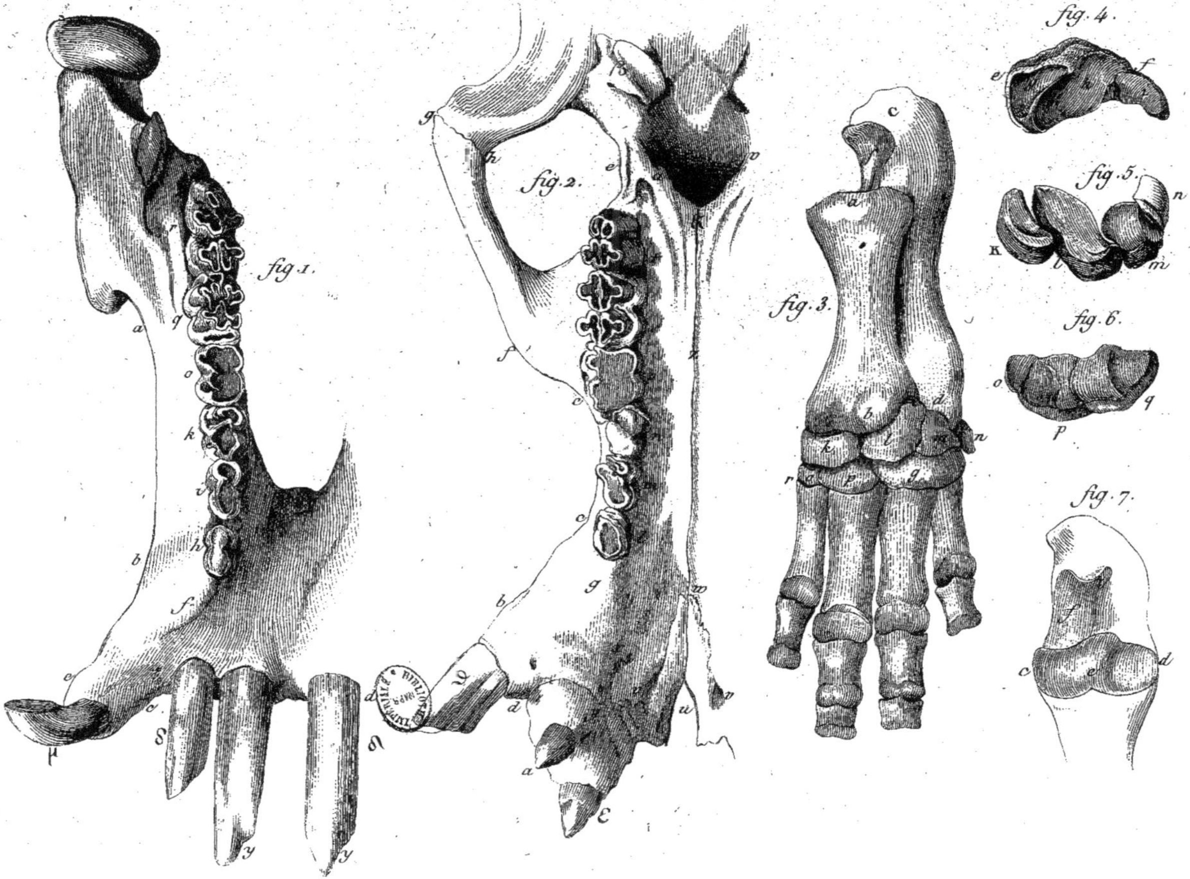

Cuvier del.

Hippopotame Pl. II.

Couet Sculp.

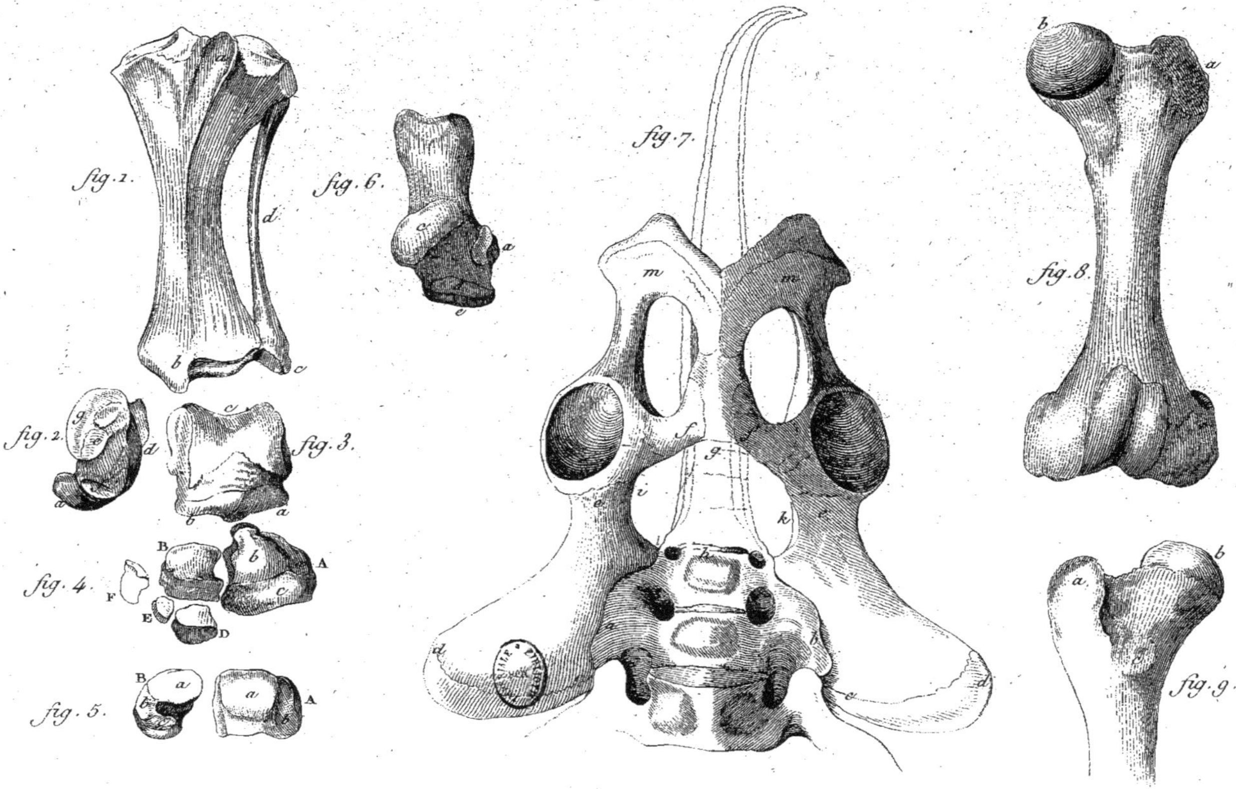

Cuvier del.

Hippopotame. Pl. III

Couet Sculp.

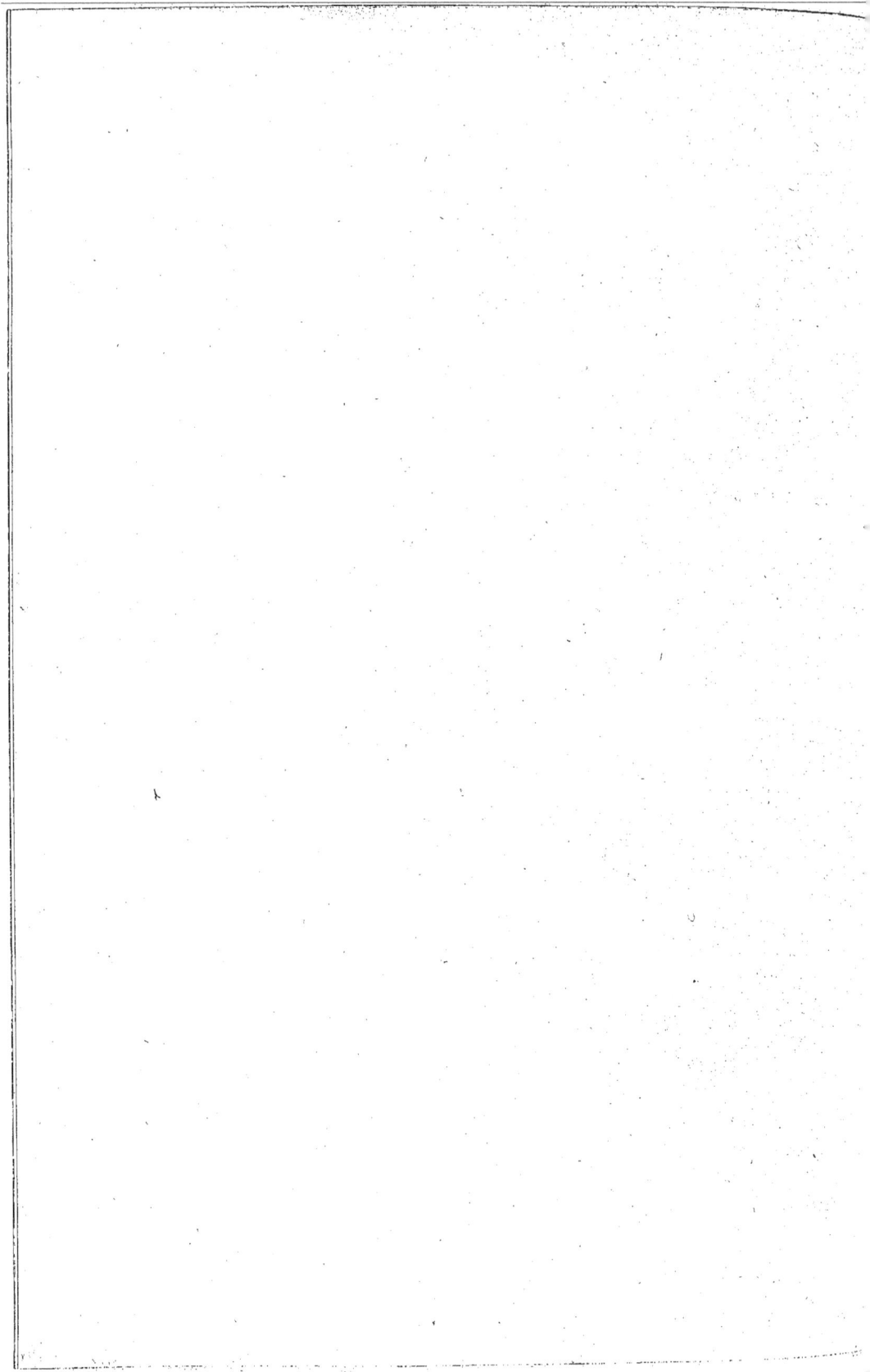

SUR LES OSSEMENS FOSSILES D'HIPPOPOTAME.

On ne connoît jusqu'à présent qu'une seule espèce vivante d'hippopotame, ainsi que nous venons de le voir dans l'article précédent; mais j'en ai découvert deux fossiles : la première est si semblable à l'espèce vivante, qu'il ne m'a pas été possible de l'en distinguer ; l'autre est à peu près de la taille d'un sanglier, mais du reste, ainsi qu'on le verra bientôt, l'on diroit que c'est une copie en miniature de la grande espèce : la connoissance de cette seconde espèce est entièrement due à mes recherches; et quant à la première, si son existence parmi les fossiles a déja été annoncée, ce n'est guère qu'aujourd'hui qu'elle est mise hors de doute.

En effet, mon savant collègue Faujas de Saint-Fond, l'auteur le plus récent sur ces sortes de matières, et l'un des plus habiles qui s'en soient occupés, assure encore dans ses Essais de géologie, tome I, p. 364 et suiv., qu'il n'a rien vu dans les cabinets qu'il a visités dans ses voyages, ni dans les auteurs qu'il a consultés, d'où l'on puisse conclure que l'hippopotame se soit trouvé jusqu'à présent dans l'état fossile avec les éléphans, les rhinocéros et les autres grands quadrupèdes des pays chauds.

En parcourant nous-mêmes les auteurs, nous n'y trouverons pas à la vérité cette disette absolue de renseignemens : mais nous verrons du moins que les hommes les plus savans sont très-souvent tombés dans des erreurs graves en voulant appliquer le nom d'hippopotame à des fossiles qui ne le méritoient point du tout.

Ainsi nous devons reconnoître que tout ce que Daubenton dit de prétendues *molaires fossiles d'hippopotame* dans sa Description du cabinet du roi, Hist. nat., tome XII, in-4.° sous les n.os MCVI, MCVII, MCVIII et MCXIII, se rapporte aux dents de l'animal de l'Ohio, vulgairement nommé *mammouth* par les Anglais et les Américains; et ce qu'il dit encore au même endroit de *dents pétrifiées qui ont rapport à celles de l'hippopotame*, sous les n.os MCIX, MCX, MCXI et MCXII, se rapporte aux dents d'un autre animal confondu jusqu'à présent par les naturalistes avec celui de l'Ohio, et que je ferai bientôt plus amplement connoître sous le nom d'*animal de Simorre*.

Je me suis assuré de ces deux points, non seulement par la description même de Daubenton, mais aussi par l'inspection actuelle des pièces qui sont encore aujourd'hui conservées au Muséum.

Mais il n'en est pas de même des n.os MCII et MCIV, dont le premier est une portion de mâchoire contenant deux molaires, et l'autre une molaire isolée. Ils appartiennent bien réellement à l'hippopotame ordinaire, ainsi que nous le verrons plus bas; ils sont de plus bien réellement fossiles, et portent toutes les marques d'un long séjour dans l'intérieur de la terre: leur consistance est altérée; leur tissu est teint par des matières ferrugineuses; l'émail de la première de ces pièces est coloré en noir, comme il arrive très-souvent aux dents fossiles : on y voit des restes de la couche terreuse dans laquelle ils ont été trouvés; en un mot, il n'y manque qu'une indication du lieu de leur origine, indication à laquelle même nous suppléerons un peu plus bas par des conjectures très-vraisemblables.

Pierre Camper a aussi parlé de dents fossiles d'hippopotame, mais il paroît être tombé dans une erreur semblable à celle de Daubenton : voici son article sur ce sujet. Il est tiré des Mémoires de l'acad. de Pétersbourg, NOVA ACTA, II, 1788, page 258. » *In Museo britannico* (écrit-il à M. *Pallas*), *ad* » *amussim delineavi molarem dentem medium hippopotami* » *gigantei, qui superat quater maximum illum molarem* » *cujus figuram à me delineatam descripsisti,* tab. VIII, » *Act. acad. petrop. I,* part. II, p. 214. » Et Camper ne pouvoit entendre ici une dent de l'animal de l'Ohio, parce qu'il parle avec détail de ce même animal une page plus loin, et qu'on voit d'ailleurs qu'il le connoissoit très-bien, puisqu'il l'avoit expressément distingué de l'hippopotame, dès 1777, dans les *Acta*, II.me part. pag. 219.

Comme je n'ai pu me procurer aucun renseignement direct sur cette dent gigantesque, j'en suis réduit à des conjectures. Les dents de l'animal de Simorre, ainsi que nous le verrons dans un autre endroit, présentent, à une certaine époque de leur détrition, des figures de trèfles qui ressemblent en grand à celle des hippopotames; et comme Camper n'avoit encore aucune idée des différences qui distinguent l'animal de Simorre de celui de l'Ohio, il a pu se tromper sur une dent isolée. Quoi qu'il en soit, celle dont il parle en cet endroit ne pourrait venir dans aucun cas de notre hippopotame vulgaire, puisqu'elle est quatre fois plus grande.

Merck paroît avoir donné dans la même erreur que Pierre Camper. Voici ses paroles, I.ere lettre, p. 21, note. « *Je possède une dent molaire trouvée dans les environs de Francfort, sur le Mein, exactement ressemblante à celle d'un hippopotame, dessinée dans le tome I.er des* Epoques de la nature, *de M. de Buffon, pl. III.* Or cette planche III représente une dent intermédiaire de l'animal de l'Ohio, dont les sommets sont un peu usés.

M. *Deluc*, Lettre géol. IV, p. 414, parle d'une dent d'hippopotame trouvée parmi les produits volcaniques des environs de Francfort; mais M. *Merck* nous apprend, III.me Lettre, p. 20, note, qu'elle n'étoit que de rhinocéros.

Nous trouvons, à une époque plus ancienne, quelque chose de moins incertain sur le même sujet : c'est un passage d'*Antoine de Jussieu*, dans les Mémoires de l'académie pour 1724. Après y avoir décrit et représenté en détail une tête de véritable hippopotame, il ajoute :

« La vue des ossemens de cette tête et de ces pieds m'en a » fait reconnoître d'abord de semblables pétrifiés, trouvés » parmi un nombre de pierres figurées qui sont dans le terri- » toire de Montpellier, au lieu qu'on y appelle *la Mosson*.

» Ces découvertes dont M. *Chirac* a été témoin nous em- » barrassoient d'autant plus, que ne trouvant ni dans le crâne » du cheval, ni dans celui du bœuf, que nous leur comparions, » aucune ressemblance, nous ne savions à quel animal les » attribuer; et ce n'est que la vue des dépouilles de celui-ci qui » nous convainquit que ces ossemens pétrifiés avoient été » ceux de l'hippopotame. »

Quoique *Antoine de Jussieu* n'ait donné ni figure ni description particulière de ces fossiles, la manière dont il en parle, l'endroit où il en parle, après avoir décrit une véritable tête, et ayant pour ainsi dire à la fois les os frais et les fossiles sous les yeux, ne permet guère de douter que ces derniers n'aient réellement tout-à-fait ressemblé à ceux de l'animal auquel il les attribue; j'ai même tout lieu de croire que ces morceaux observés par *Chirac*, et par *Antoine de Jussieu* sont précisément les mêmes que *Daubenton* a indiqués sous les n.os MCII et MCIV, et que je décrirai plus bas. *Chirac*, alors intendant du Jardin du roi, les ayant eus à Montpellier, les aura apportés à Paris, et déposés au cabinet, où *Daubenton* les aura trouvés ensuite sans autre indication.

Les dents que *Charles Nicolas Lang* avoit données quelques années auparavant pour des dents d'hippopotame, dans son *Historia lapidum figuratorum Helvetiæ*, imprimée en 1708, pl. XI, fig. 1 et 2, ne sont pas dans le même cas que les précédentes : ce sont de simples dents de cheval. Fig. 1 est un germe non encore sorti de la gencive, et fig. 2, une vieille dent usée. Les lithologistes se sont très-souvent trompés sur les dents de cheval, quoiqu'elles appartiennent à un animal si commun. Nous le verrons plus en détail dans un autre article.

Je trouve encore dans un auteur presque de nos jours un morceau attribué à l'hippopotame, qui me paroît l'être tout aussi faussement que ceux de Lang : c'est celui que cite le catalogue du cabinet de Davila, tome III, p. 221, art. 296. Voici ses termes.

« Une mâchoire d'*hippopotame* pétrifiée et enclavée dans sa » matrice de pierre à plâtre des environs de Paris, la mâchoire » inférieure conserve cinq de ses dents molaires, dont les racines » sont engagées en partie dans leurs alvéoles, et en partie

» découvertes. La mâchoire supérieure est presque entièrement
» détruite, et n'offre plus que l'empreinte des autres dents
» molaires opposées à celles de l'inférieure; celles-ci conservent
» leur émail verdâtre, et sont semblables d'ailleurs aux dents
» de l'hippopotame dont M. de Jussieu a donné la figure dans
» les Mémoires de l'acad. des scienc. Cette mâchoire porte un
» peu plus de 6 pouces de longueur sur 4 de hauteur. »

Je connois assez les fossiles contenus dans nos pierres à plâtre pour pouvoir assurer qu'il n'y a jamais rien qui provienne de l'hippopotame; d'ailleurs cinq dents de cet animal auroient certainement occupé au moins 8 pouces, et non pas seulement 6 de longueur.

Je suis donc bien persuadé que *Davila*, ou plutôt son coopérateur *Romé-de-l'Isle*, aura eu sous les yeux quelque fragment de mon grand *palœotherium*: son idée que ces dents ressembloient à celles des figures d'*Antoine de Jussieu*, sera venue de ce que ces figures ne sont ni assez grandes ni assez précises.

Je présume qu'il en est à peu près de même des *os d'hippopotame* que M. de Lamétherie dit avoir été trouvés à *Mary* près de *Meaux*; Théor. de la terre, V, p. 198, mais dont il ne donne pas de description. Les environs de Meaux sont en grande partie gypseux, et je sais que les os fossiles y sont les mêmes qu'aux environs de Paris.

M. Faujas lui-même a parlé autrefois de dents d'hippopotame. Voici comment il s'exprime dans une lettre à M. de Lamétherie sur les ossemens trouvés par M. de Fay près d'Orléans, insérée dans le Journal de physique de décembre 1794, p. 445 et suivantes.

« Voici quelques détails sur ce que j'ai reconnu de mieux

» caractérisé dans les restes d'ossemens de la carrière de » Montabusard.

» 1.° Une dent pétrifiée d'hippopotame pesant 8 onces 6 gros » quinze grains, quoiqu'elle ne soit pas entière, car il en » manque une portion à l'extrémité de la couronne, etc. En » comparant cette dent à celles des plus grosses têtes d'hip- » popotame que possède le Muséum d'histoire naturelle, je » n'en ai trouvé aucune à beaucoup près de la grandeur de » celle-ci : ainsi l'animal auquel cette dent fossile a appartenu » devoit être trois fois plus gros au moins que l'hippopotame » empaillé qui est dans les galeries du Muséum, et qui vient » du cabinet de la Haie. »

J'ai examiné cette même dent, et je me suis assuré qu'elle étoit d'un animal très-différent de l'hippopotame, que je décrirai ailleurs sous le nom d'animal de Simorre.

Au reste, si quelquefois l'on a donné pour os et dents d'hippopotame des morceaux qui n'en venoient pas, il est arrivé aussi que quelques auteurs en ont eu sans le savoir, et les ont attribués à des animaux qui ne les avoient point fournis : de ce nombre est *Aldrovande*, *De metallicis*, lib. IV, p. 828 et suiv. Il représente, tab. VI, fig. 1, une véritable molaire fossile d'hippopotame; la quatrième ou cinquième d'en haut à demi-usée; et fig. 2, une postérieure d'en bas très-peu usée; tab. VII en est encore une quatrième d'en haut à demi-usée et un peu cassée en avant : il les donne toutes les trois pour des dents d'éléphant, tandis qu'une vraie molaire d'éléphant représentée, tab. IX, passe à ses yeux pour venir de quelque grande bête inconnue.

Aldrovande est excusable, puisqu'il n'avoit point de squelette de ces animaux; mais comme ses figures sont parfaitement reconnoissables et de grandeur naturelle, on auroit pu aisément rectifier l'erreur de ses indications : et cependant c'est précisément lui, tout clair qu'étoit son témoignagne, qu'on a le plus négligé de citer dans les listes de ceux qui avoient mis en avant des os fossiles d'hippopotame.

Aldrovande ne parle point de l'origine de ses fossiles; mais il est probable qu'ils venoient, comme ceux que je décrirai plus bas, de quelques-unes des vallées d'Italie.

Aldrovande a donc présenté les objets dont nous nous occupons ici, sans pouvoir leur appliquer leur véritable nom. *Camper, Merck, Davila, Lang, Daubenton* dans quelques articles, et quelques géologistes récens, ont appliqué ce nom à des objets auxquels il ne convenoit point. *Antoine de Jussieu*, et *Daubenton* dans ses n.os MCII et MCIV, sont les seuls qui aient eu le double mérite de nous offrir de vrais objets et de les bien nommer.

Après ce résumé des travaux de mes prédécesseurs, venons à mes propres observations.

1.° *Du grand Hippopotame fossile.*

Les premiers morceaux qui m'aient averti de l'existence des ossemens d'hippopotame parmi les fossiles sont donc ceux du Muséum, indiqués par Daubenton sous les n.os MCII et MCIV.

J'ai représenté le premier, pl. II, fig. 1. C'est une portion de la mâchoire inférieure du côté droit, contenant la pénultième et l'antépénultième molaire. On juge, à l'état peu avancé de la pénultième, que la dernière de toutes ne devoit pas encore être sortie. L'antépénultième est beaucoup plus usée que l'autre. En avant de ces deux dents est l'alvéole d'une troisième, dont il ne reste que quelques fragmens de racine. Le bord inférieur est cassé sur toute la longueur du morceau. La grande dent a 0,05, et la petite 0,035 de longueur. La largeur de l'une et de l'autre est de 0,025 à 0,027. Les dents pareilles, mesurées dans un hippopotame ordinaire, ont chacune 0,005 de plus, c'est-à-dire qu'elles sont à peu près d'un dixième plus longues. L'émail est teint en noirâtre, la substance osseuse, ainsi que l'os maxillaire, en brun foncé.

Le second morceau, pl. II, fig. 2, est une pénultième molaire d'en haut, dans un état de détrition moyenne; outre qu'elle est devenue un peu friable par son séjour dans la terre, elle a été roulée, et toutes ses formes se sont arrondies; les racines sont cassées; son émail est jaunâtre, et n'a point la teinte noire du morceau précédent. On pourroit, d'après ces circonstances, douter qu'ils vinssent du même endroit, et ce que j'ai soupçonné plus haut de leur origine pourroit n'être vrai que pour l'un des deux seulement.

Le troisième morceau fossile de grand hippopotame qui se soit offert à mes recherches est du cabinet de feu Joubert, aujourd'hui à M. de Drée. Je l'ai représenté, pl. I, fig. 2. Celui-ci est de la grandeur des individus vivans ordinaires. C'est un fragment de mâchoire supérieure, contenant deux dents précisément dans l'état de détrition où elles sont le plus facilement reconnoissables par les trèfles et les autres linéamens de leur couronne : ce sont la dernière et l'avant-dernière molaire du côté gauche.

Ce morceau est évidemment fossile et pénétré d'une substance ferrugineuse, mais ne porte non plus aucune indication du lieu de son origine. Cependant, comme M. Joubert étoit trésorier des États de Languedoc, et que sa place l'appeloit souvent à Montpellier, il est très-possible que ce soit là qu'il ait acquis ce morceau, et même qu'il l'ait tiré précisément de ce lieu de *la Mosson*, dont Antoine de Jussieu en avoit déja eu de semblables. Lors de mon passage à Montpellier en l'an XI, je m'enquis soigneusement de tous les fossiles qui pouvoient y être dans les cabinets; je visitai même avec soin celui de mon respectable confrère M. *Gouan*, et celui de l'Ecole centrale, que dirigeoit alors feu *Draparnaud*; mais je n'y aperçus aucun ossement d'hippopotame.

Quelque temps après avoir vu ce morceau du cabinet de Joubert, examinant divers fossiles recueillis dans le val d'Arno par M. Miot, aujourd'hui conseiller d'Etat, dans le temps qu'il étoit ministre de France près le dernier grand-duc de Toscane, j'y remarquai un astragale que je ne pus rapporter à son espèce : M. Miot ayant eu la bonté de me le prêter pour l'examiner à loisir, je vis bientôt qu'il n'appartenoit ni à l'éléphant, ni au rhinocéros; et comme sa grandeur ne permettoit pas de croire qu'il vînt d'un animal plus petit que ces deux-là, je ne doutai plus qu'il n'appartînt à l'hippopotame.

Sa forme confirmoit cette idée. Elle ressemble à peu de chose près à celle de l'astragale du cochon, et le cochon est certainement de tous les animaux celui qui approche le plus de l'hippopotame par son organisation.

Ces deux considérations ne me laissoient déja presque aucun doute; mais j'eus le plaisir de trouver une preuve encore plus directe lorsque j'eus fait faire le squelette de fœtus d'hippopotame que j'ai décrit dans mon article précédent. L'astragale de ce fœtus, représenté dans cet article, pl. III, fig. 2 et 3, ne présente, la grandeur exceptée, aucune différence appréciable avec le fossile.

Je donne des figures diminuées de celui-ci, pl. I, fig. 1 et 4 : c'est l'astragale du côté droit. Il est vu de face, fig. 1, et par son côté externe, fig. 4. Ses dimensions absolues sont les suivantes.

Longueur de la face externe, de *a* en *b*	0,117.
Hauteur verticale, de *c* en *d*	0,072.
Largeur de sa poulie tarsienne, de *e* en *f*	0,107.
Distance du fond de sa poulie tibiale, à l'extrémité de l'arête intermédiaire de la poulie tarsienne, de *h* en *g*	0,117.
Largeur de sa poulie tibiale, de *i* en *k*	0,097.

En comparant ces mesures avec celles que nous avons conclues d'après le fœtus pour un hippopotame adulte de grandeur ordinaire, on voit, article précédent, p. 19, qu'elles ne les égalent pas tout-à-fait.

Cet astragale est à cet égard dans le même cas que les dents du Muséum décrites ci-dessus. On sait que les naturalistes ont long-temps prétendu que les dépouilles fossiles d'animaux surpassent généralement leurs analogues d'aujourd'hui en grandeur ; on voit par ces échantillons que cela ne s'applique du moins pas toujours à l'hippopotame.

M'étant ainsi assuré de l'un des lieux où l'on peut trouver des ossemens d'hippopotame, je m'empressai d'écrire à M. Fabbroni, directeur du Cabinet royal de physique à Florence, et savant universellement célèbre par ses qualités aimables autant que par l'étendue de ses connoissances : je ne doutais pas qu'on ne dût trouver parmi les fossiles du cabinet qu'il dirige plusieurs morceaux de la même espèce, et il s'en trouva en effet.

M. Fabbroni m'envoya les dessins de trois dents qui ont

évidemment appartenu à l'hippopotame. J'ai fait graver ces dessins, pl. I, fig. 3 et 5, et pl. II, fig. 10.

Le premier, pl. I, fig. 3, est l'antépénultième molaire, soit d'en haut, soit d'en bas, à demi-usée.

Le second, celui de la pl. I, fig. 5, est la dernière molaire d'en bas, au moment où elle étoit près de percer la gencive; comme elle n'avoit point encore servi à la mastication, les pointes de ses collines se sont conservées; son émail n'est point entamé, et ce dessin peut servir pour indiquer la forme des germes de molaires d'hippopotame; car il n'offre absolument aucune différence, si ce n'est qu'il paroît un peu plus grand : je ne sais si c'est la faute du dessinateur; car M. Fabbroni ne m'a point envoyé de mesure.

Le troisième dessin, pl. II, fig. 10, représente un fragment de défense ou canine inférieure. C'est encore un morceau très-reconnoissable pour avoir appartenu à l'hippopotame; aucun autre animal n'a des défenses de cette force; et l'éléphant, qui les a plus grandes, ne les a ni anguleuses, ni striées : le morse, qui les surpasse aussi, les a bien striées vers la racine, mais non pas anguleuses. Le narval a la sienne droite: comme tordue en spirale par les stries de la surface. Le tissu de la substance osseuse est d'ailleurs très-différent. Dans l'éléphant on y voit des traits brunâtres qui se croisent en losanges curvilignes très-régulières. Dans le morse, il y a des grains bruns comme paîtris dans une substance plus blanche; dans le narval, tout semble homogène; dans l'hippopotame enfin, ce sont des stries fines, concentriques au contour de la dent.

M. Fabbroni m'écrit, touchant cette défense, qu'elle diffère de celle de l'hippopotame d'Afrique, en ce que son diamètre a un plus grand rapport avec sa longueur, et parce que sa courbure en spirale est beaucoup plus marquée.

Il ajoute qu'on trouve ces dents d'hippopotame de différentes sortes, éparses çà et là dans le val d'Arno supérieur, mais sans mâchoires ni autres ossemens, sur-tout de la tête.

L'astragale rapporté par Miot prouve cependant qu'on découvriroit aussi toutes sortes d'ossemens de cet animal, si on se donnoit la peine de les chercher, ou si on avertissoit seulement les ouvriers qui font des fouilles ou des déblais pour des chemins, des puits, des fondations, de les recueillir.

Ce n'est que lorsqu'on en aura obtenu un certain nombre qu'on pourra prononcer si l'animal dont ils proviennent étoit entièrement semblable à celui d'aujourd'hui, ou s'il présentoit quelque différence spécifique, comme les circonstances remarquées au fragment de défense pourroient le faire croire.

J'avoue que les molaires et l'astragale que j'ai examinés ne m'ont offert aucune différence suffisante, et il est assez singulier que l'animal dont l'existence parmi les fossiles avoit paru douteuse aux géologistes, soit précisément celui dont les dépouilles fossiles sont le plus évidemment semblables aux ossemens du vivant : car nous verrons qu'il s'en faut beaucoup que les éléphans, les rhinocéros et les autres grandes espèces fossiles que l'on a voulu rapporter aux animaux vivans, leur ressemblent autant que ces morceaux-ci ressemblent à leurs analogues actuels.

2.° *Du petit Hippopotame fossile.*

J'ai annoncé en peu de mots cette espèce aussi remarquable que nouvelle dans le programme du présent ouvrage, imprimé chez Baudouin, en l'an IX, par ordre de la première classe de l'Institut. Ma notice étant fort abrégée a paru trop incertaine à quelques naturalistes (1); j'espère que les détails dans lesquels je vais entrer feront cesser toute incertitude.

Le bloc dont j'ai tiré cette espèce étoit depuis long-temps dans un des magasins du Muséum, et personne n'avoit souvenance du lieu de son origine : il me frappa cependant par la quantité de fragmens d'os et de dents dont il étoit comme lardé de toutes parts ; il ressembloit assez aux brèches osseuses de Gibraltar, de Dalmatie et de Cette, excepté que la pâte, au lieu d'être calcaire et stalactitique, étoit un grès homogène remplissant uniformément tous les intervalles des os ; et que les os formoient une portion incomparablement plus considérable de la masse que dans ces brèches.

Il me fallut, ainsi qu'à mes aides, un temps considérable et une grande patience pour dégager une partie de ces os du grès qui les incrustoit : nous employâmes pour cela, pendant plusieurs jours, le ciseau, la lime et le burin ; nous fûmes obligés de sacrifier plusieurs os pour en conserver d'autres entiers : mais combien nous nous trouvâmes récompensés de nos peines lorsque nous eûmes mis au jour les débris d'un animal dont personne n'avoit eu jusqu'à nous la moindre notion !

Je fus long-temps ensuite sans revoir de pierre semblable à cette première-là, jusqu'en ventose de l'an XI, que, passant à Bordeaux, je visitai le beau cabinet d'histoire naturelle que M. Journu Aubert, sénateur, possédoit, et dont il vient de faire présent à sa ville natale. J'y reconnus au premier coup d'œil un bloc tout semblable à celui que j'avois dépécé au Muséum ; mais il n'y avoit malheureusement pas plus d'indication sur le lieu d'où on l'avoit tiré, et M. Villers, professeur d'histoire

(1) Faujas, Essais de géol. I, 366.

naturelle à Bordeaux, qui avoit la charge de ce cabinet, ni M. Journu-Aubert lui-même qui se trouva alors dans cette ville pour présider le corps électoral, ne purent me donner aucun renseignement là-dessus. Depuis lors M. Journu-Aubert a généreusement fait présent à notre Muséum de ce morceau précieux, et m'a mis par-là en état de perfectionner la connoissance de cette espèce remarquable, en ajoutant d'autres os à ceux que m'avoit fournis le premier bloc.

Je m'acquitte avec bien du plaisir, au nom du Muséum et au mien, du devoir que nous impose la reconnoissance, en publiant ici le don que cet amateur respectable a fait à la science.

La description que je vais donner des os que j'ai pu dégager fera reconnoître les blocs pareils qui pourroient se trouver dans les cabinets, et peut-être que nous obtiendrons ainsi les renseignemens qui nous manquent sur le lieu et sur la position dont ils sont originaires. Il y a peu de points aussi intéressans dans l'histoire particulière des os fossiles.

J'ai eu des dents mâchelières de plusieurs espèces, des canines et des incisives; la fig. 7, pl. I, représente une des plus grandes de ces mâchelières: sa couronne est allongée et présente d'abord une petite partie transverse *a*; ensuite une paire de collines, *b*, *c*, séparée par un profond vallon, d'une autre paire, *d*, *e*, qui l'est, par un second vallon, d'une colline simple, *f*. La détrition n'a usé ces collines qu'à leur face antérieure et très-obliquement; ce qui montre que celles de la dent opposée pénétroient, lors de la mastication, dans les intervalles de celles-ci.

C'est déja une petite différence de l'hippopotame ordinaire; mais, au reste, tous les autres caractères essentiels se retrouvent ici, comme dans la pénultième dent d'en bas de ce grand animal; mêmes quatre collines en deux paires, même colline isolée en arrière, même petite saillie transverse en avant : si on ne voit pas bien les trèfles, cela tient à la manière oblique dont se fait la détrition; elle efface les sillons longitudinaux des collines, et n'en laisse que quelques traces: encore voit-on un peu de cette figure de trèfle en *b* et en *c*.

Cette dent a 0,033 de longueur, et 0,016 de largeur.

J'ai trouvé dans le bloc de M. Journu-Aubert le germe de cette même dent postérieure. Il est représenté, pl. III, fig. 6.

Une seconde de ces dents, pl. I, fig. 6, est à peu près carrée à sa base, qui est toute entourée d'un collet saillant, et sur laquelle s'élèvent deux paires de collines, ou plutôt deux collines transverses, fourchues à leur sommet, et marquées sur leurs faces de sillons, tels, que si la détrition se faisoit horizontalement, elle produiroit certainement aussi des figures de trèfle; mais quoiqu'elle ne soit que commencée sur cette dent-ci, on s'aperçoit déja qu'elle se fait obliquement. Les pointes des deux collines de devant, *a*, *b*, ne sont qu'un peu usées en triangle, et cependant la partie voisine du collet, *c*, est aussi un peu entamée; preuve que les parties saillantes de la dent opposée pénétroient dans les creux de celle-ci.

Cette dent a 0,027, tant en longueur qu'en largeur, au pourtour de sa base.

Une troisième dent, semblable à la précédente, mais plus petite et plus profondément usée (deux preuves qu'elle étoit placée plus en avant), est représentée, pl. I, fig. 8; elle n'a que 0,02 en carré : ses deux premières collines, *a*, *b*, ont déja confondu leurs disques osseux par l'effet de la détrition; les deux autres, *c*, *d*, ne montrent encore que deux triangles séparés.

Fig. 3, pl. II, est le germe d'une dent qui seroit devenue, avec le temps, semblable aux deux précédentes. Il n'étoit point sorti de la gencive, n'a encore aucune racine, et son sommet est parfaitement intact; on y voit bien comment les deux collines transversales sont chacune rendues fourchues à leur sommet par deux plans qui font ensemble un angle d'environ 60°.

La ressemblance de ce germe avec le pareil d'un hippopotame ordinaire frapperoit le moins attentif: elle est plus grande que celle des dents usées, parce que c'est le mode de détrition qui établit la plus grande différence entre les deux espèces.

La base de ce germe a 0,023 en carré; celle du germe d'hippopotame ordinaire, que je lui compare, a 0,05, c'est-à-dire plus du double: elle n'est pas non plus si carrée, et les collines postérieures y sont un peu plus courtes que les autres.

Voilà bien la dernière molaire du grand hippopotame, et les deux qui la précèdent parfaitement représentées dans le petit; aucun autre animal ne peut s'offrir à la comparaison, si ce n'est le cochon: ses trois dernières molaires sont à peu près de la même grandeur que celles-ci, et ont aussi quatre collines dans les deux premières, et cinq dans la dernière; mais ces collines sont sillonnées tout autour, et accompagnées de collines plus petites ou de tubercules accessoires, de manière que la couronne de la dent paroît toute mammelonnée: ce qui n'est point du tout dans notre petit hippopotame fossile.

Nous savons, par notre article précédent (Ostéol. de l'hipp., p. 23), que les trois molaires de devant de l'hippopotame ont une autre forme, et sont plus simples que les trois dernières; nous en retrouvons d'analogues dans ce petit.

On en voit une, pl. I, fig. 11. Elle est pyramidale, a deux

grosses racines, et est usée, comme les molaires, obliquement à sa face de derrière et à sa pointe. La longueur de sa base est de 0,017, sa largeur de 0,013; la hauteur de son corps, sans les racines, 0,015. Une seconde est représentée, pl. I, fig. 10 : elle est plus petite, conique, comprimée, et usée seulement à son sommet. J'en ai encore une autre toute pareille.

Ces molaires antérieures, très-semblables à celles de l'hippopotame, n'ont rien de commun avec celles du cochon, qui sont comprimées, et à tranchant dentelé.

Mais les dents les plus caractérisées de l'hippopotame ordinaire sont ses incisives et ses canines; et c'est en quoi notre petit fossile se montre encore parfaitement l'analogue du grand.

Ainsi, les incisives d'en bas sont cylindriques, obliquement couchées en avant, et usées à leur pointe seulement : nous en avons trouvé plusieurs pareilles, à la grandeur près, dans les blocs que nous avons dépecés : on en voit une presque entière, pl. II, fig. 7. Son diamètre est de 0,01, et sa longueur, dans son état actuel, de 0,08. Elle répond à l'une des incisives latérales de l'hippopotame ordinaire, car celles-ci ont 0,023 de diamètre, et 0,15 de longueur. Elles sont plus profondément striées à leur surface que celles de la petite espèce; leur pointe est aussi plus acérée par la détrition.

Quoique les différens cochons aient aussi les incisives inférieures très-longues et couchées en avant, on ne peut les confondre avec celles de notre animal, parce qu'elles ne sont pas cylindriques, mais prismatiques, ou comprimées par les côtés.

Les canines inférieures de l'hippopotame sont courbées en arc de cercle, à coupe triangulaire, et obliquement usées à leurs pointes du côté de leur face concave.

Mes blocs m'en ont offert plusieurs de semblables. J'ai représenté l'une des mieux conservées, pl. II, fig. 11. Elle se rapporte bien aux autres pour la proportion, car elle a, de même, moitié des dimensions de la dent correspondante de la grande espèce, c'est-à-dire 0,02 de plus grand diamètre, etc.; elle offre quelque différence de surface: les canines du grand hippopotame sont striées, ou plutôt cannelées profondément par-tout sur leur longueur; celles-ci sont très-finement striées, et présentent à leur face externe un enfoncement ou espèce de canal large et très-peu profond, qui règne sur toute leur longueur.

Ces dents seroient plus aisées que les autres à confondre avec les analogues du sanglier; on les en distingue cependant à ce que leurs angles sont émoussés, et leur courbure plus forte.

Les canines supérieures de l'hippopotame prêtent à moins d'équivoque: usées obliquement du côté de leur convexité, arrondies de toute part, creusées d'un sillon longitudinal profond à leur face interne, et d'un autre plus léger à l'externe, elles ne ressemblent à celles d'aucun autre animal. Mon petit animal m'en a fourni un tronçon très-caractérisé; c'est le bout de la dent: on y voit les deux sillons et la surface produite par la détrition. Les dimensions sont encore précisément moitié de celles de l'espèce vivante. Voyez pl. II, fig. 6.

Fig. 9 est un fragment qui me paroît avoir appartenu à une incisive intermédiaire d'en haut: il y a pourtant quelque différence avec l'hippopotame ordinaire. La partie usée, *a*, *b*, est ici convexe et devrait être concave. Le sillon, *b*, *c*, n'existe point dans l'hippopotame.

Je représente encore, fig. 4, pl. II, un germe de molaire qui n'a point d'analogue dans l'hippopotame ordinaire. Elle offre deux collines, dont la seconde fourchue, par conséquent trois pointes, toutes les trois assez aiguës.

Ce sera quelqu'une des molaires antérieures que ce petit hippopotame aura eue plus compliquée que l'espèce vivante. Sa longueur est de 0,02, sa largeur en arrière de 0,01.

J'étois trop pénétré du grand empire qu'exercent les formes des dents sur tout le reste de l'organisation, pour ne pas être persuadé d'avance que tous les autres os de cet animal auroient, avec leurs correspondans de l'hippopotame ordinaire, la même ressemblance que j'observois dans les dents; je fus cependant bien aise de pouvoir donner à tout le monde une nouvelle preuve de l'infaillibilité de ces lois générales de la zoologie, et je mis beaucoup de soin à dégager les portions d'os où j'aperçus quelques restes de caractères. Toutes, sans exception, vinrent confirmer ce que les dents avoient annoncé.

Ainsi le fragment de mâchoire inférieure, pl. II, fig. 8, quoique fort mutilé, ne l'est point assez pour n'être pas reconnoissable par lui-même. On voit, en *a*, que le bord inférieur commence à descendre pour former ce crochet si caractéristique dans la mâchoire inférieure de l'hippopotame; en *b*, que l'échancrure entre l'apophyse coronoïde *c*, et la condyloïde qui manque à ce fragment, devoit être peu profonde, comme elle l'est aussi fort peu dans l'hippopotame. La ligne saillante *d*, les différentes convexités, concavités et méplats de ce morceau sont, en un mot, comme dans le grand animal auquel nous le comparons. La distance des bords, de *a* en *d*, est de 0,045. L'hippopotame, mesuré au même endroit, donne 0,12, c'est-à-dire, deux fois et deux tiers de fois plus.

J'ai trouvé dans le bloc de M. Journu-Aubert une autre portion de mâchoire inférieure plus considérable, à certains égards, que celle-ci, pl. III, fig. 3 : c'est celle du côté opposé. Elle contient la dernière dent, *a*, presque entière ; mais ce qui la rend précieuse, c'est qu'elle montre une beaucoup plus grande partie du crochet, *b*, et sur-tout une portion de son bord postérieur ; car toute la ligne, *c d*, est entière et sans fracture : on y voit que ce crochet se portoit plus en arrière à proportion que dans l'hippopotame vivant, et que cet endroit de la mâchoire, au lieu de représenter à peu près le quart d'un cercle, ou la moitié d'un croissant, devoit former une sorte de lunule. J'ai marqué avec des points le contour que l'on peut supposer à cette partie, d'après ce qui en reste d'entier.

Quoique cette différence de configuration offre bien une distinction spécifique évidente, le tout n'en est pas moins une confirmation de l'identité générique : l'hippopotame ordinaire ayant seul ce crochet parmi les quadrupèdes connus, on devoit bien s'attendre que si l'on venoit à découvrir quelque autre espèce d'hippopotame, on l'y trouveroit aussi ; mais rien n'exigeoit qu'il eût précisément les mêmes proportions.

Ces deux fragmens de mâchoires auroient donc été reconnus pour venir d'un hippopotame, quand même on n'auroit pas vu une seule des nombreuses dents qui les accompagnoient.

C'est aussi le cas d'un troisième fragment, représenté, pl. III, fig. 6 et 8, également tiré du bloc de M. Journu-Aubert. Il forme le tiers antérieur de la mâchoire d'en bas du côté gauche, et doit avoir appartenu à un très-jeune individu ; car, en le cassant, on y trouve seulement un germe de dent canine, encore très-creux intérieurement, et contenu dans un alvéole plus large que lui. Néanmoins, cette forme carrée de l'extrémité de devant, qui appartient à la mâchoire inférieure des hippopotames et d'eux seuls, se manifeste déja clairement dans celui-ci.

Les trous creusés à la face externe pour la sortie des nerfs maxillaires inférieurs sont placés au même endroit que dans l'hippopotame ordinaire.

La tête inférieure d'humérus, pl. II, fig. 5, est en simple poulie, en *a*, avec une très-légère excavation latérale vers *b*. Elle ressemble un peu en ce point à celle du cochon; mais cette seconde excavation seroit plus forte dans ce dernier animal. Elle ressemble encore à celle du cochon par le trou *c*, produit par la pression de l'olécrâne dans l'extension.

Une autre portion de l'humérus beaucoup plus considérable et mieux conservée, pl. III, fig. 2, se distinguoit éminemment de l'humérus du cochon par sa ligne âpre, extrêmement saillante en dehors, et commençant très-bas, absolument comme on le voit dans l'humérus de l'hippopotame vulgaire (voyez Ostéol. de l'hipp., pl. II, fig. 2, *e*). Cette portion, qui ne faisoit guère que les deux tiers de l'os, avoit 0,13 de longueur.

Les deux condyles étoient mutilés, et on ne pouvoit en mesurer la distance; mais la largeur transverse de la poulie articulaire étoit de 0,045 : nous l'avons conclue de 0,15 pour l'adulte; c'est plus du triple de grosseur, tandis que les longueurs ne sont en général qu'un peu plus que doubles. Ceci revient à la règle établie par Daubenton, et voulue d'ailleurs par les lois relatives à la résistance des corps, découvertes par Galilée: c'est que les grands animaux ont les os beaucoup plus épais, à proportion que les petits: autrement leurs membres ne pourroient les soutenir.

L'astragale, pl. I, fig. 9, tiré du bloc du Muséum, est encore plus caractéristique, s'il est possible. L'arête, *a*, qui divise sa partie inférieure en deux poulies d'égale largeur, ne lui permet d'appartenir qu'au seul genre de l'hippopotame. Les autres animaux qui ont une pareille division; savoir, les ruminans, le cochon, le rhinocéros et le tapir, ont les deux poulies fort inégales. La giraffe n'en a même point de cuboïdienne.

La longueur de cet astragale, la seule de ses dimensions restée bien entière, est de 0,045. La même dimension, prise dans l'astragale de grand hippopotame fossile représenté pl. I, fig. 1, est de 0,117; ce qui équivaut à deux fois et près de deux tiers de fois.

J'ai encore retiré de ce bloc un scaphoïde : il a 0,03 d'avant en arrière, 0,02 de droite à gauche, et porte à sa face métatarsienne trois facettes articulaires : une grande, une moyenne et une très-petite; ce qui prouve que ce petit hippopotame avoit, comme le grand, aux pieds de derrière, quatre doigts et un vestige de cinquième.

Ce bloc m'a aussi fourni une portion de fémur (pl. III, fig. 1) qui a perdu sa tête, la sommité de son grand trochanter, et à peu près son tiers inférieur; mais on y voit bien la cavité profonde creusée, à sa face postérieure, entre sa tête et son grand trochanter; l'extrême saillie de la racine de celui-ci, et la position du petit trochanter au bas et dans l'alignement de la racine du grand. Ces caractères, que nous avons exprimés dans notre figure du fémur de l'hippopotame (Ostéol. de celui-ci, pl. III, fig. 9) se retrouvant, à peu de chose près, les mêmes dans le sanglier, ne donnent pas des distinctions aussi tranchées que les autres; mais il n'y a rien non plus qui contredise tous nos résultats précédens.

Il en est de même du fragment de bassin représenté de côté,

pl. III, fig. 4, et pardevant, fig. 5. Sa cavité cotyloïde a ses bords un peu rompus tout autour, et on ne peut la mesurer exactement; mais on voit qu'elle a dû correspondre au fémur représenté à côté, pl. III, fig. 1. L'aplatissement de l'os des îles à sa face antérieure est aussi très-semblable à celui que montre l'hippopotame ordinaire. Voyez son Ostéol., pl. III, fig. 7.

Je n'ai point eu d'autres os de ce petit hippopotame; mais tous les zoologistes conviendront bien qu'il y en a assez pour le caractériser. Je n'ai pas besoin non plus de prouver qu'il est adulte, et que ce n'est point à son âge que sa petitesse est due : l'état de la dentition et de l'ossification le démontrent suffisamment.

Voilà donc encore une espèce bien évidemment distincte de toutes celles que l'on connoît à la surface du globe; on pourroit m'opposer ici, comme pour plusieurs autres, que je compose peut-être un édifice dont les parties n'étoient point destinées par la nature à être rapprochées; que c'est des os de plusieurs animaux mêlés confusément dans ces blocs que je forme un animal imaginaire; mais ma réponse est toujours prête. Je ne m'arrêterai point à montrer les rapports naturels de ces divers os, ni à prouver que leur ensemble s'accorde parfaitement avec les lois qui président à l'organisation des animaux; je m'en tiens à cet argument invincible : c'est que chaque os, considéré séparément, diffère de ceux de tous les animaux connus; que ce n'est point sur leurs combinaisons que j'établis mes caractères, et que si par hasard on pensoit que j'en ai réuni d'espèces différentes, on ne feroit qu'augmenter le nombre des espèces fossiles qui ne se retrouvent pas vivantes.

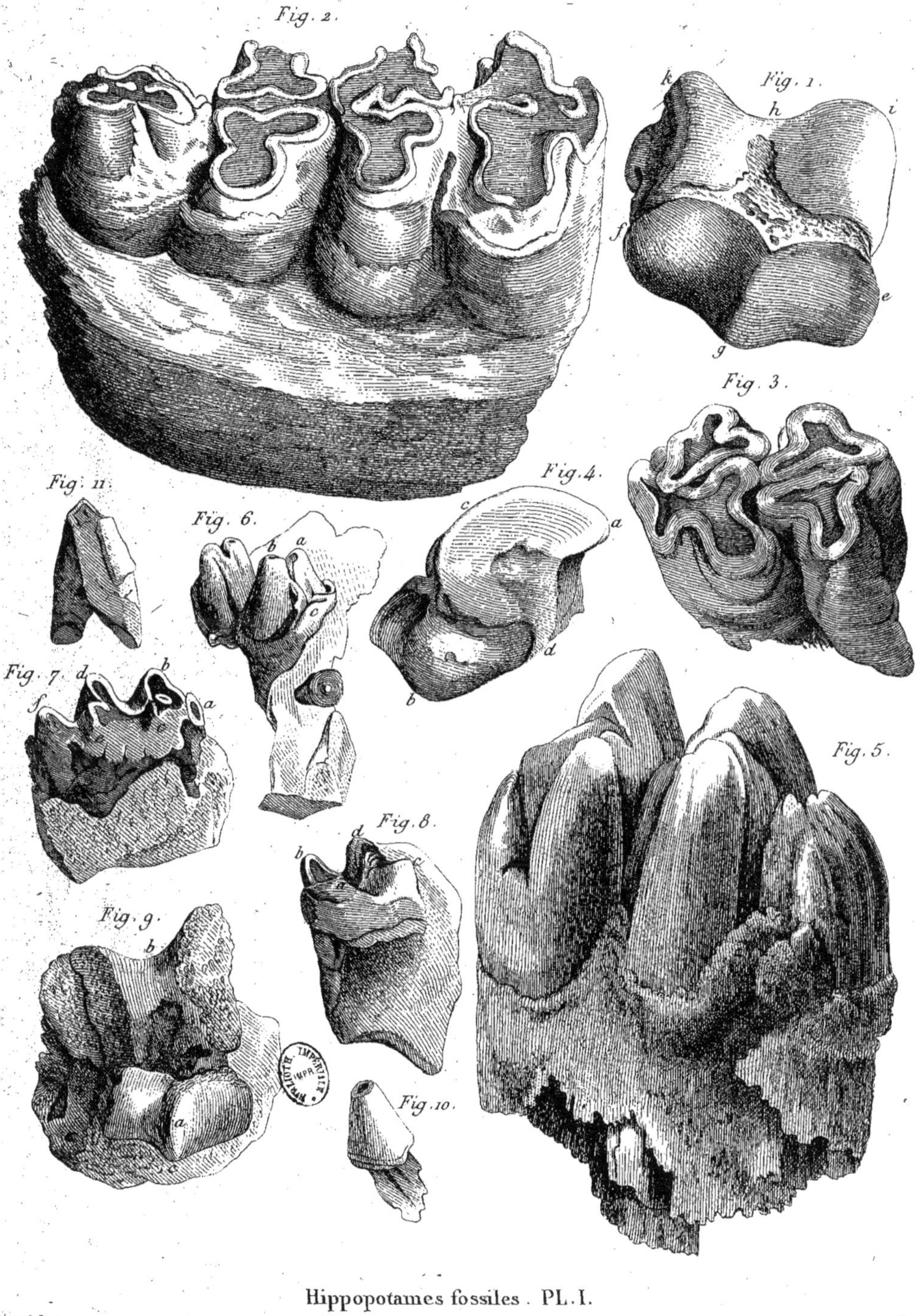

Hippopotames fossiles . PL. I.

ier del. Couet Sc.

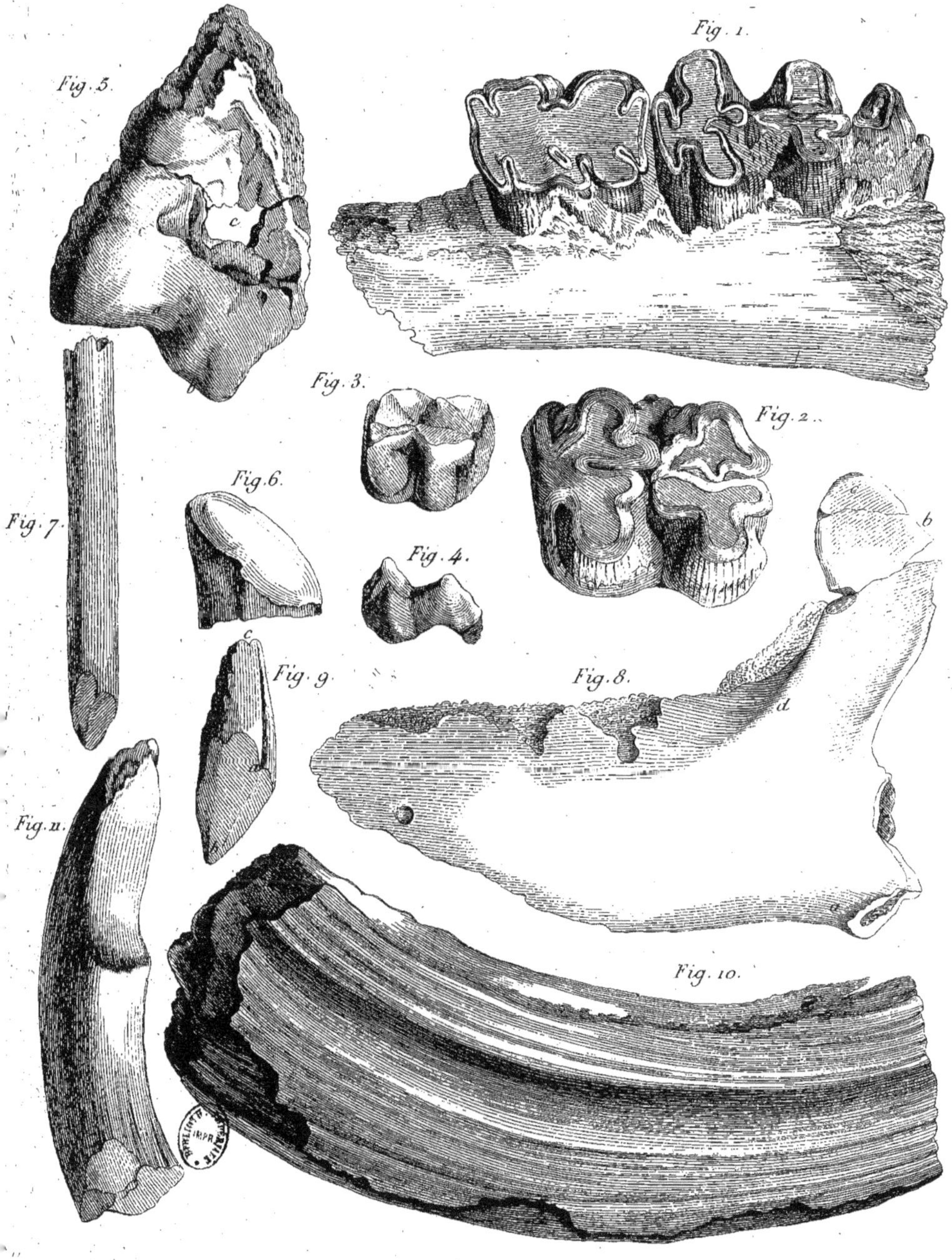

Hippopotames fossiles . PL . II.

del.

Couet Sc.

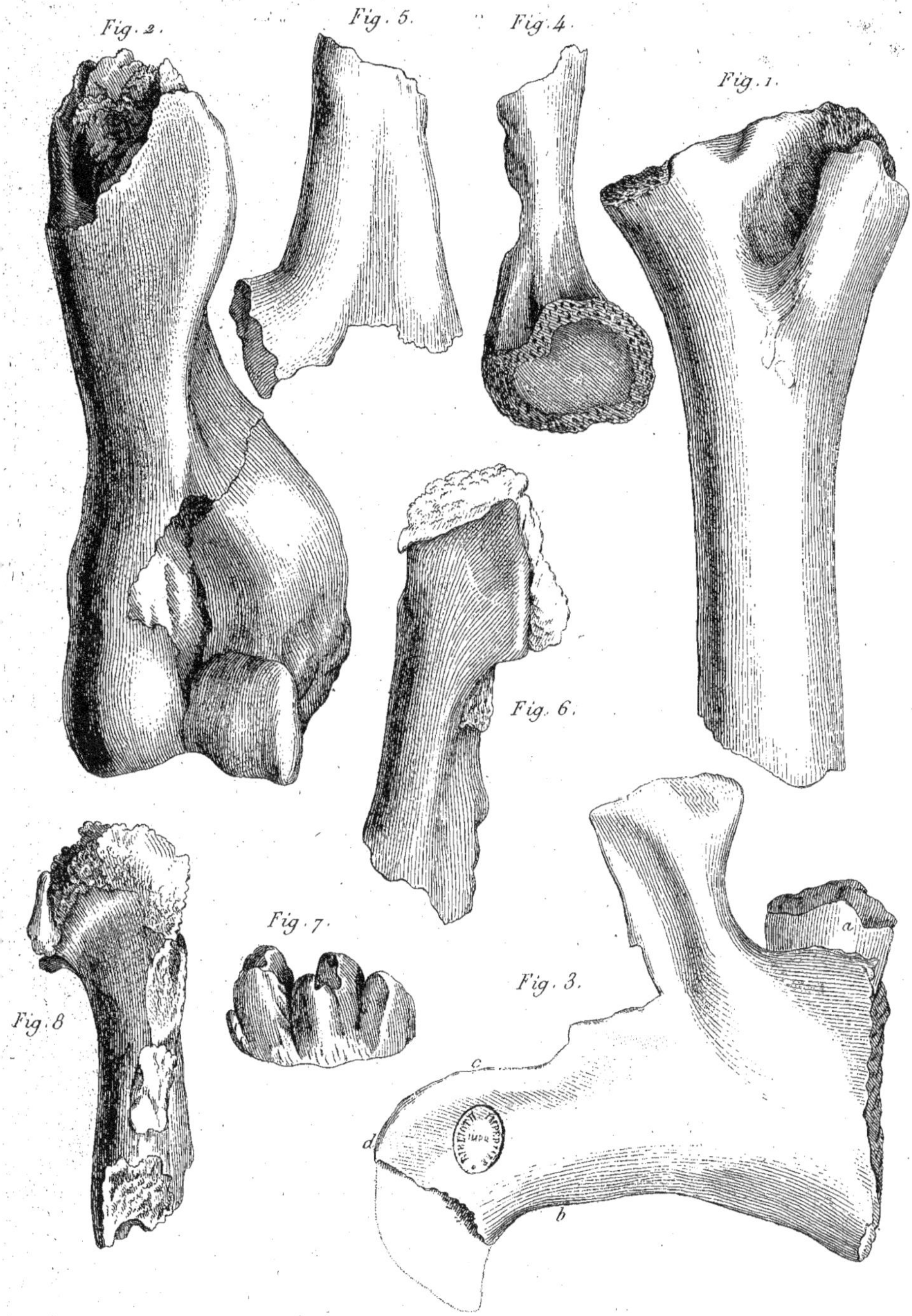

Hippopotames fossiles. PL. III.

Lorillard del.

Couet Sc.

DESCRIPTION OSTÉOLOGIQUE DU TAPIR.

Le tapir est encore une de ces espèces intéressantes par une organisation singulière, dont les naturalistes se sont trop peu occupés : on n'a rien d'imprimé sur son ostéologie : à peine semble-t-il, à lire les ouvrages les plus récens des naturalistes, que l'on ait quelque chose de certain sur le nombre de ses dents.

Margrave, long-temps le seul auteur où l'on trouvât une description passable de cet animal, lui attribuoit quarante dents, savoir dix incisives et dix molaires à chaque mâchoire, sans canines.

Il est impossible de savoir ce qui avoit pu causer une telle erreur dans l'ouvrage de ce voyageur d'ailleurs si estimable, mais son assertion a passé dans les livres de tous ses successeurs.

Buffon, dans le corps de son Histoire, n'a fait que copier Margrave; Allamand ajouta dans l'édition de Hollande, une description faite sur deux individus vivans, mais qui ne lui permirent pas d'examiner leurs dents. Bajon, chirurgien à Cayenne, qui pouvoit observer le tapir aussi souvent qu'il vouloit, répète dans un mémoire adressé à l'académie en 1774, et inséré dans les supplémens de Buffon, tome 6, in-4.°, le nombre de quarante dents; seulement, dit-il, *on observe de la variété dans le nombre des incisives*; il annonce aussi l'existence des canines. Il est probable que s'étant aperçu que les dents antérieures n'étoient pas tout-à-fait comme on les décrivoit, il ne poussa pas l'observation assez loin, et n'osa contredire ouvertement ses prédécesseurs.

Buffon lui-même, qui fit disséquer un tapir sous ses yeux, par M. *Mertrud,* négligea d'indiquer le nombre des dents, dans ce qu'il en écrivit dans ses supplémens. Linnæus, Pennant, Gmelin ne firent que s'en rapporter à Margrave.

Mon savant ami M. Geoffroy, est le premier qui ait fait connoître la vérité par rapport au nombre des incisives qui est de six, et à l'existence de quatre canines. Il consigna ces faits dans le Bulletin de la société philomathique, pour ventôse an IV. Je les reproduisis dans mon Tableau élémentaire des animaux, imprimé en l'an VI. Ils furent confirmés par ce que dit de son côté Don Félix d'Azzara, dans son histoire des animaux du Paraguay, dont la traduction française a paru en 1801; et cependant nous trouvons encore une énumération conforme à celle de Margrave dans la 6.e édition du manuel de M. Blumenbach, qui est de 1799, et dans sa traduction française qui a paru cette année même 1803; nous la trouvons encore dans la zoologie de Shaw, imprimée en 1801, avec un doute fondé seulement sur l'autorité de Bajon; tant la vérité la plus simple a de peine à se faire jour quand l'erreur s'est une fois glissée dans des ouvrages accrédités.

M. Wiedeman, dans sa courte description du crâne du tapir, archives zootomiques, tom. II, p. 74, s'est borné à répéter ce que M. Geoffroy et moi avions dit des incisives et des canines. (1)

Le fait est que le tapir a quarante-deux dents; savoir,

---

(1) Cette description est accompagnée d'une figure de la tête, pl. 1, f. 4, que M. Wiedeman a fait copier sur une épreuve que je lui avois donnée il y a longtemps, de la planche du squelette entier, que je publie aujourd'hui.

sept molaires de chaque côté en haut, six en bas, vingt-six en tout; une canine aussi de chaque côté, c'est-à-dire, quatre, et six incisives à chaque mâchoire, en tout douze.

J'ai examiné, pour les molaires, trois crânes entiers; savoir, celui de notre squelette que je vais décrire, et deux que possède mon savant confrère Tenon; et pour les dents de devant, j'ai eu encore les deux animaux entiers qui sont dans la galerie des quadrupèdes du Muséum.

Notre squelette qui est celui d'un jeune individu, n'avoit à la vérité que cinq molaires apparentes en haut, et quatre en bas; mais il nous a été facile de retrouver les huit germes de plus dans le fond des mâchoires.

L'un des deux que possède M. Tenon, est d'ailleurs parfaitement adulte, et ne laisse lieu à aucun doute.

Ces molaires avant d'être usées, sont toutes composées de deux collines transverses et tranchantes, presque droites aux dents d'en bas, augmentées dans celles d'en haut à leur extrémité externe, d'un petit retour qui fait un angle avec la ligne principale. Il y a de plus un talon peu élevé en arrière, dans la cinquième molaire et dans les suivantes.

A mesure que ces dents s'usent, la partie supérieure de la colline s'élargit; les deux collines se confondent d'abord dans leur milieu : alors la dent présente deux surfaces elliptiques planes; enfin, elles se confondent tout-à-fait, et la dent est à-peu-près carrée.

Les quatre incisives supérieures intermédiaires sont coupées carrément et en coin, comme celles de l'homme. Les deux latérales sont pointues, ce qui les a fait prendre pour des premières canines par Don Félix d'Azzara. A en juger par les alvéoles d'un crâne adulte, appartenant à M. Tenon, elles deviennent même, à un certain âge, plus grandes que les vraies canines.

A la mâchoire d'en bas, les quatre incisives intermédiaires sont semblables aux supérieures, seulement un peu plus étroites. Les latérales sont aussi en coin, mais de moitié plus petites que les autres, parce qu'elles font place aux latérales d'en haut : elles sont même sujettes à disparoître à un certain âge; celle d'un côté étoit tombée au crâne du cabinet de M. Tenon, et n'y avoit pas laissé de trace de son alvéole.

Les canines ressemblent assez à celles des animaux carnassiers. Notre figure les montre petites, parce que l'animal étoit jeune; mais elles sont plus grandes dans les crânes de M. Tenon. Cependant elles ne sortent jamais de la bouche, comme semble l'indiquer la première figure de Buffon, qui lui avoit été donnée par la Condamine.

L'espace vide entre les canines et les molaires est assez considérable, plus en bas qu'en haut, parce que la canine supérieure se place derrière l'inférieure lorsque la bouche se ferme.

On peut voir tous ces faits dans les fig. de notre II.e planche.

2. Est la mâchoire supérieure.

3. La mâchoire inférieure.

4. Un germe de molaire inférieure.

5. Un de supérieure.

On peut y voir en même-temps le profil entier de la tête; on y est frappé d'abord de l'élévation de la pyramide du crâne, qui rappelle ce qu'on voit dans le cochon; mais en quoi le tapir diffère beaucoup, c'est que sa pyramide n'a que trois faces, et que sa ligne antérieure est formée par la rencontre des faces latérales. Ce n'est que vers le devant qu'elle se trouve dilatée en un triangle qui appartient aux os frontaux. Au milieu de la base de ce triangle, à laquelle s'articulent les os du nez, est une pointe qui pénètre entre eux; et des deux côtés au-dessus des orbites, descend un canal produit par le redressement du bord supérieur de l'orbite qui aboutit vers le trou sous-orbitaire.

La partie du crâne, qui est dans la fosse temporale, est bombée. L'occiput est un petit demi-ovale extrêmement concave, parce que la crête occipitale est très-saillante en arrière.

Les os du nez frappent également, parce qu'ils sont très-courts, articulés à ceux du front par leur base, et à ceux des mâchoires par une apophyse descendante, mais libres et saillans comme un auvent triangulaire sur la cavité des narines. Cette forme, qui rappelle celle de l'éléphant, indique la présence d'une trompe mobile.

Les os maxillaires s'avancent bien au-delà des os du nez, pour former la partie avancée du museau, où ils portent les os intermaxillaires, qui (chose remarquable) étoient soudés dans notre individu, quoique très-jeune, et n'en faisoient par conséquent qu'un seul. Ces mêmes os maxillaires forment un plancher sous l'orbite. Le bord inférieur de l'orbite et la moitié de l'arcade sont dus à l'os de la pommette, le reste à l'os temporal. L'os unguis s'avance peu sur la joue, mais beaucoup dans l'orbite. Il y a deux trous lacrymaux séparés par une apophyse, et dont le supérieur est le plus grand. Le trou incisif est elliptique et très-long. Les fosses nasales postérieures échancrent le palais vers la cinquième molaire. La suture qui sépare les palatins des maxillaires, répond à la troisième. Les palatins contribuent beaucoup à la formation des ailes ptérygoïdes, le sphénoïde très-peu; ces ailes sont simples. Le sphénoïde ne va pas jusqu'au pariétal dans la fosse temporale.

Derrière la cavité glenoïde qui répond à l'articulation de la mâchoire inférieure, est une lame demi-circulaire, descendant verticalement, dont le bord interne est un peu en avant, et répond à un enfoncement de l'extrémité interne du condyle dont elle gêne le mouvement latéral.

La mâchoire inférieure offre une largeur frappante à sa branche montante; toutes les deux sont un peu creusées latéralement à l'intervalle vide de dents.

Les apophyses mastoïdes de l'occipital sont coniques et rentrent en dedans. (1)

L'atlas a ses apophyses latérales élargies, mais peu étendues; l'épineuse de l'axis est une crête fort élevée; ses transverses sont petites et triangulaires; celles des trois vertèbres suivantes descendent obliquement, sont élargies et coupées carrément; leurs épineuses sont très-petites. La cinquième cervicale a une petite apophyse sur son apophyse transverse, qui du reste ressemble à celle des précédentes : son épineuse est un peu plus longue; encore plus celle de la septième dont la transverse est très-petite. Les facettes ar-

(1) Longueur de la tête depuis le bord du trou occipital jusqu'aux bords des os incisifs . . . . . . 0,32.
Hauteur verticale. . . . . . 0,22.
Distance entre l'occiput et le bout des os du nez . . . . . . 0,22.
———— Le fond de l'échancrure nasale et le bord des os incisifs. . 0,15.
Longueur de l'intervalle dépourvu de dents. . . . . . 0,03.
———— La mâchoire inférieure . . . . . . 0,26.
Hauteur de son condyle. . . . . . 0,10.
———— Son apophyse coronoïde . . . . . . 0,14.
Largeur de sa branche montante . . . . . . 0,09.
Profondeur de l'échancrure postérieure du palais . . . . . . 0,05.
Longueur du trou incisif . . . . . . 0,05.
Hauteur de l'occiput à compter du bord inférieur du trou occipital. . . 0,08.
Sa largeur. . . . . . 0,09.
Ecartement des deux arcades zigomatiques . . . . . . 0,16.

ticulaires des cervicales montent obliquement de dedans en dehors. Il y a vingt vertèbres dorsales ; l'apophyse épineuse de la seconde est la plus longue ; elles décroissent et s'inclinent en arrière jusqu'à la onzième, à partir de laquelle elles sont droites, carrées et à-peu-près égales. Il y a vingt paires de côtes dont huit vraies : le sternum est composé de cinq os ; sa partie antérieure est comprimée et saillante en forme de soc de charrue. Il y a quatre vertèbres lombaires dont les apophyses transverses sont assez grandes ; les épineuses sont carrées comme celles des dernières dorsales.

L'os sacrum contient quatre vertèbres dont les apophyses épineuses sont distinctes et inclinées en arrière : la queue en contient onze. (1)

L'omoplate a une forte échancrure demi-circulaire vers le bas de son bord antérieur ; le reste de ce bord est arrondi : le postérieur fait un angle vers le haut, et redescend ensuite un peu concave. Il n'y a ni acromion, ni bec coracoïde : l'épine finit au tiers inférieur ; sa plus grande saillie est au milieu. (2)

La tête de l'humérus est fort en arrière de l'axe de l'os : sa grosse tubérosité est divisée en deux ; la ligne âpre est

(1) Longueur de la partie cervicale de l'épine	0,2.
Sa partie dorsale	0,52.
——— Lombaire	0,13.
——— Sacrée	0,11.
——— Coccygiène	0,2.
Hauteur de la seconde apophyse épineuse dorsale	0,1.
——— La onzième	0,03.
(2) Longueur de l'omoplate	0,19.
Plus grande largeur	0,10.
Largeur à l'endroit de l'échancrure	0,035.
Longueur de l'épine	0,13.
Plus grande hauteur	0,03.

peu marquée; les condyles ne sont pas très-saillans: la face articulaire est divisée par une côte saillante en une poulie entière du côté interne, et une demie du côté externe; l'une et l'autre répondent à des saillies du radius, de manière que celui-ci n'a point de rotation. Il est même probable qu'avec l'âge, il se soude au cubitus qui reste dans toute sa longueur au bord externe du bras. Le premier rang du carpe est composé de quatre os, dont deux répondent au radius un au cubitus, et un hors de rang. Au second rang du carpe, il y a d'abord extérieurement un os qui répond au second et au troisième du premier rang, et qui porte les deux os externes du métacarpe, puis un qui répond au premier os du premier rang, et qui porte le métacarpien du médius; enfin un qui répond encore à ce premier os, et qui porte le métacarpien de l'index. On voit à son bord interne une facette qui indique l'existence d'un quatrième os destiné à porter le rudiment de pouce; mais cet os étoit perdu dans notre squelette. (1)

La partie évasée de l'os des îles est fort large transversalement, un peu concave en dehors. Le bord externe de cet os est plus grand que l'interne; son col est étroit par rapport à sa longueur: les trous ovalaires sont plus longs que

(1) Longueur de l'humérus	0,2.
Distance de l'extrémité postérieure de la tête à l'extrémité antérieure de la grosse tubérosité	0,075.
Largeur entre les deux condyles	0,060.
Diamètre du corps	0,025.
Longueur du radius	0,170.
Du cubitus	0,220.
Du carpe	0,045.
Du plus grand os du métacarpe	0,10.

larges, et l'extrémité postérieure de l'os ischion, finit en pointe, très-écartée de sa correspondante. (1)

Le fémur a son grand trochantère pointu et faisant une saillie en arrière. Outre les deux trochantères ordinaires, il en a un troisième aplati et recourbé en avant. Les deux bords de la poulie intérieure sont à-peu-près égaux.

Le péroné est courbé en dehors, ce qui l'écarte un peu du tibia. La facette intérieure du calcanéum est petite, et le cuboïde touche à une petite facette particulière de l'astragalle; il n'y a que deux os cunéiformes : mais on voit, par une petite facette du scaphoïde, qu'il devoit y en avoir un très-petit destiné sans doute à porter un rudiment de pouce; ou bien c'étoit un os surnuméraire analogue à celui que nous avons décrit dans le rhinocéros; il s'est également perdu dans ce squelette. (2)

(1) Longueur de l'os des îles	0,13.
Largeur à sa partie évasée	0,14.
——— De son cou.	0,02.
Distance entre les épines des deux os	0,2.
(2) Longueur du fémur	0,250.
Largeur en haut.	0,070.
——— En bas.	0,055.
Diamètre du corps	0,025.
Longueur du tibia	0,200.
Largeur en haut.	0,065.
——— En bas	0,040.
Longueur du péroné	0,180.
——— Base	0,110.
Longueur de l'apophyse postérieure du calcanéum	0,040.
——— L'os métacarpien du milieu	0,100.

SUR QUELQUES DENTS ET OS
TROUVÉS EN FRANCE,
QUI PAROISSENT AVOIR APPARTENU
A DES ANIMAUX DU GENRE DU TAPIR.

1.° *Du petit Tapir fossile.*

Le tapir est un de ces animaux qui n'existent pas dans l'ancien continent, au moins depuis que les naturalistes y observent, et qui sont absolument propres au nouveau, comme les lamas, les vigognes, les cabiais, les pécaris, et en général tous les animaux terrestres de l'Amérique méridionale; car on sait que ce vaste pays ne produisoit aucun des quadrupèdes de notre Europe, ni même de l'Asie ou de l'Afrique, et que toutes les espèces y furent nouvelles pour les Espagnols, lorsqu'ils en firent la découverte.

Cependant le sol de la France récèle des os d'un animal qui, s'il n'étoit pas le tapir lui-même, devoit avoir avec lui les plus grands rapports.

On en doit la connoissance aux soins que prenoit feu M. de Joubert, d'enrichir son cabinet de tout ce qui lui paroissoit important pour la théorie de la terre. M. de Drée, qui a acquis et considérablement augmenté ce cabinet, et qui en fait le plus noble usage en l'ouvrant avec la plus aimable facilité à ceux qui croyent pouvoir en tirer des résultats utiles, ayant bien voulu me permettre d'étudier à loisir les os fossiles de quadrupèdes qui s'y trouvent, mon attention se porta d'abord sur deux portions de mâchoire inférieure, dont je ne méconnus pas long-temps l'analogie avec celle du tapir.

L'une d'elle, *Pl. III et IV, fig.* 1, portoit cette inscription :

Mâchoire fossile pétrifiée dont les dents sont converties en agate, trouvée le long des dernières pentes de la Montagne Noire, (1) *près le village d'Issel.*

Au reste ces dents ne sont pas véritablement agatisées; le brillant de leur émail avoit fait illusion à l'auteur de la note; elles sont brunes, foncées, luisantes, leur cassure est matte, noire et couleur de rouille. L'os est teint d'une couleur noirâtre; l'intervalle des branches et des dents est rempli d'un gros sable mêlé de petits cailloux agglutinés par un ciment qui paroît calcaire.

Le côté droit a sa branche montante cassée et emportée en *aa*; il y a une fissure entre la dernière molaire *b* et la pénultième *c*. Du côté gauche, il y a deux fentes : une derrière la troisième molaire *k*, et une derrière la cinquième *l*. La troisième, la quatrième et la cinquième molaires *k l m* sont cassées au niveau de l'alvéole. Le morceau qui contenoit la sixième *n*, l'est plus profondément ; il ne reste rien de l'extrémité postérieure de la mâchoire. Les deux canines *o p* sont cassées : la gauche *p* l'est plus bas que la droite *o*; les trois incisives du côté gauche manquent; mais il y en a trois bien entières au côté droit, *q r s*. Cette mâchoire mesurée au côté droit, est longue de 0,28. Les six molaires y occupent un espace de 0,153; puis il y a un espace vide et rétréci de 0,02, jusqu'à la canine. La lar-

(1) On appelle ainsi une chaîne de montagnes du Languedoc, qui s'étend du sud-est au nord-est, depuis les environs de Carcassonne jusque vers le Tarn; Issel est près de Saint-Papoul.

geur entre les deux cinquièmes molaires est de 0,06; entre les deux premières de 0,04.

La dernière molaire *b* est longue de 0,04; elle a deux hautes collines *α*, *β* transverses, tranchantes, qui du côté externe produisent en avant une arête descendant obliquement en dedans. Derrière ces deux collines en est une troisième moins haute, ou une espèce de talon.

La pénultième molaire *c* est longue de 0,03; elle n'a que deux collines saillantes, déjà un peu usées, et présentant au lieu d'un tranchant, un aplatissement étroit qui s'élargit un peu en dehors. L'antépénultième *d* est longue de 0,025, et cassée à sa face externe. La détrition de ses collines a formé deux triangles dont la pointe est en dedans.

Celle qui précède *e*, ou la troisième molaire, a en avant une colline transverse, aussi usée en triangle, et en arrière une autre triangulaire, mais de moitié moins large dans le sens transverse.

La deuxième *f* a la même forme; elle est seulement un peu plus usée que la troisième.

La première *g* a une colline oblique, une petite pointe en arrière, et une encore plus petite en avant; tout cela est pris du côté droit : les deux canines *o p* sont cassées, mais on voit qu'elles étoient grosses, coniques, un peu penchées en avant, et recourbées en dessus.

Les incisives ne sont pas en coin régulier, mais en pointe oblique.

Les molaires et les incisives ont un bourrelet saillant très-marqué à leur base.

Il y a deux trous mentonniers sous la première molaire du côté droit, *t u*, *pl. IV*, *f. 1*; un seul sous celle de l'autre, et un sous la troisième molaire.

L'autre portion de mâchoire, *pl. III, f. 2*, ne montre que l'extrémité antérieure; elle auroit contenu les deux molaires antérieures de chaque côté, mais elles y sont cassées jusqu'à la racine *a b*. La canine droite est remplacée par du sable *c*; la gauche manque tout-à-fait. Il n'y a d'incisive que l'externe gauche *d*. Du reste, ce morceau long de 0,1, large à l'endroit du rétrécissement *e f* de 0,035, est du même lieu que l'autre; il est revêtu du même mortier, et teint de la même couleur.

La ressemblance de ces mâchoires avec celle du tapir, devoit frapper quiconque connoissoit celle-ci : même nombre dans chaque sorte de dent, même forme caractéristique dans les molaires, jusqu'à l'incisive externe plus petite que les autres, tout rappeloit le tapir.

J'annonçai donc cette mâchoire comme ne différant point sensiblement de celle du tapir, dans le Bulletin des sciences, N.° 34, pour nivôse an VIII; et dans le programme de l'ouvrage actuel, (p. 6 vers le bas) je commençai à indiquer l'une des différences que j'entrevoyois; mais il se glissa une faute d'impression à cet endroit, et au lieu de placer cette différence *aux premières molaires*, comme elle y est en effet, on imprima, *les dernières*. Cette faute doit être relevée ici, attendu qu'elle a acquis de l'importance, en étant copiée par un auteur célèbre.

M. Faujas, *Essais de géologie*, t. 1, p. 376, s'exprime en ces termes : « M. de Drée possède aussi dans sa collec- » tion une seconde tête de tapir trouvée dans le même lieu » que la précédente ; elle est d'une grosseur égale à celle » du tapir ordinaire, mais elle en diffère par *la forme* » *des dernières molaires.* »

D'abord on a vu par ce qui précède, que M. de Drée

ne possède pas une *tête*, mais seulement une *mâchoire inférieure*. Ensuite, la différence assignée dans les *molaires postérieures*, ne vient comme j'ai dit tout à l'heure, que de l'erreur de mon imprimeur. Il est évident que ce sont les *antérieures* qui diffèrent.

En effet, dans le tapir d'Amérique, toutes les molaires ont leur couronne divisée en deux collines transversales, d'égale largeur; et l'on voit que dans l'animal fossile, les trois premières dents ont eu, au lieu de collines, des espèces de pointes ou de pyramides dont l'antérieure étoit plus large que celle qui la suivoit.

Mais lorsque l'on compare avec attention la mâchoire fossile avec celle du tapir vivant, on y voit bien d'autres différences qui confirment celle des dents, et ne laissent aucun doute sur celle qui existoit entre ces espèces. La principale est à la partie antérieure du museau, beaucoup plus étroite et plus alongée dans le tapir ordinaire, que dans notre animal.

Celui-ci avoit, pour l'intervalle des deux cinquièmes molaires 0,06

Et pour la largeur de l'espace vide et rétréci derrière les canines 0,035

Ces deux divisions sont dans le tapir de . . . 0,050

Et de 0,022

Dans le premier cas, la seconde est de $\frac{7}{12}$ de l'autre, c'est-à-dire moitié plus un douzième : dans l'autre cas c'est près d'un seizième de moins que moitié.

La longueur de cet intervalle vide, promenée sur celle des cinq premières molaires, y va quatre fois et demie dans l'animal fossile, et pas tout-à-fait deux dans le vrai tapir. La première molaire du tapir est plus longue qu'aucune des quatre ou cinq suivantes ; c'est la plus courte de toutes dans l'animal fossile. Un coup-d'œil jeté sur les figures 1 et 2 de la planche III, 1 de la pl. IV, et une comparaison avec les figures 1 et 3 de la planche II, dira en un instant à l'imagination, ce que nos mesures lui apprennent, peut-être plus sûrement, mais aussi plus péniblement.

S'il est permis, comme je le crois, de juger d'un animal par un seul de ses os, nous pouvons donc croire que ces fossiles de la Montagne Noire viennent d'une espèce voisine du tapir, mais qui n'étoit pas précisément la même.

Et quand ces différences n'auroient pas autant d'importance que nous nous croyons fondés à leur en attribuer, le fait en lui-même n'en seroit guère moins curieux pour la géologie.

Jusqu'ici on n'a guère trouvé fossiles en Europe que des genres ou des espèces plus ou moins analogues à ceux de l'ancien continent, si l'on excepte l'animal de Simore, qui n'a de congénère que celui de l'ohio. M. Faujas va même plus loin ; il donne, sinon comme un fait certain, du moins comme un résultat probable des faits, que notre nord n'a guère que des ossemens d'animaux asiatiques. (1)

Et pour ajouter du poids à ce résultat, il va jusqu'à nier l'existence d'ossemens fossiles d'hippopotames (2), quoiqu'il y en ait peut-être plus certainement que de tout autre animal, comme nous le verrons dans un autre endroit.

Or, voici un animal fossile qui, s'il existe encore vivant aujourd'hui, ne peut être que dans l'Amérique méridio-

(1) Essais de Géologie, p. 230, etc.

(2) Essais de géologie, tome 1, p. 360 et suivantes.

nale. Il est clair que toutes les hypothèses fondées sur l'origine asiatique de nos fossiles, sont détruites par-là; et je crois que dans l'état actuel de la géologie, ce qu'on peut faire de plus utile pour elle, est de porter ainsi la pierre de touche sur les systèmes de ceux qui croyent avoir tout expliqué, lorsqu'ils n'ont fait simplement qu'oublier la plupart des faits qui demandoient une explication; c'est à ceux qui n'expliquent rien qu'on peut s'en fier, pour rappeler aux autres toute l'étendue de leur tâche.

2.° *D'un grand animal qui pourroit avoir été voisin du Tapir.*

Le premier morceau de cette espèce, qui ait été publié, est une dent molaire postérieure, décrite, et assez mal représentée dans le journal de physique de février 1772; elle avoit été trouvée dans les environs de Vienne, par M. Gaillard, et déposée dans le cabinet de M. Imbert, qui en avoit donné un modèle en terre, au Muséum de Paris. En passant à Lyon, au mois de brumaire an XII, je cherchai à voir cette dent, qui doit avoir été placée dans le cabinet de l'école centrale du Rhône, avec le reste du cabinet de M. Imbert, mais il fut impossible de la retrouver; je suis donc obligé d'en donner la figure d'après le modèle mentionné ci-dessus, et qui paroît avoir été fait avec soin; on la voit, *pl. IV, f. 2*. Sa longueur étoit de 0,095 d'*a* en *b* : sa largeur de 0,075 de *b* en *c*.

Le second morceau dont je donne la représentation *pl. II, f. 7*, a été trouvé près Saint-Lary en Comminge, par MM. Gillet-Laumont et Lelièvre, membres du conseil des mines; il est conservé dans le cabinet du premier, qui a bien voulu me le confier.

Le troisième morceau qui est le plus considérable de tous, consiste dans deux moitiés assez mutilées d'une même mâchoire, contenant chacune cinq dents molaires, acquises autrefois par feu M. de Joubert, sans qu'il ait laissé de note sur le lieu de leur origine, et appartenantes aujourd'hui à M. de Drée. J'ai fait représenter aux $\frac{4}{5}$ de leur grandeur naturelle, les deux séries de dents, dans une planche dont on a distribué quelques épreuves avec le Bulletin des sciences, de nivôse an VIII, et que je reproduis ici, *pl. V.*

Le quatrième morceau est un germe qui appartient depuis long-temps au Muséum national, et dont on ignore également l'origine. On le voit *pl. II, fig. 6.* Enfin, le Muséum possède encore une autre dent qui se rapproche jusqu'à un certain point, des précédentes. (Voyez *pl. IV, fig. 3, 4, et 5,*) et sur laquelle nous reviendrons.

Mon savant et célèbre ami M. Fabbroni, m'a assuré qu'il y a aussi des dents semblables en Italie, et qu'on en voit quelques-unes dans le cabinet de M. Targioni Tozzetti.

Voilà tous les morceaux que j'ai vus, ou dont j'ai entendu parler; et je ne crois pas que personne en ait vu, ou du moins en ait publié d'autres.

A la vérité M. Faujas, *Essais de géologie, tome II, p. 375*, en rappelant ce que j'ai dit de cette espèce dans mon programme, sous le titre de *Tapir gigantesque*, ajoute que M. de Drée en possède *une tête pétrifiée et bien conservée.*

Malheureusement M. de Drée et M. de Joubert n'ont eu que les deux portions mutilées de mâchoire inférieure que j'ai citées plus haut. La partie osseuse y est tellement altérée et encroûtée de sable, qu'on n'y reconnoît aucune forme, et c'est ce qui m'a déterminé à n'en représenter que les dents. Celle des deux séries qui est mieux conservée; celle de la figure 1 a 0,50 de longueur totale, c'est-à-dire, près d'un pied, la cinquième dent ou la plus grande a 0,08 de long, et 0,06 de large; les autres vont en diminuant. On voit que dans les deux séries, les quatre dernières dents étoient divisées en deux collines transversales, qui s'usoient graduellement, et en une espèce de talon situé en arrière, qui devient plus grand dans les dents postérieures que dans les autres. La molaire de devant a seule une couronne plane et sans aucune saillie.

L'individu à qui ces dents appartenoient ne pouvoit pas être fort âgé, puisque ses collines sont si peu usées, et parce qu'il lui manquoit au moins encore une dent. En effet, le morceau trouvé à Vienne en Dauphiné, qui n'étoit pas encore sorti de la gencive, a trois collines et un talon; si donc il appartenoit à cette espèce, comme on n'en peut guère douter, il devoit être placé derrière la dernière des molaires des morceaux de la *planche V*; car dans les herbivores, les dents composées de plus de pièces sont toujours derrière les autres.

La dent de M. Gillet, *pl. II, f. 7*, avoit aussi trois collines lorsqu'elle étoit entière, et confirme ce que celle de Vienne avoit appris; elle le confirme d'autant mieux, qu'elle ressemble parfaitement aux dents du cabinet de M. de Drée, par l'état de sa détrition, la couleur de son émail et la nature du sable qui l'incruste, au point qu'on est porté à croire que les deux grandes portions de mâchoire dont l'origine est inconnue, ont pu venir du même endroit qu'elle, c'est-à-dire des environs de Comminges.

Cet animal avoit donc au moins six dents molaires, et elles occupoient ensemble un espace d'aumoins 0,38 à 0,4. En supposant qu'il ait eu les mêmes proportions que le tapir, cette dimension lui assigneroit une taille supérieure d'un quart, à celle du rhinocéros.

Si l'on en possédoit *la tête bien conservée*, ou si lon avoit seulement ses incisives et ses canines, on seroit en état de dire positivement s'il est ou non du genre du tapir; mais ne le connoissant que par ses molaires, il n'est pas si aisé de prononcer. En effet, le tapir n'est pas le seul mammifère qui ait ses dents à collines transverses sur leur couronne; le *lamantin* et le *kanguroo* sont dans le même cas.

Le lamantin sur-tout présente une ressemblance vraiment remarquable; ses collines transverses ont dans le germe de petites crénelures, comme celles de notre animal, quoique moins nombreuses. Les dents supérieures ont deux grandes collines et deux petites, ou talons, dont un en avant et un en arrière. Les inférieures ont trois collines.

Dans le kanguroo on voit aussi deux collines, et même il y a une ligne descendante obliquement au bord interne, comme dans le germe de la pl. II, f. 6.

Mais dans tous les cas, cet animal fossile n'en seroit pas moins inconnu et gigantesque dans son genre, car il seroit cinq fois plus long que le lamantin, et huit fois plus que le kanguroo, en supposant qu'il eût les mêmes proportions que les espèces du genre auquel il appartiendroit.

Le germe du cabinet du Muséum, *pl. II, fig.* 6, paroît avoir été dans un terrain ferrugineux; son émail est teint de brun roussâtre et de noirâtre. Sa surface est creusée de petits enfoncemens; les crêtes de ses collines, de son talon et de ses lignes descendantes sont crénelées assez régulièrement. De pareilles crénelure sont imitées sur le modèle de la dent trouvée à Vienne.

Ce germe est long de 0,086, et large de 0,075. Il est donc un peu plus grand que la dernière dent des mâchoires du cabinet de M. de Drée.

Une autre dent, également du Muséum, et dont l'origine est aussi inconnue, ne me paroît pas s'écarter assez des dents décrites jusqu'ici, pour qu'on ne puisse pas la croire au moins d'une espèce très-voisine.

Elle est représentée, *pl. IV, fig. 3, 4 et 5.*

Sa largeur d'*a* en *b*, est de 0,058; sa longueur d'*a* en *d*, de 0,045.

La colline transverse *a b* ressembleroit assez à celles des dents précédentes, sans la saillie des deux extrémités et l'enfoncement de la partie moyenne. Ces deux circonstances sont encore mieux marquées dans la seconde colline *d e*, qui a ses deux extrémités en forme de cônes obtus, et sa partie moyenne tout-à-fait enfoncée. Cette colline n'étant pas usée, donne la véritable forme des dents du genre.

Cette dent est incrustée dans une pierre calcaire tendre, à gros grains, ou espèce de tuf; son émail est teint de noirâtre; sa substance est peu altérée.

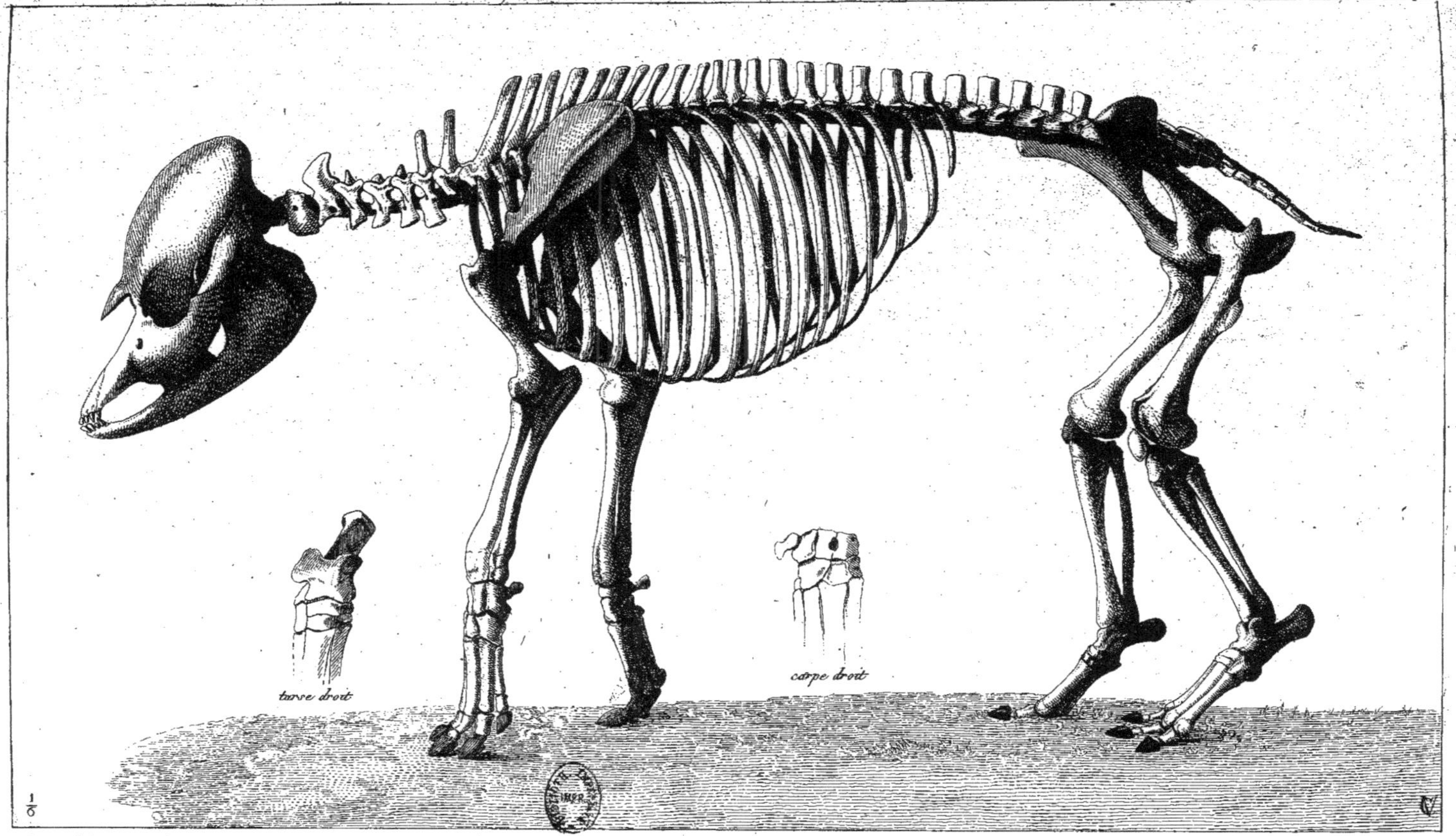

Cuvier del. et aq. f.

Couet Sculp.

Squelette du Tapir.

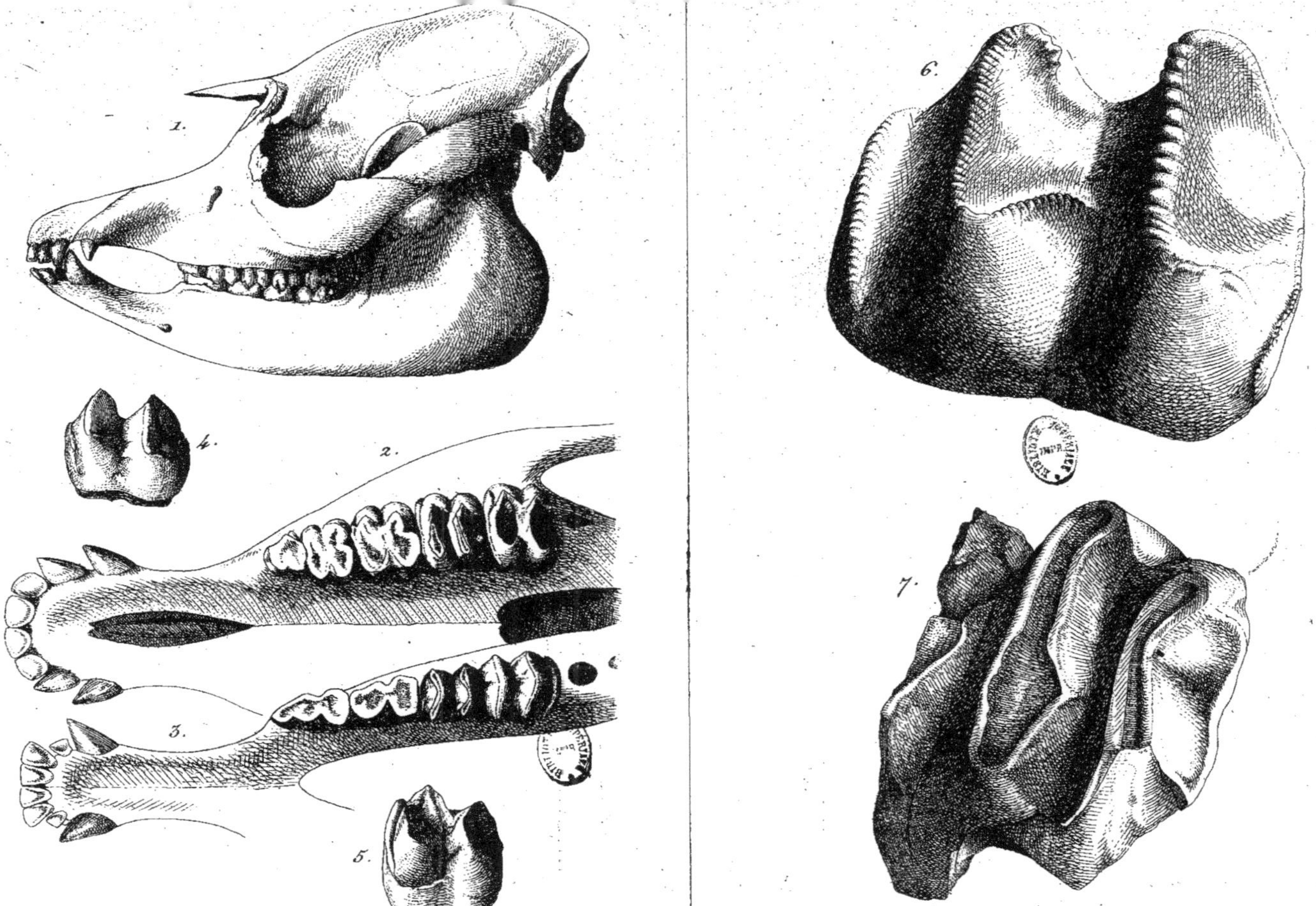

…vier del. et aq. f. Couet Sculp.

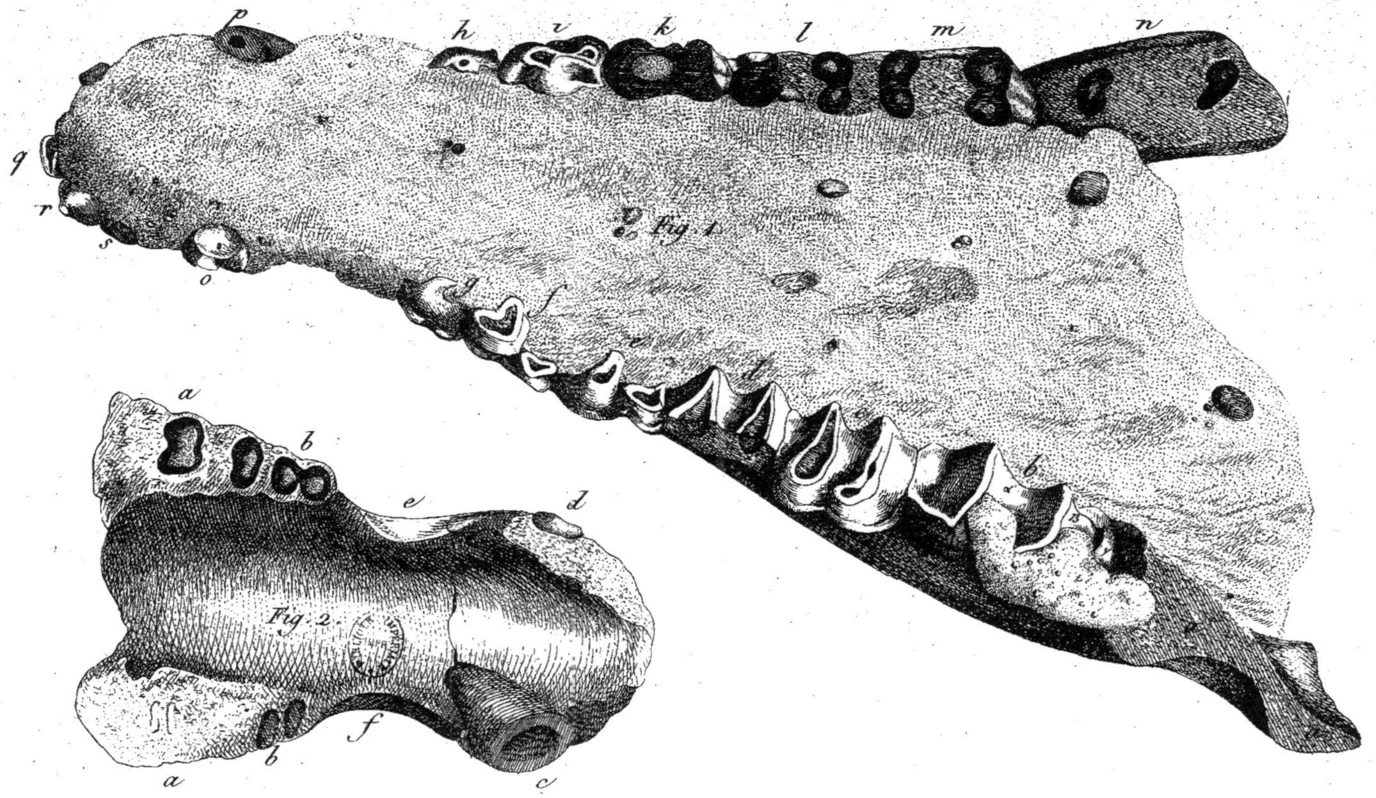

Cuvier del. et aq. f.

TAPIR. PL. IV.

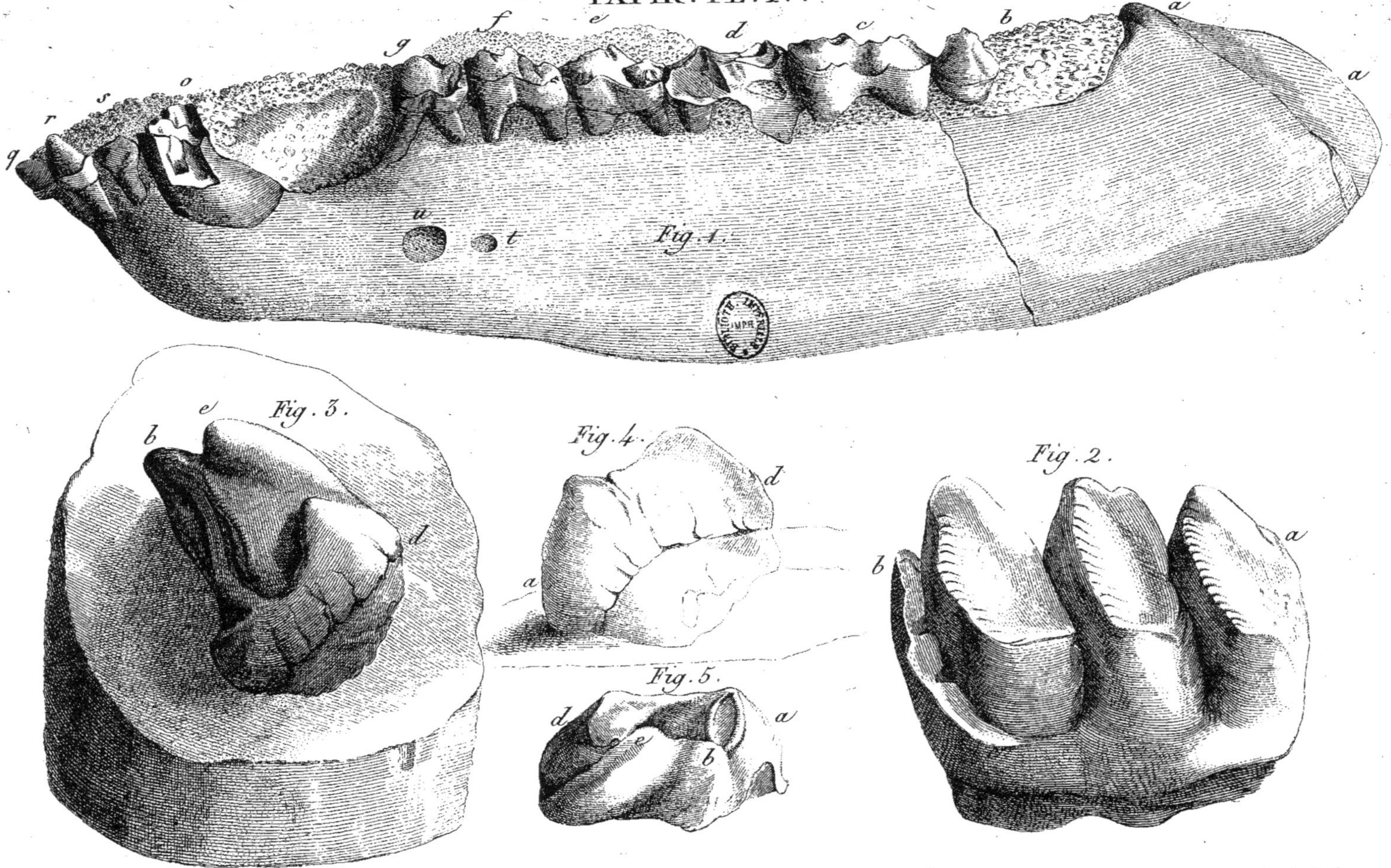

Cuvier del.

Couet Sculp.

TAPIR. PL. V.

1.

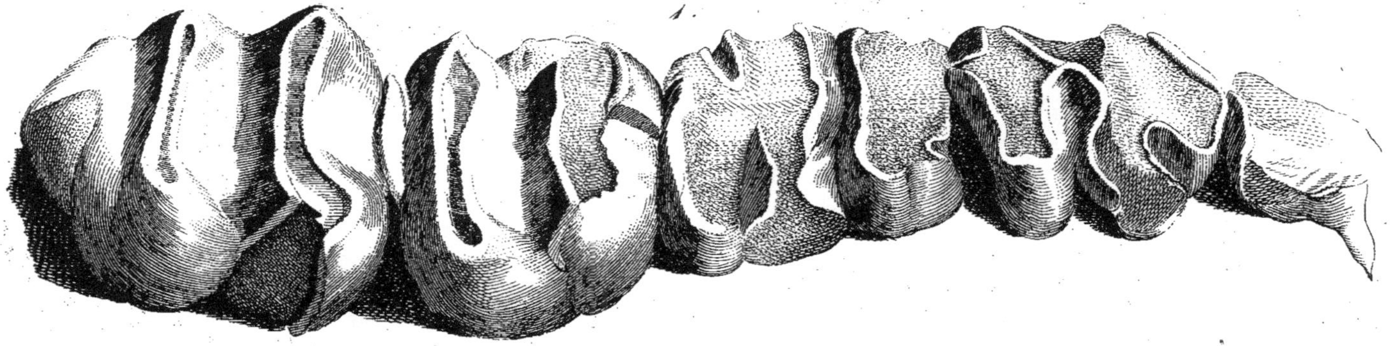

2.

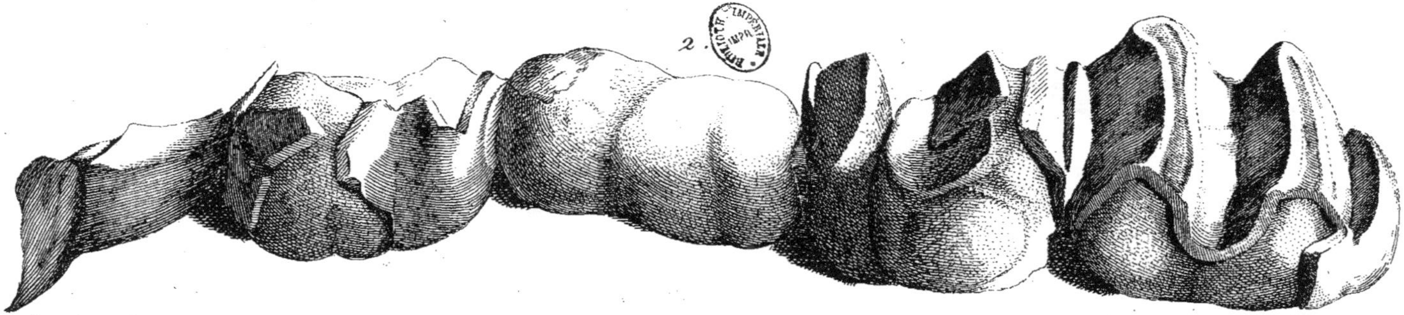

Cuvier del.

Miger Sculp.

ADDITIONS ET CORRECTIONS

Aux articles des TAPIRS VIVANS *et* FOSSILES.

1.° *Addition à l'ostéologie du* TAPIR VIVANT.

Nos descriptions particulières des os étant un peu concises, nous avons cru devoir y suppléer en donnant, dans notre planche VI, des figures séparées des plus caractéristiques.

Figure 1, le *fémur* par devant; 2, par derrière; 3, par sa tête supérieure; 4, par l'inférieure.

5, le *tibia* par devant; 6, par sa tête supérieure; 7, par l'inférieure.

8, l'*omoplate* par sa face externe; 9, par sa tête.

10, l'*humérus* par devant; 11, par derrière; 12, tête supérieure; 13, inférieure.

14, le *radius* par devant; 15, tête supérieure; 16, inférieure.

17, le *cubitus* par le côté; 18, par devant.

19, le *calcanéum* en dessus; 20, en avant.

20, l'*astragale*, face latérale externe; 22, face inférieure; 23, face latérale interne; 24, face antérieure ou scaphoïdienne; 25, face supérieure.

26, la moitié de l'*atlas*, face inférieure; 27, face supérieure; 28, face antérieure; 29, face postérieure.

2.° *Additions à l'article du* PETIT TAPIR FOSSILE.

Depuis l'impression de cet article, j'ai trouvé dans les archives de la Société Philomatique, un Mémoire qui lui avoit été adressé, dès le 1.er floréal an x, par M. *Dodun*, ingénieur en chef des ponts et chaussées du département du *Tarn*, et qui est intitulé :

Notice sur de nombreux fossiles osseux trouvés le long des dernières pentes de la Montagne Noire, aux environs de Castelnaudari.

M. *Dodun* y donne un dessin très-exact de la même mâchoire que j'ai représentée dans mes planches III et IV. C'est lui qui la trouva en 1784, et qui la donna en 1788 à M. *de Joubert.* Outre les deux morceaux que j'ai publiés, M. *Dodun* représente encore une dent canine et une molaire séparées, et un fragment de mâchoire inférieure contenant les deux dernières molaires du côté gauche ; elles sont en tout semblables à leurs correspondantes dans la mâchoire que j'ai fait graver.

Il paroît, par ce Mémoire, que les dernières pentes de la *Montagne Noire* et les environs de *Castelnaudari* sont très-riches en ossemens fossiles. M. *Dodun* y a trouvé des dents d'*éléphans* dans tous les âges et dans tous les états, plusieurs autres dents inconnues, des ossemens de poissons, etc. Il seroit bien à désirer que les personnes à portée recherchassent encore ces sortes d'objets ; l'histoire du globe ne pourroit qu'en profiter infiniment.

M. *Dodun* ayant bien voulu confier à mon examen la plus grande partie des morceaux qu'il avoit recueillis, j'en ai trouvé plusieurs de notre petit *tapir*, qui m'ont paru mériter d'être ajoutés à son article, comme un supplément intéressant.

1.° Une portion de mâchoire inférieure contenant l'arrière molaire, telle que nous l'avons déjà décrite avec ses trois collines. Planche VII, figure 1, demi-grandeur. La dent à part, de grandeur naturelle, fig. 2.

2.° Une autre portion semblable, dont la dent est encore incrustée dans le sable. *Ib.* fig. 3.

3.° Une dent intermédiaire à deux collines. *Ib.* fig. 4.

4.° Une portion supérieure de fémur, très-semblable à la partie analogue d'un *tapir*. *Ib.* fig. 6.

6.° Diverses vertèbres et os mutilés et presque impossibles à déterminer.

Ces ossemens étoient accompagnés de ceux de l'éléphant fossile, et au moins de deux espèces de palæotheriums dont je parlerai ailleurs.

Le tout est incrusté dans un ciment très-dur, formé de gros gravier roulé et d'une pâte dense sablonneuse et marneuse.

3.° *Additions et corrections à l'article du* GRAND TAPIR FOSSILE.

J'ai avancé, page 17, à propos des deux parties de mâchoire de cet animal qui se trouvent dans le cabinet de M. *de Drée*, que M. *de Joubert*, dont elles proviennent, n'a laissé aucune note sur le lieu de leur origine. J'ai commis en cela une erreur d'autant plus forte, que M. *de Joubert* a laissé non-seulement des notes, mais qu'il a publié un Mémoire sur ce fossile intéressant.

C'est M. *de la Peyrouse*, naturaliste célèbre, professeur à

Toulouse, maire de cette ville, et correspondant de l'Institut, qui a bien voulu m'indiquer ce Mémoire imprimé dans le tome III de ceux de l'Académie de *Toulouse*, pages 110 et suivantes, et accompagné de quatre planches qui représentent ces morceaux, chacun sous deux aspects, mais d'une manière très-imparfaite.

M. *de Joubert* dit que ces portions de mâchoire furent trouvées, en 1783, sur la terre, en *Comminge*, du côté de *Beinc*, à cinq lieues d'*Alan*, château de l'évêque de *Comminge*, près de la rivière de *Louze*. On trouva en même temps trois pierres parsemées de fragmens d'os impossibles à déterminer.

On croit qu'elles avoient été extraites par les déblais qu'occasionait dans ce canton la construction d'un chemin de communication entre les villages. Les fouilles qu'on fit ensuite dans le même lieu furent infructueuses.

M. *de la Peyrouse* ajoute que c'est aussi dans les environs d'*Alan* que furent trouvés des défenses d'*éléphant*, des mâchoires énormes, des bois analogues à ceux du *cerf* et du *chevreuil* qui étoient dans le cabinet de feu de *Puymaurin*, et dont une partie a été mentionnée par *Buffon* dans les notes des *Époques de la Nature*.

M. *de la Peyrouse* a trouvé lui-même, long-temps après, du coté d'*Alan*, des dents et des portions considérables de mâchoires de grands quadrupèdes; aussi a-t-il eu quelques doutes sur le lieu où MM. *Gillet* et *Lelièvre* peuvent avoir trouvé la dent de grand tapir dont j'ai parlé dans l'article en question. Voici comment M. *de la Peyrouse* s'exprime à ce sujet :

« Le second morceau, dites-vous, a été trouvé près *Saint-*
» *Lary* en *Comminge*, par MM. *Gillet-Laumont* et *Lelièvre* ;

» Il n'y a point de *Saint-Lary* en *Comminge*, mais en *Cou-*
» *serans*. J'ai vu *Saint-Lary*, qui ne paroît pas trop un pays
» à pétrifications, et je crains que l'on n'ait confondu *Alan* en
» *Comminge* avec *Saint-Lary* en *Couserans*. »

Je me suis empressé de consulter de nouveau MM. *Gillet* et *Lelièvre*; mais ils ont confirmé leur premier dire : c'est à *Saint-Lary*, dans le jardin de M. *de Comminge*, que cette dent fut trouvée, dans les fouilles que l'on faisoit pour disposer quelques parties de ce jardin.

Il est vrai que *Saint-Lary* est en *Couserans*, petite contrée au sud-ouest du *Comminge*, arrosée par la rivière de *Sarlat*; tandis qu'*Alan* est en *Comminge* même, autre petite contrée arrosée principalement par la *Garonne* et la *Louze*; *Simorre*, autre lieu fertile en ossemens, est encore tout près de là, en *Estarac*. Nous donnerons à la fin de cette partie un chapitre particulier sur l'espèce remarquable d'animal qu'on y trouve, ainsi qu'aux environs de *Dax* et dans plusieurs autres vallées qu'arrosent les rivières qui descendent des Pyrénées, animal fort voisin de celui des bords de l'*Ohio* dans l'Amérique-Septentrionale.

Au reste, il est d'autant moins étonnant qu'il se soit trouvé des os du grand tapir en deux endroits différens d'une même contrée, qu'il s'en est trouvé encore en plusieurs provinces de France assez éloignées.

On en a vu ci-dessus une arrière molaire des environs de *Vienne* en Dauphiné. Nous en donnons aujourd'hui une de *Grenoble* (Pl. VII, fig. 7). Elle a été déterrée au bord de l'*Isère*, dans un sol d'alluvion, en creusant les fondations d'un bâtiment qui appartenoit aux Cordeliers. J'en dois la connoissance à mon collègue M. *Faujas*, qui la tient de M. *Ducros*, ci-devant l'un de ces religieux. Ses trois collines sont beaucoup plus usées qu'à la dent de *Vienne*.

J'en ai encore une sous les yeux, donnée à notre Muséum par M. *Roux*, juge au tribunal d'*Auch*. Elle a été trouvée dans ses propriétés, dans un banc de sable, à six pieds de profondeur, sur les coteaux d'*Arbeichan*, entre *Auch* et *Mirande*, département du *Gers*. C'est un germe entièrement semblable à celui de notre planche II, figure 6. C'est pourquoi je n'ai pas jugé nécessaire de le faire graver. La matière qui l'incruste est composée de gros grains de quartz roulés et d'une pâte marneuse jaunâtre.

Enfin, je me suis aperçu que la dent représentée par *Réaumur* (Mémoires de l'Académie des Sciences pour 1715, pl. VIII, fig. 17 et 18), est encore de cette espèce. On n'en dit point l'origine; mais comme *Antoine de Jussieu* l'avoit fait dessiner à *Lyon*, elle pouvoit fort bien venir de quelque endroit du Dauphiné.

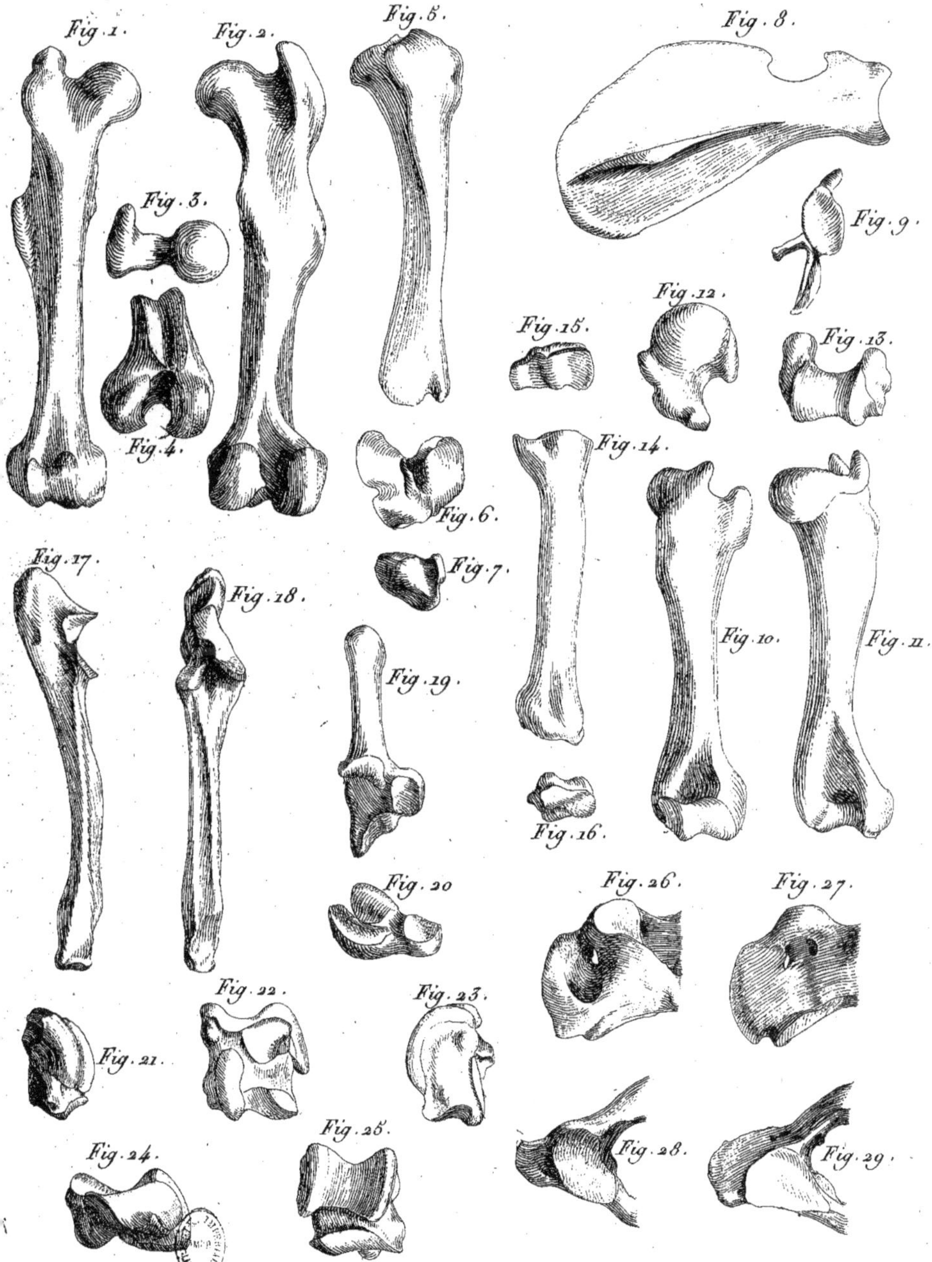

TAPIR. PL. VI. Divers os séparés du Tapir.

Laurillard del. et sculp.

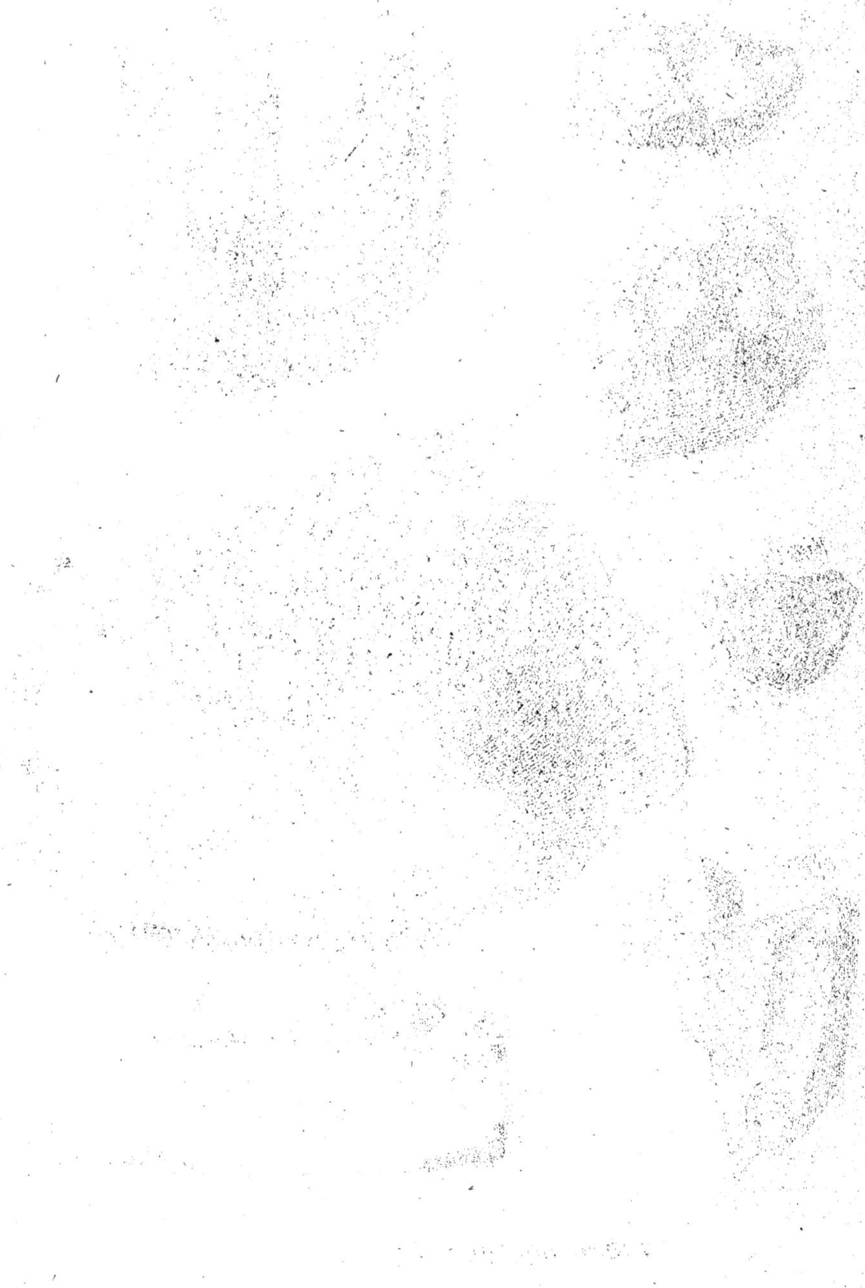

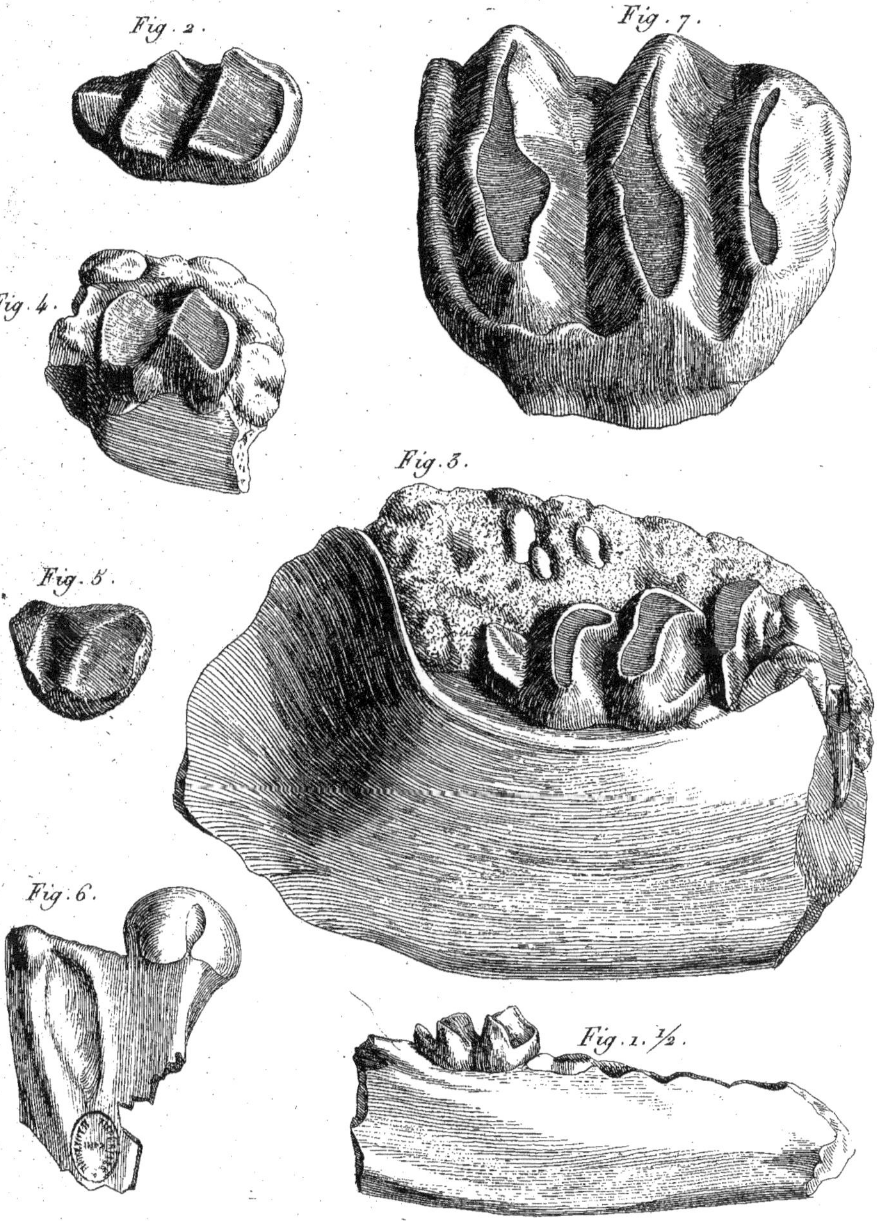

TAPIR. PL. VII.

Laurillard del. et sculp.

SUR LES ÉLÉPHANS VIVANS ET FOSSILES.

Les ossemens fossiles d'éléphans sont ceux qui ont éveillé, les premiers, et le plus généralement soutenu l'attention des observateurs, et même du vulgaire. Leur énorme masse les a fait remarquer et recueillir partout; leur abondance extrême dans tous les climats, même dans ceux où l'espèce ne pourroit subsister aujourd'hui, a frappé d'étonnement, et a fait imaginer une infinité d'hypothèses pour l'expliquer : mais il s'en faut bien qu'on ait mis autant d'activité à déterminer les conditions et la nature du problème, qu'on a fait d'efforts pour le résoudre; et peut-être cette négligence dans la fixation des bases et des termes même de la question a-t-elle été une des causes qui ont rendu si malheureuses la plupart de ses solutions.

Je veux dire qu'on ne s'est occupé que fort tard de beaucoup de questions partielles, auxquelles il auroit fallu pouvoir répondre avant d'essayer ses forces sur ce grand problème.

Nos éléphans actuels sont-ils tous de la même espèce? En supposant qu'il y en ait plusieurs, les éléphans fossiles des différens pays sont-ils indistinctement de l'une et de l'autre? ou bien sont-ils aussi répartis en divers pays selon leurs espèces? ou ne seroient-ils pas d'espèces différentes et perdues, etc.?

Il est évident qu'on ne pouvoit rien dire de démontrable sur le problème, avant d'avoir résolu toutes ces questions préliminaires; et cependant à peine a-t-on encore les élémens nécessaires à la solution de quelques-unes.

Les ostéologies d'éléphant publiées jusqu'à présent sont si peu détaillées, qu'on ne pourroit encore aujourd'hui dire de plusieurs si elles viennent de l'un ou de l'autre de nos éléphans vivans; et sur cette innombrable quantité d'ossemens fossiles dont tant d'auteurs ont parlé, à peine a-t-on obtenu des figures passables de deux ou trois. Daubenton qui n'avoit qu'un squelette d'Afrique sous les yeux, ne s'aperçut point des énormes différences de ses molaires avec les molaires fossiles, et il confondit un fémur fossile de l'animal de l'Ohio avec celui de l'éléphant. Les comparaisons faites par *Tentzelius*, par *Pallas* et par tant d'autres, des os fossiles aux os frais, ne furent jamais exprimées qu'en termes généraux, et ne furent accompagnées ni de ces figures exactes, ni de ces mesures rigoureuses, ni de ces détails abondans que des recherches aussi importantes exigent nécessairement.

Je n'ai même pu me dispenser de donner ici une nouvelle planche du squelette entier de l'*éléphant des Indes*. En effet, la figure publiée par *Allen Moulin* (1), copiée dans l'*Eléphantographie d'Hartenfels*, dans l'*Amphitheatrum zootomicum* de *Valentin* et ailleurs, est si mauvaise, qu'on ne peut y rien distinguer de précis, pas même l'espèce dont elle provient.

Celle de *Patrice Blair* (2) appartient, il est vrai, à l'*espèce des Indes ;* mais, outre qu'elle est faite d'après un jeune individu dont les épiphyses n'étoient pas soudées, elle est très-mal des-

(1) Anatomical Account of the elephant accidentally burnt in Dublin, etc. Lond. 1682, 72 pag. 4.° cum 2 tab.

(2) *Transact. phil.*, tome 27, n.° 326 iuin 1710, pl. II.

sinée. On y a placé les omoplates à rebours ; on a donné six doigts au pied gauche de devant, et quatre seulement à ceux de derrière, etc.

Celles de *Perrault* (1) et de *Daubenton* (2), faites l'une et l'autre sur un squelette que nous conservons encore, appartiennent à l'*espèce d'Afrique*. La première est assez bonne, mais la tête y est représentée trop petite. La seconde est au plus médiocre.

Celle de *Camper* (3) est bien, comme celle de *Blair*, de l'*espèce des Indes;* mais, quoique mieux dessinée que les autres, elle est faite d'après un très-jeune individu qui n'avoit pas acquis toutes ses formes, et auquel on n'avoit point enlevé ses ligamens.

Ainsi l'on verra, j'espère, avec plaisir la réduction d'un grand dessin que j'ai fait faire sous mes yeux avec beaucoup de soin, par M. *Huet*, et qui entrera un jour dans l'anatomie détaillée de l'éléphant, que je prépare.

On ne recevra pas non plus sans intérêt ce que je vais extraire de mes observations touchant la croissance des dents et leur structure. Ce que je dois en dire, tout nécessaire qu'il est pour l'histoire des fossiles, est encore d'une importance plus générale sous un autre rapport, pouvant éclaircir l'histoire des dents dans l'homme et dans les animaux, attendu que le volume des dents de l'éléphant rend fort visibles des choses assez difficiles à distinguer dans les autres espèces.

Mais, avant tout, je ferai, suivant mon usage, un exposé des

---

(1) Mém. pour servir à l'Hist. des An. III.e partie, pl. 23. Elle a paru en 1734.
(2) Hist. nat. in-4.o, tome XI, pl. IV.
(3) Descrip. anat. d'un éléphant.

lieux où l'on a trouvé les ossemens fossiles de l'espèce qui fait le sujet principal de mes recherches actuelles.

ARTICLE PREMIER.

Exposé géographique des principaux lieux où l'on a trouvé des ossemens de l'éléphant fossile.

Vouloir rapporter ici tous les lieux où il s'est trouvé des ossemens fossiles d'éléphant seroit une entreprise infinie; il nous suffira de montrer que tous les pays et toutes les époques en ont offert.

On en trouve des traces dès le temps des anciens. *Théophraste* en parloit dans un ouvrage que nous n'avons plus; mais *Pline* nous a conservé son témoignage: « *Theophrastus autor est, et ebur fossile candido et nigro colore inveniri, et ossa è terrâ nasci, invenirique lapides osseos*, lib. XXXVI, cap. XVIII. »

Il est probable qu'on a pris souvent les os d'éléphans pour des os humains, et que ce sont eux qui ont occasionné toutes ces prétendues découvertes de tombeaux de géans dont parle si souvent l'antiquité.

De ce nombre étoient sans doute les ossemens découverts à *Tégée*, en creusant un puits, et qui formoient un corps de sept coudées de longueur qu'on prit pour celui d'*Oreste* (1); et ceux qu'on voyoit à *Caprée*, au rapport de *Suétone*, et qu'on regardoit comme des os de *géans* ou de *héros* (2).

---

(1) Herod. lib. I, §. LXVIII.
(2) Suet. *Aug.* §. 72.

Quant aux relations de corps encore plus grands, comme celle du squelette de 46 coudées, mis au jour en Crète par un tremblement de terre, qu'on regarda comme celui d'*Entelle* ou d'*Otus* (1); celle d'un autre de 60 coudées, déterré près *Lingis* en *Mauritanie* (2) lorsque Sertorius y commandoit, et qu'on prit pour celui d'*Antée*, elles sont sans doute fort exagérées, ou bien elles avoient pour origine des ossemens de cétacés. *Strabon* qui rapporte la dernière, sur l'autorité de *Gabinius*, n'hésite pas à la regarder comme fabuleuse.

Ces idées erronées, qui tenoient à une ignorance absolue de l'anatomie, durent se perpétuer pendant le moyen âge: aussi y est-il fait mention de plusieurs géans, et les descriptions de leurs os sont quelquefois tellement exagérées, qu'ils auroient été huit ou dix fois plus grands que ceux des plus grands éléphans, si l'on s'en rapportoit aux notices vagues, et souvent pleines de contradictions qu'on en donne.

Même après que des idées plus saines eurent dissipé ces chimères, on put croire que les éléphans dont on découvroit des os, avoient été enfouis par des hommes. Ainsi, tant que ces découvertes se bornèrent à l'Italie et aux pays très-fréquentés par les *Macédoniens*, les *Carthaginois* et les *Romains*, on put croire en trouver d'assez bonnes explications dans la quantité prodigieuse d'éléphans que ces peuples ont possédée.

On sait que les premiers Européens qui ayent eu des éléphans furent *Alexandre* et ses Macédoniens, après la

(1) Plin. lib. VII, cap. XVI.

(2) Strab. *Géogr.* lib. XVII, ed. d'Amsterd. 1707, p. 1185.

défaite de Porus (1), et qu'ils mirent dès lors Aristote en état d'en donner d'excellentes notions; après la mort d'Alexandre, ce fut *Antigonus* qui en eut le plus (2). Les *Séleucides* (3) en entretinrent toujours, surtout depuis que *Seleucus Nicator* en eût reçu cinquante de *Sandro-Cottus* en échange d'un canton entier des bords de l'Indus (4). *Pyrrhus* en amena le premier en Italie, l'an de Rome 472 (5); et comme il étoit débarqué à *Tarente*, les Romains donnèrent à ces animaux qui leur étoient inconnus, le nom de *bœufs de Lucanie.* Ils étoient en petit nombre, et *Pyrrhus* s'en étoit emparé sur *Démétrius* (6). *Curius Dentatus* en prit quatre de ceux de *Pyrrhus*, et les amena à Rome pour la cérémonie de son triomphe. Ce sont les premiers qu'on y ait vus; mais ils y devinrent bientôt en quelque sorte une chose commune. *Metellus* ayant vaincu les Carthaginois en Sicile, l'an 502, fit conduire leurs éléphans à Rome sur des radeaux, au nombre de cent vingt, suivant *Sénèque*, et de cent quarante-deux, suivant *Pline* (7), qui furent tous massacrés dans le cirque. *Annibal* en amena aussi avec lui en Italie. *Claudius Pulcher* en fit combattre dans le cirque, en 655. *Lucullus*, vingt ans après, en montra combattant contre des taureaux. *Pompée* en fit voir vingt, selon *Pline;* dix-huit, selon *Dion Cassius* (8); *César*, quarante, lors de son troisième consulat. *Pompée* en

(1) Pausanias, *Attic.*, lib. I, ed. Hanov., p. 21.
(2) *Id. ib.*
(3) Plin. VIII, c. V.
(4) Strab. lib. XV, p. 1054.
(5) Plin. VIII, c. VI.
(6) Pausan. loc. cit.
(7) Plin. VIII, c. VI.
(8) Dion. Cas. lib. XXXIX, ed. Han., p. 108. A.

attela à son char lors de son triomphe d'Afrique (1). *Germanicus* en montra qui dansoient grossièrement (2). Ce fut sous *Néron* (3), aux jeux qu'il donna en l'honneur de sa mère (4), qu'on en vit danser sur la corde, et faire mille tours d'adresse extraordinaires. *Elien* dit même expressément, à l'occasion de ceux de *Germanicus*, que c'étoient des éléphans nés à Rome, que l'on dressoit ainsi; par conséquent ils y propageoient.

« *Cùm Tiberii Cæsaris nepos Germanicus, gladiatorum » spectaculum edidit, plures jam grandes utriusque sexûs » elephanti Romæ erant, è quibus alii plerique generati ex» titerunt: quorum artus interea dum committebantur et con» firmabantur, et membra infirma conglutinabantur, peritus » vir ad pertractandos eorum sensus animosque mirabili » quodam disciplinæ genere eos erudiebat.* Ælian. *de Anim.* » lib. II, cap. XI, trad. de Conrad Gesner.

Columelle assure ce fait encore plus positivement : « *India » perhibetur molibus ferarum mirabilis, pares tamen in hâc » terrâ* (Italia) *vastitate beluas progenerari quis neget, » cùm inter mœnia nostra natos animadvertamus elephantes?* » Col. *De Re rust.* lib. III, cap. VIII, ed. Lips., 1735, 4.° 471. »

Si nos naturalistes eussent fait attention à ces deux passages, ils n'auroient pas ajouté foi si long-temps à l'impossibilité de faire produire l'éléphant en domesticité, et l'on auroit peut-être tenté plus tôt les essais qui viennent de réussir à M. *Corse*.

Plusieurs des empereurs suivans eurent encore des éléphans; *Gallien*, entr'autres, en posséda dix.

---

(1) Plin. lib. VIII, cap. II.
(2) *Id. ib.*
(3) *Id. ib.*
(4) Dion. Cassius, lib. LXI, edit. Hanov., p. 697. D.

Ainsi, quoique l'Italie offre une grande quantité d'ossemens fossiles, on a pu long-temps en attribuer l'origine aux individus amenés par les hommes; peut-être même y en a-t-il en effet quelques-uns qui viennent de cette cause.

Voici une indication des principaux endroits d'Italie où l'on en a trouvé; mais nous sommes bien éloignés de la regarder comme complète.

La plus grande défense a été découverte par MM. *Larochefoucauld* et *Desmarets* auprès de *Rome:* elle avoit 10 pieds de long sur 8 pouces de diamètre, quoiqu'elle ne fût pas entière (1). Nous en possédons quatre morceaux au Muséum : ils sont fort altérés.

On en avoit trouvé à *Rome* même dès 1664, en creusant à l'entrée du Vatican pour faire des fondations (2). *Thomas Bartholin* parle même de découvertes antérieures faites en cette ville (3), et il est probable que le corps d'*Evandre*, trouvé en 1041 ou 1054 (4), n'étoit pas autre chose.

Fortis cite une autre défense trouvée par hasard au sommet d'un vignoble, et quelques-unes, découvertes par le Tibre aux environs de *Rome* et de *Todi* (5).

M. *Charles-Louis Morozzo* représente une mâchelière (6) trouvée en avril 1802 dans un vignoble, hors la porte *del Popolo*, avec beaucoup d'autres os et de fragmens d'ivoire. *Bonanni* parle de beaucoup de grands os, de dents et de mâchoires inférieures, déterrés de son temps près d'un

---

(1) *Buff.* Epoques de la Nat., notes justif. 9.

(2) *Monconys*, Voy. en Ital., p. 446.

(3) *De Unicornu*, ed. de 1678, p. 369.

(4) *Dom Calmet*, Dict. de la Bible, II, 160.

(5) *Fortis*, Mém. pour l'Hist. nat. d'Ital., tome II, p. 302.

(6) *Mém. de la Société ital.*, tome X, p. 162, et Journ. de phys. LIV, p. 443.

château nommé *Guidi*, sur la voie aurélienne, à 12 milles de *Rome* (1).

Jér.-Amb. Langenmantel parle d'un fémur, d'une omoplate et de cinq vertèbres, trouvés près de *Vitorchiano*, au nord-est de *Viterbe*, au bord de la vallée du *Tibre* (2). Il y en a aussi une dissertation par *Chiampini* (3).

Jacques Blancanus donne plusieurs morceaux d'ivoire trouvés au *Monte-Blancano*, près de Bologne (4).

Le val d'Arno semble en fourmiller. Le grand duc *Ferdinand de Médicis* en fit déterrer un squelette entier, en 1663, dans la plaine d'Arezzo (5).

Le docteur *Targioni-Tozzetti* en avoit déposé au Muséum de Florence un humérus trouvé dans des vases marines du *val d'Arno* supérieur, et sur lequel des huîtres s'étoient fixées (6).

Il parle dans ses voyages, surtout au tome V.^e, de plusieurs fragmens du même genre et de la même contrée; et l'on a de lui une lettre particulière sur des ossemens de plusieurs individus d'âge différent, trouvés épars dans les couches de sable des collines du *val d'Arno* inférieur, pêle-mêle avec des coquilles (7).

Selon les *Novelle litterarie* de Florence, on en découvrit, en 1754, plusieurs os et défenses sur des collines peu éloignées du château de *Cerreto-Guidi*, près de *Gavena*. Il y en avoit au moins de quatre individus qui furent recueillis par le ch. *Buon-*

(1) *Mus. Kircher*, p. 200.

(2) Ephem. nat. cur. dec. II, an. VII, obs. 234, p. 446.

(3) *Chiampini*, de Ossib. eleph. in diœcesi viterbiensi, anno 1688 inventis.

(4) *Comment. Inst. bonon.*, IV, p. 133.

(5) *Fortis*, loc. cit., p. 298.

(6) *Id. ib.*

(7) Mélanges d'Hist. nat. par *Aléon du Lac*, tome II, p. 337 et Journ. étrang., déc. 1755, p. 228.

talenti (1). *Fortis* parle d'une défense déterrée près du même *Cerreto-Guidi*, au *val de Nievole*, par le doct. *Nenci* (2).

Selon *Targioni-Tozzetti*, ce docteur en avoit trouvé des morceaux d'au moins trois individus; *Targioni* les avoit obtenus et les conservoit dans son cabinet; il en donne l'énumération (3).

Déjà quelque temps auparavant on avoit découvert un squelette presque entier dans le même lieu, dans un terrain appartenant au comte *Gaddi*.

On en déterra, en 1744, une défense près de *Pontea-Cappiano*, à 5 milles de *Gallena* (4).

D'autres os trouvés dans la colline de *Lamporecchio* ont été décrits par le docteur *Venturini* (5).

Il y a une dissertation particulière sur ces os du *val d'Arno* par M. de *Mesny*. *Cœsalpin* indique déjà une tête de fémur de *Castel-San-Giovani* entre *Arezzo* et *Florence* (6).

Scali, au rapport de *Fortis*, avoit détaché une défense d'une couche pierreuse, pétrie de corps marins (7), au village de *Saint-Jacques* près de *Livourne*.

Coltellini cite quatre lieux différens du territoire de *Cortone* où il s'est trouvé des os et des défenses (8).

J'ai moi-même à décrire un *astragale* d'éléphant du *val d'Arno*, appartenant à M. *Miot*.

Dolomieu dit que les os d'éléphant du *val d'Arno* sont dans la base des collines d'argile, qui remplissent les intervalles des

(1) *Alléon Dulac*, p. 402.
(2) *Fortis*, loc. cit.
(3) *Targ. Tozz.*, Viagg. V, p. 264.
(4) *Id. ib.*
(5) *Giorn. d'Ital.*, tome III, p. 58.
(6) *Cæsalp.* de Metall. II, p. 141.
(7) *Fortis*, p. 302.
(8) Journ. étrang., juillet 1761, et *Buff.*, Époques de la Nat., note 9.

chaînes calcaires; que les couches qui les contiennent supportent des bois, les uns pétrifiés, les autres bituminisés, qu'il a jugés être de chêne, et qui sont eux-mêmes recouverts par des couches de coquillages marins mêlés de plantes arrondinacées, et par d'immenses bancs d'argile (1).

On vient de faire dans ce genre une découverte considérable dans l'état de *Parme;* j'en ai entre les mains un Mémoire adressé à M. *Moreau-de-Saint-Méry*, alors administrateur général de ce pays, par M. le conseiller *Joseph Cortesi.* C'est sur le *monte Pulgnasco*, commune de *Diolo*, à 9 milles de *Fiorenzuola*, et à 4 de *Castel Arcuato*, presque dans la terre végétale, car les os en étoient encore pénétrés de racines (2). Il y avoit, en des endroits peu distans, une tête de *rhinocéros*, une de *cachalot* et un corps entier d'une espèce de *dauphin.*

Un dépôt remarquable où les os d'éléphans étoient entassés avec ceux de plusieurs autres animaux, est celui du mont *Serbaro*, commune de *Romagnano*, dans le val de *Pantena*, à 3 lieues de *Vérone. Fortis* en a donné une description dans un Mémoire *ad hoc* (3). Ils se trouvoient dans un enfoncement au haut de la montagne. Dans le nombre des os d'éléphans, étoit une défense de plus de 9 pouces de diamètre, et qui devoit avoir au moins 12 pieds de longueur. M. de *Gazola* vient d'envoyer de cet endroit, à notre Muséum, une demi-mâchoire inférieure et un os du métacarpe, qui indiquent un individu d'au moins 15 pieds de haut.

Le *Piémont* en a beaucoup fourni; j'ai reçu dernièrement pour notre Muséum, de la part de M. *Giorna*, deux portions considérables de mâchoires qui étoient au cabinet d'histoire

(1) Journ. de Phys., tome XXXIX, p. 315.

(2) Mémoire m. de M. *Cortesi*, communiqué par M. *Moreau de Saint-Méry.*

(3) Imprimé d'abord séparément en italien, et inséré en français dans ses Mémoires sur l'Hist. nat. de l'Italie, tome II, p. 284 et suiv.

naturelle de Turin. M. *Giorna* m'écrit qu'il y a encore dans ce cabinet un fémur d'éléphant.

Nous avons dans le nôtre des fragmens d'ivoire de *Butigliano* dans la province d'*Asti*.

L'extrémité opposée de l'Italie en a aussi.

Jérôme Magius parle d'un cadavre de cinq coudées de long, déterré près de *Reggio* en creusant une citerne (1).

Le père *Kircher* cite un tombeau de géant d'auprès de *Cozence* en *Calabre* (2).

Le journal de l'abbé *Nazari* parle d'un squelette d'au moins 18 pieds de long (3), déterré en 1665 à *Tiriolo* dans la haute *Calabre*. On dit, à la vérité, que ses os ressembloient à ceux d'un homme; mais on sait aujourd'hui à quoi s'en tenir sur ces sortes de comparaisons.

Thomas Bartholin cite de véritable ivoire fossile de *Calabre* et d'autre de *Sicile* (4).

Fallope en annonce de la *Pouille* (5), et *Bonanni* dit qu'une inondation mit à découvert dans cette province, en 1698, une défense longue de douze palmes (6).

On peut bien encore placer ici les deux prétendus géans dont l'histoire est répétée dans toutes les *gigantologies*, savoir: celui qui fut découvert dans le XIV.e siècle à *Trapani* en *Sicile*, dont a parlé *Bocace* (7), et celui des environs de *Palerme* au XVI.e siècle, mentionné par *Fasellus* (8); mais la grandeur du premier

(1) *Hier. magius* de Gigantibus.
(2) *Mund. subterr.* lib. VIII, sect. II, c. IV, p. 53.
(3) Collection acad. part. étr., tome IV, p. 178.
(4) *De Unicornu*, p. 569.
(5) *De Metallic.*, cap. ultim.
(6) *Mus. Kircher*, p. 199.
(7) *De Geneal. Deor.*, ed. in-fol., p. 114.
(8) *Fasellus*, Decad. I, lib. I, c. IV.

est prodigieusement exagérée, car on lui donne 300 pieds; et *Kircher* qui a visité la caverne où l'on prétendoit l'avoir trouvé, dit positivement qu'elle n'avoit pas plus de 30 pieds de haut.

Il est d'autant plus vraisemblable que ces prétendus géans ont dû leur origine à des os d'éléphans, qu'on trouve de ceux-ci, au rapport du marquis *Charles de Vintimille*, historien de *Sicile*, cité par *Kircher*(1), près de la mer, entre *Palerme* et *Trapani (in agro solonio.)*

Kircher rapporte encore des récits de trois autres géans de *Sicile*, dont, comme à l'ordinaire, presque tous les os étoient consumés, excepté les dents (2).

Quant à la *Grèce*, l'état d'oppression où elle gémit n'a pas permis qu'on ait des relations anatomiques raisonnables des fossiles qu'elle recèle, mais ceux-ci ont donné lieu à des récits de géans dans les temps modernes comme dans l'antiquité. Il est donc vraisemblable qu'il y a des os d'éléphant dans le nombre.

Il fut trouvé, en 1691, à 6 lieues de *Thessalonique*, des ossemens dont l'un admettoit le bras d'un homme dans sa cavité; une mâchelière inférieure étoit haute de 7 pouces et demi, et pesoit 15 livres. Trois autres dents pesoient de 2 à 3 livres chacune. Le cubitus ou l'humérus avoit 2 pieds 8 pouces de circonférence. Il y en a un procès-verbal signé de plusieurs témoins, dans une Dissertation d'un abbé *Commiers*, insérée dans le Mercure de 1692, et citée par l'abbé d'*Artigny* dans ses Mémoires d'Histoire, de Critique et de Littérature, tome I, p. 136. Dom Calmet s'est trompé en portant cet événement à 1701 (3).

---

(1) *Mund. subterr.* lib. VIII, sect. II, c. IV, p. 59.

(2) *Id. ib.*

(3) Dict. de la Bible, II, 160.

Suidas parle déjà d'ossemens de géans trouvés en quantité sous l'église de *Sainte-Mena* à *Constantinople*, et que l'empereur *Anastase* fit déposer dans son palais (1).

Nos gazettes annoncent tout récemment une trouvaille semblable faite à *Demotica* (2).

Fortis cite une molaire de l'île *Cerigo*, déposée dans le cabinet de *Morosini* à Venise (3).

La France où chacun sait qu'il y a eu dans les temps historiques beaucoup moins d'éléphans vivans qu'en Italie et en Grèce, n'en a guère moins donné de fossiles.

Il est certain que le prétendu géant trouvé sous Charles VII, en 1456, dans la baronnie de *Crussol* près de *Valence*, étoit un éléphant. La description que Monstreuil donne d'une de ses dents n'en laisse pas douter.

Elle étoit longue d'un pied, mais beaucoup moins large, et avoit quelques racines. Sa partie triturante étoit concave et large de quatre doigts; elle pesoit 8 *livres* (4).

Il est probable que celui qui fut déterré sous *Louis XI*, au bourg de *Saint-Peyrat*, encore près de *Valence*, et dont parle *Cœlius Rhodiginus*, étoit de la même espèce. On lui donne 18 pieds de longueur.

C'est aussi en *Dauphiné* que s'est trouvé celui de tous les squelettes fossiles qui a donné lieu à plus de contestations, le fameux *Teutobochus*, sujet des longues disputes d'*Habicot* et de *Riolan*. Les nombreuses brochures qu'il occasionna sont

---

(1) *Suidas*, voce *μηνᾶς*.

(2) Journal de Paris, 9 juin 1806.

(3) Loc. cit., p. 309.

(4) Cassanio de Monstreuil, *de Gig.*, p. 57. *Ap. Sloane*, Mém. de l'Ac. des Sc. de Par., an. 1727, in-12, p. 455.

remplies d'injures, mais ne contiennent presque rien qui puisse éclaircir la question.

La rivalité entre les médecins et les chirurgiens excitoit les combattans beaucoup plus que l'intérêt de la vérité. *Riolan* montra cependant assez habilement, pour un homme qui n'avoit jamais vu de squelette d'éléphant, que ces os devoient provenir de cet animal (1).

Voici à peu près ce qu'il y avoit de vrai dans tout cela, autant qu'il est possible d'en juger aujourd'hui. Il paroît qu'on trouva, en 1613, le 11 janvier, dans une sablonnière, près du château de *Chaumont* ou de *Langon*, entre les villes de *Montricaut*, *Serre* et *Saint-Antoine*, des ossemens dont une partie fut brisée par les ouvriers.

Un chirurgien de *Beaurepaire*, nommé *Mazurier*, montra à Paris et en divers autres lieux, pour de l'argent, ceux qui étoient restés entiers ; et afin de mieux exciter la curiosité, il distribuoit une petite brochure où il assuroit qu'on les avoit trouvés dans un sépulcre long de 30 pieds, sur la tombe du-

(1) Voyez les brochures suivantes que je cite dans l'ordre selon lequel elles se succédèrent.

Histoire véritable du géant Teutobochus, etc., 15 pages, par *Mazurier.*

Gigantostéologie, par *N. Habicot*, 1613.

Gigantomachie, par un écolier en médecine (*J. Riolan*), 1613.

L'imposture découverte des os humains supposés d'un géant, 1614.

Monomachie, ou réponse d'un compagnon chirurgien aux calomnieuses inventions de la Gigantomachie de *Riolan*, 1614 (auteur inconnu).

Discours apologétique de la grandeur des géans, par *Guillemeau*, 1615.

Réponse au traité apologétique touchant la vérité des géans, par *N. Habicot.*

Jugement des ombres d'Héraclite et de Démocrite sur la réponse d'Habicot au discours attribué à Guillemeau.

Gigantologie, ou *Histoire de la grandeur des géans*, par *Riolan*, 1618.

Antigigantologie, ou *Contrediscours de la grandeur des géans*, par *Habicot*, 1618.

Touche chirurgicale, par *Habicot*, 1618.

Correction fraternelle sur la vie d'Habicot, par *Riolan*, 1618.

quel étoit écrit: *Teutobochus rex*. On sait que c'étoit le nom du roi des Cimbres qui combattit contre *Marius*. Mais on accusa ce chirurgien d'avoir fait faire sa brochure par un jésuite de *Tournon*, qui avoit forgé l'histoire du sépulcre et de l'inscription. Il ne paroît pas qu'il se soit justifié de cette imposture.

Quant aux os qu'il montroit, ils consistoient dans les pièces suivantes:

1.° Deux morceaux de la mâchoire inférieure, dont un pesant six livres, contenant deux molaires et la place de deux autres; et un plus grand pesant douze livres, avec une dent entière et trois cassées. Chaque dent avoit quatre racines, étoit grande comme le pied d'un petit taureau, comme pétrifiée et de couleur semblable à la pierre à fusil.

2.° Deux *vertèbres*, dont une de trois doigts d'épaisseur où l'on pouvoit passer le poing dans le canal médullaire; les apophyses transverses avoient des trous à leur base.

L'autre étoit beaucoup plus grande, mais avoit perdu son apophyse.

3.° Un morceau du milieu d'une côte, long de 6 pouces, large de 4, épais de 2.

4.° Un fragment d'*omoplate* dont la facette articulaire avoit 12 pouces de long et 8 de large.

5.° Une tête d'*humérus*, grande comme une moyenne tête d'homme, et dont la scissure pouvoit loger un moyen calmar d'écritoire.

6.° Un *fémur* long de 5 pieds, de trois pieds de tour en haut, de 2 près des condyles, d'un et demi au milieu; les trochanters y manquoient. Le cou n'avoit ni une longueur, ni une obliquité approchantes de celles de l'homme (1).

---

(1) Gigantomachie, p. 30.

7.° Un *tibia* long de près de 4 pieds, et en ayant plus de 2 de tour en bas.

8.° Un *astragale*, différent de celui des animaux (on entendoit *domestiques*), mais qui n'avoit point l'apophyse scaphoïdienne aussi saillante que celui de l'homme (1).

9.° Enfin un *calcanéum* qui avoit en bas des facettes pour le scaphoïde et le cuboïde, mais dont l'apophyse postérieure ou tubérosité, n'étoit point aussi forte que celle de l'homme.

Cette extrémité postérieure étoit bien sûrement d'un éléphant; il n'y a point d'autre grand animal dont l'astragale ressemble assez à celui de l'homme, pour que qui que ce soit ait pu s'y méprendre; mais les dents n'en pouvoient pas être : il n'en a pas tant, et elles n'ont point de telles racines. Y avoit-il dans ce lieu, comme dans beaucoup d'autres, des os d'éléphans et de rhinocéros enfouis pêle-mêle? c'est ce qui me paroît le plus probable.

Riolan dit dans une de ses brochures que le Dauphiné est rempli de ces os. Cela s'est confirmé. Un quatrième prétendu géant s'y est trouvé, en 1667, dans une prairie près du château de *Molard*, diocèse de Vienne. Ses dents pesoient dix livres (2).

M. *de Jussieu* m'a dit avoir vu autrefois des os d'éléphant suspendus dans une des églises de *Valence*, et qu'on y disoit de géant.

Mais à mesure qu'on se rapproche de notre temps, les descriptions deviennent plus raisonnables. Une véritable mâchelière d'éléphant a été publiée par M. *de la Tourette* dans le IX.ᵉ tome des *Savans étrangers de l'Académie des Sciences*, p. 747 et suiv. Elle fut trouvée, en 1760, près de *Saint-Valier*, à demi-quart de lieue du Rhône, et à 80 pieds d'élévation au-

(1) *Ib.* p. 26.

(2) Dom *Calmet*, Dict. de la Bible, II, p. 161.

dessus de ce fleuve, dans une terre graveleuse mêlée de cailloux.

Il y a aussi de ces os en *Provence*. M. *Arnaud*, avocat demeurant à *Pimoisson*, département des Basses-Alpes, près *Riez*, possède une mâchoire inférieure d'éléphant, trouvée dans ses environs. Je tiens ce fait de lui-même.

La rive droite du Rhône n'en est pas dépourvue. M. *Soulavie* parle d'un squelette presque entier, découvert dans les environs de *Lavoûte*, département de l'*Ardêche*, dans des atterrissemens voisins du Rhône (1).

M. *Faujas* décrit une défense trouvée par M. *Lavalette* dans la commune d'*Arbres*, près *Villeneuve-de-Berg*, même département, au pied des *Monts Coirons*, et à 5 pieds de profondeur dans un tuffa volcanique (2).

M. *Cordier*, ingénieur des mines, a bien voulu me donner une note sur cette position qu'il a aussi examinée avec soin. La défense étoit incrustée dans l'intérieur d'une brèche volcanique solide, qui ne forme pas seulement le sommet de la colline d'*Arbres*, mais s'étend en couches horizontales sous toute la masse des *Coirons* dont elle est la première assise. Assez bien conservée ailleurs, elle est presque entièrement décomposée à *Arbres*, et s'y réduit en une argile jaunâtre où les pyroxènes sont seuls restés entiers; tout ce sol volcanique repose sur une haute plaine de calcaire coquillier compact, diversement incliné. Il faudroit maintenant savoir si ces défenses étoient enveloppées dans le corps même de la couche volcanique ou seulement dans quelques-uns de ses anciens déblais. Au reste M. *Cordier* connoît plusieurs autres lieux où des ossemens sont enveloppés dans des matières volcaniques.

---

(1) Hist. nat. de la France mérid., tome III, p. 98.

(2) Annales du Muséum d'Hist. nat., tome II, p. 24.

On peut consulter la carte des *Coirons*, publiée dans l'Hist. nat. de la France méridionale, tome VI.

On trouve beaucoup d'autres débris d'éléphans en se rapprochant des Pyrénées. La *montagne Noire* en recèle une quantité dans ses pentes.

M. *Dodun*, ancien ingénieur du département du Tarn, a découvert dans les environs de *Castelnaudary* plusieurs mâchelières d'éléphant bien caractérisées dont il m'a fait voir les dessins. Il en a parlé dans le *Journal de physique*, tome LXI, p. 254.

A *Gaillac* en *Albigeois*, on trouva, en 1749, à 11 pieds de profondeur, dans du gravier sec mêlé de sable, un fémur mutilé et des lames de mâchelières (1).

Nous possédons nous-mêmes une mâchelière des environs de Toulouse, que nous devons à M. *Tournon*, médecin et habile naturaliste de cette ville.

M. de *Puymaurin*, membre de l'Académie de Toulouse, avoit envoyé au cabinet plusieurs fragmens de défenses, qu'il avoit trouvés sur la croupe d'un coteau, à un quart de lieue du château d'*Alan*, résidence des évêques du *Comminges* (2).

En remontant vers le nord, on ne remarque point que les os fossiles d'éléphant deviennent moins communs.

Il y a au Muséum une portion d'*omoplate* déterrée à trois lieues au-delà de *Châlons-sur-Saône*, du côté de *Tournus* (3).

Les ouvriers qui travaillent au canal du centre en ont récemment découvert un amas dans la même province. J'en ai reçu, par les soins de M. *Gérardin*, employé de ce Muséum, une mâchelière d'éléphant très-reconnoissable, quoique

(1) Hist. de l'Ac. de Toulouse, tome I, p. 62.
(2) *Daub.*, Cab. du roi, Hist. nat. XI, n.° DCDXCIX.
(3) *Id. ib.* n.° MXXXII, et *Mairan*, Hist. de l'Ac. des Sc. 1743, p. 49.

brisée. Il y avoit auprès une mâchelière de rhinocéros. Le lieu de sa découverte se nomme *Chagny*.

M. *Tonnelier*, garde du cabinet du conseil des mines, conserve une lame de mâchelière qu'il a trouvée dans un atterrissement, à l'endroit dit le *Pont-de-Pierre*, à une lieue d'*Auxerre*.

Mon collègue, M. *Tenon*, membre de l'Institut, en a vu une autre dent, des environs de cette dernière ville.

A *Fouvent*, village près de *Gray*, département de la *Saône*, on a trouvé, il y a six ans, dans un creux d'un rocher qu'on faisoir sauter pour élargir un jardin, un grand nombre d'os, des mâchelières et des portions de défense d'éléphant, avec des os d'une espèce particulière d'hyène, que je décris ailleurs.

On en avoit eu également un grand nombre auprès de *Porentruy*, département du *Haut-Rhin*, en 1779, en faisant un chemin. J'en possède une molaire.

Les environs de *Paris* en offrent comme les autres provinces. Je possède une mâchelière et un fragment de défense trouvés dans les atterrissemens de la Seine près d'*Argenteuil*.

M. *de Cubières* l'aîné conserve une mâchelière prise près de *Meudon*, à une assez grande profondeur dans le sable.

En creusant le canal qui doit amener les eaux de l'*Ourcq* dans cette capitale, on a déterré deux défenses et deux mâchelières des plus grandes que j'aie encore vues, en trois endroits différens de la forêt de *Bondy*. M. *Girard*, célèbre ingénieur et directeur en chef de ce canal, a bien voulu me les remettre pour les déposer en ce Muséum.

Comme j'ai examiné soigneusement le local avec M. *Girard* et le savant minéralogiste M. *Alexandre Brongniard*, je ne crois pas hors de propos d'en donner ici une courte description.

Le canal est creusé dans la plaine de Pantin et de Bondy dont le sol s'élève de 70 à 80 pieds au-dessus du niveau de la

Seine, et qui embrasse le pied des collines gypseuses de Montmartre et de Belleville. Cette plaine est formée, jusqu'à 40 pieds de profondeur où elle a été sondée, de diverses couches de sable, de marne et d'argile; on n'y a rencontré nulle part de pierre calcaire, quoiqu'il y en ait au niveau de la rivière à Saint-Ouen. Le canal traverse en quelques endroits des couches de gypse qui se continuent avec la base de la colline de Belleville. Nous verrons ailleurs qu'il paroît que l'argile et le sable ont rempli après coup l'intervalle des collines gypseuses. La partie la plus élevée de la plaine, celle qui partage les eaux qui tombent dans la Seine et celles qui tombent dans la Marne, est près de *Sévrans* dans les bois dits de *Saint-Denis*. Il n'a pas fallu néanmoins y creuser à plus de 30 à 40 pieds; ce qui prouve combien cette crête est peu considérable par rapport au reste de la plaine. Le sol y est en grande partie d'une marne jaunâtre, alternant avec des lits d'argile verte, et contenant par-ci par-là des rognons de marne durcie, et dans d'autres endroits des ménilites en partie remplies de coquilles qui nous ont paru fluviatiles.

En certaines places, les couches de marne et d'argile s'enfoncent comme si elles eussent formé des bassins ou des espèces d'étangs, que des matières étrangères seroient venues remplir. Il y a en effet à ces places-là des amas de terre noirâtre qui suivent la courbure des enfoncemens de l'argile, et qui sont surmontés à leur tour par du sable jaunâtre.

C'est dans la terre noire, à 18 pieds de profondeur, qu'on a trouvé les dents et les défenses d'éléphans. Il y avoit aussi un crâne plus ou moins complet qui a été brisé par les ouvriers, et dont j'ai les fragmens, ainsi que beaucoup d'os du genre du bœuf, d'autres ruminans moins grands, et surtout un crâne très-remarquable d'une grande espèce inconnue d'antilope que je décrirai ailleurs. Le sable jaune supérieur contient beaucoup de coquilles communes d'eau douce, soit *limnées*, soit *planorbes*; mais la terre noire n'en a point, non plus que l'argile verte et la marne jaunâtre dans lesquelles elle est enchâssee. L'ivoire est fort décomposé; les mâchelières le sont moins, et les autres os presque pas. La plupart ne paroissent pas même avoir été roulés.

Deux portions de mâchelières de *Gierard* en *Brie*, à une lieue de *Crécy*, sont mentionnées par *Daubenton*. Elles étoient à 10 pieds de profondeur dans une sablonnière (1).

Le *baron de Servière* représente une mâchelière supérieure bien caractérisée (2), trouvée sous le lit de la Moselle, près de *Pont-à-Mousson*.

Un germe de neuf plaques des environs de *Metz* avoit été envoyé au Muséum par M. de *Champel* (3).

On connoît depuis long-temps les éléphans fossiles de la Belgique. *Goropius Becanus* (4) a combattu dès le XVI.e siècle les préjugés qui faisoient attribuer à des géans des os et des dents de cette espèce trouvés anciennement aux environs d'*Anvers*; et il parle à cette occasion des os de deux éléphans déterrés près de *Vilvorde*, dans un canal que les habitans de *Bruxelles* firent creuser de cette ville à *Rupelmonde*, pour éviter je ne sais quelles vexations que leur faisoient éprouver ceux de *Malines*.

Jean Lauerentzen, dans son édition du *Museum regis Daniæ* de *Jacobœus*, part. I, sect. I, n.° 73, rapporte l'histoire d'un squelette qu'*Otho Sperling* vit déterrer à *Bruge* en

---

(1) Hist. nat. XI, n.° MXXVIII, et Ac. des Sc. 1762.

(2) Journ. de Phys., tome XIV, p. 325, pl. II, fig. 3.

(3) Hist. nat. XI, n.° MXXXI.

(4) *Origin. anverp.* lib. II, p. 107, *Gigantomachia*.

1643, et dont un fémur étoit conservé dans ce cabinet. C'étoit un fémur d'éléphant, long de 4 pieds et pesant 24 livres.

M. de *Burtin*, dans le chap. I, §. 2, p. 25, de sa *Dissertation sur les Révolutions de la surface du globe*, couronnée à *Harlem* en 1787, dit posséder une dent d'éléphant découverte en *Brabant*.

Il ajoute (p. 180, note) qu'une très-grande tête fossile de cette espèce a été retirée d'une rivière, à deux lieues de *Louvain*, par des pêcheurs.

M. *Delimbourg* parle aussi en général de ces os dans un Mémoire inséré parmi ceux de l'Académie de *Bruxelles* (1).

Bæcler, *in Cynos. mat. med. Herrmanni*, vol. I, pl. III, p. 134, et *Sloane*, Ac. des Sc. 1727, avoient déjà parlé d'une défense trouvée dans le Rhin, près de *Nonnenweyer*.

Un fragment du même endroit, long de 3' 2", se trouve encore aujourd'hui chez M. *Spielmann*, pharmacien de Strasbourg, et une *molaire* de *Wittenweyer*, qui n'en est pas éloigné, chez M. *Petersen*, habitant de la même ville (2).

Jean Herrmann, dans un programme particulier du 15 décembre 1785, montre que la prétendue corne de bœuf, depuis long-temps suspendue à l'un des piliers de la cathédrale de Strasbourg, n'est aussi qu'une défense fossile qu'on aura sans doute tirée autrefois du même fleuve.

En général, toute la vallée du Rhin fourmille pour ainsi dire de ces ossemens.

M. *Adrien Camper* en a vu beaucoup, en 1788, dans les cabinets de *Bâle*, et entr'autres chez M. *Bernoulli* (3).

(1) Tome I, p. 410.

(2) Tiré des lettres de M. *Hammer*.

(3) Desc. anat. d'un éléph., p. 28, note. 3.

Knorr représentoit déjà une mâchelière et un os du métacarpe du cabinet de M. *Dannone*, professeur à *Bâle* (1).

La chronique de *Colmar* parle, sous l'an 1267, d'os de géans trouvés près de *Bâle*, au village de *Hertin* (2).

Il y en a aussi diverses molaires dans la bibliothèque publique de *Bâle*, dont deux ont été gravées in-fol. comme dents de géans(3). *Davila* avoit un morceau d'ivoire du même lieu (4).

On en a trouvé à *Mutterz*, à une lieue de *Bâle*, et à *Rheinfelden* (5).

Un squelette presque entier fut déterré, en nivose de l'an 7, à *Vendenheim*, à un myriamètre au nord de *Strasbourg*, sur l'une des collines les plus avancées des Vosges, à 40 pieds de profondeur, en creusant un puits.

On n'en a conservé qu'une défense longue de 4 pieds 10 pouces sur 5 pouces et demi de diamètre, et quelques portions osseuses peu considérables. Je tire ces détails de ce que MM. *Herrmann* et *Hammer* ont bien voulu m'en écrire. Il en est parlé dans l'Annuaire du département du Bas-Rhin pour l'an VIII, et l'on y cite une découverte semblable faite quelques années auparavant sur une autre colline avancée des Vosges, à *Epfig*, à 8 lieues de Strasbourg, en creusant les fondemens de l'église.

M. *Hammer* possède aussi un fragment de défense trouvé dans une île du Rhin près de *Selz*, et un autre des environs d'*Haguenau*.

Le cabinet du landgrave de *Hesse-Darmstadt* contient une mâchoire inférieure d'un grand volume, trouvée auprès de

(1) *Knorr*, Monum., tome II, sect. II, tab. H. et H. III.

(2) Dom *Calmet*, Dict. de la Bible, II, 160.

(3) M. *Hammer* possède ces gravures.

(4) *Davila*, Cab. III, 229.

(5) Tiré des lettres de M. *Hammer*. Voyez aussi *Brucker merckwurdigkeiten der landschaft basel*, n.° XV, pl. 15, fig. 1, 2, et *Davila*, p. 227.

Worms. Merk en parle, II.e lettre sur les fossiles, p. 8 et suiv., et la représente, pl. III.

Le cabinet de *Künast* avoit un fémur du même lieu.

Il y a une dissertation particulière de *Charles Gotlob Steding* sur l'ivoire fossile des environs de *Spire* (1). Il représente une mâchelière de treize lames écartées, où il en manque deux en avant et une ou deux en arrière. Elle fut trouvée à 4 pieds de profondeur, et pesoit 3 livres et demie. Il y avoit auprès un fragment de défense de 4 livres.

Nous possédons en ce Muséum deux mâchoires inférieures, d'âge différent, trouvées l'une et l'autre aux environs de *Cologne*.

Le côté d'Allemagne en a donné encore davantage.

Le *Museum Kunastianum* cite de l'ivoire fossile du pays de *Bade*, trouvé en 1609, à 10 toises de profondeur au bord du Rhin (2).

Il y a au cabinet de M. *Hammer* une molaire et un fragment d'omoplate d'auprès de *Brisach*.

Merk (3) indique un crâne trouvé près de *Manheim*, et dont il existe une gravure que je n'ai pu encore me procurer. Il portoit deux mâchelières, pesoit 200 livres, et avoit 4" de long, mais sans doute en suivant les courbures.

M. *Hammer* possède une molaire déterrée dans une île du Rhin, vis-à-vis *Manheim*, et un fragment pêché dans le Rhin même, près de cette ville. Il y avoit chez M. *Gmelin*, apo-

---

(1) *Nov. Ac. nat. cur.*, tome VI, p. 367, obs. LXXXI.

(2) II.e lettre, p. 14.

(3) *Mus. Kunast.* Strasb. 1668, ed. 8.° p. 60; ed. in-4.°, p. 13, n.° 287. Je dois cette citation à M. *Hammer*.

thicaire à *Tubingen*, une mâchoire inférieure trouvée dans le Rhin, également près de *Manheim* (1), et dans le cabinet de *Künast* un grand os aujourd'hui déposé dans celui de l'école de médecine de Strasbourg.

Merck décrit au même ouvrage une *omoplate*, un *humérus*, deux *fémurs*, une *défense*, un *ischion* et un *cubitus* déterrés sur le bord du Rhin, dans un banc de gravier, près d'*Erfelden*, dans le pays de *Darmstadt*. Il y avoit auprès un crâne de rhinocéros.

Le bassin d'éléphant déposé au même cabinet a probablement été déterré dans les mêmes environs, à ce que m'écrit M. *Fischer*. Il y a encore dans ce cabinet, selon le même naturaliste, des dents trouvées à *Erbach* en *Rheingau*.

François Beuth possédoit cinq mâchelières et une défense tirées du Rhin, près de *Dusseldorf* (2).

M. *Leidenfrost*, professeur à *Duysbourg*, avoit une mâchoire inférieure, un humérus, un fragment de fémur et deux mâchelières des bords de la *Lippe*, près de *Schornbeck*, dans le duché de *Clèves*, à peu de distance du Rhin (3), toujours avec des fragmens de rhinocéros.

Dès 1746, il est parlé d'un grand nombre d'os déterrés à *Lippenheim* près de *Wesel* (4).

Le cours du *Rhin* en étant si riche, les alluvions de son embouchure n'en pouvoient manquer; aussi la *Hollande* en est-elle pleine.

---

(1) *Commerc. noricum.* 1745, pl. III, fig. 10, p. 297.
(2) *Juliæ et montium Subterranea.* Dusseld. 1776, 8.° p. 77.
(3) *Merck*, III.e lettre, p. 13.
(4) *Comerc. litter. Nunningii et Cohausenii.*

Plempius (1) parle d'un fémur tiré de l'*Issel*, près de *Doesbourg*.

Lulof fait mention d'une dent et de plusieurs os déterrés dans la vallée de l'*Issel*, près de *Zutphen* (2).

Palier décrit un *fémur* de 41 pouces de long, mis à découvert avec une vertèbre, par une irruption de la Meuse du 11 février 1757, près de *Hedel*, dans le *Bommeler-waerdt*.

Verster donne d'excellentes figures, faites par *Camper*, d'une portion considérable de crâne, et d'une portion de bassin déterrés non loin de là, près de *Bois-le-Duc* (3).

M. *Brugmans*, professeur de *Leyden*, m'a donné le dessin d'un fémur trouvé dans ses environs.

Les parties plus élevées de la république batave n'en sont pas dépourvues.

Picaardt cite des ossemens monstrueux du pays de *Drenthe*, et une défense longue de 12 empans, déterrée en juillet 1650, près de *Covorden* (4).

L'*Allemagne* est sans contredit le pays de l'Europe où l'on a le plus trouvé d'os d'éléphans fossiles, non pas peut-être qu'elle en recèle plus que les autres contrées, mais parce qu'il n'y a dans cet Empire, pour ainsi dire, aucun canton sans quelque homme instruit, et capable de recueillir et de faire connoître ce qui s'y découvre d'intéressant.

(1) Remarques sur l'anatomie de Cabrol., p. 70, ap. *Palier*, Soc. de Harlem, tome XII, p. 373 et suiv.

(2) Beschouwing des Aard Kloots. §. 425., ap. *Palier*. loc. cit.

(3) Mém. de la Soc. de Harlem, tome XXIII, p. 55-84.

(4) Ann. Drenth, ap. *Verster*. l. c.

Merck comptoit déjà en 1784 (1) quatre-vingts endroits où l'on avoit déterré de ces os, et plus de cent échantillons d'os dont l'origine étoit inconnue. M. *de Zach* fait aller le nombre des lieux à plus de cent (2) ; et M. *Blumenbach* le porte au double (3).

Tout le monde connoît l'histoire de l'éléphant découvert à *Tonna*, dans le pays de *Gotha*, en 1696, et dont *Tentzelius* et *Hoyer* ont donné des relations (4).

On vient d'en déterrer un second, en 1799, à 50 pieds de distance du point où l'on avoit trouvé l'autre ; et le célèbre astronome, M. le baron de *Zach*, nous a donné à cette occasion une description de terrain plus circonstanciée (5) dont nous allons profiter pour faire connoître les détails de la découverte. Il y en avoit déjà une auparavant dans le journal de M. *Voigt*(6).

Il y a deux *Tonna* (*Græffen-Tonna* et *Burgtonna*) situés tous deux dans des enfoncemens de la vallée de l'*Unstrut*, au-dessous de *Langensalza* ; et à droite tant de la *Salza* que de l'*Unstrut*. Toutes les gorges de cette vallée, comme de la plu-

---

(1) II.e lettre, p. 8.

(2) Monatliche Corresp. janvier, 1800, p. 29.

(3) *Archæologia telluris*, p. 12.

(4) *Tentzelii* Epistola ad Magliabecchium, de Sceleto elephantino, Tonnæ nuper effosso. *Phil. trans.* vol. 19, n.° 234, p. 757-776. *J.-G. Hoyer*, de Ebore fossili, seu de Sceleto elephanti in colle sabuloso reperto. *Ephem. nat.* cur. dec. 3, an. 7-8, p. 294, obs. CLXXV. Voyez aussi les *Act. erud.* Lips., jan. 1697, et *Valentini Amph. Zoot.*, p. 26.

(5) *Notice d'un squelette d'éléphant trouvé à Burgtonna*, dans la *correspondance relative aux progrès de la géographie et de l'astronomie*, journal allemand de M. Zach, janvier 1800, art. II, p. 21 et suiv.

(6) *Magasin pour les nouveautés de l'hist. nat. et de la physique*, par MM. *Lichtenberg* et *Voigt*, en allem. tome III, 4.e cah.

part des vallées basses de la *Thuringe*, sont occupées par des couches horizontales d'un tuf calcaire tendre, qui contient des os, des bois de cerf, des impressions de diverses feuilles que l'on a jugé provenir de plantes et d'arbres aquatiques du pays, et des coquilles qui ont paru appartenir à l'*helix stagnalis* et à d'autres espèces d'eau douce. Ce tuf se résout en certains endroits en un sable marneux que l'on emploie depuis beaucoup plus d'un siècle à améliorer les terres. On l'obtient en partie par des fouilles souterraines et irrégulières; celles de la commune de *Burgtonna* sont à 40, 50 et 60 pieds de profondeur au-dessous du sol.

Les ouvriers y trouvent de temps en temps des os et des dents d'éléphans et de rhinocéros, d'animaux du genre du cerf et de celui de la tortue.

Ces dépôts de tuf alternent avec d'autres, en grande partie formés de glaises et dans lesquels on trouve aussi de ces os, quoique plus rarement.

Les deux squelettes de 1696 et de 1799 étoient à 50 pieds de profondeur.

On recueillit du premier un fémur pesant 32 livres; et la tête de l'autre fémur, grande comme celle d'un homme, et pesant 9 livres; un humérus long de 4 pieds, large de 2 empans et demi; des vertèbres, des côtes; la tête avec quatre molaires pesant chacune 12 livres, et deux défenses longues de 8 pieds; mais une grande partie de ces pièces fut brisée.

Nous ne nous arrêterons pas à rendre compte des disputes occasionnées par cette découverte. Les médecins du pays, consultés par le duc de *Gotha*, déclarèrent bien unanimement que ces objets étoient des jeux de la nature, et soutinrent leur opinion par plusieurs brochures ; mais *Tentzel*, bibliothécaire de ce prince, opérant plus sensément, compara chaque os pris à part avec son analogue dans l'éléphant, tel qu'il les connoissoit par la description d'*Allen-Moulin*, et par quelques remarques d'*Aristote*, de *Pline* et de *Ray*, et en démontra la ressemblance.

Il alla plus loin, et prouva par la régularité des lits au-dessous desquels on avoit trouvé ce squelette, qu'on ne pouvoit attribuer sa présence en ce lieu à quelque inhumation faite de main d'homme ; mais qu'il ne pouvoit y avoir été amené que par quelque cause générale, telle que l'on se représente le déluge.

Le deuxième squelette, celui de 1799, étoit dans une position comprimée et courbée : il occupoit une longueur d'environ 20 pieds ; les pieds de derrière étoient près des défenses. Celles-ci ont 10 pieds de long; elles étoient sorties des alvéoles et se croisoient. Elles sont tendres, mais entières : le bras entre aisément dans leur cavité. On ne put conserver de la tête qu'une partie de la mâchoire inférieure et les deux plus grosses molaires. La plupart des autres os et les côtes se brisèrent aussi plus ou moins en les détachant du tuf; mais on a trouvé au moins des parties de tous. Les cellulosités des os étoient en partie remplies de cristaux de spath.

La couronne d'une molaire a 9 pouces de long sur 3 de large, et sa hauteur est de 6 à 8 pouces; un tibia entier, 2 pieds 4 pouces, et 6 à 8 pouces de diamètre; une tête de fémur, 6 pouces (1)

---

(1) *Zach.* loc. cit. p. 27. (Note de la page 28).

A peu de distance, et dans des couches semblables, on a trouvé des bois du cerf ou *élan fossile*, et à *Ballstædt*, village voisin, des dents de *rhinocéros*.

La vallée de l'*Unstrut* a fourni encore des os fossiles d'*éléphans* en d'autres de ses parties; notamment une défense pesant 115 livres et de 10 pieds de long, près de *Véra* (1).

Un lieu non moins célèbre que celui de *Tonna* par les nombreux ossemens d'éléphant et d'autres animaux étrangers qu'il a fournis, est la petite ville de *Cantstadt* dans le pays de *Wirtemberg* sur le *Necker*. La principale découverte s'en est faite en 1700; et *David Spleiss*, médecin de *Schaffouse*, en rendit compte dans une dissertation particulière intitulée : *Œdipus osteolithologicus, seu Diss. histor. phys. de Cornibus et ossibus fossilibus canstadiensibus.* Schaff. 1701, 4.°, où il inséra une relation assez bien faite, par *Salomon Reisel*, médecin du duc. Il en est traité aussi dans la *Medulla mirabilium de Seyfried*, et la *Descriptio ossium fossilium canstadiensium de Reiselius*, 1715; et *Jean Samuel Carl* en a donné une analyse chimique fort bonne pour le temps, dans son *Lapis lydius philosophico pyrotechnicus*, etc., Francf., 1705.

J'en dois de plus un rapport circonstancié à l'amitié de M. *Autenrieth*, professeur d'anatomie à Tubingen, et de M. *Jæger*, garde du cabinet d'histoire naturelle de Stuttgard.

Ces deux savans ont encore les os eux-mêmes sous les yeux; ils connoissent le local où on les a trouvés, et ils ont pu compulser une partie des procès-verbaux que l'on dressa dans le temps de la découverte.

---

(1) *Knoll Wunder erscheinungen*, etc. et *Gothaische gel. Zeitung*, 1782-85, fév., p. 668.

L'endroit même est à l'est du *Necker*, à mille pas en dehors de la ville, du côté du village de *Feldbach*. *Reisel* dit qu'il y avoit des restes d'un ancien mur, épais de 8 pieds et de 80 de tour, qui paroît avoir été l'enceinte d'un fort ou d'un temple, et l'on en voit en effet encore les restes. Aussi *Spleiss* conclut-il que ces os étoient ceux des animaux qu'on sacrifioit; mais ils étoient pour la plupart bien plus profondément: d'ailleurs on en trouve encore plus près du Necker, dans un sol naturel, et tout semblable à celui où on les déterra. Tout ce qu'on pourroit conclure de leur abondance dans l'enceinte de ce mur, c'est qu'ils avoient déjà été une fois déterrés à cet endroit, et rassemblés par quelques curieux.

Le sol est une argile jaunâtre, mêlée de petits grains de quartz roulés, et de petites coquilles. M. *Autenrieth* m'a envoyé les dessins de cinq qui m'ont paru du nombre de nos petites coquilles d'eau douce.

Cette argile remplit les divers enfoncemens des collines calcaires, à bancs réguliers, qui bordent la vallée du Necker, et qui, après avoir formé la masse du bas pays de Wirtemberg, vont se joindre à des collines plus élevées d'une marne rougeâtre, qui entourent les montagnes du haut pays; calcaires entre le Necker et le Danube (*l'alb de Souabe*), et formées de granit et de grès, entre le Necker et le Rhin (*la forêt Noire*).

Ces collines marneuses offrent souvent des plantes pétrifiées et des couches de charbon de terre, et leur sommet est recouvert de pétrifications marines anciennes, comme ammonites, bélemnites, etc.

M. *Autenrieth* a trouvé dans le voisinage une forêt entière de troncs de palmiers couchés.

Ce fut un simple soldat qui remarqua le premier par hasard,

en avril 1700, quelques os qui se montroient hors de terre. Le duc alors régnant, *Eberhardt-Louis*, fit continuer les fouilles pendant six mois. On garda ce qu'il y eut de plus entier. Le reste, en quantité prodigieuse; car il y avoit, selon *Reisel*, plus de soixante défenses, fut envoyé à la pharmacie pour être employé comme *licorne fossile*.

Les os eux-mêmes étoient sans aucun ordre, en grande partie brisés, quelques-uns roulés, sans aucune proportion entre eux. Il y avoit, par exemple, des dents de cheval par charretées, et pas des os pour la dixième partie de ces dents. Les os d'éléphans paroissent avoir été plus élevés que la plupart des autres.

En général, on n'en trouva plus aucun, passé 20 pieds de profondeur. Une partie étoit engagée dans une espèce de roc, formée par de l'argile, du sable, des cailloux et de l'ocre, agglutinés ensemble, et l'on fut obligé d'employer la poudre pour les avoir.

Les os d'éléphans que l'on a encore à *Stuttgardt* dans le cabinet royal, consistent dans les morceaux suivans: une portion de mâchoire supérieure avec deux molaires parfaitement parallèles; deux molaires supérieures antérieures, presque entières, et des fragmens de deux autres: les lignes d'émail dans les parties usées sont, comme dans presque toutes les molaires fossiles, minces et droites, presque sans festons et anguleuses dans le milieu; quatre molaires supérieures postérieures; deux molaires inférieures; des fragmens, et des germes: il y a des lignes d'émail bien festonnées; une défense très-courbée de 5 pieds et demi, et une autre de 4 pieds et demi, mesurées par le coté convexe; des fragmens de beaucoup d'autres; des portions de vertèbres et de côtes; quatre omoplates, et des fragmens de quelques-autres; un fragment d'humérus; trois cubitus; six os innominés du côté droit, et sept du gauche, la plupart incomplets; quatre têtes de fémurs; trois corps de fémurs sans tête; une rotule; deux tibias : il y a de plus chez un apothicaire de la même ville une mâchoire inférieure et une portion de tibia.

Ces os sont accompagnés dans le cabinet de beaucoup d'os de rhinocéros, d'hyène et d'animaux du genre du cheval, du cerf, du bœuf, du lièvre et de petits carnassiers. De très-grands épiphyses de vertèbres pourroient faire soupçonner des cétacés. Il y a aussi quelques fragmens humains sur lesquels je reviendrai. Malheureusement on n'a pas assez distingué les hauteurs différentes où chaque os fut trouvé pendant six mois que les fouilles durèrent, ni les os qui étoient dans le retranchement mentionné par *Reisel*, de ceux qu'on trouva hors de ses limites. On déterra par exemple aussi des fragmens de charbon et d'objets fabriqués par l'homme, comme des vases, etc. qui, sûrement n'avoient pas été déposés en même temps que les grands os.

Canstadt n'est pas le seul lieu de la vallée du *Necker* et des vallons qui y aboutissent où l'on ait fait de pareilles découvertes.

Près du village de *Berg*, au-dessus de *Canstadt*, au débouché du petit vallon du *Neisenbach* où est *Stuttgard*, est une masse d'un tuf calcaire singulier, qui ne consiste qu'en incrustations de plantes aquatiques; je l'ai visitée moi-même plusieurs fois, et j'apprends de M. *Autenrieth* qu'il y a trouvé un squelette fossile de cheval. On en avoit tiré en 1745 une défense du poids de 50 livres; et M. *Jæger* y a trouvé, il y a quatre ans, une mâchoire inférieure d'éléphant. C'est cette place que *Guettard* a vue, la prenant pour celle de *Canstadt* (1). On a trouvé des os

(1) Voyez les Mém. de l'Ac. des Sc. de Par. pour 1763.

dans ce même petit vallon un peu au-dessous et d'autres au-dessus de *Stuttgard*. Tout près des murs même de la ville, on trouva, il y a dix-huit mois, sous la terre végétale, en creusant une cave, une partie considérable d'un grand squelette d'éléphant, deux grandes défenses et une petite dans de l'argile rougeâtre et bleuâtre. Dans le vallon de la *Rems* qui débouche au-dessous de *Canstadt*, on a eu une grande molaire. M. *Storr* en a découvert une autre sur le *haut Necker*, près de *Tübingen*. Le *bas Necker* en a donné à *Weinsperg*, près d'*Heilbron* (1), et c'est près du confluent de cette rivière avec le Rhin, qu'on en a tiré une des mâchoires inférieures déposées à *Darsmstadt*. *Bausch* (2) cite déjà de l'ivoire fossile des environs d'*Heidelberg*, d'après *Boëtius de Boodt*, et *Geyer*, des os et des dents d'auprès de *Manheim* (3).

La vallée étroite du *Kocher* a fourni des défenses près de *Halle* en *Souabe* en 1494, et en 1605. Cette dernière, encore aujourd'hui suspendue dans l'église de *Halle*, pèse 500 livres (4), mais sans doute en y comprenant les ferremens qui la supportent. Une inscription dit qu'il y avoit auprès beaucoup de grands os. Un incendie ayant détruit le tiers de cette ville en 1728, on trouva, en creusant de nouvelles fondations, beaucoup d'ivoire fossile, dont une défense de 7 pieds et demi. Une molaire du même lieu est représentée dans le *Museum closterianum*, fig. VIII.

(1) *Bausch*, de Ebor. foss. 189.

(2) De Ebore foss. 189.

(3) *Misc. nat. cur.*, dec. II, an 6, p. 176, ob. LXXXV.

(4) Dissertatio in auguralis physico medica de *Ebore fossili suevico halensi*, præs. *Fr. Hoffmann*, *auct. Joh. Fred. Beyschlag halæ magd.*, 1734.

Tous les bassins des grandes rivières de l'Allemagne ont donné des os d'éléphant comme les lieux dont nous venons de parler.

Pour continuer le dénombrement de ceux qu'a donnés le bassin général du *Rhin*, nous citerons d'abord ceux de la vallée du *Mein*.

Bausch (*de Unicornu fossili*, p. 190 et suiv.) cite une défense de 9 pieds, trouvée en 1571 près de *Schweinfurt;* une seconde du même lieu, en 1648; une troisième, de 13 à 14 pieds de long, en 1649, l'une et l'autre dans les fortifications de la ville; une en 1595, à *Carlsbach* près d'*Hamelburg;* une en 1649 à *Zeil*, découverte par une inondation du *Mein;* on y en avoit déjà trouvé en 1631, et on y en retrouva en 1657; une auprès de *Wurtzbourg;* une des environs de *Bamberg;* une des environs de *Geroldshofen;* une molaire du poids de 12 livres près d'*Arnstein* en 1655. Si l'on jette un coup-d'œil sur une carte de *Franconie*, on verra que tous ces endroits, depuis *Bamberg* jusqu'à *Wurtzbourg*, n'occupent pas dans la vallée du *Mein* une longueur de plus de 25 lieues, en suivant les courbures.

Quant au grand bassin du *Danube*, nous avons d'abord dans la vallée de l'*Altmühl* le grand dépôt décrit par *Collini* (1) et par *Esper* (2), situé entre les villages de *Kahldorf* et de *Raiterbuch*, à trois lieues d'*Aichstedt*, et où les os d'éléphant étoient accompagnés, comme à *Canstadt* et à *Fouvent*, d'ossemens d'*hyènes*. M. *Hammer* possède une vertèbre et une portion de crâne trouvés en 1770 auprès d'*Aichstedt*.

Plus bas, on a la dent mâchelière déterrée à *Krembs* en

(1) Mém. de l'Ac. de Manh., t. V.

(2) Soc. des Natur. de Berlin, neue schr., t. V.

1644 par les Suédois (1), en creusant un fossé, et le prétendu géant trouvé au même lieu l'année d'après, ainsi que le tibia et le fémur déterrés à *Baden* près de *Vienne* sur la *Swecha* (2). L'ivoire fossile de *Moravie*, dont parle *Wormius* (3), appartient également au grand bassin du Danube.

Pour la partie de ce bassin qui s'étend en Hongrie, on peut voir dans *Marsigli*, Danub., II, p. 73 et pl. 28, 29, 30, 31, un atlas, un fragment d'humérus, une molaire, un fragment de défense et une très-grande mâchoire inférieure, trouvés en différens lieux de Hongrie et de Transylvanie, la plupart dans des marais.

Fichtel (4) dit qu'il a été détaché, près de *Jegenye*, district de *Kolocz*, une défense longue de 6 pieds, d'un monticule tout composé de nummulaires; ce qui seroit une circonstance presque unique, si elle étoit bien constatée.

Le *Journal littéraire de Gœttingen* (5) parle d'os et de dents trouvés près de *Harasztos*, village vallaque voisin de *Clausbourg* dont les eaux tombent dans la *Teisse*.

M. *Hammer* possède un fragment de molaire de *Buggau* près *Schemnitz* en *Hongrie*, dont les eaux tombent dans la rivière de *Gran*, et avec elle dans le *Danube*, vis-à-vis la ville de ce nom, autrement appelée *Strigonie*.

Pour revenir à l'Allemagne, nous trouvons dans le bassin du *Weser* le squelette déterré à *Tide*, dans le vallon de l'*Ocker*,

---

(1) *Theatr. europ.*, t. V, *Seybold medulla mirabil.*, p. 439.

(2) *Lambecius*, Bibl. Cæs., lib. vol. VI, p. 315-316. *Happelius*, Relat. cur. IV, p. 47.

(3) Mus., p. 54.

(4) Traité des Pétrifications du gr. duché de Transylvanie, en allem.; Nüremb. 1780, in-4.°, tome II, p. 119.

(5) N.° 6 de 1798.

entre *Wolfenbuttel* et *Stetterburg*(1), en 1722; *Leibnitz* avoit déjà fait représenter une mâchelière de cet endroit (2).

Nous y trouvons encore le squelette entier découvert en 1742 par le docteur *Kœnig* à *Osterode*, au pied du *Hartz*, et au même endroit d'où l'on a eu une omoplate et un radius de rhinocéros en 1773 (3).

Les os de *Bettenhausen* près *Cassel* sur la *Fulda* (4), ainsi que ceux de la *Hesse* en général (5) et ceux d'*Hildesheim* sur l'*Innerste* appartiennent encore à ce bassin (6).

M. *Grandidier*, directeur du cabinet de *Cassel*, m'a fait l'honneur de m'écrire que l'on y conserve dix mâchelières de *Bettenhausen*, trouvées en creusant un puits, et plusieurs portions découvertes près de *Cassel* même, sur une colline calcaire.

Dans celui de l'*Elbe*, outre les squelettes entiers de la vallée de l'*Unstruth*, mentionnés ci-dessus, nous trouvons les nombreux ossemens d'*Esperstædt*, dans le comté de *Mansfeld*, entre *Halle* en *Saxe* et *Querfurt*, et dans la vallée de la *Sala* (7). Ce qui est bien remarquable, c'est qu'une partie fut trouvée dans une carrière de pierre dure : apparemment que c'étoit dans quelque fente. *Scheuchzer* en avoit une molaire dans son cabinet (8). Il en avoit aussi une de *Querfurt* même, à la source de la *Salza* qui se jette dans la *Sala* (9).

(1) *Brückmann*, Epist. itin. 30, et *Hamburg: berichte*, vol. de 1744.

(2) *Protogœa*, pl. dernière.

(3) *Brückmann*, Epist. it. cent. II, Ep. 29, p. 306.

(4) *Walch. in Knorr.*, Monum., t. II, sect. II, p. 162.

(5) *Bausch.* de Eb. foss., p. 189.

(6) *Id. ib.*

(7) *Hoffmann* et *Beychlag*, de Ebore fossili suevico halensi, p. 9. *Schultz*, *Comerc. litt. norimb.*, 1732, p. 405.

(8) Museum diluv., p. 101, n.° 25.

(9) *Ib.*, n.° 15.

On en a trouvé plus récemment à *Dessau* sur l'Elbe même (1) et à *Potzdam*, au confluent de la *Havel* et de la *Sprée* (2).

Sondershausen, sur la *Vipra*, qui se jette dans l'*Unstrutt* appartient encore au bassin de l'Elbe. *Walch* (3) dit qu'on y a trouvé des os d'éléphant très-calcinés. *Altenburg* sur la *Pleiss* est du même bassin. On y trouva de l'ivoire fossile en 1740 (4). On doit encore rapporter ici l'ivoire fossile trouvé près de *Rabschitz*, sur le chemin de *Meissen* à *Freyberg*, dont parle *Fabricius* dans ses Annales de la ville de *Meissen*, année 1566 (5); la défense retirée d'un rocher auprès de *Saaberg*, sur laquelle ce même auteur rapporte de mauvais vers latins (6), et les os trouvés sous la terre végétale à *Erxleben*, près d'*Erfort* (7).

Pour le bassin de l'*Oder*, il faut consulter la *Silesia subterranea* de *Volkmann*. Il y parle d'un *humérus* (8) pendu dans l'église de *Trebnitz*, d'un fémur dans la cathédrale de *Breslau* (9), et d'un prétendu géant déterré à *Liegnitz*, en fondant l'église, dont les os furent distribués pour être placés dans les princi-

---

(1) *Meineke*, Soc. des Nat. de Berlin, III, p. 479.

(2) *Fuchs.*, ib., p. 474.

(3) *Knorr.*, Monum., tome II, sect. II, p. 163.

(4) *Schnetter*, Lettre à J.-J. Raab.; jena., 1740, 8.°

(5) Ap. *Bausch*, de Eb. foss., 189.

(6) Ap. *Albinus*, Meissnischeberg-chronik, tit. XXII, p. 172.

(7) *Walch.*, Monum. de *Knorr.*, II, sect. II, p. 162, qui cite *Baumer*; *Act. ac. el. mog. Erfurti*, tome II; mais je n'ai rien trouvé à ce sujet dans les *Observ. ad geogr. subterr. pertin.*, dans le vol. d'*Erf.* de 1776, seule dissertation de *Baumer* que cette désignation puisse indiquer.

(8) Pl. XXV, f. 1.

(9) *Ib.*, f. 2.

pales églises du pays. Un fémur fut tiré de l'*Oder* même en 1652, près de *Kleinschemnitz* (1).

A l'est du bassin de l'*Oder*, on trouve en *Pologne* et en *Prusse* celui de la *Vistule*.

Quoique beaucoup moins examiné que ceux des fleuves d'Allemagne, il a pourtant aussi fourni des os d'éléphans, et a donné lieu, comme tant d'autres, à des récits de géans, sur lesquels on peut consulter l'*Histoire naturelle de la Prusse* par *Bock*, en Allemand, tome II, p. 394. *Gessner* avoit déjà reçu une défense fossile de ce pays-là (2).

Raczinsky mentionne une molaire découverte au bord même du fleuve, à 6 milles de *Varsovie* (3), et *Klein*, une autre déterrée, en 1736, à 6 pieds de profondeur dans le sable, à demi mille de *Dantzig*, près le couvent de *Saint-Adelbert* (4),

Le bassin du *Dniester* ou *Tyras* n'en est point exempt. Le même *Klein* parle de molaires et de plusieurs autres os mis à découvert par ce fleuve en 1729 (5), auprès de *Kaminiek*.

Les *îles britanniques* qui, par leur position, n'ont pas dû recevoir beaucoup d'éléphans vivans en offrent un grand nombre de fossiles.

Sloane avoit une défense déterrée à *Londres* même, *Grays inn lane*, dans du gravier, à 12 pieds sous terre (6).

Il en possédoit une autre du comté de *Northampton*, trouvée

---

(1) *Eph. ac. nat. cur.*, an. 1665.
(2) *De fig. lap.*, p. 137.
(3) Hist. nat. pol., I, 1.
(4) *Hist. pisc. nat. promov. miss.*, II, p. 32.
(5) *Ib.*, p. 29.
(6) Ac. des Sc. 1727, in-12, I, p. 430 et suiv.

dans de l'argile bleuâtre, sous 14 pouces de terre végétale, 18 d'argile et 30 de cailloux mêlés de terre (1).

Une molaire du même canton et de quatorze lames étoit plus profondément sous 16 pieds de terre végétale, 5 pieds de terre sablonneuse mêlée de cailloux, un pied de sable noir mélangé de petites pierres, un pied de gravier menu et 2 de gros gravier où étoit la dent, et sous lequel seulement venoit l'argile bleue (2).

Dès 1630, on avoit trouvé à *Glocester* une portion de crâne avec quelques dents (3).

Une mâchoire inférieure avoit été déterrée à *Trentham*, dans le comté de *Stafford* (4).

En 1700, divers grands os, dont un humérus, furent déterrés à *Wrebness*, près *Harwich*, sur la rivière de *Stowr*, à 15 ou 16 pieds de profondeur, dans du gravier (5).

M. *de Burtin* possède une molaire des environs de *Harwich* (6).

A *Norwich*, dans le comté de *Norfolk*, il se trouva en 1745 une molaire du poids de 11 livres anglaises, et plusieurs grands os (7).

J'ai moi-même en ce moment sous les yeux, par la communication qu'a bien voulu m'en faire M. *G.-A. Deluc*, l'os du métacarpe du petit doigt du pied de devant droit, trouvé à

(1) *Id.* p. 434, et *Morton*, Nat. Hist. of *Northamptonshire*, p. 252.
(2) *Id. ib*, p. 445, et *Morton, ib*, et tab. XI, fig. 4.
(3) *Id. ib.*
(4) *Id.*, p. 467, et *Rob. Plot.*, Hist. nat. du comté de Stafford.
(5) *John. Luffkin*, Trans. phil., tome 22, n.° 274, p. 924.
(6) *Burtin*, Mémoire couronné à Harlem, p. 25.
(7) *Henry Baker*, Trans. phil. vol. 45, p. 331, art. XXI.

Kew, à 18 pieds de profondeur, dont un pied et demi de terreau, 5 pieds d'argile sableuse, rougeâtre, bonne à faire des briques; 8 de gravier siliceux, et 3 pieds de sable rougeâtre, lequel repose sur de l'argile. Ce sable contenoit beaucoup d'autres ossemens, entr'autres le noyau d'une corne du genre du bœuf; et, dans une autre fouille du même champ, on trouva sur l'argile une défense longue de 8' 7" qui se brisa quand on voulut l'enlever. L'argile elle-même contient des coquilles, et entr'autres des nautiles (1).

La petite île de *Sheppey*, à l'embouchure de la *Midwey* et de la *Tamise*, a fourni une vertèbre, un fémur, une défense, etc., dans un endroit de la côte lavé par le flot (2).

M. *Peale* cite encore tout récemment des os trouvés dans la plaine de *Salisbury*, auprès de *Bristol* et dans les *Iles des Chiens* (3). *Dom Calmet* avoit déjà parlé d'un géant des environs de *Salisbury*, près du fameux *Stone-Henge* (4).

Pennant (5) avoit reçu deux molaires et une défense du *Flint-Shire*, au nord du pays de *Galles*. Elles avoient été tirées par des mineurs de dessous une mine de plomb, à 118' de profondeur, dans un lit de gravier; et parmi les lits supérieurs en étoit un de pierre calcaire épais de 11 à 12; un bois de cerf étoit avec ces dents. Je soupçonne bien cette position de n'avoir pas été décrite exactement : elle seroit peut-être la seule de son genre.

---

(1) Ces détails sont extraits d'une lettre dont m'a honoré M. *G.-A. Deluc*, en date de Genève le 6 décembre 1805.

(2) *Jacob*, Trans. phil., tome 48, p. 626-627.

(3) Historical Disquis : on the *Mammoth*, p. 7, note.

(4) Dict. de la Bible, p. 160.

(5) *Pennant's* works, t. XV, quadr. I, p. 158.

L'*Irlande* a fourni des os d'*éléphant* même dans ses parties septentrionales. Il y en eut quatre belles mâchelières de déterrées, en 1715, à *Maghery*, à 8 milles de *Belturbet*, en creusant les fondemens d'un moulin (1).

La *Scandinavie*, ce pays si peu propre à nourrir des éléphans vivans, en contient cependant de fossiles.

M. *Quensel*, intendant du cabinet d'histoire naturelle de l'Académie des Sciences de *Stockholm*, a eu la bonté de m'envoyer le dessin d'une grande mâchelière inférieure très-usée du cabinet qu'il dirige. Elle a été trouvée dans une colline de sable, près du fleuve de *Jic* en *Ostrobothnie*.

J.-J. Dœbeln a déjà décrit et représenté des os gigantesques (2), déterrés en 1733 à *Falkenberg*, dans la province de *Halland*. A en juger par les figures, ce sont une première côte, un os du métacarpe et un os indéterminable du carpe d'un éléphant.

Les os de géans déterrés en Norwége, dont parle *Pontoppidan*, ne peuvent guère non plus se rapporter à autre chose (3).

Il n'est pas jusqu'à l'Islande qui n'en ait.

Thomas Bartolin fait mention d'une mâchelière d'éléphant, qui fut envoyée de cette île à *Resenius*, et donnée par celui-ci au cabinet public de l'Université de Copenhague. Elle étoit pétrifiée en silex (4).

Sloane en avoit une dans son cabinet, changée dans la même matière (5); mais il n'en fait point connoître l'origine.

---

(1) *Francis Neville*, Trans. phil., tome 29, n.° 349, p. 367.
(2) *Act. ac. nat. cur.*, vol. V, tab. V.
(3) *Pontopp.* Hist. nat. de Norw., trad. angl. 1755, II, p. 262.
(4) *Act. med. Hafn.*, I, p. 83, n.° XLVI.
(5) Mém. de l'Ac. des Sc. de Par., 1727, in-12, t. II, p. 447.

Pontoppidam cite aussi, d'après *Torfœus*, un crâne et une dent trouvés en Islande, et d'une prodigieuse grandeur (1).

De tous les pays du monde, celui qui a le plus fourni et qui recèle encore le plus d'ossemens fossiles d'éléphans, c'est le vaste empire de *Russie*, et surtout celles de ses provinces où l'on devroit le moins s'attendre à en trouver, les parties les plus glacées de la *Sibérie*.

Déjà, dans la *Russie d'Europe*, on en a découvert en beaucoup d'endroits; il en fut trouvé de monstrueux, en 1775, à *Swijatowski*, à 17 werstes de *Pétersbourg* (2).

Il y a au cabinet de cette ville une défense des environs d'*Archangel* (3), dans la vallée de la *Dwina*. *Corneille Lebrun* cite des défenses trouvées près de la surface, à *Vorones* sur le *Tanaïs* (4). Il y en a un énorme amas, ainsi que d'os de beaucoup d'autres animaux, sur la rive du *Tanaïs* ou du *Don*, près de la ville de *Kostynsk* (5).

M. *Pallas*, dans son Nouveau Voyage *des provinces méridionales de la Russie*, en rapporte des exemples, de plusieurs lieux entre le *Tanaïs* et le *Volga*, comme des environs de *Pensa* (6), et de deux autres endroits plus près du *Volga* (7).

Mais pour toute la *Russie asiatique* proprement dite, le

---

(1) Hist. nat. Norw., trad. angl. II, p. 242.

(2) Journ. de Pol. et de Littér., 5 janv. 1776, ap. *Buff.* Ep. de la Nat., notes just. 9.

(3) *Pall.*, Nov. Com. Petrop., XIII, 471.

(4) *Sloane*, loc. cit., p. 445.

(5) *Pall.*, Nov. Com. Petrop., XVII, 578. *Gmel.* Voy. en Sib. en allemand. I, 34 et 78.

(6) Trad. fr., tome I, p. 41.

(7) *Ib.*, p. 93 et 94, et p. 101 et 102.

témoignage universel des voyageurs et des naturalistes s'accorde à nous la représenter comme fourmillant de ces monstrueuses dépouilles (1).

Ce phénomène y est si général, que les habitans ont forgé une fable pour l'expliquer, et qu'ils ont supposé que ces os et ces défenses proviennent d'un animal souterrain vivant à la manière des taupes, mais ne pouvant impunément voir la lumière du jour. Ils ont nommé cet animal *mammont* ou *mammouth*, selon quelques-uns, du mot *mamma* qui signifie *terre* dans quelque idiome tartare (2); et, selon d'autres, de l'arabe *behemoth*, employé dans le livre de *Job*, pour un grand animal inconnu, ou de *mehemoth*, épithète que les Arabes ont coutume d'ajouter au nom de l'éléphant *(fihl)* quand il est très-grand (3).

C'est sous le nom de *cornes de mammont*, *mammontova-kost*, qu'ils désignent les défenses; celles-ci sont si nombreuses et si bien conservées, surtout dans les parties septentrionales, qu'on les emploie aux mêmes usages que l'ivoire frais, et qu'elles font un article de commerce assez important pour que les czars ayent voulu autrefois s'en réserver le monopole (4).

C'est probablement le profit qu'elles procurent qui a excité à leur recherche, et qui a fait découvrir tant de ces ossemens dans ce vaste pays; ajoutez que les rivières immenses qui descendent à la mer glaciale, et qui s'enflent prodigieusement à

(1) Voyez *Ludolf*, gram. russ., *Isbrand-Ides*, *sam. bernh. Müller*, *Strahlenberg*, *Gmelin*, *Pallas*, *etc.*

(2) *Pall.* loc. cit.

(3) *Strahlenberg*, trad. angl., p. 403.

(4) Etat prés. de la Russie, en angl. ap. *Sloane*, loc. cit.

l'époque du dégel, rongent et enlèvent d'énormes portions de leurs rives, et y mettent chaque année à découvert des os que la terre contenoit; ce qui n'empêche point qu'on n'en trouve beaucoup d'autres quand on creuse des puits et des fondations.

Ainsi on ne doit pas croire qu'ils ayent simplement été amenés par les fleuves, des montagnes voisines de l'Inde où les éléphans peuvent se porter naturellement encore aujourd'hui, comme l'a avancé récemment un auteur estimable (1). D'ailleurs il n'y en a pas moins le long du *Volga*, du *Tanaïs* et du *Jaïk* qui viennent du nord, et le long de la *Léna*, de l'*Indigirska*, du *Kolyma* et même de l'*Anadir* (2) qui descendent des montagnes très-froides de la Tartarie chinoise, que le long de l'*Ob*, du *Jenissea* et des rivières qui s'y jettent, dont l'*Irtisch* est peut-être la seule qui s'approche assez des montagnes du *Thibet*, pour qu'on puisse lui appliquer cette hypothèse. C'est des bords de l'*Indigirska* que vient le beau crâne rapporté par *Messerschmidt*, et dont nous donnerons une copie.

Il n'est, dit M. *Pallas* (3), dans toute la *Russie asiatique*, depuis le *Don* ou *Tanaïs*, jusqu'à l'extrémité du promontoire des *Tchutchis*, aucun fleuve, aucune rivière, surtout de ceux qui coulent dans les plaines, sur les rives ou dans le lit duquel on n'ait trouvé quelques os d'éléphans, et d'autres animaux étrangers au climat.

Mais les contrées élevées, les chaînes primitives et schis-

---

(1) *Patrin*, Hist. Nat. des Minéraux, tome V, p. 391 et suiv. et nouveau Dict. des Sc. nat., *Art.* Fossiles.

(2) *Pall.* Nov. Com. *Pétrop.*, XIII, p. 471.

(3) *Nov. Com. Petrop.*, tom. XVII pour 1772, p. 576 et suiv.

teuses en manquent, ainsi que de pétrifications marines, tandis que les pentes inférieures et les grandes plaines limoneuses et sablonneuses en fournissent partout aux endroits où elles sont rongées par les rivières et les ruisseaux, ce qui prouve qu'on n'en trouveroit pas moins dans le reste de leur étendue, si l'on avoit les mêmes moyens d'y creuser.

Il y en a même fort peu dans les lieux trop bas et marécageux; ainsi l'*Ob* qui parcourt tantôt des forêts basses et marécageuses, tantôt des rives escarpées, n'en a que dans ces derniers endroits : « *Ubi adjacentes colles arenosi præruptam ripam efficiunt* ». Strahlenberg avoit dit la même chose plusieurs années auparavant, sur la manière dont ces os sont mis à nu dans les inondations (1).

On en trouve à toutes les latitudes; et c'est du nord que vient le meilleur ivoire, parce qu'il a été moins exposé à l'action des élémens.

Ce qui, indépendamment de cette prodigieuse abondance excluroit toute idée d'expéditions conduites par les hommes, c'est qu'en quelques endroits ces os sont réunis à une quantité innombrable d'os d'autres animaux sauvages grands et petits.

Les os sont généralement dispersés, et ce n'est que dans un petit nombre de lieux qu'on a trouvé des squelettes complets comme dans une sorte de sépulcre de sable.

Ce qui est bien remarquable encore, c'est qu'on les trouve souvent, dans, ou sous des couches remplies de corps marins, comme coquilles, glossopètres et autres. Tel est l'extrait du récit de M. Pallas.

---

(1) *Strahlenb*, loc. cit.

Une particularité qui n'est pas moins frappante que toutes celles que nous rapporte ce grand naturaliste, c'est que en quelques endroits l'on a découvert des os d'éléphans qui conservoient encore des lambeaux de chair ou d'autres parties molles; l'opinion générale du peuple en Sibérie est que l'on a déterré des *mammonts* encore revêtus de leurs chairs fraîches et sanglantes: c'est une exagération; mais elle est fondée sur ce qu'on trouve quelquefois ces chairs conservées par la gelée.

Isbrand-Ides parle d'une tête dont la chair étoit corrompue et d'un pied gelé, et gros comme un homme de moyenne taille; et *Jean-Bernhard Müller*, d'une défense dont la cavité étoit encore remplie d'une matière semblable à du sang caillé.

On douteroit peut-être de ces faits s'ils n'étoient confirmés par un du même genre, à l'authenticité duquel rien ne manque, celui du rhinocéros entier déterré avec ses chairs, sa peau, son poil, auprès du *Vilhoui*, en 1771, dont nous devons à M. *Pallas* une relation circonstanciée, et dont la tête et les pieds sont encore conservés à *Pétersbourg*. Ces faits prouvent tous ensemble que c'est une révolution subite qui a enterré ces étonnans monumens.

A ces remarques générales, nous allons joindre un aperçu rapide des principaux cantons de la Russie Asiatique, où l'on a découvert des os d'éléphans.

Nous en avons déjà cité du bassin du *Volga*; ajoutons-y ceux d'entre le *Volga* et le *Swiaga*, et ceux du long de la *Kama* où ils sont mêlés de coquillages marins (1); ceux de la

(1) *Pallas*, Nov. Com. Petrop., XVII, 581.

rivière d'*Irguis* (1), et ceux que M. *Macquart* a donnés au conseil des mines, et qui étoient mêlés d'os de rhinocéros.

C'est aussi du *Volga* que venoit sans doute le fémur raporté de *Casan* par l'astronome *Delille*, et décrit par *Daubenton* (2).

M. *Pallas* donne une longue liste d'os, de défenses et de molaires d'éléphans et de rhinocéros envoyés de ce gouvernement à *Pétersbourg*, en 1776 et 1779 (3), et qui venoient aussi des bord du *Swiaga*.

Nos journaux parlent tout récemment d'un squelette complet trouvé dans la terre de *Struchow*, gouvernement de *Casan* (4).

J.-Chr. Richter avoit une molaire des environs d'*Astracan* (5).

Le *Jaïk* en détache sans cesse de ses rives, composées d'un limon jaunâtre, pétri de coquilles, et le peuple les conserve par superstition (6).

M. *Pallas* en a vu à *Kalmikova* sur le *Jaïk*, dans lequel il dit qu'on en pêche de temps en temps (7).

Delille en avoit aussi rapporté des bords de ce fleuve plusieurs fragmens au Muséum (8).

Le bassin de l'*Ob* en est plein. Les Samoyèdes en viennent sans cesse vendre les défenses à *Bérésova*; ils les recueillent

---

(1) *Id.* Voy. en div. prov. de Russ., trad. fr., 8.°, I, p. 283.
(2) Mém. de l'Acad. pour 1762, et Hist. nat., tome XI, n.° MXXXIV.
(3) Neue nordische beytræge, I, p. 175, etc.
(4) Magasin encyclopéd., mai 1806, p. 169.
(5) *Mus. Richter.*, p. 258.
(6) *Pallas*, Nov. Com. Petrop. XVII, p. 581.
(7) Voy. II, p. 271.
(8) Hist. nat. XI, n.° MXXXVII.

dans les immenses plaines nues qui vont jusqu'à la Mer Glaciale, et qui sont remplies de coquilles (1).

Il y en a un énorme amas à *Kutschewazkoi* sur l'*Ob* (2).

Pallas en a eu une molaire et un grand nombre d'os, en face d'*Obdorsk*, près de l'embouchure du fleuve (3).

Strahlenberg en cite un squelette énorme trouvé près du lac *Tzana*, entre l'*Irtisch* et l'*Ob* (4).

L'*Irtisch*, l'une des principales branches de l'*Ob*, est peut-être la rivière qui en a le plus donné (5), ainsi que ses tributaires, la *Tobol*, la *Toura*, l'*Isete* (6). Ces deux dernières qui descendent de la pente orientale des monts *Ourals* montrent souvent ces os mêlés de produits marins (7). M. *Pallas* les a vus près de l'*Isete*, avec des glossopètres, des pyrites (8), et sous différentes couches d'argile, de sable, d'ocre, etc., et à *Verkotourié*, près de la source de la *Toura* (9) où *Steller* en avoit déjà trouvé (10), encore avec des glossopètres et des bélemnites. Il en a aussi détaché le long de l'*Irtis*, dans un sable pur mêlé de coquilles (11).

Strahlenberg parle d'une tête entière de 4 pieds et demi de

---

(1) *Nov. Com.* XVII, p. 584.
(2) *Ib.*, p. 578.
(3) Voy. V, p. 116.
(4) *Strahlenb.*, trad. angl., p. 404.
(5) Voy. IV, p. 97 et 124.
(6) *Messerschmidt*, ap. *Breynius*, Trans. phil., vol. 40, p. 148.
(7) *Nov. Com.* XVII, p. 581.
(8) *Ib.* et Voy. III, p. 353.
(9) Voy. III, p. 324.
(10) *Nov. Com.* XIII, p. 476.
(11) *Ib.*, *id.*

long, de *Tumen* sur la *Toura* (1). Le *Tom*, autre tributaire de l'*Ob*, en a beaucoup donné (2), ainsi que la *Keta* (3).

Un squelette entier a été vu sur les bords du premier, entre *Tomsk* et *Kafnetsko*, par *Messerschmidt* (4).

Enfin on en trouve jusque sur l'*Alei*, et même au pied de ces montagnes si riches en mines, desquelles plusieurs des branches de l'*Ob* prennent leur source. M. *Pallas* assure avoir une molaire tirée d'une mine même de la fameuse montagne des *Serpens*, et trouvée avec des *entroques*, l'une des anciennes productions de la mer (5).

Le bassin du *Jenissea* en a fourni de tout temps (6), auprès de *Krasnojarsk* où M. *Pallas* en eut une molaire (7), et jusque par les 70.° de lat. nord, au-dessous de *Selakino*, c'est-à-dire, très-près de la Mer Glaciale. Ce naturaliste nomme aussi l'*Angara*, autrement dit grande *Tonguska*, parmi les rivières qui en ont déterré (8).

Messerschmidt et *Pallas* citent encore le *Chatanga*, fleuve qui se jette dans la Mer Glaciale, entre le *Jenissea* et la *Léna* (9).

Isbrand-Ides et *Jean-Bernhard Müller* (10) citent *Jakutsk*

---

(1) *Strahlenb.*, trad. angl. p. 404.

(2) *Pallas* et *Messerschmidt*, locis cit.

(3) *Isbran-Ides*, ap. *Sloane*, loc. cit., p. 437.

(4) *Strahlenb.*, trad. angl., p. 404.

(5) *Nov. Com.* loc. cit.

(6) *Isbr.-Ides.* loc. cit. *Pall.* Nov. Com. XIII, p. 471. *Laur. Lange* et *Nüller*, ap. *Sloane*, loc. cit.

(7) Voy. VI, p. 170, et *Nov. Com.* XVII, p. 584.

(8) *Nov. Com.* XIII, p. 471.

(9) *Locis cit.*

(10) Ap. *Sloane*, loc. cit.

sur la *Léna ;* et l'Académie de *Pétersbourg* posséde un crâne trouvé non loin de l'embouchure de ce fleuve (1) avec presque tout le squelette.

Le *Vilhoui*, qui se jette dans la *Léna*, et sur les bords duquel on a trouvé ce rhinocéros entier, n'est sûrement pas dépourvu d'ossemens d'éléphans.

Nous avons déjà parlé du crâne des bords de l'*Indigirska ;* il fut tiré du flanc sablonneux d'une colline, non loin du ruisseau dit *Volockowoi-Ruczei* (2), vis-à-vis de *Stanoi-Jarsk* (3).

En ajoutant à tous ces lieux les rives du *Kolyma* et de l'*Anadir* dont parle *Pallas* (4), on trouve qu'il n'y a aucun canton en Sibérie qui n'ait des os d'éléphans. Mais ce qui paroîtra sans doute plus extraordinaire encore que tout ce que nous venons de rapporter, c'est que, de tous les lieux du monde, ceux où il y a le plus d'os fossiles d'éléphans, sont certaines îles de la *Mer Glaciale*, au nord de la *Sibérie*, vis-à-vis le rivage qui sépare l'embouchure de la *Léna* de celle de l'*Indigirska.*

La plus voisine du continent a trente-six lieues de long. « *Toute l'île* (dit le rédacteur du Voyage de *Billings*) *à l'ex-*
» *ception de trois ou quatre petites montagnes de rochers,*
» *est un mélange de sable et de glace ; aussi lorsque le*
» *dégel fait ébouler une partie du rivage, on y trouve en*
» *abondance des dents et des os de* mammont. »

» *Toute l'île*, ajoute-t-il, *suivant l'expression de l'ingé-*
» *nieur, est formée des os de cet animal extraordinaire,*

---

(1) *Pallas.* Nov. Com. XIII, p. 472.
(2) *Messerschmidt*, loc. cit.
(3) *Pall.* Nov. Com. XIII, p. 471.
(4) *Id.*

» *de cornes et de crânes de bufle ou d'un animal qui lui res-* » *semble, et de quelques cornes de rhinocéros* ». Description très-exagérée sans doute, mais qui prouve à quel point ces os y sont abondans.

Une seconde île, située cinq lieues plus loin que la première et longue de douze, offre aussi de ces os et de ces dents, mais une troisième à vingt-cinq lieues au nord n'en a plus montré (1).

Il s'en faut bien que le midi de l'Asie ait autant fourni de ces ossemens que le nord.

Les lieux les plus méridionaux de l'Asie, où l'on ait dit jusqu'à présent avoir trouvé des os fossiles d'éléphant, sont la mer d'*Aral* et les bords du *Jaxartes* aujourd'hui *Sihon*. *Daubenton* mentionne un fragment pétrifié de molaire des bords de ce lac (2), et *Pallas* assure que les *Bouchares* apportent quelquefois de l'ivoire des environs de ce fleuve (3).

En général, il est singulier qu'on ne déterre point de ces os dans les climats où les éléphans que nous connoissons vivent habituellement, tandis qu'ils sont si communs à des latitudes qu'aucun de ces animaux ne pourroit supporter.

N'y en a-t-il point eu d'enfouis? ou la chaleur les a-t-elle décomposés? ou, lorsqu'on en a découvert, a-t-on négligé de les remarquer, parce qu'on les attribuoit à des animaux du pays, et qu'on n'y voyoit rien d'extraordinaire? Les naturalistes qui visiteront la zone torride ont là un sujet bien important de recherches.

---

(1) Voyage de Billings, traduit par Castera, tome I, p. 191 et suiv.
(2) Hist. nat. XI, n.° MXXX.
3 *Nov. Com.* XVII, p. 579.

Il paroît du moins qu'on en a vu en *Barbarie* où il n'existe aujourd'hui d'éléphans d'aucune espèce.

Sans vouloir parler de la dent de géant vue par *Saint-Augustin* sur le rivage d'*Utique*, et qui auroit pu faire cent de nos dents ordinaires, le squelette de géant déterré par quelques esclaves espagnols auprès de *Tunis*, en 1559, paroît d'autant plus appartenir à l'éléphant, qu'un second squelette déterré au même lieu, en 1630, y appartenoit certainement, comme le célèbre *Peyresc* s'en est assuré (1).

Il ne manquoit, pour compléter les singularités, que de trouver l'éléphant fossile en Amérique, continent où il n'y en a jamais eu de vivans depuis que les Européens le connoissent, et où ces animaux n'ont certainement pas pu être détruits par les peuplades foibles et peu nombreuses qui l'habitoient avant sa découverte.

Buffon avoit déjà avancé l'existence de ces ossemens dans l'Amérique-Septentrionale, et, à ce qu'il prétendoit, dans celle-là seulement. On sait même qu'il imagina, comme cause de leur destruction dans ce continent, l'impossibilité où ils dûrent être de passer l'isthme de Panama, lorsque le refroidissement graduel de la terre les poussa vers le midi, comme si tout le Mexique n'étoit pas encore assez chaud pour eux.

Au reste, les faits sur lesquels *Buffon* appuyoit son hypothèse n'étoient pas même entièrement exacts. Les os qu'on avoit découverts de son temps n'étoient point de l'éléphant;

---

(1) *Gassendi*, Vie de Peyresc, lib. IV, *in ejus oper.*, ed. Lugdun., 1658, fol. 306 et 308.

ils appartenoient à un autre animal, celui que nous désignerons par le nom de *mastodonte*, et que l'on connoît aussi sous celui d'*animal de l'Ohio*.

Mais on a aujourd'hui certainement des os d'*éléphans proprement dits*; plusieurs auteurs récens en font foi : M. *Rembrandt Peale* dit qu'on en a trouvé des mâchelières dans le *Kentuckey*, toutes semblables à celles de Sibérie, mais en petit nombre, dans un état de décomposition et non accompagnées des autres os, si ce n'est peut-être des défenses (1); d'où il conclut que la destruction de l'*éléphant*, dans ce continent, est bien antérieure à celle du *mastodonte* ou *animal de l'Ohio*; ou que ses dépouilles y ont été apportées d'ailleurs par quelque catastrophe.

J'ai reconnu une vraie mâchelière d'éléphant très-bien représentée dans une planche de l'ouvrage de *J. Drayton* sur la *Caroline*.

Catesby parle déjà de véritables dents d'éléphans fossiles en ce pays-là. « *En un lieu de Caroline* (dit-il) *nommé* Stono,
» *furent déterrées trois ou quatre dents d'un grand animal*
» *que tous les nègres, natifs d'Afrique, reconnurent pour*
» *des molaires d'éléphant, et je crois aussi qu'elles en étoient,*
» *en ayant vu quelques-unes de pareilles rapportées d'A-*
» *frique* (2). »

M. Barton qui m'a indiqué ce passage, remarque avec raison qu'il ne faut pas en inférer que ce fussent précisément des dents semblables à celles d'Afrique, mais seulement des dents

(1) *Historic. disquis., on the mammoth*. p. 68.
(2) *Catesb.*, Carol. II, *ap.* p. VII.

d'éléphans en général (je veux dire des dents composées de lames). En effet, on ne peut supposer que *Catesby* et ses nègres fussent en état de distinguer les espèces de ce genre, à une époque où aucun naturaliste ne les distinguoit encore.

M. *Barton* ajoute qu'il a vu lui-même des dents de notre éléphant fossile, trouvées en 1795, à quelque distance au nord de l'endroit dont parle *Catesby*, en un lieu nommé *Biggin-Swamps*, près de la source de la branche occidentale de *Cooper-River*. Elles étoient à 8 pieds de profondeur, pêle-mêle avec des os du grand mastodonte.

Le même savant a vu une molaire de cette espèce, tirée d'une branche de la rivière de *Susqueanna*, avec une portion de défense longue de 6 pieds et de 31 pouces de tour, qui auroit eu au moins 10 pieds de long si elle eût été entière; et ce qui est remarquable, c'est que les sauvages *délawares* nomment cette branche *Chemung* ou *Rivière de la Corne* (1).

C'est d'après ces faits que M. *Barton* écrivoit à M. de *Lacépède* : « On a trouvé, en différens endroits de l'Amérique-» Septentrionale, des squelettes ou des os d'un grand animal » plus ou moins voisin de l'éléphant; j'en ai reconnu des mo-» laires d'une espèce qui, si elle n'étoit pas absolument la même » que l'éléphant d'Asie, lui ressembloit du moins beaucoup » plus par la forme de ses molaires, que ne fait le *mam-» moth* (2). » (Il entend le *mastodonte*).

---

(1) Extrait d'une lettre de M. *Smith Barton*, à M. *Cuvier*.

(2) Lettre de M. *Barton* à M. *de Lacépède*, imprimée dans le *Philosophical Magazine* de *Tilloch*, n.° LXXXVI, juillet 1805, p. 98.

Enfin j'ai moi-même des morceaux à en démontrer. Je les dois à l'amitié dont m'honore l'illustre et généreux M. *de Humboldt.* Pendant tout son voyage, ce savant n'a négligé aucune occasion de recueillir les dépouilles fossiles de quadrupèdes, dans l'intention de favoriser mes recherches; et il a bien voulu me remettre, à son retour, parmi beaucoup d'autres pièces dont je ferai usage par la suite, deux morceaux du véritable éléphant, recueillis, l'un, dans l'Amérique-Septentrionale; l'autre, dans la Méridionale.

Le premier consiste en lames séparées de molaires, et ne donne par conséquent lieu à aucune équivoque. Elles sont très-grandes, et du reste entièrement semblables à celles de Sibérie, par l'étroitesse et le peu de festonnement des lames d'émail, ainsi que par la petite dilatation de leur milieu. On les a prises à *Hue huetoca*, près *Mexico.*

L'autre morceau est une pointe de défense d'un ivoire calciné, mais parfaitement reconnoissable, de la *villa de Ibarra*, province de Quito au *Pérou*, à 1117 toises de hauteur. Ce tronçon étant moins comprimé que ne le sont d'ordinaire les défenses du *mastodonte*, j'ai tout lieu de croire qu'il vient d'un éléphant.

Je déposerai soigneusement dans le Muséum ces deux précieux morceaux, qui prouvent que les *vrais éléphans d'autrefois* à dents molaires composées de lames minces, ont aussi laissé de leurs dépouilles au nord et au midi de l'*isthme de Panama.*

Pour ne négliger aucun renseignement, nous rappellerons ici les os de géans dont les relations espagnoles du Mexique, du Pérou et autres sont remplies. On peut en voir les extraits, accompagnés de beaucoup de récits nouveaux et détaillés, dans la *Gigantologie espagnole* qui fait partie de l'*Apparato para la Historia natural espaniola* du franciscain *Torrubia* (1).

Ce qui nous empêche d'appliquer tous ces récits à l'éléphant, c'est qu'ils peuvent aussi devoir leur source à des os des deux *mastodontes*, qui sont beaucoup plus communs en Amérique que ne le sont ceux de l'éléphant, et qu'aucun de ceux qui les ont transmis n'a pris la peine de donner des figures, ou de dire quelques mots propres à faire distinguer les espèces. Il est vrai que leurs prétendus géans se seroient trouvés anéantis par là même.

Cette énumération des lieux où l'on a trouvé des os fossiles d'éléphans, est le résultat d'un dépouillement que nos travaux anatomiques proprement dits ne nous ont pas permis de rendre aussi complet que nous l'aurions désiré; il est probable qu'elle auroit été bien plus considérable encore, si nous avions eu le temps de parcourir avec plus de soin les ouvrages des naturalistes, les voyages, les topographies, les collections académiques et les journaux; mais elle est déjà suffisante pour donner une idée de la prodigieuse quantité de ces os que la terre recèle, et de tous ceux que l'on pourroit découvrir encore si les fouilles étoient multipliées, et si celles qui se font étoient plus souvent dirigées par des hommes instruits.

Article II.

Sur les mâchelières des éléphans en général, sur leur structure, leur accroissement, leur succession et leurs différences d'après l'âge et la position.

La manière dont ces dents croissent et se succèdent est si extraordinaire, elles offrent dans leurs divers états des figures

(1) Tome I, p. 54-79.

et des grandeurs si variables, qu'il n'est point étonnant qu'on ait été quelquefois exposé à les méconnoître.

Nous avons fait les observations suivantes sur les deux éléphans des Indes que nous avons eu occasion de disséquer; mais nous devons dire que nous étions guidés par le beau travail de notre respectable collègue, M. *Tenon*, sur les dents du cheval. Ce que nous avons vu de particulier sur celles de l'éléphant ne tient qu'à leur grandeur et à leur caractère propre de configuration.

Nous devons aussi reconnoître que d'excellentes observations avoient déjà été faites avant nous sur le sujet particulier des dents de l'éléphant, par M. *Pallas* (1), *Pierre Camper* et son fils *Adrien* (2), MM. *Corse*, *Home* (3) et *Blake* (4): ces trois derniers surtout ont presque épuisé la matière, chacun d'eux en ayant découvert de son côté quelque partie importante.

Quant à la manière dont les dents en général naissent et croissent, nos observations nous paroissent confirmer la théorie de *Hunter*, plutôt que toutes les autres, dans ce qui concerne la partie de la dent qu'on nomme substance osseuse. Mais ce grand anatomiste ne nous paroît pas avoir été aussi heureux à l'égard de l'émail; et il a entièrement méconnu la nature de la troisième substance, propre à certains herbivores. Sous ces deux rapports, c'est M. *Blake* qui nous paroît être approché davantage de la vérité; tandis que nous ne pensons

(1) *Acad. Pétrop.*, Nov. Com. XIII, p. 472.
(2) *Descrip. anat. d'un éléphant.*
(3) *Transac. phil.* pour 1799.
(4) *Essay on the Structure and Formation of the Teeth in Man, and various Animals*, by *Robert Blake*, m. d. Dublin, 1801, 8.°.

pas, comme lui, qu'il y ait des vaisseaux dans la substance osseuse.

En effet, chaque molaire d'éléphant, comme toute autre dent quelconque, est produite et pour ainsi dire conçue dans l'intérieur d'un sac membraneux que nous appellerons, avec plusieurs anatomistes, sa *capsule*.

Ce sac, vu extérieurement, est, dans l'éléphant, d'une forme rhomboïdale, moins haute en arrière qu'en avant; il est fermé de toute part, si l'on excepte les petites ouvertures pour le passage des nerfs et des vaisseaux.

Il est logé dans une cavité osseuse, de même forme que lui, creusée dans l'os maxillaire, et qui doit former un jour l'alvéole de la dent.

Il n'y a que la lame externe de la capsule qui ait la simplicité de forme que nous avons dite Sa lame interne, fait au contraire, comme dans les *herbivores* en général, beaucoup de replis; mais pour les faire concevoir, il faut décrire une autre partie.

J'entends parler du *noyau pulpeux* de la dent; il a dans chaque animal une figure propre : pour se représenter celui de l'éléphant en particulier, qu'on se figure que du fond de la capsule, pris pour base, partent des espèces de petits murs, tous parallèles, tous transverses et se rendant vers la partie du sac, prête à sortir de l'alvéole.

Ces petits murs n'adhèrent qu'au fond de la capsule; leur extrémité opposée, ou, si l'on veut, leur sommet, est libre de toute adhérence.

Ce sommet libre est beaucoup plus mince que la base; on pourroit l'appeler leur tranchant; il est de plus profondément fendu sur sa largeur en plusieurs pointes ou dentelures très-aiguës.

La substance de ces petits murs est molle, transparente, très-vasculaire, et paroît tenir beaucoup de la nature de la gélatine; elle devient dure, blanche et opaque dans l'esprit-de-vin.

On peut maintenant aisément se figurer les replis de la membrane interne de la capsule; qu'on s'imagine qu'elle forme des productions qui pénètrent dans tous les intervalles des petits murs gélatineux que je viens de décrire. Ces productions adhèrent à la face de la capsule qui répond à la bouche et aux deux faces latérales, mais elles n'adhèrent point à son fond, duquel naissent les petits murs ou productions gélatineuses. Par conséquent, on peut concevoir un vide possible et continu, quoique infiniment replié sur lui-même entre tous ces petits murs gélatineux (descendans pour les dents d'en haut, ascendans pour celles d'en bas) et ces petites cloisons membraneuses (ascendantes dans les dents d'en haut, descendantes dans celles d'en bas).

C'est dans ce vide concevable que se déposeront les matières qui doivent former la dent, savoir : la substance vulgairement appelée *osseuse*, qui sera transsudée par les productions gélatineuses venant du fond de la capsule, et l'émail qui sera déposé par les cloisons membraneuses, et en général par toute la surface interne de la capsule et de ses productions, la seule base exceptée.

Il faut cependant remarquer qu'entre la prétendue substance osseuse et l'émail, il y a encore une membrane très-fine que je crois avoir découverte. Lorsqu'il n'y a encore aucune partie de la première substance de transsudée, cette membrane enveloppe immédiatement le petit mur gélatineux, et le serre de très-près.

A mesure que ce petit mur transsude cette substance, il se rapetisse, se retire en dedans et s'éloigne de la membrane, qui lui sert néanmoins toujours de tunique, mais de tunique commune à lui et à la matière qu'il a transsudée sous elle.

L'émail de son côté est déposé sur cette tunique par les productions de la lame interne de la capsule, et il la comprime tellement contre la substance interne ou osseuse qu'elle sépare de lui, que bientôt cette tunique devient imperceptible dans les portions durcies de la dent, ou du moins qu'elle n'y paroît que sur la coupe comme une ligne grisâtre fort fine, qui sépare l'émail de la substance interne. Mais on voit toujours alors que c'est elle seule qui attache ces parties durcies au fond de la capsule; car sans elle il y auroit solution de continuité.

La substance appelée osseuse et l'émail sont donc produits par une sorte de juxta-position; la première se forme par couches, du dehors au dedans; la couche intérieure est la dernière faite, et c'est aussi la plus étendue, absolument comme dans les coquilles; et sa formation commençant par les points les plus saillans du noyau gélatineux de la dent, c'est à ces points que cette substance est la plus épaisse; elle va en s'amincissant à mesure qu'elle s'en éloigne.

Que l'on se reporte maintenant par la pensée à l'époque où cette transsudation commence, on concevra qu'il se forme une petite calotte sur chacune des dentelures qui divisent les tranchans des petits murs gélatineux dont j'ai parlé tantôt. A mesure que de nouvelles couches s'ajoutent par dedans aux premières, les calottes se changent en cornets coniques; si les couches nouvelles et intérieures descendent jusqu'au fond des échancrures des tranchans de ces petits murs, tous les cornets se réunissent en une seule lame transversale; enfin si elles descendent jusqu'à la base des petits murs eux-mêmes, toutes les lames transversales se réuniront en une seule couronne de dent, qui présenteroit les mêmes éminences et les mêmes découpures que l'on voyoit dans son noyau gélatineux, si, pendant le temps que ces couches transsudoient, d'autres substances ne s'étoient pas déposées dessus, et n'en avoient pas en partie rempli les intervalles.

D'abord l'émail est déposé, comme je l'ai dit, sur la surface de la substance dite *osseuse*, par la membrane interne de la capsule, sous forme de petites fibres ou plutôt de petits cristaux tous perpendiculaires à cette surface, et y formant, dans les premiers temps, une sorte de velours à brins fins. Quand on ouvre la capsule d'un germe de dent, on trouve les petites molécules du futur émail, encore très-légèrement adhérentes à la face interne de cette capsule, et s'en détachant aisément. Une partie nage même dans une liqueur interposée entre la capsule et le germe. Je n'ai pas vu les petites vésicules adhérentes à la capsule, d'où *Hérissant* prétend que sort la matière qui doit en se desséchant devenir l'émail. L'opinion de *Hunter* que l'émail n'est que le sédiment du liquide interposé entre la dent et sa capsule, est inexacte, en ce qu'il fait trop abstraction de la membrane capsulaire, d'où sortent réellement les molécules de l'émail; mais il est très-vrai que ces molécules sont d'abord entre cette membrane et la dent avant de se coller à celle-ci. Quant à l'autre opinion, qui fait sortir l'émail, comme par efflorescence, des pores de la substance osseuse, quoiqu'elle soit reçue de beaucoup d'anatomistes, elle n'a pas le moindre fondement dans l'intuition.

Mais revenons à nos dents.

Une couche épaisse d'émail enduisant donc la couronne de toute part, remplit une partie des intervalles que les lames transversales et leurs dentelures avoient d'abord laissés entre elles.

Le reste de ces intervalles est tout-à-fait comblé par une troisième substance que M. Tenon a nommée *cortical osseux*, parce qu'elle enveloppe toutes les autres, et qu'elle ressemble à un os ordinaire par sa nature chimique et sa dureté, plus encore que les deux autres parties de la dent. Aussi M. *Home* la nomme-t-il *os*, tandis qu'il appelle *ivoire* la substance vulgairement dite osseuse. M. *Blake* donne à ce cortical le nom de *crusta petrosa*.

Sa production a quelque chose de très-remarquable. M. Tenon a pensé qu'elle venoit de l'ossification de la lame interne de la capsule, lorsqu'elle avoit produit l'émail. M. Blake croit que cette lame, après avoir donné l'émail par une de ses faces, donne le cortical par sa face opposée. M. Home ne s'est point clairement exprimé sur ce sujet.

Pour moi, je me suis assuré que le cortical est produit par la même lame et par la même face qui a produit l'émail : la preuve, c'est que cette lame reste en dehors du cortical, comme elle étoit auparavant en dehors de l'émail, et qu'elle y reste molle et libre tant que ce cortical lui laisse de la place. Seulement elle change de tissu; tant qu'elle ne donnoit que de l'émail, elle étoit mince et transparente. Pour donner du cortical, elle devient épaisse, spongieuse, opaque et rougeâtre. Le cortical naissant n'est point par filets serrés, mais comme par petites gouttes qui auroient été jetées au hasard.

Les productions membraneuses de la capsule de la dent se retirent vers le haut et vers les côtés, à mesure que le cortical qu'elles déposent sur l'émail, remplit tout le vide qui étoit resté entre les différentes lames de la dent. Les sommités de ces lames sont couvertes de cortical comme le reste, tant qu'elles ne sont pas usées. Une seule et même production de la capsule dépose souvent déjà son cortical sur le haut de la lame, qu'elle ne dépose encore que de l'émail sur le bas. Il arrive aussi que le haut de l'intervalle des lames est déjà comblé par le cortical lorsque le bas est encore séparé : alors le bas de la production capsulaire se trouve séparé du haut, et ne reçoit plus sa nourriture que par ses adhérences latérales avec la capsule.

La déposition de l'émail commence presque avec la transsudation de la substance osseuse, et celle du cortical suit de près, de manière que le sommet de chaque lame est terminé dans ses trois substances bien avant sa base, et que les lames voisines sont soudées ensemble par leurs sommets, avant d'être encore durcies à leurs bases.

Qu'on ajoute à présent à tout ce que nous venons de dire cette circonstance, que ces diverses opérations ne s'exécutent point en même temps dans toutes les parties de la dent, mais qu'elles ont lieu beaucoup plus tôt en avant qu'en arrière. On concevra que les lames antérieures seront déjà réunies entre elles par leurs sommets et même par leurs bases, quand les lames intermédiaires seront encore séparées les unes des autres au moins par leurs bases, et quand les postérieures ne seront pas même formées, et ne présenteront que les cornets pointus et distincts qui doivent former les sommets de leurs dentelures.

Il résulte aussi de tout ce que nous venons de dire que les substances dont se composent les dents se forment toutes par excrétion et par couches; que la substance interne en particulier n'a de commun avec les os ordinaires que sa nature chimique, également formée de gélatine et de phosphate calcaire, mais qu'elle ne leur ressemble ni par son tissu, ni par sa manière de se former, ni par celle de croître. Son tissu n'offre ni cellulosité, ni fibres, mais seulement des lames emboîtées les unes dans les autres : ceux qui le comparent au diploë du crâne, et y supposent des cellules, en donnent une idée très-fausse. Elle ne se forme point dans un premier noyau cartilagineux qui seroit successivement pénétré par des molécules terreuses; elle ne croît point par un développement général et simultané de toutes ses parties, et en conservant une même forme; enfin elle n'est pénétrée ni par des vaisseaux ni par des nerfs. Ceux qui ont pensé que les vaisseaux du noyau pulpeux passent dans le corps de la dent ont été trompés; et bien plus encore ceux qui établissent un passage des vaisseaux du périoste de l'alvéole dans la masse des racines. Il ne passe pas la moindre fibrille du noyau pulpeux à la substance dite osseuse; et celle-ci n'est liée au reste du corps que par son seul enclavement mécanique. Aussi aucune partie de la dent ne se régénère quand elle a été enlevée; et si des dents fendues se reconsolident, c'est seulement parce que de nouvelles couches se formant en dedans, se collent aux extérieures, et collent celles-ci entre elles.

Nous verrons encore de nouvelles preuves de tout cela en traitant de l'ivoire, et nous y réfuterons les objections tirées des maladies des dents; mais, en attendant, nous pouvons dire que c'est très-improprement que la plupart des anatomistes ont donné à la substance interne des dents le nom de *substance osseuse*, et qu'ils ont désigné par celui d'*ossification* l'opération qui les développe et les durcit : c'est confondre deux choses essentiellement différentes, et donner, par des noms mal appliqués, des idées fausses qui peuvent même influer sur la pratique.

Mais revenons à nos dents mâchelières d'éléphant.

Lorsque toutes les parties du corps de la dent sont faites et consolidées, et qu'elle vient à sortir de son alvéole, elle éprouve des changemens tout nouveaux.

Comme l'éléphant est herbivore, ses dents s'usent par la mastication, ainsi que celles de tous les animaux soumis au même régime. On sait même qu'il est nécessaire que leurs dents s'usent, pour que leur surface soit en état de broyer les substances végétales. Ce fait général, mis encore récemment dans le plus beau jour par les travaux de M. *Tenon*, prouveroit à lui seul, et indépendamment de tous ceux que nous venons de développer, que les dents ne sont pas organisées comme les os. Qui ne sait à quels accidens ces derniers sont exposés lorsqu'ils sont entamés ou seulement mis à nu?

Les sommets des petites dentelures des lames s'useront les premiers; une fois usés jusqu'à la substance intérieure, chacun de ces sommets présentera un disque circulaire ou ovale de cette substance, entouré d'un cercle d'émail et d'un cercle de cortical; et il y aura une rangée de ces petits cercles par chaque lame.

Si la détrition pénètre jusqu'au fond des échancrures qui produisent les dentelures, tous ces petits cercles se réuniront en un seul ruban de substance osseuse, entouré d'une double ligne d'émail, et la substance corticale fera tout le tour de la table de la dent, et occupera tous les intervalles des rubans. Chaque ruban sera la coupe de l'une des lames transversales qui composent la dent.

Et si la détrition pouvoit aller jusqu'à l'endroit où les lames se réunissent toutes en une seule couronne, la dent toute entière n'offriroit plus qu'un très-grand disque de substance osseuse, entouré de toute part d'un petit bord d'émail et d'un autre de cortical.

Mais la détrition ne peut jamais aller complétement jusque-là, parce que la détrition ne se fait pas en même temps sur toute la couronne, ainsi que la consolidation ne s'y étoit pas faite; et en voici la raison.

La dent, par sa forme rhomboïdale et par sa position très-oblique, présente beaucoup plus tôt sa partie antérieure à la mastication, que sa partie postérieure. Le plan ou la table produite par la mastication, fait donc, avec la surface commune des sommets de toutes les lames, un angle ouvert en arrière; et il arrive de là que lorsque les lames de devant sont entamées profondément et forment des rubans entiers, les lames intermédiaires n'offrent encore que des rangées transversales de cercles ou d'ovales, et que celles de derrière sont tout-à-fait intactes, et présentent les sommets de leurs dentelures en forme de mamelons arrondis.

Les lames antérieures sont même tout-à-fait détruites avant que les postérieures soient entamées fort avant; et il arrive de là un autre phénomène, aussi particulier à l'éléphant : c'est que ses dents diminuent de longueur, en même temps qu'elles diminuent de hauteur.

Pendant que la partie extérieure de la dent s'use et diminue, la portion de racine qui lui correspond s'use d'une autre manière qui est plus difficile à concevoir. En examinant ce qui en reste, on voit qu'elle est comme rongée; elle présente à sa surface de petites fossettes irrégulières, comme si elle eût été dissoute par un acide qu'on y auroit jeté par gouttes. C'est une sorte de carie semblable à celle qu'éprouvent les dents de l'homme quand elles sont dépouillées de leur émail. Nous en rechercherons la cause plus bas. Toujours est-il que la dent se trouve par là successivement privée, dans les diverses portions de sa longueur, de segmens ou de tranches qui en occupoient toute la hauteur.

De là résulte encore un autre effet singulier : c'est que la partie antérieure de la mâchoire, devant toujours être remplie, la dent se meut d'arrière en avant dans le sens horizontal, en même temps qu'elle se porte dans le sens vertical de haut en bas ou de bas en haut, selon qu'elle appartient à la mâchoire supérieure ou inférieure.

Voilà comment chaque dent, au moment où elle tombe, se trouve très-petite, quelque grande qu'elle ait pu être auparavant.

Ce mouvement de la dent active fait de la place pour celle qui se forme dans l'arrière mâchoire et qui doit lui succéder; cette seconde dent aide, par son développement, à pousser la première en avant; et l'on pourroit dire que les dents de remplacement de l'éléphant viennent derrière ses dents de lait, au lieu de venir dessus ou dessous comme dans les autres animaux.

Patrice Blair (1) qui avoit aperçu des lames transversales séparées dans les arrière-mâchoires de l'éléphant, et qui les avoit nommées avec beaucoup de justesse des *rudimens de dents*, ne voulut point croire que ces lames vinssent à former par la suite une dent qui remplaceroit celle derrière laquelle

(1) *Trans. phil.*, tome 27, n.° 326, p. 116.

il les trouvoit. Il fut donc réduit à leur chercher divers usages imaginaires.

On a disputé sur le nombre des dents des éléphans : la Société royale de Londres s'aperçut, en 1715, qu'il varie d'une à deux de chaque côté, et que la place de la division varie aussi ; c'est-à-dire que la première dent est plus ou moins longue à proportion de la seconde, suivant les individus (1). Pallas a enseigné le premier le mode de leur succession, qui explique toutes ces irrégularités, en montrant qu'ils ont d'abord une seule dent de chaque côté ; que la seconde, en se développant, pousse la première, de façon que pendant un certain temps il y en a deux ; ensuite la chute de la première fait qu'il n'y en a de nouveau plus qu'une (2).

J'ai annoncé que cette succession, et par conséquent ce changement alternatif de nombre se répétoit plus d'une fois, parce que j'avois encore trouvé des germes séparés dans un éléphant qui avoit déjà deux dents en place (3). Ce dernier point avoit au reste déjà été constaté, mais pour la mâchoire supérieure seulement, par Daubenton (4) ; enfin ce grand naturaliste avoit aussi pressenti jusqu'à un certain point la nécessité de cette succession d'arrière en avant, que *Pallas* à plus clairement développée.

M. Corse (5) nous a appris que cette succession se répète jusqu'à huit fois dans l'éléphant des Indes ; qu'il y a par consé-

---

(1) *Trans. phil.*, tome 29, n.° 349, p. 370.
(2) *Nov. Com. Petrop.*, XIII.
(3) *Mém. de l'Inst.*, Sciences math., tom. II.
(4) *Hist. nat.*, tome XI, in-4°.
(5) *Trans. phil.* pour 1799.

quent trente-deux dents qui occupent successivement les différentes parties de ses mâchoires.

Les premières paroissent huit ou dix jours après la naissance, sont bien formées à six semaines, et complétement sorties à trois mois. Les secondes sont bien sorties à deux ans. Les troisièmes paroissent à cette époque, et font tomber les secondes à six ans; elles sont à leur tour poussées en dehors par les quatrièmes à neuf ans. On ne connoît pas si bien les époques suivantes.

Pour moi, je n'ai jamais trouvé ni plus ni moins de trois dents à la fois dans les deux éléphans que j'ai disséqués, et dans cinq têtes sèches que j'ai examinées, savoir: une petite molaire plus ou moins prête à tomber, une grande en place et en pleine activité, et un germe plus ou moins grand, plus ou moins consolidé, occupant tout le fond de l'arrière-mâchoire.

On juge aisément, à la profondeur de la détrition, si une dent que l'on trouve isolée étoit située en avant ou en arrière dans la mâchoire; celles qui étoient situées en avant n'ont jamais aucune de leurs lames entières.

Le nombre des lames qui composent chaque dent va en augmentant, de manière que chacune d'elles en a plus que celle qui l'a immédiatement précédée.

M. Corse, qui a fait le premier cette remarque, donne ces nombres d'après ses observations (1); les premières ont quatre lames seulement; les deuxièmes, huit ou neuf; les troisièmes, douze ou treize, et ainsi de suite jusqu'aux septièmes ou huitièmes qui en ont vingt-deux ou vingt-trois. M. Corse n'a jamais vu de dents qui en eussent davantage.

---

(1) *Trans. phil.* loc. cit.

Nous avons lieu de croire que ces nombres ne sont pas bien absolus, car nous avons une mâchoire inférieure dont la première dent a quatorze lames, et la suivante quatorze germes de lames. M. Camper en a une absolument pareille (Desc. anat. d'un Élép., p. 57, pl. XIX, f. 2); mais à la mâchoire supérieure qui correspondoit à la nôtre, il y a dans la dent active treize lames, et dans le germe de la suivante dix-huit.

Indépendamment du nombre, il y a des différences par rapport à l'épaisseur des lames; elles sont plus minces dans les premières dents que dans les dernières: et comme les mâchoires sont plus courtes lorsqu'elles portent les premières dents, il arrive que le nombre des lames en activité est à peu près le même en tout temps, c'est-à-dire, de dix ou douze.

Lorsque l'éléphant est grandi, l'espace occupé par les lames en activité est, il est vrai, plus grand; mais ces lames sont elles-mêmes plus larges, et remplissent toujours l'espace, quel qu'il soit.

Comme il faut à peu près le même temps pour user le même nombre de lames, les dernières dents, qui en ont beaucoup plus, durent bien plus long-temps que les premières. Les remplacemens se font donc à des intervalles de plus en plus longs, à mesure que l'éléphant avance en âge.

Les dents d'éléphans, comme celles de tous les autres animaux, ne poussent leurs racines que quand le corps est parfait; les racines se forment par couches, comme le reste de la dent: la chose ne pouvoit être autrement. Mais pourquoi cette division dans un autre sens, lorsque la réunion des calottes de toutes les éminences gélatineuses sembloit ne plus devoir produire qu'un seul corps?

Pour répondre à cette question qui est d'un intérêt général

pour toutes les dents, il faut ajouter une circonstance à la description que j'ai donnée du germe : j'ai réservé ce point pour ce moment-ci, afin de ne pas trop embrouiller les idées.

La base de ce corps gélatineux, dont les productions que j'ai appelées *murs* servent de noyaux aux lames de la dent, n'adhère pas par tous ses points au fond de la capsule. Il y a d'espace en espace des solutions de continuité, et par conséquent les parties adhérentes de cette base peuvent être considérées comme des pédicules très-courts. Lorsque la lame de substance osseuse recouvre toutes les productions ou murs, et tout le corps du noyau de la dent, elle se continue toujour sur et entre les pédicules; les parties de cette lame qui se portent entre les pédicules, forment le dessous du corps de la dent; les parties qui enveloppent les pédicules, et qui sont par conséquent plus ou moins tubuleuses, forment les premiers commencemens des racines.

Ces racines et les pédicules qui leur servent de noyau s'allongent ensuite par deux raisons : d'abord les progrès des lames de substance osseuse qui, s'allongeant toujours, forcent la dent à s'élever et à sortir de l'alvéole ; ensuite l'épaississement du corps de la dent par la formation des couches successives qui, en remplissant le vide intérieur, n'y laisse presque plus de place pour le noyau gélatineux, et le refoule vers l'intérieur des tubes des racines.

Il ne se produit point d'émail ni de cortical sur les racines, parce que la lame interne de la capsule qui a seule le pouvoir de sécréter ces deux substances ne s'étend pas jusque-là.

Je pense que c'est en partie à cette absence d'émail qu'est due la corrosion qui commence sur les racines, sitôt que la portion de la couronne qui leur correspond est usée jusqu'à elles.

A cette époque, la racine a pris tout le développement qu'elle pouvoit prendre; le noyau pulpeux est entièrement repoussé par les couches dont il a rempli lui-même la cavité qu'il occupoit. Cette force d'accroissement de la racine cesse donc de contrebalancer l'accroissement des parois osseuses de l'alvéole, et celles-ci poussent continuellement la racine en dehors. Elle commence à se carier aussitôt que, se montrant hors de la gencive, elle est exposée à l'action septique de l'air, de la chaleur et de l'humidité de la bouche.

Ce qui donne, à mes yeux, quelque probabilité à cette idée, c'est que la corrosion commence plutôt à la jonction de la racine et de la couronne, qu'à la pointe de la racine. J'en ai plusieurs preuves dans mes échantillons. On peut en juger aussi par la petite dent que représente M. Corse, *Trans. phil.*, 1799, tab. VI, *fig.* 3. Peut-être aussi la compression mécanique que la racine éprouve de la part de l'alvéole contribue-t-elle à sa destruction, comme on attribue la destruction des racines des dents de lait à la gêne qu'elles éprouvent par le rétrécissement de leur alvéole, occasionné par le développement des dents qui doivent leur succéder.

Au reste, il faut toujours qu'une partie de ses molécules soit absorbée organiquement; mais ce ne seroit pas le seul phénomène dans lequel un corps devenu étranger seroit pompé par les vaisseaux lymphatiques et disparoîtroit. La chose est connue de reste pour les liquides. Pour les solides, je crois qu'on en a des exemples dans quelques séquestres. On peut voir à cet égard la *Dissertation* d'Alexandre Macdonald.

Les dents des deux mâchoires de l'éléphant se distinguent aisément par leur forme. Celles de la mâchoire supérieure ont leurs lames disposées de manière que leurs sommités sont toutes dans une surface convexe. La table produite par leur détrition est aussi convexe. C'est le contraire pour les deux choses dans celles de la mâchoire inférieure.

Un caractère encore plus frappant peut se prendre de la direction des lames par rapport à la couronne ou à la partie triturante.

Celles d'en bas sont inclinées en arrière; c'est-à-dire que l'angle aigu qu'elles forment avec le plan de trituration est dirigé en avant, du moins dans leur partie radicale : car le sommet des antérieures se recourbe un peu en arrière.

Celles d'en haut, au contraire, sont inclinées en avant, ou l'angle aigu qu'elles font avec le plan de trituration est dirigé en arrière.

Il est toujours aisé de distinguer l'arrière de la dent de l'avant : la trituration entamant bien plus en avant qu'en arrière, c'est le bout le plus profondément usé de la couronne qui est toujours l'antérieur.

Il faut remarquer cependant que l'inclinaison des lames sur la couronne diminue aux deux mâchoires, à mesure que la détrition augmente. Les lames postérieures qui s'usent plus tard, s'usent un peu plus vite, parce que leur développement vers la racine continuant quand celui des lames antérieures a cessé, elles sont poussées en dehors avec plus de force : d'où il arrive que la table de détrition devient de plus en plus perpendiculaire à la direction des lames.

On distingue encore les dents appartenant à chaque côté, parce qu'elles sont convexes à leur face interne, et un peu concaves à l'externe.

J'ai cherché à représenter cette marche de la dentition dans les figures de mes planches III et IV.

Pl. IV. fig. 5 est un crâne d'éléphant des Indes, scié verticalement.

a. L'entrée des narines.

b, *b*. L'énorme épaisseur des sinus qui séparent les deux parois du crâne.

c. La cavité du cerveau.

d. Le trou occipital et le condyle droit de ce nom.

e. L'alvéole de la défense.

f. La cavité de la défense ouverte, pour montrer l'espace qu'occupoit son noyau pulpeux.

Dans l'espace depuis *f* jusqu'à *g*, on a enlevé une portion de l'os maxillaire et tout l'os palatin, pour montrer les dents et leurs germes en situation dans toute leur étendue.

h. Est la dent antérieure réduite presqu'à rien par la détrition et par la compression tant de la dent suivante que de son propre alvéole.

i. La dent en pleine activité, dont les racines commencent à se former en *k*, et dont la partie triturante *l* est déjà usée en table. Les lames postérieures *m* sont encore intactes.

n. Le germe de l'arrière-dent encore enclavé dans sa capsule membraneuse, et celle-ci logée dans une cavité de l'arrière-mâchoire.

o. Le nerf de la cinquième paire, qui donne des filets aux capsules des dents et à leurs noyaux pulpeux.

Ces deux mêmes dents sont représentées plus en grand, pl. III, fig. 1 et 2.

Fig. 1 est la dent en activité; *a*, *b*, la portion de ses lames déjà usée en table; *b*, *c*, la portion encore intacte; *d*, *e*, *f*, ses racines qui s'enfoncent entre les productions de l'alvéole *g*, *h*, *i*.

On a enlevé toute la face intérieure des racines et de la base du fust de la dent, pour montrer le noyau pulpeux, *k*, *l*, *m*.

Comme le corps de la dent est presque entièrement fermé et rempli, les petits murs transverses *n*, *o*, *p*, *q*, *r*, *s*, sont presque entièrement raccourcis et comprimés; mais en revanche les pédicules *t*, *u*, *v*, *x*, qui servent à la formation des racines sont déjà fort allongés.

Fig. 2 est le germe de l'arrière-dent, retiré avec sa capsule de la cavité de l'arrière-mâchoire.

a, *b*. Reste du périoste de l'alvéole.

c, *d*. Partie antérieure de la membrane externe de la capsule.

e, *f*. Portion de cette membrane externe, détachée et rejetée en bas, pour montrer la membrane interne *g*, *h*, *i*.

k, *k*, *k*, *k*, etc. Productions transversales de cette membrane interne, lesquelles séparent les lames de la dent et les murs gélatineux sur lesquels ces lames se forment

On a enlevé les portions de la membrane qui réunissoient ces productions, afin de faire voir les lames de la dent qu'elles couvroient.

l, *l*, *l*. Le corps du noyau pulpeux de la dent.

m, *m*, *m*, *m*, etc. Ses productions ou les petits murs transverses qu'il envoie entre les productions de la capsule et sur lesquelles se forment les lames de la dent.

n, *n*, *n*, *n*, etc. Lames dites osseuses transsudées par ces petits murs qui les enveloppent, et dont l'ensemble doit former la dent. Les postérieures sont beaucoup plus courtes et n'enveloppent pas aussi complétement leurs petits murs, parce que la transsudation commence plus tard en arrière.

o, *o*, *o*, *o*, etc. L'émail déposé sur ces lames par la face interne de la capsule. Il y en a beaucoup moins sur des lames postérieures, par la même raison.

Dans la partie *d*, *g*, *h*, le cortical a déjà couvert l'émail et soudé les lames ensemble.

p, *p*, *p*. Les solutions de continuité qui séparent les commencemens des pédicules des racines.

Fig. 3 est la partie moyenne de ce même germe, vue par sa face postérieure.

a, *a*. Sa base, vue en raccourci.

b. L'un des derniers petits murs transverses.

c. Lame dite osseuse qui n'enveloppe encore que ses dentelures.

d. Une dentelure dont l'enveloppe n'est pas encore jointe aux autres.

e, *e*, *e*, *e*. L'émail qui commence à se déposer sur cette lame.

f. Reste de la capsule.

g, *g*. Extrémités des lames transverses de la capsule.

h, *h*. Bases des petits murs transverses du noyau pulpeux.

i, *i*, *i*. Lames de la dent qui les enveloppent.

k, *k*. Email qui commence à se déposer sur ces lames.

Fig. 4 représente les derniers petits murs du noyau pulpeux, détachés du reste et écartés les uns des autres.

a. Les lames en cornet qui avoient commencé à se former sur les dentelures du plus antérieur.

b. Celles qui ne faisoient que de naître sur les dentelures de l'avant-dernier.

c. Le dernier de tous qui n'avoit encore aucune enveloppe dure.

Fig. 5. Une lame de germe de dent d'éléphant des Indes, vue par sa face large.

a, *a*. Sa partie qui devoit bientôt poindre hors de la capsule et de la gencive, et où l'on voit déjà le cortical répandu comme par gouttes.

b, *b*. Sa partie moyenne où il n'y a encore, sur la substance dite osseuse, que l'émail comme des filets de velours.

c, *c*. Sa partie de la base, où la substance dite osseuse est encore à nu, sans émail ni cortical.

Fig. 6. Une lame pareille de l'éléphant d'Afrique.

a. L'arête qui donne à la coupe des lames de cette espèce la figure d'un losange.

Article III.

Sur les défenses des éléphans, la structure, l'accroissement, les caractères distinctifs de l'ivoire et sur ses maladies. — Fin des remarques générales sur les dents.

Nous ne nous arrêterons pas à réfuter l'opinion de quelques modernes (1), que les défenses de l'éléphant sont des cornes. C'est une vieille idée soutenue par *Pausanias* (2), déjà complétement réfutée par *Philostrate*, et que personne n'adopte plus.

Au contraire, la plupart des anatomistes qui pensent que les dents croissent comme les os ordinaires, par une sorte d'intussusception, prennent leurs preuves de l'ivoire, de ses maladies et de ses accidens.

Cependant l'ivoire se forme, comme les autres dents, des couches successives transsudées par le noyau pulpeux.

J'ai ouvert moi-même l'alvéole et la base d'une défense sur un éléphant frais, et c'est là que j'ai vu évidemment un noyau pulpeux d'une grandeur énorme et entièrement dépourvu de toute union organique avec la défense qu'il avoit cependant sécrétée. Quoique l'individu fût parfaitement frais, on ne voyoit pas la moindre adhérence entre la défense et le noyau; pas la moindre fibre, pas le moindre vaisseau; aucune cellulosité ne

---

(1) *Ludolph. æthiop.*, l. I, c. 10, *Perrault*, dans sa Description de l'éléphant de Versailles, etc.

(2) *Vita Apollonii*, lib. II, c. 13.

les lioit. Le noyau étoit dans la cavité de la défense, comme une épée dans son fourreau, et n'adhéroit lui-même qu'au fond de son alvéole.

La défense est donc dans son alvéole comme un clou enfoncé dans une planche. Rien ne l'y retient que l'élasticité des parties qui la serrent; aussi on peut en changer la direction par des pressions douces. C'est une expérience qui a réussi avec notre second éléphant : ses défenses se rapprochoient de manière à gêner les mouvemens de sa trompe; on les écarta par degrés au moyen d'une barre de fer dont le milieu étoit en vis, et qui s'allongeoit à volonté. Chacun sait que les dentistes font la même chose en petit avec des fils pour les dents qui n'ont qu'une racine.

Les couches successives, dont l'ivoire se compose, ne laissent que peu de traces sur la coupe d'une défense fraîche; mais ici les fossiles nous aident à mieux connoître la structure des parties. Les défenses décomposées et altérées par leur séjour dans la terre se délitent en lames coniques et minces, toutes enveloppées les unes dans les autres, et montrent par là quelle a été leur origine.

Aucun os proprement dit ne se délite jamais de cette manière. *Sloane* est, je crois, le premier qui ait fait cette remarque.

Les gravures, les entailles quelconques faites à la surface d'une défense ne se remplissent jamais; elles ne disparoissent qu'à mesure que la défense s'use par le frottement.

Il est vrai qu'on trouve quelquefois des balles dans l'intérieur de l'ivoire, sans qu'on voye le trou par lequel elles sont entrées.

Notre Muséum en possède un exemple; on en voit d'autres allégués dans divers ouvrages (1).

Quelques-uns en ont conclu que le chemin traversé par les balles avoit dû être rempli par les sucs même de la défense et par sa force organique (2); ou, comme s'exprime Haller, par une espèce de stalactite (3): mais il est aisé de voir, au contraire, que ce trou ne s'est pas rempli après coup. Toute la portion d'ivoire en dehors de la balle est semblable au reste; il n'y a que ce qui l'entoure immédiatement qui soit irrégulier: c'est que la balle avoit traversé l'alvéole et la base encore mince de la défense d'un jeune éléphant, et s'étoit logée dans le noyau pulpeux, encore dans tout son développement: elle a été saisie ensuite par les couches que ce noyau a transsudées, et y est restée prise.

Camper l'a déjà expliqué ainsi (*Desc. an. d'un éléph.*, p. 54).

On ne peut donc déduire de ce fait aucune conséquence propre à justifier la nutrition de l'ivoire par intussusception.

Par la même raison, il ne prouvoit rien contre l'opinion de Duhamel sur la formation des os par l'endurcissement des couches successives du périoste, quoique Haller en ait tiré l'un de ses principaux argumens.

Quant aux maladies de l'ivoire, celles qui tiennent à l'altération de son tissu viennent tout simplement d'une maladie dans le noyau pulpeux, à l'époque où il sécrétoit la portion

---

(1) *Blumenbach*, Manuel d'Anat. comp., p. 43; *Gallandat*, Mém. de l'Ac. de Harlem, IX, 352; *Bonn*, Thes. Hovian., p. 146; *Camper*, An. d'un Él., pl. XX, fig. XI et XII; *Haller*, Op. min. II, p. 554.

(2) *Haller*, Phys., VIII, p. 319.

(3) *Ib.*, p. 330.

altérée; et ce qu'on a appelé des *exostoses* est toujours en dedans et jamais en dehors. C'est l'effet d'une sécrétion momentanément trop abondante en un certain point.

Au surplus, on a donné souvent pour ivoire malade des portions de dents canines de *morse* (*trichecus rosmarus*) dont la texture est naturellement grenue. Il y en a de décrit sous ce titre dans Daubenton lui-même.

Les maladies des dents sont à peu près dans le même cas que celles de l'ivoire.

Ce qu'on a nommé *carie*, suite presque nécessaire de l'enlèvement de l'émail, est la décomposition que la substance interne subiroit, quand même elle ne seroit plus adhérente au corps, si elle restoit exposée à la chaleur de la bouche et à l'action de la salive et des divers alimens; mais elle n'a point de rapport avec la carie des os.

La disposition de certaines personnes à voir leurs dents se carier, vient de ce que la substance de celles-ci n'est pas d'une bonne composition, et tient au mauvais état du noyau pulpeux lorsqu'il les transsudoit.

Il en est de même des taches, des couches plus tendres qu'on observe dans l'épaisseur de certaines dents. Ce sont des effets d'indispositions momentanées du noyau pulpeux.

Les douleurs, les inflammations, sont dans le noyau pulpeux, et non dans la partie dure de la dent. C'est le noyau pulpeux qui est sensible aux chocs et à la température des corps, au travers de l'enveloppe que la partie dure lui forme.

On s'étonnera peut-être qu'une enveloppe aussi épaisse et aussi dure n'émousse pas toute sensation; mais la pulpe du noyau des dents est, après la rétine et la pulpe du labyrinthe de l'oreille, la partie la plus sensible du corps animal.

Les poissons qui ont leur labyrinthe enfermé dans le crâne, sans caisse, sans tympan, sans osselets, en un mot, sans aucune communication ouverte à l'extérieur, entendent par les ébranlemens communiqués au crâne. C'est quelque chose de beaucoup plus fort en sensibilité que ce que les dents éprouvent.

Les exostoses des dents, les fongosités ne viennent point à la surface de l'émail d'une dent saine, mais dans le fond des creux des caries. Ce sont des productions du noyau pulpeux qui ont percé la matière dure dans le fond aminci de ces creux.

L'allongement continuel des dents qui n'en ont point à leur opposite pour les retenir, s'accorde avec tous ces faits; la portion, une fois sortie de la défense de l'éléphant, s'allonge toujours, mais ne grossit et ne durcit point : c'est qu'elle est toujours poussée en arrière par des couches nouvelles, tandis qu'elle-même ne peut plus éprouver aucun changement. On sait jusqu'où cet allongement se porte dans les lapins qui ont perdu une dent, et dont la dent opposée ne s'use plus par la mastication. Continuant d'allonger en arrière, elle finit par empêcher l'animal de manger. C'est dans ce sens qu'Aristote a dit que les dents croissent toute la vie, tandis que les autres os ont des limites déterminées.

Il faut ajouter cependant que les dents ordinaires en ont aussi une : c'est quand l'entrée de leur cavité est oblitérée, et que leur noyau pulpeux ne reçoit plus de nourriture; mais la nature a eu soin de laisser les voies toujours ouvertes dans les animaux qui, usant beaucoup leurs dents, avoient besoin qu'elles se réparasssent toujours en arrière : tels sont les *lapins* pour leurs incisives, et les *éléphans*, pour leurs défenses : la racine ne s'y rétrécissant point, son canal ne peut être bouché.

Article IV.

Application des observations sur la dentition de l'éléphant à la connoissance des fossiles.

Faute d'avoir connu tous les détails de la formation et de la manière de croître des dents en général, les descripteurs de fossiles ont commis une foule d'erreurs; mais comme les circonstances relatives aux molaires de l'éléphant sont encore plus compliquées et plus difficiles que celles qui concernent les autres animaux, elles ont été un sujet plus fécond de méprises.

D'abord un grand nombre d'auteurs ont possédé des molaires entières et bien formées d'éléphans fossiles, sans le savoir. *Aldrovande*, *Leibnitz*, *Kundmann*, *Beuth* ont été dans ce cas.

L'inverse a eu lieu souvent aussi; et l'on a donné pour dents d'éléphans des dents très-différentes.

Aldrovande, *de Metall.*, donne, sous ce nom, trois dents d'hippopotames.

M. de la Métherie, *Théor. de la Terre*, V. 200, dit que la dent trouvée près de Vienne en Dauphiné, et gravée, *Journ. de Phys.*, févr. 1773, *p.* 135, paroît avoir appartenu à l'éléphant d'Afrique. Nous avons montré qu'elle a dû provenir d'une espèce de *grand tapir*. Le même auteur, *p.* 201, assure:

« Qu'il est prouvé aujourd'hui que les dents de l'Ohio et » celles rapportées du Pérou par Dombey sont celles d'un » éléphant qui est de la même espèce que celui d'Afrique. »

Cependant les dents de Vienne, celles de l'Ohio et celles du Pérou, ne se ressemblent point entr'elles, et ni les unes ni les autres ne ressemblent à celles de l'éléphant d'Afrique.

D'autres auteurs ont cru pouvoir établir des différences spécifiques sur le nombre des dents existantes à la fois dans la mâchoire. Ainsi Merck, *II.e Lettre sur les os fossiles de rhinocéros*, Darmst., 1784, *p.* 12 *et suivantes*, croit pouvoir établir la différence entre les éléphans vivans et les fossiles, sur ce que les mâchoires qu'il avoit observées ne portoient que deux dents, tandis que celle de l'éléphant décrit par Daubenton en avoit quatre. Il remplit huit pages de raisonnemens à ce sujet, et finit cependant par proposer aussi une explication de cette variété dans le nombre des dents, semblable à celle de Pallas, en la rapportant à la différence des âges. M. Morozzo, *Mém. de la Société ital.*, tome X, p. 162, nous dit encore que l'éléphant n'a qu'une dent de chaque côté.

Quelques-uns n'ayant pas su comment ces dents diminuent dans tous les sens avant de tomber, ni la grande différence entre les dents des jeunes individus et celles des vieux, ont imaginé que les petites molaires que l'on trouve isolées, provenoient de quelque éléphant d'une espèce plus petite.

Mais les erreurs incomparablement les plus fortes et les plus bizarres sont celles qu'ont occasionnées les lames partielles de germes de molaires d'éléphans, que l'on a trouvées détachées et non usées.

Les anciens naturalistes, qui considéroient généralement les fossiles comme des pierres figurées, trouvèrent à ces lames quelque ressemblance avec un pied ou une main, et leur donnèrent le nom de *chirites*.

Kirker en représente sous ce nom dans son *Mundus subterraneus*, II, 64. Il y en a aussi de pareilles dans son Muséum et dans le *Museum metallicum vaticanum* de *Mercati*.

Aldrovande en représente sous le même nom, *de Metallic.*, lib. IV, 481.

Mais rien n'approche en ce genre de ce qu'on trouve dans les *Rariora Naturæ et Artis* de *Kundmann*, pl. III, fig. 2. Cet auteur décrit l'objet représenté par sa figure comme la *pate pétrifiée* de quelque *grand babouin;* il assure que la peau, la chair, les ongles, les veines s'y voyoient entièrement pétrifiés; que M. *Fischer*, professeur de *Kœnisberg*, qui avoit vu la plupart des cabinets de l'Europe, regardoit cette pétrification comme l'une des plus rares du monde, et qu'enfin le roi de Pologne, électeur de Saxe, lui en avoit fait offrir une somme considérable pour l'acquérir pour le cabinet de *Dresde*. *Walch*, dans son Commentaire sur l'ouvrage de *Knorr*, tome II, sect. II, p. 150, cite ce morceau parmi les *ostéolithes de singe*, etc. Cependant un simple coup d'œil jeté sur la figure fait voir que ce n'est qu'une lame de molaire d'éléphant, non encore usée à son extrémité, ni soudée au reste de la dent.

Article V.

Comparaison des mâchelières de l'éléphant des Indes et de l'éléphant d'Afrique, et premier caractère distinctif de ces deux espèces. Examen des diverses mâchelières fossiles d'éléphant.

On a long-temps possédé et décrit indistinctement des dents molaires de l'*éléphant des Indes* et de l'*éléphant d'Afrique*, sans les comparer et sans s'apercevoir qu'elles ne se ressemblent pas en tout. Ainsi la Société royale de Londres fit représenter, en 1715, des molaires d'*Afrique*, pour servir d'objet de comparaison à des molaires fossiles qui, comme on sait, ressemblent beaucoup à celles des *Indes*, et personne n'insista sur une différence qui sautoit aux yeux.

L'exact et judicieux *Daubenton* ne la remarqua pas davantage, et *Buffon* ni *Linnæus* ne soupçonnèrent jamais qu'il pût y avoir plus d'une espèce d'éléphant. On n'aperçoit pas même encore de traces de cette possibilité dans l'édition du *Systema Naturæ*, par *Gmelin;* et en effet tout ce que l'on trouvoit là-dessus dans les anciens et dans les voyageurs étoit vague, et pouvoit ne se rapporter qu'à de simples variétés.

Tel est, par exemple, ce que les anciens ont dit sur leur divers degrés d'aptitude à la guerre.

Diodore de Sicile, lib. II, avance que « *les éléphans de l'*Inde
» *surpassent de beaucoup en courage et en force ceux de*
» Lybie. »

Appien le confirme, *de Bellis Syriac.*, ed. Amsterd., 1670, 8.°, tom. I, p. 173. Selon lui, « *Domitius qui commandoit les*
» *Romains contre Antiochus*, *jugeant que les éléphans qu'il*
» *avoit d'Afrique ne lui seroient d'aucune utilité*, *parce que*
» EN LEUR QUALITÉ D'AFRICAINS (οἷα λιβύων) *ils étoient plus petits*,
» *et que les petits redoutent les grands*, *il les rangea der-*
» *rière les autres* (c'est-à-dire, derrière ceux des Indes). »

Pline et *Solin* disent en général que les *Africains sont plus petits que ceux des Indes et les redoutent.* Il est bien probable cependant que les *éléphans d'Annibal* et ceux de *Jugurtha* n'étoient que de la première espèce.

Il y avoit quelque chose de plus précis et d'aussi vrai dans ce que dit un *scoliaste de Pindare*, cité par *Gessner*, Quadr.,

p. 378, qu'il n'y a de défenses qu'aux mâles dans l'espèce des Indes, mais que les deux sexes en portent dans celle de *Lybie* et d'*Æthiopie*. Quant à la distinction établie par *Philostrate* (1) entre les éléphans de *montagnes*, de *plaines* et de *marais*, et aux différences de leur naturel et de leur ivoire, il est encore probable que si elles sont réelles, elles ne constituent que de simples variétés.

La première véritable distinction spécifique des éléphans par la structure intime de leurs dents, est donc entièrement due à *P. Camper*; quoiqu'il n'en ait rien écrit, les planches où il les avoit représentées, et les témoignages de son fils et de M. *Faujas* la lui assurent.

M. *Blumenbach* en avoit aussi fait de son côté l'observation; il avoit caractérisé les deux espèces d'après cette seule différence, dans son *Manuel*, sixième édition, *p.* 121, et avoit fait représenter les deux sortes de dents dans ses *Abbildungen*, pl. 19.

Cette différence consiste dans la forme des plaques et dans leur nombre; on l'observe dès le germe.

Les germes de l'*éléphant des Indes* sont des lames dont chacune est formée de deux surfaces à peu près parallèles, et simplement sillonnées sur leur longueur. (Voyez pl. III, fig. 5.) Dans l'*éléphant d'Afrique*, l'une des surfaces (et souvent toutes les deux) produit dans son milieu et sur à peu près toute sa longueur une saillie anguleuse; ses sillons sont aussi beaucoup moins nombreux. (Voyez pl. III, fig. 6.)

Il résulte de cette structure des germes que la coupe des

---

(1) *Vita Apoll. Tyan.*, lib. II, c. 13, edit. olear. Lip. 1759, p. 60.

lames, quand la dent a été usée, présente dans l'*éléphant des Indes* des rubans transverses étroits, d'une égale largeur, et dont les bords, formés par l'émail, sont très-festonnés; et dans l'*éléphant d'Afrique*, des *losanges*, ou des rubans plus larges au milieu qu'aux deux bouts, et dont les bords sont rarement découpés en festons bien sensibles.

A cette différence de forme, s'en joint une dans le nombre: les lames de l'*éléphant d'Afrique* étant plus larges, il en faut moins pour former une même longueur de dent; neuf ou dix de ces lames font une dent aussi grande que treize ou quatorze de l'espèce des *Indes*.

Il paroît que ces deux espèces observent la même proportion dans les dents de même âge, que dans celles de même longueur. Ainsi, en comparant nos crânes d'*Asie* avec ceux d'*Afrique*, à peu près de même âge, nous trouvons aux dents postérieures des premiers quatorze ou quinze lames, et à celles des autres neuf ou dix seulement.

Aussi n'avons-nous jamais vu de dent d'Afrique qui eût plus de dix lames, tandis que celles des Indes en ont, selon M. Coxe, jusqu'à vingt-trois, et que nous en voyons de fossiles à vingt-quatre et vingt-cinq.

Ces caractères, pris des molaires, étant une fois constatés pour les éléphans vivans, il étoit naturel d'examiner sous ce rapport les éléphans fossiles, d'autant qu'après les défenses, les dents molaires sont la partie qu'on a le plus souvent trouvée et recueillie.

Les questions qui se présentoient étoient celles-ci:

Auquel des deux éléphans vivans les molaires fossiles ressemblent-elles davantage?

Ressemblent-elles entièrement à l'un des deux?

Toutes les molaires fossiles sont-elles semblables entre elles ?

Il n'y a point de doute sur la première question. Le plus grand nombre des *dents fossiles* ressemble, à la première vue, à celles des *Indes*, et se compose comme elles de rubans à peu près d'égale largeur, et festonnés.

On peut s'en assurer en consultant notre planche VI, où nous avons fait représenter des dents fossiles tant supérieures qu'inférieures de différens âges, à moitié de leur grandeur naturelle.

Fig. 1 est une inférieure d'un vieux éléphant, toute usée, trouvée, l'année dernière, dans la forêt de Bondy, avec sa pareille.

Fig. 2 en est une d'un très-jeune éléphant ; une vraie molaire de lait : de Fouvent.

Fig. 3 est une molaire supérieure d'un éléphant d'âge moyen de Sibérie : c'est le n.° MXXII de Daubenton.

Fig. 4 est une des secondes molaires d'un jeune éléphant. Elle vient des environs de Toulouse.

Fig. 5, une molaire inférieure d'un vieux éléphant, usée seulement à demi.

C'est cette ressemblance générale qui a fait dire à *Pallas* et à presque tous ceux qui sont venus depuis lui, que l'*éléphant fossile* est le même que celui d'*Asie*.

Mais cette ressemblance est-elle complète ? Je l'ai nié autrefois (1) ; depuis lors j'ai hésité un peu à soutenir une assertion qui pouvoit paroître hasardée, et sur laquelle les observations

---

(1) Mém. de l'Inst., Classe de Math. et Phys., t. II, p. 15.

de mon savant ami, M. *Adrien Camper*, m'avoient inspiré quelques doutes (1). Examinons de nouveau la chose avec impartialité.

Il est certain d'abord que le nombre des lames, considéré seul, ne peut, comme je l'avois cru, donner de bons caractères, puisqu'il est sujet à varier selon l'âge de l'individu et le rang de sa dent, depuis quatre jusqu'à vingt-trois ou vingt-quatre.

Mais le nombre, pris sur des dents de longueur égale, n'en donneroit-il point? C'est ce que j'ai examiné sur un grand nombre de dents des *Indes* et *fossiles*, et j'ai presque toujours trouvé les lames de ces dernières plus minces, et par conséquent plus nombreuses dans un même espace.

J'en ai dressé une table que je joins ici. On peut y voir:

1.° Que les lames varient d'épaisseur dans les divers individus de chaque espèce;

2.° Qu'il y a, comme nous l'avons dit plus haut, un rapport entre cette épaisseur et le nombre des lames; c'est-à-dire que plus il y a de lames dans une dent, plus chaque lame prise à part est épaisse;

3.° que cependant en comparant ensemble des dents de même nombre de lames, ces lames occupent toujours un espace sensiblement moindre dans les molaires fossiles; et que cette différence va très-loin dans certains échantillons, et d'autant plus loin que le nombre des lames est plus fort.

---

(1) Descrip. anat. d'un éléph., in-fol., p. 19.

MOLAIRES FOSSILES.	NOMBRE total des lames.	NOMBRE des lames usées.	LONGUEUR totale.	LONGUEUR des lames usées.	LARGEUR.
SUPÉRIEURES.					
De Sibérie, brune, lames séparées, mais peu altérées, Daub., n.° 1023.	XXV	11	0,260	0,135	0,085
D'origine inconnue, jaunâtre, peu altérée	XX	16	0,200	0,165	0,081
De Sibérie, brun-noirâtre, plusieurs lames enlevées en avant et en arrière.	XVIII	12		0,110	0,080
De Sibérie, très-altérée dans son cément; quelques lames enlevées: Daub., 1022.	XVI	13 ½	0,185	0,165	0,089
D'origine inconnue, altérée, blanche, au moins une lame enlevée en arrière.	XV	14		0,165	0,075
D'origine inconnue, très-altérée, blanche, toute usée.	XV	15	0,165	0,165	0,084
De Toulouse, très-altérée, blanche toute usée	XIII	13	0,095	0,095	0,050
De Fouvent, altérée, jaune, toute usée	XII	12	0,085	0,035	0,037
De Fouvent, jaune, très-usée . .	VII	7	0,055	0,055	0,035
INFÉRIEURES.					
Du canal de l'Ourque	XXIV	22	0,245	0,247	0,089
D'origine inconnue, blanche, terreuse, cassée en deux endroits. .	XXIV	12	0,265	0,142	0,085
Probablement de Sibérie, brune, mais nullement altérée : plus de .	XXI	11	0,250	0,160	0,070
De Fouvent, jaune, terreuse, quatre cassées en arrière.	XIX	15	0,230	0,190	0,080
Probablement de Sibérie, peu altérée, teinte en noir	XVIII	18	0,178	0,178	0,088
De la mâch. inf. des environs de Cologne.	XVIII	13	0,230	0,180	0,075
D'une petite mâch. du même lieu .	XIV	11	0,125	0,088	0,050
D'une mâch. foss. de Sibérie, du cabinet de M. Camper.	XIII		0,160		
Id.	XI		0,140		

MOLAIRES DES INDES.	NOMBRE total des lames.	NOMBRE des lames usées.	LONGUEUR totale.	LONGUEUR des lames usées.	LARGEUR.
SUPÉRIEURES.					
De la tête d'él. dent. de Ceylan . .	XVI	11	0,200	0,162	0,055
Du grand squelette mookna . . .	XIV	7	0,177	0,102	0,060
Du squelette de dentelah	XIV	8			
Dent séparée du cabinet	XIV	7	0,145	0,090	0,045
Tête séparée de mookna ou de femelle	XIV	5	0,155	0,085	0,055
Autre dent séparée du cabinet . .	XIV	4	0,120	0,045	0,045
Id.	XIII	8	0,150	0,092	0,060
Id.	XI	10	0,150	0,125	0,065
Antérieure du squel. de dentelah .	IX	9	0,080	0,080	0,057
Antér. de la tête séparée de mookna.	VII	7	0,078	0,078	0,055
— du squel. de mookna	VII	7	0,075	0,075	0,060
Dent d'un très-jeune él. Daub., 1019 et 1020.	VII	7	0,055	0,055	0,030
INFÉRIEURES.					
D'une mâch. de Ceylan, du cabinet de M. Camper.	XXII		0,270		
Dent séparée du cabinet d'anat., en partie sciée	XIX		0,315		0,070
D'une mâch. de Ceylan, du cab. de M. Camper	XVII		0,190		
Tête du squelette mookna	XV	10	0,230	0,156	0,065
Tête séparée de mookna	XV	8	0,205	0,110	0,055
Dent séparée du cabinet de M. Faujas.	XIV	12	0,200	0,158	0,054
Squelette de dentelah.	XIII	12	0'182		0,060
Dent séparée du cab. d'anat. . . .	XIII	13	0,192	0,192	0,065
Dent d'une tête séparée de dentelah de Ceylan.	XII	10	0,240	0,215	0,065

Ainsi, lorsque M. *Camper* m'oppose une dent d'*éléphant* vivant, à lames minces, et une autre à lames épaisses, c'est que la première qu'il a représentée, pl. XIX, fig. 2 de son ouvrage, n'a que douze lames, et vient d'un jeune éléphant; et que l'autre, *ib.*, f. 6, ainsi que celle pl. XIII, fig. 4 et 5, en a vingt-trois, et vient d'un vieux. Il ne faut comparer ensemble que des dents de même nombre de lames.

Il résulte de ce premier caractère (l'étroitesse des lames) que le nombre de ces lames qui servent à la fois à la trituration a pu être plus considérable dans l'éléphant fossile que dans l'éléphant des Indes.

Corse dit expressément que ce dernier n'en a guère que dix ou douze en activité à la fois; et l'on trouve très-souvent des dents fossiles qui ont leurs vingt-quatre lames usées : telle est celle de la forêt de Bondy, représentée pl. VI, fig. 1.

Un second caractère, qui ne me paroît pas moins sensible, c'est que les lignes d'émail qui interceptent les coupes des lames sont plus minces et moins festonnées dans les dents fossiles que dans les autres. Je le remarque sur tous les échantillons de ce Muséum, excepté un seul dont je parlerai plus bas.

Un troisième caractère est pris de la largeur tant absolue que proportionnelle des dents, beaucoup plus considérable dans l'éléphant fossile que dans celui des Indes. On peut s'en assurer par la cinquième colonne de ma table. On y voit que les fossiles ont presque toutes de 0,08 à 0,09 de largeur, et les dents du vivant de 0,06 à 0,07.

Si ces différences étoient seules, elles ne seroient peut-être pas suffisantes pour établir une distinction d'espèces; mais comme elles sont d'accord avec les différences des mâchoires et avec celles des crânes, ainsi que nous le verrons bientôt, elles prennent de l'importance.

Mais n'y a-t-il dans l'état fossile que de ces molaires à lames étroites ?

J'ai annoncé ci-dessus un échantillon à lames larges; il a été déterré auprès de *Porentrui*, département du Haut-Rhin. Sans être fort altéré, il l'est assez pour être regardé comme vraiment fossile. Neuf lames y sont restées entières, et il en a été enlevé en arrière un nombre qu'on ne peut déterminer. Ces neuf lames sont grosses, très-ondulées et occupent un espace de 0,180 en longueur. Leur largeur est encore plus considérable que dans les autres dents fossiles; elle va à 0,090: cette dent devoit appartenir à un très-vieux éléphant.

M. *Adrien Camper* parle de trois fragmens de molaires fossiles qu'il a dans son cabinet (1), et dont les lames sont aussi larges que celles des molaires vivantes; mais il faudroit savoir si les dents dont ces fragmens proviennent avoient beaucoup ou peu de lames, car ce n'est qu'alors qu'on pourroit instituer une comparaison.

M. *Authenrieth* m'annonce avoir vu à Philadelphie des dents qui lui ont paru tenir de plus près à l'éléphant d'Afrique qu'à celui d'Asie; mais M. *Barton* vient de m'assurer positivement que ce sont des dents fraîches apportées d'Afrique. Celle qui a été gravée pour l'ouvrage de M. *Drayton* sur la Caroline, ressemble aux molaires fossiles ordinaires; et celles dont M. de *Humboldt* m'a rapporté des fragmens du Mexique y ressemblent également, ainsi que celles dont j'ai parlé ci-dessus d'après M. *Barton*.

---

(1) Desc. an. d'un éléph., p. 19.

M. *de Humboldt* dit, à la vérité, dans une lettre insérée dans les *Annales du Muséum*, tome II, p. 337, avoir trouvé, près de *Santa-Fé*, une immensité d'os fossiles d'éléphans, *tant de l'espèce d'Afrique que de celle de l'Ohio;* mais un examen plus approfondi a montré depuis, comme nous le verrons ailleurs, que tous ces os étoient d'une espèce particulière de *mastodonte.*

Il paroît donc que la plus grande quantité sans comparaison des molaires d'éléphant fossiles, sont à lames étroites, et que le petit nombre d'exceptions que l'on a recueillies jusqu'à présent n'est ni très-important ni bien constaté.

ARTICLE VI.

Variétés dans la grandeur et la courbure des défenses des éléphans. Comparaison des défenses fossiles à celles des éléphans vivans.

a. *Défenses des espèces vivantes.*

Examinons maintenant les variétés des défenses, et les différences remarquées à cet égard parmi les éléphans.

Leur tissu n'en offre point de fort importantes. Il présente toujours sur sa coupe transverse ces stries qui vont en arc de cercle du centre à la circonférence, et forment en se croisant des losanges curvilignes qui en occupent tout le disque, et qui sont plus ou moins larges, et plus ou moins sensibles à l'œil. Ce caractère, commun à tous les ivoires d'éléphant et dépendant immédiatement des pores de leur noyau pulpeux, ne se trouve dans les défenses d'aucun autre animal. On l'observe dans toutes les défenses fossiles, et il réfute l'opinion de *Leibnitz* (1), adoptée par quelques autres écrivains et même par *Linnæus* (2), que les cornes de *mammouth* pourroient provenir du *morse* (*trichecus rosmarus*). Les défenses du morse paroissent toutes composées de petits grains ronds accumulés.

La grandeur des défenses varie selon les espèces, selon les sexes et selon les variétés; et comme elles croissent pendant toute la vie, l'âge influe plus que tout le reste sur leurs dimensions.

L'éléphant d'Afrique a, autant que nous pouvons savoir, de grandes défenses dans les deux sexes. La femelle africaine de 17 ans, dont nous possédons le squelette, en porte de plus grandes que tous les éléphans des Indes mâles et femelles de même taille dont nous avons eu connoissance.

C'est en Afrique qu'on trouve le plus d'ivoire, les défenses les plus volumineuses, et celles dont l'ivoire est le plus dur et conserve le mieux sa blancheur.

Mais nos connoissances un peu exactes se réduisent aux éléphans de la côte occidentale et à ceux du midi de l'Afrique; nous ignorons si ceux de la côte orientale leur ressemblent en tout, et s'il n'y a point d'autres variétés dans l'intérieur.

Nous savons cependant par *Pennant* que la côte de Mosambique fournit des défenses de dix pieds, les plus grandes que l'on connoisse.

Dans l'espèce des Indes, il y a beaucoup de variétés que

---

(1) *Protogœa*, §. XXXIV, p. 26.
(2) *Syst. Nat.*, ed. XII, p. 49.

M. *Corse* a développées avec plus de soin qu'aucun autre (1).

D'abord aucune femelle n'y porte de longues défenses : elles les ont toutes petites et dirigées en ligne droite vers le bas, (ce qu'a très-bien exprimé *Aristote* (2) dans un passage mal à propos contredit depuis), et une partie les ont tellement courtes, qu'on ne peut les apercevoir qu'en soulevant les lèvres.

De plus, il s'en faut bien que tous les mâles en aient de grandes. *Tavernier* dit qu'il n'y a dans l'île de Ceylan que le premier né de chaque femelle qui en porte (3). On distingue sur le continent de l'Inde les *dauntelah* ou éléphans à longues défenses, des *mookna* qui les ont très-courtes. Ceux-ci les ont toujours droites. *Wolfs*, qui a voyagé long-temps à Ceylan, dit aussi qu'il y a dans cette île beaucoup de mâles sans défenses, et qu'on les y nomme *majanis* (4).

Parmi les *dauntelah*, on distingue encore, suivant *Corse*, les *pullung dauntelah* dont les défenses se dirigent presque horizontalement et les *puttel dauntelah* où elles se portent droit vers le bas. Entre ces deux extrêmes, il y a plusieurs intermédiaires, et l'on a aussi donné des noms aux individus dont une défense diffère de l'autre ou qui n'en ont qu'une en tout. Mais toutes ces variétés n'ont rien de constant et se mêlent indistinctement les unes avec les autres. On les trouve ensemble dans les mêmes hardes.

Au *Bengale*, les défenses ne pèsent guère plus de 72 livres

(1) *Trans. phil.*, 1799, p. 205 et suiv.
(2) *Hist. anim.*, lib. II, c. V.
(3) *Tavernier*, tome II, p. 175.
(4) *Voyage à Ceylan*, en allem., p. 106, cité par *Camper*, *An. d'un éléph.* p. 17.

en poids, et elles ne passent pas 50 dans la province de *Tiperah* qui produit les meilleurs éléphans. Cependant on a à Londres des défenses, probablement originaires du Pégu, qui pèsent 150 livres. C'est en effet du Pégu et de la Cochinchine que viennent les plus grands éléphans et les plus grandes défenses de l'espèce des Indes. La côte de *Malabar* n'en donne pas, selon Pennant, qui ayent plus de quatre pieds de long.

Voici une table que j'ai dressée des longueurs des diamètres et des poids des plus grandes défenses dont les auteurs ont donné les dimensions ou que j'ai pu observer moi-même.

Les défenses d'Afrique n'ont pu y être distinguées de celles des Indes, et il n'y a pas toute la certitude qu'on pourroit désirer sur les espèces des mesures employées.

AUTEURS qui ont cité les faits.	LEURS GARANS et les détails sur l'origine des défenses.	LONGUEUR en suivant la courbure	DIAMÈTRE au gros bout.	POIDS.
Hartenfels, *Elephantographia*, p. 47 et 48.	Défense de Sumatra, selon Louis Vartoman, cité par Jonston . .	»	»	168 l.
	Défense mentionnée par J. C. Scaliger, *de Reb. ind.*	»	»	162
	Défense du cabinet de Septal, citée par Herzog.	»	»	160
	Défense mentionnée par Vielbauer, dans son *Traité des drogues étrangères*	»	»	200
	— Par Louis Barth, *Rer. indic.* .	»	»	325
	Défense apportée des Indes à Bâle, citée par Münster, dans sa *Cosmographie*.	9′	»	100 environ
	Id.	»	»	114
	Autre défense mentionnée par J.-C. Scaliger.	plus de 5′	»	»
	Id. par Al. Cadamosto	8′	»	»
	Les plus grandes défenses selon Gyllius.	10′	»	»
	Une défense que possédoit un marchand de Venise.	14′	»	»
	Les défenses prises sur Firmus, par Aurélien, selon Flavius Vopiscus.	10′ rom.	»	»
Camper, *Descrip. an. d'un élép.*	Les défenses ordinaires de Guinée.	»	»	100 à 120
	Une défense appartenant à M. Wolfers, négociant d'Amsterdam .	8′ du Rhin, 7′ 4″ de Fr.	9″ $\frac{1}{3}$	208
	Défense appartenant à M. Ryfsnyder, négociant à Rotterdam, selon Klokner	»	»	250
	Défense vendue à Amsterdam, selon le même	»	»	550
	Défense du cabinet de Camper. .	6′	7″	105

AUTEURS qui ont cité les faits.	LEURS GARANS et les détails sur l'origine des défenses.	LONGUEUR en suivant la courbure.	DIAMÈTRE au gros bout.	POIDS.
Faujas, *Géologie*, p. 243.	La plus grande défense du Muséum d'hist. nat. de Paris.	6′ 6″	5″ 4‴	72″ 8.°
Fortis, *Mém. pour l'Hist. nat. de l'Ital.* II.	Défense du cabinet de Florence. .	»	7″ 6‴	»
Pennant.	Les grandes défenses de Mosambique	10′ angl. ou 9′ 2″ de Fr.	»	»
Buffon, *Hist. nat.*, tome XI, in-.4	Plusieurs défenses mesurées par Eden	9′ angl.	»	de 90 à 125
	Lopès.	»	»	200
	Drack.	»	»	200
	Défenses de Lowango, selon le Voyage de la Comp. des Indes .	»	»	126
	Défenses du Cap, selon Kolbe . .	»	»	de 60 à 120

Comme les défenses croissent toute la vie, et le reste du corps non, la grandeur d'un éléphant ne peut se conclure de celle de ses défenses, même en établissant la proportion entre individus d'une même variété et d'un même sexe, comme d'un autre côté les défenses s'émoussent ou se cassent à leur pointe, selon le plus ou moins d'usage que l'animal en fait, et qu'elles s'aiguisent plus ou moins brusquement en pointe, on ne peut conclure sûrement leur longueur de leur diamètre à la base.

Enfin leur poids ne peut se conclure de leurs dimensions,

parce que la cavité de leur base peut être plus ou moins remplie.

Le degré de courbure des défenses des éléphans varie presque autant que leur grandeur. Nous avons vu ci-dessus les différences les plus communes à cet égard parmi les éléphans des Indes. Il ne manque pas dans les cabinets de défenses à courbures plus ou moins bizarres, et surtout en spirale. *Camper* en a vu plusieurs dans le *Muséum britannique* (1); et *Grew* en représente une (2) qui fait plusieurs tours, et je sais, par une lettre de M. *Fabbroni*, qu'il y en a aussi une dans le cabinet de Florence On en voit assez communément en forme d'*S* italique, etc.

b. *Défenses fossiles.*

Nous ne pouvons savoir s'il y avoit parmi les éléphans fossiles les mêmes différences que parmi ceux des Indes, par rapport aux défenses des différens sexes et des différentes variétés, puisque les défenses fossiles se trouvent d'ordinaire isolées, et que l'on n'a pas trouvé assez de crânes entiers pour pouvoir dire s'il y en avoit d'adultes sans longues défenses.

Nous ne pouvons non plus connoître les limites des défenses fossiles en petitesse. Les petites ont été beaucoup moins recueillies, parce qu'elles excitoient moins l'attention des ouvriers.

Mais nous connoissons assez leurs limites en grandeur : les grandes n'ont point été négligées, et ceux qui les ont décrites n'ont pas été tentés d'en diminuer le volume.

---

(1) *Desc. an. d'un éléph.*

(2) *Mus. Soc. Reg.*, pl. IV.

J'ai dressé une table des plus grosses défenses fossiles dont les dimensions ayent été données. On peut y voir qu'elles ne surpassent pas infiniment celles des éléphans vivans, du moins de l'espèce d'Afrique.

Il faut remarquer d'ailleurs que si on laissoit les éléphans vivre leur âge naturel dans les forêts, sans leur faire la chasse, leurs défenses croissant toute la vie acquerroient un volume encore plus considérable que celui qu'elles ont ordinairement.

AUTEURS consultés.	DETAILS SUR LES DÉFENSES.	LONGUEUR en suivant la grande courbure.	DIAMÈTRE au gros bout.	POIDS.
Daubenton, tome XI.	N.º DCDXCVI de Sibérie, tronquée en avant	Long. du tronçon. 5′ 4″	6″ et à l'autre bout 5″ 4‴	89 l. 4.°
	N.º DCDXCV de Sibérie, tronquée aux deux bouts	5′	4″ 8‴ et à l'autre bout 4″	4 15.°
	N.º DCDXCIV de Sibérie, tronquée aux deux bouts	3′ 4″	2″ 10‴ aux deux bouts.	15 5.°
	N.º DCDVCII, tronquée aux deux bouts	3′ 3″	2″ 9‴ et 1″ 10‴ à l'autre bout.	9 12.°
Faujas, *Géol.* 293.	Défense des environs de Rome, trouvée par MM. Larochefoucauld et Desmarets; fort tronquée aux deux bouts et cassée en trois morceaux	5′	8″	»
Fortis, II, p.	Défense trouvée au Serbaro près de Vérone, par Fortis et le comte de Gazola, tronquée aux deux bouts, renflée par infiltrations .	7′ 6″ de ver.	9″ à 10″ *id.*	»
	Défense fossile de Toscane . . .	8′ 6″	»	»
Camper.	Défense de Sibérie du cabinet de Camper	5′ et plus.	»	»
Zach.	Premier éléph. de Burgtonna . .	8′	»	»
	Deuxième, *id.*	10′	»	»
Pallas, *Nov. Com. Petr.*, XIII, p. 473.	La plus grande défense de Sibérie, du cabinet de Pétersbourg, tronquée au deux bouts	8′	6″ 6‴ et à l'autre bout 6″ 4‴	»

AUTEURS consultés.	DETAILS DES DÉFENSES.	LONGUEUR en suivant la grande courbure.	DIAMÈTRE au gros bout.	POIDS.
Autenrieth et Jæger.	La plus grande défense de Canstadt, très-courbée, tronquée aux deux bouts.	5′ 6″	5″ et à l'autre bout 3″	"
	Reisel et Spleiss disent qu'il y en avoit de.	10′	"	
Messerschmid et Breynius, *Trans. phil.*, 40, p. 134.	Une défense très-courbée de Sibérie	13′ 6″ 5‴ rom.	6″	137 l. 1.° p. d'apoth.
Hermann, *Prog. pecul.*	La défense suspendue dans la cathédrale de Strasbourg, très-courbée	6′ 7″	3″ 5‴	"
Id. Lettres.	*Id.* de Wendenheim.	4′ 10″	5″ 6‴	"

Quant au tissu, nous avons vu plus haut qu'il est absolument le même dans toutes les espèces, et les défenses du mastodonte ne se distinguent pas non plus à cet égard de celles des éléphans.

Il ne reste donc à comparer que la courbure.

Beaucoup de défenses fossiles n'ont qu'une courbure très-ordinaire : telles sont celles de notre Muséum.

Mais il en est un assez grand nombre dont la courbure est beaucoup plus forte qu'on ne la voit dans les défenses des éléphans vivans. Elle approche d'un demi-cercle ou de la moitié d'une ellipse partagée par son petit axe.

Il y en a quatre de cette sorte de décrites : celle de

Messerschmidt, dans les Transactions philosophiques; celle de la cathédrale de Strasbourg, selon *Hermann;* celle de l'église de *Halle en Souabe*, selon *Hoffmann* et *Beyschlag*, et celle du cabinet de Stuttgardt, selon *Autenrieth* et *Jæger*. Cette ressemblance frappante des quatre défenses fossiles les plus entières que l'on connoisse, en un point qui les distingue des défenses vivantes, est digne de remarque.

Quelques personnes en ont cru pouvoir faire un caractère distinctif; mais on peut penser que cette grande courbure ne tient qu'à la longueur des défenses où on l'a remarquée.

La partie de défense une fois faite ne changeant plus, si cette défense n'est pas tout à fait droite, chaque augmentation en longueur sera aussi une augmentation du nombre des degrés de l'arc qu'elle décrit.

C'est ainsi que les incisives des lapins, dont l'opposée est rompue, se recoquillent tout à fait en spirale.

Il est bon cependant d'observer qu'une défense d'Afrique de notre Muséum, quoique longue de six pieds, n'est pas à beaucoup près aussi courbée que les quatre que nous venons de citer.

Il y a aussi des défenses fossiles contournées en tire-bourre, comme on en voit quelquefois de vivantes. Pallas en cite une du cabinet de Pétersbourg (1). Il y en a également une, mais moins tordue dans le cabinet de Stockholm. M. Quensel a bien voulu m'en envoyer un dessin.

Ainsi les défenses ne peuvent établir de caractère certain, ni entre les espèces vivantes, ni entre celle-ci et l'espèce fossile.

(1) Nov. Com., XIII.

ARTICLE VII.

Comparaison des crânes de l'éléphant des Indes et de celui d'Afrique.—Caractère extérieur pris des oreilles.—Parties du crâne susceptibles de varier dans une seule et même espèce.

J'ai eu l'avantage de faire remarquer le premier, en 1795, les caractères distinctifs qu'offrent les crânes des deux éléphans, et qui sont d'autant plus intéressans, qu'on peut les employer sur des individus vivans ou entiers, sans être obligé d'examiner leurs mâchelières (1). Je ne les avois reconnus d'abord que par la comparaison d'un crâne de chaque espèce; aujourd'hui je les ai vérifiés sur sept crânes en nature, dont cinq *indiens* et deux *africains*, et sur plusieurs figures.

Lorsque ces crânes sont séparés de leurs mâchoires inférieures et posés sur les molaires et sur les bords des alvéoles des défenses, les arcades zygomatiques sont à peu près horizontales dans l'une et l'autre espèce.

Si on les considère alors latéralement, ce qui frappe le plus c'est le sommet de la tête presque arrondi dans l'*éléphant d'Afrique*, et s'élevant dans l'*éléphant des Indes* en une espèce de double pyramide.

---

(1) Voyez les *Mémoires de l'Institut*, *classe des Sc. math. et phys.*, tome II. La planche nouvelle que je donne ici, pl. II, est gravée depuis long-temps d'après mes dessins. J'en avois confié, il y a plusieurs années, une épreuve à M. *Wiedemann*, professeur à *Brunswick*, qui l'a fait copier dans ses *Archives de zootomie*, tome II, cah. I, pl. I.

Ce sommet répond à l'arcade occipitale de l'homme et des autres animaux, et n'est si élevé dans l'éléphant qu'afin de donner à la face occipitale du crâne une étendue suffisante pour un ligament cervical, et des muscles occipitaux proportionnés au poids de l'énorme masse qu'ils ont à soutenir (1).

Cette différence de la forme des sommets vient de la différence d'inclinaison de la ligne frontale, qui fuit beaucoup plus en arrière dans l'*éléphant d'Afrique*, où elle fait avec la ligne occipitale un angle de 115°, que dans l'*éléphant des Indes*, où elle n'en fait qu'un de 90°.

De là naissent les principales différences du profil, comme, 1.° la proportion de la hauteur verticale de la tête à la distance du bout des os du nez aux condyles occipitaux, qui sont à peu près égales dans l'*éléphant d'Afrique* (comme 33 à 32), et dont la première est de près d'un quart plus grande dans l'*éléphant des Indes* (comme 24 à 19).

2.° La proportion de la distance des bords des alvéoles des défenses au sommet, à une ligne qui lui est perpendiculaire, et va du bout des os du nez au bord antérieur du trou occipital. La première de ces lignes est presque double de l'autre dans l'*éléphant des Indes* (comme 26 à 14). Elle est d'un peu moins d'un quart plus grande seulement dans l'*éléphant d'Afrique* (comme 21 à 16).

Outre ces différences dans les proportions, il y en a dans les contours : 1.° le front de l'*éléphant des Indes* est creusé en courbe rentrante et concave; celui de l'*éléphant d'Afrique* est au contraire un peu convexe.

---

(1) Voyez *Pinel*, Journ. de Phys., XLIII, p. 47-60.

2.° Le trou sous-orbitaire est plus large dans l'*éléphant des Indes*. Dans celui d'*Afrique*, il ressemble plutôt à un canal qu'à un simple trou.

3.° La fosse temporale est plus ronde dans l'*éléphant d'Afrique*, et l'apophyse qui la distingue de l'orbite, plus grosse que dans celui des Indes, où cette fosse a un contour ovale.

Considérés par leur face antérieure, ces crânes offrent des différences tout aussi marquées.

1.° La plus grande longueur de cette face, prise du sommet au bord de l'alvéole, est à sa plus grande largeur, prise entre les apophyses post-orbitaires du frontal, comme 5 à 3 dans l'*éléphant des Indes*, comme 3 à 2 dans l'*éléphant d'Afrique*.

2.° L'ouverture du nez est à peu près au milieu de la face dans l'*éléphant des Indes*; elle est plus éloignée d'un cinquième du bord de l'alvéole que du sommet de la tête dans l'*éléphant d'Afrique*.

Vus d'en haut, ces crânes diffèrent surtout par leurs arcades zygomatiques, plus saillantes dans l'*éléphant d'Afrique* que dans celui des *Indes*.

Par derrière on est frappé de nouveaux caractères :

1.° La hauteur des ailes du sphénoïde fait, dans l'*éléphant des Indes*, plus des trois quarts de celle de la face occipitale; tandis que, dans l'*éléphant d'Afrique*, elle n'en fait pas à beaucoup près la moitié.

2.° Dans l'*éléphant d'Afrique*, l'extrémité postérieure des arcades zygomatiques est presque de niveau avec les condyles occipitaux; dans celui des *Indes*, elle est beaucoup plus basse.

3.° L'occiput est terminé supérieurement dans l'*éléphant*

d'Afrique par une courbe demi-elliptique, et sa base est formée par deux lignes en angle très-ouvert. Dans celui des *Indes*, les côtés sont en arcs convexes, et le haut en arc légèrement concave.

Les molaires sont placées, dans l'une et l'autre espèce, sur deux lignes qui convergent en avant; elles ne diffèrent que par leurs lames, ainsi que nous l'avons dit ci-dessus.

La plupart des caractères que nous venons d'énoncer, contribuant à la configuration générale de la tête, sont sensibles au dehors; il en est un autre plus extérieur encore, et qui peut faire distinguer les espèces au premier coup-d'œil. Je crois aussi l'avoir remarqué le premier : il consiste dans la grandeur des oreilles.

L'*éléphant des Indes* les a médiocres; elles sont énormes, et couvrent toute l'épaule dans l'*éléphant d'Afrique*.

Je me suis assuré du premier point, 1.° sur trois éléphans que j'ai vus vivans, et dont j'ai disséqué deux : deux étoient de Ceylan et le troisième du Bengale; 2.° sur deux autres individus que j'ai vus empaillés; 3.° sur toutes les figures bien connues pour appartenir à l'espèce des *Indes*, notamment celles de *Buffon*, de *Blair* et de *Camper*; 4.° sur la figure d'un embryon d'éléphant de Ceylan, décrit par *E. A. W. Zimmermann* (1).

Quant au second point, j'en ai pour preuve, 1.° l'*éléphant de Congo*, disséqué par Duverney. On peut voir sa figure dans les *Mémoires pour servir à l'Hist. des Anim.*, part. III, et je suis sûr que l'oreille n'y est point exagérée, parce qu'on

(1) *Erlang*, 1783, in-4°.

la conservoit encore, il y a quelque temps, au Muséum, et que je l'y ai vue et examinée.

2.° Une oreille conservée au cabinet du roi de Dannemarck, et prise d'un éléphant tué au cap de Bonne-Espérance, par le capitaine *Magnus Jacobi*, en 1675. Elle a 3 pieds et demi de long, et 2 pieds et demi de large (1).

3.° Un *jeune éléphant d'Afrique* de notre Muséum; ses oreilles, quoique raccornies par le desséchement, sont encore aussi grandes que sa tête.

4.° Un embryon d'*éléphant d'Afrique* de notre Muséum.

5.° Toutes les figures bien connues pour être d'*éléphant d'Afrique*.

D'après ces caractères, on peut s'assurer sur quelle espèce ont été faites les figures dont l'origine n'est pas connue, ou celles que nous offrent les monumens.

Ainsi celle de *Gessner* (2), copiée par *Aldrovande* (3), est de l'éléphant d'Afrique. Celle de *Valentin* (4), copiée par *Labat* (5), et altérée par *Kolbe* (6), en est également.

Au contraire, celles de *Jonston* (7), qui sont fort bonnes, et qui ont servi de modèle à la plupart de celles d'*Hartenfels* (8), dont *Ludolph* (9) a ensuite emprunté les siennes; celle de

---

(1) *Oliger Jacobæus*, Mus. reg. Dan., 1697, fol. p. 3.
(2) *Quadr.*, p. 377.
(3) *Quad.*, lib. I, p. 465.
(4) *Amphithéâtr. zoot.*, tab. I, f. 5.
(5) *Afr. Occ.*, III, p. 271.
(6) *Relation du cap.*, trad. fr., in-12, tome III, p. 11.
(7) *Quadr.*, tab. VII, VIII et IX.
(8) *Elephantograph. curios. passim.*
(9) *Æthiop.*, lib. I, cap. 9.

Neuhof (1), dont les défenses sont seulement trop relevées; celle d'*Edwards* (2) dont la tête est trop ronde, parce qu'elle est prise d'un jeune sujet auquel il a fallu ajouter des défenses, sont de l'éléphant des Indes.

Les deux figures de *Buffon* (3), copiées par *Schreber* (4) et par *Alessandri* (5), sont les deux sexes de l'espèce des Indes.

Mayer donne une assez bonne figure d'un mâle *dauntelah* (*vorstell. allerh. thiere.*, I, pl. LXIX); mais le squelette (*ib.* LXX) est copié de *Blair* sans aucune correction.

Le fétus d'éléphant, conservé à l'hôtel de la Compagnie des Indes occidentales à Amsterdam, et représenté par *Seba*, tome I, pl. CXI, est aussi de l'espèce des Indes.

La limite entre les deux espèces des *Indes* et d'*Afrique* étoit donc déjà bien tracée par rapport aux diverses parties de la tête, et sans avoir besoin de recourir aux autres caractères que nous développerons plus bas, et que fournissent le nombre des ongles et les formes des divers os des membres; mais avant de pouvoir appliquer avec certitude les caractères ostéologiques du crâne à l'*éléphant fossile*, il falloit déterminer quelles sont les parties variables d'un individu à l'autre dans une même espèce. J'ai donc soumis mes crânes des *Indes* à une comparaison entre eux, et j'en ai fait autant pour mes crânes d'*Afrique*.

---

(1) *Ambass. orient.*, Descr. gen. de la Chine, p. 94.
(2) *Av.* 221, f. 1.
(3) *Hist. nat.*, XI, pl. I et Suppl.
(4) *Quadr.*, II, tab. 78.
(5) *Quadr.*, I, pl. II.

Ces derniers, dont je n'ai eu il est vrai que deux, ne m'ont presque point offert de différence appréciable.

Quant aux premiers, j'en ai trouvé par rapport à l'occiput et aux alvéoles des défenses.

L'occiput est plus renflé en tout sens dans les uns que dans les autres, sans rapport avec la longueur des défenses.

Les alvéoles des défenses de *dauntelah* sont un peu plus obliques en avant; ceux des *mookna* se portent un peu plus directement vers le bas.

Ces dernières alvéoles sont un peu plus petites, mais pas à beaucoup près dans la proportion des défenses elles-mêmes. Ce qui manque à la grosseur des défenses est compensé par une plus grande épaisseur de la substance osseuse de l'alvéole. La raison en est que l'alvéole, servant de base et d'attache aux muscles de la trompe, n'auroit pu se rapetisser autant que la défense, sans que la trompe eût perdu la grosseur et la force qui lui sont nécessaires.

Enfin il y a un peu de variété dans la longueur des alvéoles, et, ce qui est bien remarquable encore, sans aucun rapport avec celle des défenses. Notre grand squelette *mookna* les a plus longs que nos deux *dauntelah*, quoique ses défenses soient les plus petites de toutes. Au reste, ce surcroît de longueur ne va pas à plus d'un pouce.

Il n'auroit pu être considérable sans que l'organisation de la trompe changeât essentiellement, parce que les muscles de sa partie inférieure sont insérés sous le bord inférieur des alvéoles des défenses, et que ceux de la partie supérieure le sont au front, au-dessus des os du nez. La base de la trompe a donc nécessairement de diamètre vertical la distance entre ces deux points; et si les alvéoles se prolongeoient au-delà d'une certaine mesure, la trompe prendroit une grosseur monstrueuse.

Cet article est très-important à remarquer, parce qu'il fournit le caractère le plus distinctif de l'éléphant fossile.

Si l'on veut comparer ensemble le petit nombre de figures de crânes d'éléphans qu'on trouve dans les ouvrages des naturalistes, je ne crois pas qu'on y découvre des différences plus fortes que celles que je viens d'exposer.

La table annexée à l'article suivant les exprime par des nombres.

A la vérité, un auteur célèbre a supposé entre les crânes des mâles et des femelles une différence dont nous n'avons point fait mention; mais il a été trompé par de simples apparences extérieures.

Notre *mâle mookna* de *Ceylan* avoit à la racine de la trompe une proéminence très-sensible qui manquoit à sa femelle. M. *Faujas* imaginant que cette proéminence tenoit aux parties osseuses, a fait représenter ces deux têtes à la pl. XII de ses *Essais de Géologie*, « *Afin*, dit-il, p. 238, *d'éviter une er-* » *reur dans le cas où l'on trouveroit, par l'effet d'un hasard* » *heureux, des têtes fossiles d'éléphans mâles et femelles,* » *parce qu'étant prévenu du fait l'on ne seroit pas tenté d'en* » *faire deux espèces différentes.* »

Mais la dissection a montré que cette proéminence n'étoit produite que par deux cartilages propres aux éléphans, qui recouvrent l'entrée des canaux de la trompe dans les narines osseuses.

Ces cartilages étoient un peu plus bombés dans cet individu que dans les autres.

Ce n'est pas même un caractère commun à tous les mâles. Le *dauntelah* du Bengale, que nous avons possédé ensuite, ne l'avoit point.

Le même savant géologiste a fait donner à ses figures *des défenses beaucoup plus grandes* que ces deux individus ne les avoient, « *afin*, dit-il, p. 269, *de faire comprendre à* » *ceux qui n'ont jamais vu d'éléphans, la manière dont ces* » *animaux portent leurs défenses* ». Mais alors il n'auroit pas dû en faire donner de grandes à la femelle, qui n'en porte jamais de pareilles dans l'espèce des Indes.

ARTICLE VIII.

Examen du crâne de l'éléphant fossile.

Le crâne de l'éléphant étoit trop celluleux; les lames osseuses qui le composent étoient trop minces pour qu'il pût se conserver aisément dans l'état fossile: aussi en trouve-t-on des fragmens innombrables; mais il n'est fait mention que de trois assez bien conservés, dont le plus entier manque encore d'une partie de l'occiput.

Ils appartiennent tous les trois à l'Académie de Pétersbourg (1); le meilleur a été trouvé sur les bords du fleuve *Indigirska*, dans la *Sibérie* la plus orientale et la plus glacée, par le savant et courageux dantzickois *Messerschmidt* (2), qui en donna un dessin à son compatriote *Breynius*. Ce dernier le fit graver à la suite d'un Mémoire qu'il inséra dans

(1) *Pall.* Nov. Comment. Ac. Petrop. XIII.
(2) *Id. ib.*

les *Transactions philosophiques* (1); et c'est jusqu'à présent le seul document public que l'on ait sur cette partie du squelette de l'éléphant fossile.

J'ai fait copier la figure de *Breynius* dans ma planche II, fig. 1, à côté de celles des crânes des *Indes* et d'*Afrique*, et je les ai fait réduire tous les trois à peu près à la même grandeur, pour faciliter la comparaison des formes. Le premier coup d'œil montre que l'*éléphant fossile* ressemble par le crâne, ainsi que par les dents, à l'espèce des *Indes* beaucoup plus qu'à l'autre.

Malheureusement le dessin n'est pas assez correct pour une comparaison exacte, et il n'est pas fait sur une projection bien déterminée. La partie des alvéoles, celle du condyle pour la mâchoire inférieure, et le bord antérieur de la fosse temporale et de l'orbite, sont vus un peu obliquement en arrière, tandis que l'occiput et les molaires sont en profil rigoureux. Cependant on y voit nettement une différence frappante de proportion, celle de l'extrême longueur des alvéoles des défenses. Elle est triple de ce qu'elle seroit dans un crâne de l'Inde ou d'Afrique de mêmes dimensions que celui-ci; et la face triturante des molaires prolongée, au lieu de rencontrer le bord alvéolaire, couperoit le tube de l'alvéole au tiers de sa longueur.

Cette différence est d'autant plus importante qu'elle s'accorde avec la forme de la mâchoire inférieure, comme nous le verrons plus bas; et, comme nous l'avons dit ci-dessus, elle nécessitoit une autre conformation dans la trompe de l'éléphant fossile : car, ou les attaches des muscles de la trompe étoient les mêmes, c'est-à-dire, le dessus du nez et le bord inférieur

(1) Vol. 40, n. 446, pl. I et II.

des alvéoles des défenses; et alors la base de cet organe étoit trois fois plus grosse, à proportion, que dans nos éléphans vivans: ou bien les attaches des muscles étoient différentes, et alors sa structure totale étoit à plus forte raison différente.

Si l'on pouvoit s'en rapporter entièrement aux dessins, on trouveroit encore, 1.° que l'arcade zygomatique est autrement figurée;

2.° Que l'apophyse postorbitaire du frontal est plus longue, plus pointue et plus crochue;

3.° Que le tubercule de l'os lacrymal est beaucoup plus gros et plus saillant.

Quant à la grandeur absolue du crâne fossile, comparée à celle de nos crânes vivans, on peut en prendre une idée dans ma planche IV, fig. 9, 10, et 11, où j'ai fait représenter les trois crânes de face, et sur la même échelle (d'une ligne pour pouce).

On peut en prendre une plus juste encore dans la table suivante, où j'ai mis les dimensions de tous les crânes dont j'ai pu disposer.

	Crane de l'Académie de Pétersbourg mesuré d'après le dessin.	Crane de Messerschmidt, Trans. phil. vol. 40. pl. I.	Crane des Indes du grand squelette à dents courtes.	Crane des Indes du squelette à longues dents.	Crane séparé, des Indes variété à longues dents.	Autre crâne séparé, des Indes, variété à dents courtes.	Crane d'Afrique du squelette.	Crane d'Afrique séparé.
Depuis le sommet jusqu'au bord des alvéoles	1,18	1,178	0,885	0,806	0,713	0,64	0,731	0,59
— jusqu'au bout des os du nez	0,6		0,437	0,433	0,344	0,374	0,296	0,255
— jusqu'aux condyles occipitaux		0,663	0,49	0,49	0,442	0,366	0,438	0,395
Des condyles aux bords alvéolaires	0,93		0,805	0,755	0,703	0,676	0,822	0,626
Distance des condyles .			0,65	0,614	0,52	0,512	0,551	0,551
Plus grande largeur du crâne		0,868	0,673	0,654	0,515	0,463	0,532	0,463
Distance des deux apophyses derrière l'orbite			0,51	0,455	0,413	0,36	0,480	0,405

Mais pour conclure de ce crâne les dimensions de l'individu qui le portoit, il ne faut pas avoir égard à sa première dimension, dans laquelle entre la longueur excédente des alvéoles des défenses; il ne faut faire entrer en considération que celles qui sont réellement homologues.

Or, en les comparant avec celles du crâne de notre squelette des *Indes mookna* et *komarea*, c'est-à-dire à jambes courtes, on trouve que l'individu fossile devoit avoir à peu près 12 pieds de haut. La comparaison avec le *squelette des Indes dauntelah* et *merghée*, ou à longues jambes, donneroit un peu plus au fossile.

Dès que je connus ce dessin de *Messerschmidt*, et que je joignis aux différences qu'il m'offroit celles que j'avois observées moi-même sur les mâchoires inférieures et sur les molaires isolées, je ne doutai plus que les *éléphans fossiles* n'eussent été d'une espèce différente des *éléphans des Indes.*

Cette idée que j'annonçai à l'Institut, *le premier pluviose an IV* (Mémoires de l'Institut, 1.re classe, tome II, p. 20 et 21), m'ouvrit des vues toutes nouvelles sur la théorie de la terre; un coup d'œil rapide jeté sur d'autres os fossiles me fit présumer tout ce que j'ai découvert depuis, et me détermina à me consacrer aux longues recherches et aux travaux assidus qui m'ont occupé depuis dix ans.

Je dois donc reconnoître ici que c'est à ce dessin, resté pour ainsi dire oublié dans les *Transactions philosophiques* depuis soixante-dix ans, que je devrai celui de tous mes ouvrages auxquels j'attache le plus de prix.

Mais je ne me dissimulai point que les caractères qu'il m'offroit avoient besoin d'être confirmés par quelque autre morceau, pour ne point être considérés comme individuels; et, malgré leur accord avec ceux de la mâchoire inférieure, j'étois bien aise de voir encore un dessin d'un autre crâne.

Je m'adressai à l'Académie impériale des Sciences de Saint-Pétersbourg, et ce corps illustre auquel j'ai aujourd'hui l'honneur d'appartenir, répondit à mon vœu avec une générosité digne d'une compagnie à laquelle les sciences doivent tant de progrès.

L'Académie me fit faire un superbe dessin colorié et de grandeur naturelle, en profil à peu près rigoureux, d'un autre crâne fossile de Sibérie, de sa collection. Elle le fit accompagner d'un dessin de mâchoire inférieure, et de ceux d'un crâne de rhinocéros fossile dans deux positions.

Ce dessin, après de longs délais occasionnés par les différends politiques des deux Empires, vient de me parvenir au moment où je mettois la dernière main à mon travail, et j'ai été transporté d'une joie que j'aurois peine à exprimer en y trouvant la confirmation de tout ce que celui de *Messerschmidt* m'avoit appris.

Le crâne qui a servi de modèle est un peu moins complet. Les mâchelières, une partie de leurs alvéoles, sont enlevées, ainsi que la partie moyenne de l'arcade zygomatique.

Mais rien de caractéristique n'y manque : même longueur et même direction des alvéoles; même grosseur du tubercule lacrymal, même forme générale : tout en un mot nous montre que les crânes fossiles, autant qu'on les connoît, partageoient les mêmes caractères.

J'ai fait graver avec soin ce beau dessin dans ma pl. VIII, fig. 2, au sixième de sa grandeur.

Une différence du crâne qui a pu être constatée, indépendamment du dessin de *Messerschmidt* et de celui de l'académie de *Pétersbourg*, et qui s'accorde aussi avec celles de la mâchoire inférieure, c'est le parallélisme des molaires.

M. *Jæger* me l'assure positivement par rapport à une portion de crâne du cabinet de Stuttgard, dont il m'a adressé une figure qu'on voit pl. IV, fig. 4; une autre portion, dessinée par *Pierre Camper*, montre à peu près le même caractère (1). J'ai fait copier sa figure, pl. IV, fig. 3, et j'ai fait placer à côté, fig. 1 et 2, celles des crânes des Indes et d'Afrique, vus en dessous, pour montrer la convergence beaucoup plus marquée de leurs molaires en avant.

Nous possédons en ce Muséum une portion de l'occiput et du temporal d'un éléphant fossile, rapportée de Sibérie par l'astronome *Delisle* (Daubenton, *Histoire naturelle*, XI, n.° DCDLXXXVIII), qui m'a donné occasion de comparer ces parties plus exactement que les autres, sur lesquelles je n'avois que des dessins; mais je n'y ai trouvé que de petites différences peu importantes : cependant je l'ai fait représenter par sa face postérieure, pl. IV, fig. 7, et par la latérale, fig. 8. Ce morceau provient d'un éléphant d'environ 10 pieds de haut.

---

(1) *Mém. de Haarlem.*, tome XXIII, pl. D.

Article IX.

Comparaison des mâchoires inférieures des éléphans vivans et fossiles.

Les mâchoires inférieures fossiles trouvées séparément et à des distances immenses des crânes de *Sibérie*, par exemple sur les bords du *Rhin* et en *Lombardie*, ont offert des caractères qui sembloient déjà indiqués par ceux du crâne.

Il en résulte que les crânes auxquels ces mâchoires appartenoient devoient ressembler à ceux de Sibérie, et que les caractères de ces derniers n'étoient pas de simples différences individuelles, mais appartenoient à toute l'espèce fossile. Voici les caractères offerts par les mâchoires inférieures :

1.° L'espèce des *Indes* et celle d'*Afrique* ont leurs dents d'en bas convergentes en avant comme celles d'en haut : d'où il suit que le canal creusé dans le milieu, à la pointe antérieure de la mâchoire, est long et étroit.

Les mâchoires fossiles ont leurs dents à peu près parallèles comme les crânes. Le canal est donc beaucoup plus large à proportion de la longueur totale de la mâchoire : mais,

2.° Il est aussi beaucoup plus court,

Dans l'espèce des Indes et dans celle d'Afrique, où les alvéoles des défenses ne descendent pas au-delà de la pointe de la mâchoire inférieure, celle-ci peut s'avancer entre les défenses ; elle se prolonge donc en une espèce d'apophyse pointue.

Dans les têtes fossiles, au contraire, où ces alvéoles sont beaucoup plus longs, la mâchoire a dû être, pour ainsi dire, tronquée en avant : autrement elle n'auroit pu se fermer.

Ces deux différences sauteront aux yeux de ceux qui regarderont les figures 1, 2, 3, 4 et 5 de la pl. V, qui sont toutes au sixième de la grandeur naturelle.

Fig. 1 est de l'espèce d'Afrique.

Fig. 2 est d'une tête des Indes à longues défenses ou *dauntelah.*

Fig. 3 de notre grand squelette des Indes à courtes défenses ou *mookna.*

Fig. 4 et 5 de deux mâchoires fossiles trouvées aux environs de *Cologne.*

J'ai donné, pl. II., fig. 4 et 5, le profil de ces deux portions de mâchoires fossiles, pour qu'on puisse le comparer à ceux des espèces vivantes, représentés même pl., fig. 2 et 3. J'ai aussi marqué avec des points une telle mâchoire, comme elle devoit être sous le crâne fossile, fig. 1.

Les mâchoires fossiles du cabinet de Darmstadt, dont j'ai des dessins, et dont *Merk* a représenté une (IIe lettre, pl. III), et celle d'un lac de Hongrie, donnée par *Marsigli* (Danub. II, pl. 31), ont absolument les mêmes caractères: d'où l'on peut bien conclure qu'ils sont à peu près généraux dans l'espèce fossile.

Ils sont d'ailleurs encore confirmés, ainsi que ceux des dents, par le dessin de mâchoire inférieure envoyé par l'Académie de *Pétersbourg*, et copié pl. VIII, fig. 1.

Cependant je ne dois pas taire que mon savant ami, M. *Adrien Camper*, possède une mâchoire de Ceylan qui s'écarte beaucoup de celles de l'espèce vivante dont nous avons parlé jusqu'ici.

Comparée à une mâchoire fossile de dimensions à peu près égales, son canal antérieur s'est trouvé plus large et beaucoup moins profond, et les mâchelières presque aussi parfaitement parallèles; tandis qu'une autre mâchoire de Ceylan a ce même canal beaucoup plus étroit que la première.

C'est ce que M. *Camper* avoit annoncé dans la *Description anatomique d'un éléphant*, p. 20, et qu'il a bien voulu me redire avec plus de détail dans deux lettres dont il vient de m'honorer. Cette variété individuelle n'empêchoit pas que les dents de cette mâchoire n'eussent les proportions ordinaires à l'espèce vivante. M. *Camper*, en me donnant ces descriptions, ajoutoit que la mâchoire fossile, comme toutes les autres de cette espèce, offre des côtés plus renflés, plus bombés que celles des Indes.

ARTICLE X.

Comparaison des autres os dans l'éléphant des Indes et dans celui d'Afrique. — Dernier caractère extérieur des deux espèces, pris du nombre des ongles. — Examen des divers os fossiles d'éléphant que j'ai pu recueillir, ou dont je me suis procuré de bonnes figures.

Je n'ai eu pour les objets traités dans cet article qu'un seul squelette de l'espèce d'Afrique et d'un individu femelle, celui que *Duverney* avoit préparé sous Louis XIV, et qu'ont décrit *Perrault* et *Daubenton;* mais j'en ai eu deux de l'espèce des Indes, préparés l'un et l'autre sous mes yeux par M. *Rousseau*, mon prosecteur. Ils sont pris tous les deux d'individus mâles : le premier de la variété dite aux Indes *mookna*, qui n'a jamais que des défenses très-courtes; l'autre, de celle dite *dauntelah*, ou à longues défenses. Notre individu, qui appartenoit à la variété *mookna* par ses dents, appartenoit par sa forme à la variété *komarea* ou trappue; le *dauntelah*, au contraire, appartenoit à la variété *merghée* ou élancée. Ainsi ils réunissoient à eux deux les principales différences que les éléphans des Indes peuvent offrir.

Enfin M. *Mertrud* avoit conservé quelques os isolés d'une femelle de l'espèce des Indes de la variété *komarea*, morte à la ménagerie de Versailles en 1782, et dont la peau bourrée a été donnée par notre Muséum au cabinet de l'Université de Pavie.

Nos deux squelettes des Indes m'ont montré que les différences de proportion des variétés se réduisent à peu de chose.

Les os de femelle ont prouvé que les sexes ne produisent point dans le squelette de différences sensibles, si ce n'est un peu plus de minceur dans les os longs de la femelle : mais j'ai vu en même temps que les espèces en produisent de telles, que plusieurs os, examinés chacun séparément avec attention, peuvent faire connoître à eux seuls s'ils viennent de l'espèce d'*Afrique* ou de celle des *Indes*.

1.° L'*omoplate*, par exemple, fournit des caractères aussi tranchés que le crâne. Ses trois côtés ont d'autres proportions, et ses angles d'autres ouvertures ; enfin son cou est beaucoup plus large, et l'apophyse récurrente de son épine est tout autrement placée dans l'éléphant des Indes que dans celui d'Afrique.

Dans l'omoplate de l'éléphant des Indes, pl. VIII, fig. 6, l'apophyse est entre le milieu et le tiers inférieur de la longueur de l'os. Dans celui d'Afrique, *ib.*, fig. 7, elle est audessous du quart inférieur.

Les omoplates fossiles que j'ai eues à ma disposition ne sont pas assez entières pour être comparées complétement à celles des éléphans vivans ; mais les quatre fragmens du cabinet de Stutgard (pl. VIII, fig. 8, 9, 10 et 11), et celui du nôtre (pl. VII, fig. 6), montrent beaucoup plus de ressemblance avec l'éléphant des Indes qu'avec celui d'Afrique.

Autant qu'on peut en juger, elles étoient plus massives et

présentoient à l'humérus une facette articulaire plus large à proportion.

Toutes ces figures sont au douzième.

Notre omoplate fossile vient d'un individu d'environ dix pieds. Il y en a deux un peu plus grandes parmi celles de Stutgard.

2.° L'*humérus* donne des caractères spécifiques moins frappans que l'omoplate.

Cependant celui d'*Afrique* est plus grêle que celui des *Indes*. Sa crète deltoïdienne descend plus bas; sa crète inférieure externe fait moins de saillie en dehors. Voyez pl. I, fig. 4, A, celui d'Afrique, et I celui des Indes.

L'*humérus fossile* de notre cabinet (même pl., fig. 4, F) ressemble plus à celui des Indes; il a cependant sa crète inférieure externe sensiblement plus courte à proportion.

Le canal du *biceps* est aussi plus large dans l'humérus d'Afrique et plus étroit dans le fossile que dans celui des Indes.

Voyez pl. I, fig. 3, où les têtes supérieures des trois humérus sont représentées.

Cet humérus fossile qui vient de *Casan*, et que Daubenton mentionne sous le n.° MXXXIII, est long de 0,88; ce qui indique un individu de 8 pieds et quelques pouces de haut seulement: aussi n'étoit-il pas adulte, car les épiphyses sont encore séparées. Un éléphant des Indes de 8 pieds de hauteur au garot a cet os de 0,80.

3.° L'*avant-bras* a dans l'éléphant un caractère générique très-remarquable et dont je ne connois point d'autre exemple: c'est que la tête supérieure du *radius* est saisie et comme enchâssée entre deux apophyses du cubitus qui sont deux productions de sa facette sygmoïde. Comme cette tête n'est pas ronde, le mouvement de rotation est impossible. Le radius traverse obliquement sur la face antérieure du cubitus pour aller se terminer, à son côté interne, par une tête plus grosse que sa tête supérieure, mais moindre que l'inférieure du cubitus.

Les fig. 16 - 23 de la pl. VII, toutes au douzième, donnent une idée de cette singulière conformation.

Elles montrent aussi que ces os sont, comme les autres, plus grèles dans l'éléphant d'Afrique, fig. 16 - 19, que dans celui des Indes, fig. 20-23. La comparaison des fig. 19 et 23 qui montrent les têtes supérieures vues perpendiculairement, fait voir que celle du radius est posée plus obliquement dans l'éléphant des Indes, plus transversalement dans celui d'Afrique.

Au moment où j'écris, mon collègue, M. *Faujas*, rapporte d'Italie un cubitus fossile, trouvé aux bords du *Pô*, que je regrette de n'avoir pas eu assez tôt pour le faire graver: heureusement on peut s'en faire une idée en se le représentant un peu plus trapu que celui des Indes, mais lui ressemblant pour tout le reste.

On peut juger de ces proportions par les mesures ci-jointes;

	CUBITUS FOSSILE.	CUBITUS DES INDES.
Longueur totale	0,85	0,72
Longueur de l'olécrâne	0,2	0,17
Largeur de la facette sygmoïde en avant . .	0,27	0,19

La longueur du cubitus fossile indique un éléphant de 9 pieds et demi de haut.

4.° Le *bassin*. Pierre Camper en a publié une moitié mutilée, dans le XXIII.e volume des *Mémoires de l'Académie* d'Harlem. Il y en a un entier, assez mutilé aussi, dans le cabinet de Darmstadt, dont je donne ici (pl. VII, fig. 1 et 2) deux dessins, réduits sur ceux que m'ont bien voulu envoyer MM. *Schleyermacher* et *Borkhausen*. J'ai placé à côté, fig. 3 et 4, deux vues semblables du bassin de notre *éléphant des Indes dauntelah*. Les parties mutilées n'étant point susceptibles de comparaisons, nous sommes réduits à examiner la figure du détroit et celle des trous ovalaires et des fosses cotyloïdes avec leurs proportions respectives.

Il paroît que le diamètre antéro-postérieur est plus grand à proportion dans le fossile. Ses trous ovalaires sont plus grands que ses fosses cotyloïdes, tandis que c'est l'inverse qui a lieu dans le vivant.

Voici une table comparative de ces dimensions:

	BASSIN FOSSILE.	BASSIN DES INDES.
Diamètre de la fosse cotyloïde	5″	5″
Diamètre vertical du trou ovalaire	6″ 6‴	4″
Diamètre transversal	4″	2″ 2‴
Diamètre antéro-postérieur du détroit . . .	1′ 6″ 6‴	11″
Diamètre transversal	1′ 5	11″ 3‴

D'après la largeur de la fosse cotyloïde, ce bassin fossile devoit venir d'un éléphant de moins de 8 pieds.

Une portion d'*ischion* que M. *Faujas* vient de rapporter d'Italie, m'a offert un autre caractère distinctif que je n'avois pu voir dans ces figures, quoique j'aie remarqué ensuite qu'il est indiqué dans celle de Camper. C'est une fosse assez profonde, à la face supérieure de l'os, entre le bord de la fosse cotyloïde et le bord interne de l'ischion. Je n'en trouve nulle trace ni dans les éléphans des Indes, ni dans celui d'Afrique.

Cette portion vient d'un individu de 12 pieds de haut. La moitié, décrite par Camper, venoit d'un éléphant de 9 pieds et demi.

Je n'ai pas trouvé entre le bassin de l'éléphant des Indes et celui de l'éléphant d'Afrique de différences assez fortes pour qu'un dessin pût les rendre sensibles.

5.° Le *fémur*. Dans les éléphans en général cet os est très-long et fort aplati d'avant en arrière. L'espèce d'Afrique l'a plus grèle et à cou plus court; ce qui rend sa partie supérieure moins large que dans l'espèce des Indes. (Voyez pl. V, fig. 6 et 7.) Le fémur fossile que j'ai pu examiner, pl. V, fig. 8, et qui vient de Sibérie (Daub., n.° MXXXIV), a sa partie supérieure mutilée; mais sa tête inférieure m'a fourni un caractère distinctif très-sensible dans son échancrure entre les deux condyles, qui se réduit à une ligne étroite (voyez fig. 12), au lieu d'un large enfoncement qu'on voit dans les deux espèces vivantes. (Voyez fig. 9 et 10.) Deux autres têtes inférieures fossiles de notre Muséum, fig. 11 et 13, ont précisément la même particularité. Dès que je me fus aperçu de cette différence notable, je fus curieux de savoir si elle étoit générale à tous les fémurs fossiles. M. *Jœger* m'a prouvé qu'elle se trouve aussi dans ceux de *Canstadt,* en m'envoyant le dessin gravé pl. VIII, fig. 5, au douzième. Les autres de la même partie sont au sixième.

Daubenton, qui n'avoit comparé ce fémur qu'à celui d'Afrique, et ne lui avoit trouvé d'autre différence qu'un peu plus de largeur proportionnelle, attribuoit cette largeur à l'âge. Cependant ce fémur vient d'un jeune éléphant, car son épiphyse inférieure est encore distincte, et la supérieure est détachée et perdue.

Cet os, long de 1,11, indique un individu d'environ 9 pieds et demi de hauteur : notre éléphant des Indes de 8' a le sien de 0,92; mais on a trouvé des fémurs fossiles beaucoup plus grands. *Jacob* et *Oliger Jacobæus* en citent de 4 pieds anglais de long. Le plus long de tous ceux qui ont été mesurés avec exactitude est celui dont parle *Camper* (1), et qui avoit 52 pouces du Rhin, c'est-à-dire 137, ou 4' 2" 7"' de France; ce qui indique un animal d'environ 11 pieds 8 pouces.

Le fémur d'un éléphant des Indes, mort de vieillesse, appartenant au même anatomiste, avoit, dit-il, 13 pouces de moins.

Cependant si l'on pouvoit se fier aux mesures rapportées dans la *Gigantomachie*, le fémur du prétendu *teutobochus* auroit été encore bien plus grand, puisqu'il auroit eu 5 pieds de long; et néanmoins cette dimension n'indiqueroit qu'un individu de 14 pieds de haut : ce qui ne surpasse point ce que les relations nous disent des éléphans vivans dans les Indes.

La tête inférieure, pl. V, fig. 11, ne vient que d'un individu de 10 pieds.

6.° La *jambe*. Le tibia d'Afrique est beaucoup plus grêle que celui des Indes, et celui-ci plus que le fossile. On peut en juger par les fig. 10, 11 et 12 de la pl. VII, qui représentent le tibia des Indes, comparées aux fig. 13, 14 et 15, qui sont de celui d'Afrique, toutes au douzième. Les dessins fossiles, *ib.* 7, 8 et 9, m'ont été envoyés par M. Jæger, et sont pris

(1) *Nov. act.*, *Petrop.* II, 1788, p. 257.

d'un des échantillons du cabinet de Stutgard. Cet os indique un individu de 11 à 12 pieds de haut.

Du reste, les formes de ces trois os et de leurs facettes offrent peu de différences.

Je n'ai pas eu de péroné fossile.

La Gigantomachie donne au tibia du prétendu *teutobochus* 4 pieds de longueur, et 5 au fémur. La mesure du tibia est évidemment exagérée. Elle indiqueroit un individu de plus de 18 pieds, et ne convient point à celle du fémur, qui ne se rapporte qu'à un individu de 14.

Notre éléphant des Indes de 8 pieds a son fémur de 0,92, et son tibia de 0,56.

7.° Le *pied de devant* ne m'a offert dans l'éléphant des Indes et celui d'Afrique d'autres différences que plus de grandeur dans tous les os du pouce, et un peu plus de grosseur dans le métacarpien de l'index, et dans celui du petit doigt du premier.

Comme les petits os fossiles se recueillent toujours moins soigneusement que les grands, je n'ai eu du pied de devant qu'un seul métacarpien, celui du petit doigt. (Voyez pl. VIII, fig. 9, 10 et 11.) Je le dois à M. *G. A. Deluc.* Il est encore plus gros à proportion que dans l'éléphant des Indes, et annonce un individu de 9 à 10 pieds. Il est assez probable que dans les grands individus des éléphans tant vivans que fossiles, les os du pied croissent plus en épaisseur que les autres, précisément parce qu'ils ont toute la masse à supporter.

8.° Le *pied de derrière* de l'*éléphant d'Afrique* se distingue de celui des *Indes*, 1.° parce que la facette tibiale de son astragale est plus oblique; 2.° la facette péronéenne de son calcanéum plus large; 3.° son premier os cunéiforme plus petit, appuyant beaucoup moins sur le métatarsien du second doigt; 4.° l'os unique, qui représente le gros orteil, plus petit et plus pointu; 5.° le métatarsien du second doigt beaucoup plus mince à proportion. (Voyez pl. VII, fig. 6, le pied des Indes, et, fig. 7, celui d'Afrique.) Ces différences s'accordent, ainsi que celles du pied de devant, avec celles que nous ferons bientôt remarquer dans le nombre des ongles.

Je n'ai pu examiner de tous les os qui composoient le pied de derrière de l'éléphant fossile que le seul astragale. M. *Miot*, aujourd'hui ministre de l'intérieur du royaume de Naples, a bien voulu m'en confier un qu'il a recueilli dans le *val d'Arno*. Je l'ai fait graver, pl. I, fig. 2, F, et les deux autres, I et A. Outre sa grandeur, il se distingue au premier coup d'œil, parce que les angles de sa facette tibiale approchent davantage d'être droits, et que la facette elle-même est plus carrée. Ce caractère n'est pas plus individuel que les autres. Une portion d'astragale du cabinet de *Stutgard*, dont M. *Jæger* m'a envoyé un dessin (pl. VIII, fig. 4), est semblable à l'os du *val d'Arno*. Tous deux sont de même grandeur, et viennent d'un individu de 10 à 11 pieds.

9.° *Digression sur les ongles et dernier caractère extérieur des éléphans vivans.* On sait qu'il y a depuis long-temps de l'incertitude parmi les naturalistes sur le nombre des ongles de l'éléphant, et que quelques-uns ont pensé qu'il est sujet à varier.

Il se peut en effet qu'un ongle tombe par accident; il est arrivé aussi quelquefois que l'on a pris pour des ongles des excroissances de la semelle du pied; mais il ne doit pas moins y avoir un nombre naturel, et que les circonstances peuvent seules altérer.

Je crois m'être aperçu que ce nombre n'est pas le même dans l'éléphant d'Asie et dans celui d'Afrique ; et si ma conjecture se vérifie, ce sera un troisième caractère extérieur à ajouter à ceux que fournissent déjà la forme de la tête et la grandeur des oreilles.

Voici sur quoi cette conjecture se fonde.

Tous les éléphans de l'Inde, bien examinés, se sont trouvés avoir cinq ongles devant, et quatre derrière.

C'est le cas de l'éléphant modelé à Naples, et représenté par Buffon, tome XI; de l'éléphant mort à la ménagerie de Versailles, et disséqué par Mertrud; de celui qui mourut à Cassel et dont parle Zimmermann; du fétus du cabinet de Brunswick, décrit par ce dernier; de celui que représente Séba; enfin, du jeune éléphant décrit par Camper.

Les trois éléphans des Indes de notre ménagerie avoient aussi ce nombre.

A la vérité, Blair dit du sien : *each shod with 4 hoofes;* mais il donne aussi dans sa figure six doigts au pied de devant gauche, et quatre à ceux de derrière.

Je n'ai eu que deux individus d'Afrique à examiner à cet égard : un jeune, empaillé, et un fétus, venant l'un et l'autre du cabinet du Stadhouder. Leurs pieds, surtout ceux du dernier, n'étoient point altérés par la marche, et présentoient distinctement, ceux de devant quatre ongles, et ceux de derrière trois.

Perrault, seul naturaliste qui ait bien décrit un éléphant d'Afrique adulte, ne lui donne que trois ongles à tous les pieds, mais il est très-possible que les excroissances monstrueuses que son individu avoit à toutes les sémelles, eussent masqué un ongle aux pieds de devant.

ARTICLE XI.

Résumé général et comparatif de la taille et de la forme des éléphans vivans et des éléphans fossiles.

Ainsi, d'après toutes ces rechercherches et toutes ces comparaisons,

L'éléphant à crâne arrondi, à larges oreilles, à mâchelières marquées de losanges sur leur couronne, que nous appelons éléphant d'Afrique (*elephas africanus*), est un quadrupède dont la seule patrie connue est jusqu'à présent l'Afrique.

On est certain que c'est cette espèce qui habite au Cap et en Guinée; on a lieu de croire qu'elle se trouve aussi à Mosambique: mais on ne peut assurer qu'il n'y ait point des individus de l'espèce suivante dans cette partie.

On n'en a point vu, représenté, ni comparé assez d'individus pour savoir si cette espèce offre des variétés remarquables.

C'est elle qui produit les plus grandes défenses.

Les deux sexes en portent également.

Le nombre naturel des ongles est de quatre devant et de trois derrière.

L'oreille est immense et couvre l'épaule.

La peau est d'un brun foncé et uniforme.

La taille ordinaire est de 8 à 10 pieds.

Cette espèce n'a point été domptée dans les temps modernes. Elle paroît cependant l'avoir été par les anciens qui lui attribuoient dans cet état moins de force et de courage qu'à l'espèce suivante.

Ses mœurs naturelles ne sont point parfaitement connues. Autant qu'on peut en juger par les notices des voyageurs, elles ressemblent cependant pour l'essentiel à celles de l'espèce suivante.

L'éléphant à crâne allongé, à front concave, à petites oreilles, à mâchelières marquées de rubans ondoyans que nous appelons *éléphant des Indes (elephas indicus)*, est un quadrupède qu'on n'a observé d'une manière certaine qu'au-de là de l'Indus.

Il s'étend des deux côtés du Gange, jusqu'à la mer orientale et au midi de la Chine. On en trouve aussi dans les îles de la mer des Indes, à *Java*, à *Bornéo*, à *Sumatra, etc.*

Il n'y a point encore de preuve authentique qu'il existe dans aucune partie de l'Afrique, quoique le contraire ne soit pas absolument prouvé non plus.

Les Indiens ayant, depuis un temps immémorial, l'habitude de prendre cette espèce et de l'apprivoiser, on l'a beaucoup mieux observée que l'autre.

On y a remarqué des variétés pour la grandeur, pour la légèreté de la taille, pour la longueur et la direction des défenses.

Les femelles et une partie des mâles n'ont jamais que de petites défenses droites.

Les défenses des autres mâles n'arrivent point à une aussi grande longueur que dans l'espèce d'Afrique.

Le nombre naturel des ongles est de cinq devant et de quatre derrière.

L'oreille est petite, souvent anguleuse.

La peau est d'un gris tacheté de brun. Il y en a des individus tout blancs.

La taille varie de 8 à 15 et 16 pieds.

Ses mœurs, la manière de le prendre et de le dresser ont été décrites avec soin par une multitude de voyageurs et de naturalistes, depuis *Aristote* jusqu'à M. *Corse*.

L'éléphant à crâne allongé, à front concave, à très-longues alvéoles des défenses, à mâchoire inférieure obtuse, à mâchelières plus larges, parallèles, marquées de rubans plus serrés, que nous nommons *éléphant fossile* (*elephas primigenius*, Blumenb.), est le *mammouth* des Russes.

On ne trouve ses os que dans l'état fossile ; personne n'en a vu dans l'état frais qui fussent semblables à ceux des siens par lesquels il se distingue, et l'on n'a point vu dans l'état fossile les os des deux espèces précédentes.

On trouve ces os dans beaucoup de pays, mais mieux conservés dans ceux du nord qu'ailleurs.

Il ressembloit à l'espèce des Indes plus qu'à celle d'Afrique.

Il différoit néanmoins de la première par les mâchelières, les formes de la mâchoire inférieure et de beaucoup d'autres os, mais surtout par la longueur des alvéoles de ses défenses.

Ce dernier caractère devoit modifier singulièrement la figure et l'organisation de sa trompe, et lui donner une physionomie beaucoup plus différente de celle de l'espèce des Indes, qu'on n'auroit dû s'y attendre d'après la ressemblance du reste de leurs os.

Il paroît que ses défenses étoient généralement grandes et arquées. Il n'y a point de preuve qu'elles aient beaucoup différé selon les sexes ou les races.

La taille n'étoit pas beaucoup au-dessus de celle à laquelle l'espèce des Indes peut atteindre : il paroît avoir eu des formes en général encore plus trapues.

On ne peut savoir quelle étoit la grandeur de ses oreilles, la couleur de sa peau, ni le nombre ordinaire de ses ongles, encore moins quelles étoient ses habitudes naturelles.

Mais il est bien certain par ses débris que c'étoit une espèce plus différente de celle des *Indes* que l'*âne* ne l'est du *cheval*, ou le *chacal* et l'*isatis* du *loup* et du *renard*.

Il n'y a donc rien d'impossible à ce qu'elle ait pu supporter un climat qui feroit périr celle des Indes.

ARTICLE XII.

Résultats généraux de cette histoire des éléphans fossiles.

Les détails où nous sommes entrés nous ont donc fait voir que les *os fossiles d'éléphans* se rapprochent beaucoup de ceux de l'*éléphant* aujourd'hui vivant dans les *Indes*.

Cependant nous venons de voir aussi que presque tous ceux de ces os qu'il a été possible d'examiner et de comparer exactement à ceux de l'*éléphant vivant* ont offert des différences sensibles et plus grandes, par exemple, que celles des os du *cheval* et de l'*âne*. Nous en avons conclu que ces deux éléphans ne sont pas entièrement de la même espèce.

Cette conclusion, qui pourroit ne pas paroître complétement démontrée, si elle ne concernoit que ce seul animal fossile, attendu que les différences remarquées ne sont pas en effet d'une très-grande importance, prend de la force lorsque l'on voit que les espèces dont les os accompagnent ordinairement les siens, telles que les *rhinocéros* et les *tapirs*, diffèrent encore plus que lui de leurs congénères vivans, et que même quelques-unes, telles que les divers *mastodontes*, n'ont aujourd'hui aucun congénère existant connu.

L'article premier nous a montré que les os fossiles d'éléphans se trouvent pour l'ordinaire dans les couches meubles et superficielles de la terre, et le plus souvent dans les terrains d'alluvion qui remplissent le fond des vallées ou qui bordent les lits des rivières.

Ils n'y sont presque jamais seuls, mais pêle-mêle avec les os d'autres quadrupèdes de genres connus, comme rhinocéros, bœufs, antilopes, chevaux; et souvent avec des débris d'animaux marins, tels que coquillages ou autres, dont une partie se sont même attachés dessus.

Le témoignage positif de Pallas, celui de Fortis et de beaucoup d'autres ne permet pas de douter que cette dernière circonstance n'ait souvent lieu, quoiqu'elle ne soit pas toujours. Nous avons nous-mêmes en ce moment sous les yeux une portion de mâchoire chargée de millépores et de petites huîtres.

Les couches qui recouvrent les os d'éléphans ne sont pas d'une très-grande épaisseur; presque jamais elles ne sont d'une nature pierreuse. Ils sont rarement pétrifiés, et l'on ne cite qu'un ou deux exemples où il y en ait eu d'incrustés dans de la pierre coquillière ou autre; souvent même ils sont simplement accompagnés de nos coquilles communes d'eau douce; la ressemblance, à ce dernier égard, ainsi qu'à l'égard de la nature du sol, des trois endroits dont on a les relations les plus détaillées, savoir, *Tonna*, *Cantstadt* et la *forêt de Bondi*, est même très-remarquable. Tout paroît donc annoncer que la cause qui les a enfouis est l'une des plus récentes qui aient contribué à changer la surface du globe.

C'est néanmoins une cause physique et générale: les ossemens d'*éléphans fossiles* sont en trop grand nombre, et il y en a dans trop de contrées désertes et même inhabitables, pour que l'on puisse soupçonner qu'ils y aient été conduits par les hommes.

Les couches qui les contiennent et celles qui sont au-dessus d'eux montrent que cette cause étoit aqueuse, ou que ce sont les eaux qui les ont recouverts, et que dans beaucoup d'endroits ces eaux étoient à peu près les mêmes que celles de la mer d'aujourd'hui, puisqu'elles nourrissoient des êtres à peu près semblables.

Mais ce ne sont pas ces eaux qui les ont transportés où ils sont. Les détails du même article premier montrent qu'il y a de ces ossemens à peu près dans toutes les contrées que les naturalistes ont parcourues. Une irruption de la mer qui les auroit apportés seulement des lieux que l'*éléphant des Indes* habite maintenant, n'auroit pu les répandre aussi loin, ni les disperser aussi également.

D'ailleurs l'inondation qui les a enfouis ne s'est point élevée au-dessus des grandes chaînes de montagnes, puisque les couches qu'elle a déposées et qui recouvrent les ossemens ne se trouvent que dans des plaines peu élevées. On ne voit donc point comment les cadavres d'éléphans auroient pu être transportés dans le nord, pardessus les montagnes du *Thibet* et les chaînes des *Altaï* et des *Ourals*.

De plus ces os ne sont point roulés : ils conservent leurs arêtes, leurs apophyses; ils n'ont point été usés par le frottement; très-souvent les épiphyses de ceux qui n'avoient point encore pris leur accroissement complet, y tiennent encore, quoique le moindre effort suffise pour les détacher : les seules altérations que l'on y remarque viennent de la décomposition qu'ils ont subie par leur séjour dans la terre.

On ne peut pas se représenter non plus que les cadavres entiers aient été transportés violemment. A la vérité, dans ce cas, les os seroient restés intacts; mais ils seroient aussi restés rassemblés et ne seroient pas épars.

Les coquilles, les millépores et autres productions marines qui se sont fixées sur quelques-uns, prouvent d'ailleurs qu'ils sont restés au moins quelque temps déjà dépouillés et séparés au fond du liquide qui les recouvroit.

Les os d'éléphans étoient donc déjà dans les lieux où on les trouve, lorsque le liquide est venu les recouvrir. Ils y étoient épars comme peuvent l'être dans notre pays les os des chevaux et des autres animaux qui l'habitent, et dont les cadavres sont répandus dans les champs.

Tout rend donc extrêmement probable que les éléphans qui ont fourni les os fossiles habitoient et vivoient dans les pays où l'on trouve aujourd'hui leurs ossemens.

Ils n'ont donc pu y disparoître que par une révolution qui a fait périr tous les individus existans alors, ou par un changement de climat qui les a empêché de s'y propager. Mais quelle qu'ait été cette cause, elle a dû être subite.

Les os et l'ivoire, si parfaitement conservés dans les plaines de la Sibérie, ne le sont que par le froid qui les y congèle, ou qui en général arrête l'action des élémens sur eux. Si ce froid n'étoit arrivé que par degrés et avec lenteur, ces ossemens, et à plus forte raison les parties molles dont ils sont encore quelquefois euveloppés, quoique rarement, auroient eu le temps de se décomposer comme ceux que l'on trouve dans les pays chauds et tempérés.

Ainsi toutes les hypothèses d'un refroidissement graduel de la terre ou d'une variation lente, soit dans l'inclinaison, soit dans la position de l'axe du globe, tombent d'elles-mêmes.

Si les *éléphans* actuels des *Indes* étoient les descendans de ces anciens éléphans qui se seroient réfugiés dans leur climat d'aujourd'hui, lors de la catastrophe qui les détruisit dans les autres, il seroit impossible d'expliquer pourquoi leur espèce a été détruite en Amérique, où l'on trouve encore des débris qui prouvent qu'ils y ont existé autrefois. Le vaste empire du *Mexique* leur offroit assez de hauteurs pour échapper à une inondation aussi peu élevée que celle qu'il faudroit supposer, et le climat y est plus chaud qu'il ne faut pour leur tempérament. Nous avons montré d'ailleurs que les montagnes de l'ithsme de *Panama* n'ont point été un obstacle à leur passage dans l'*Amérique méridionale*.

Les divers *mastodontes*, le *tapir gigantesque* et le *rhinocéros fossile* vivoient dans les mêmes pays, dans les mêmes cantons que les *éléphans fossiles*, puisqu'on trouve leurs os dans les mêmes couches et dans le même état. On ne peut pas imaginer une cause qui auroit fait périr les uns en épargnant les autres. Cependant ces premiers animaux n'existent bien certainement plus, et il ne peut y avoir à leur égard aucune contestation, ainsi que nous le montrons à leurs chapitres.

Tout se réunit donc pour faire penser que l'*éléphant fossile* est, comme eux, d'une espèce éteinte, quoiqu'il ressemble plus qu'eux à l'une des espèces aujourd'hui existantes.

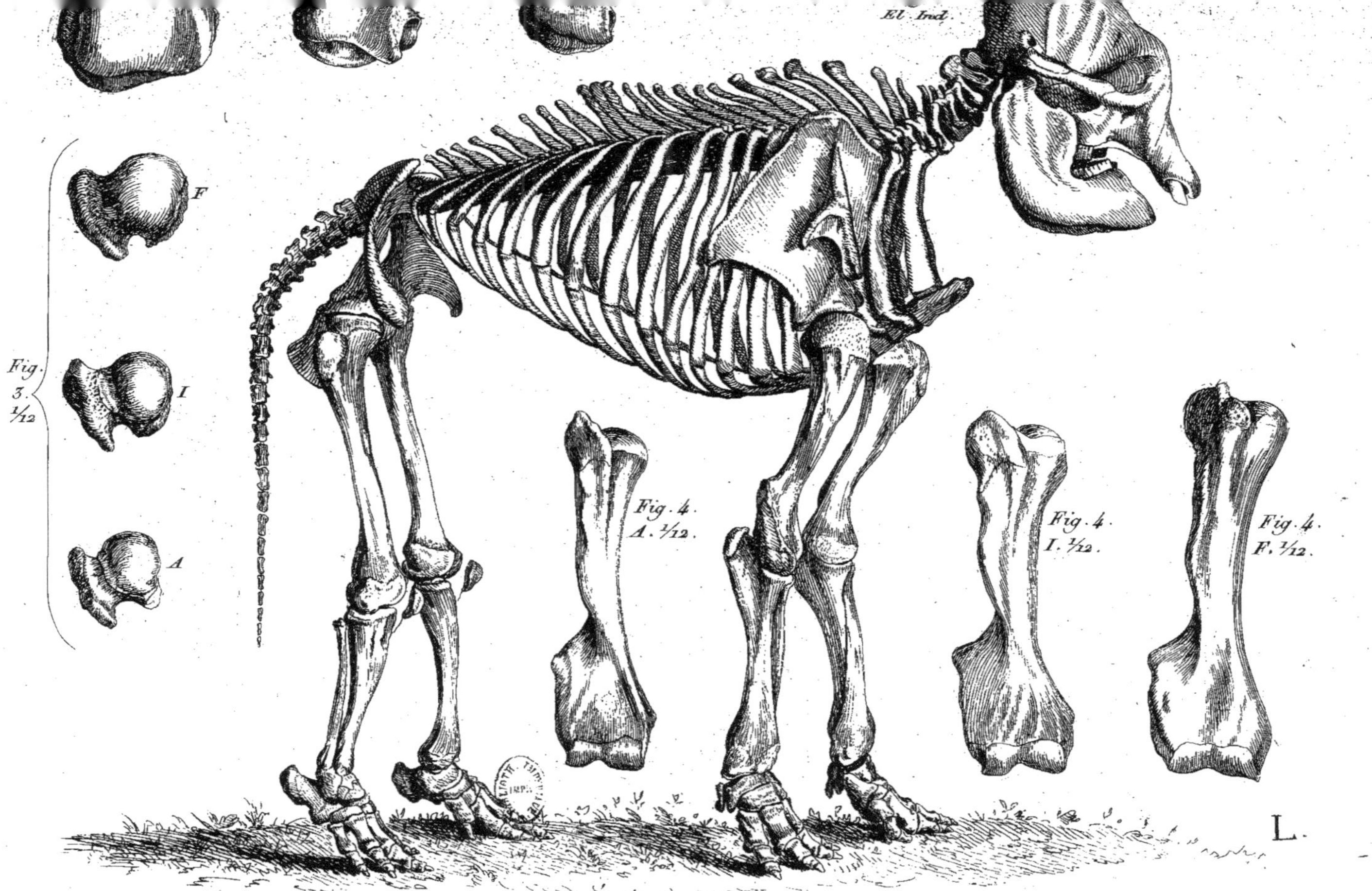

ÉLÉPHANS. PL. I.

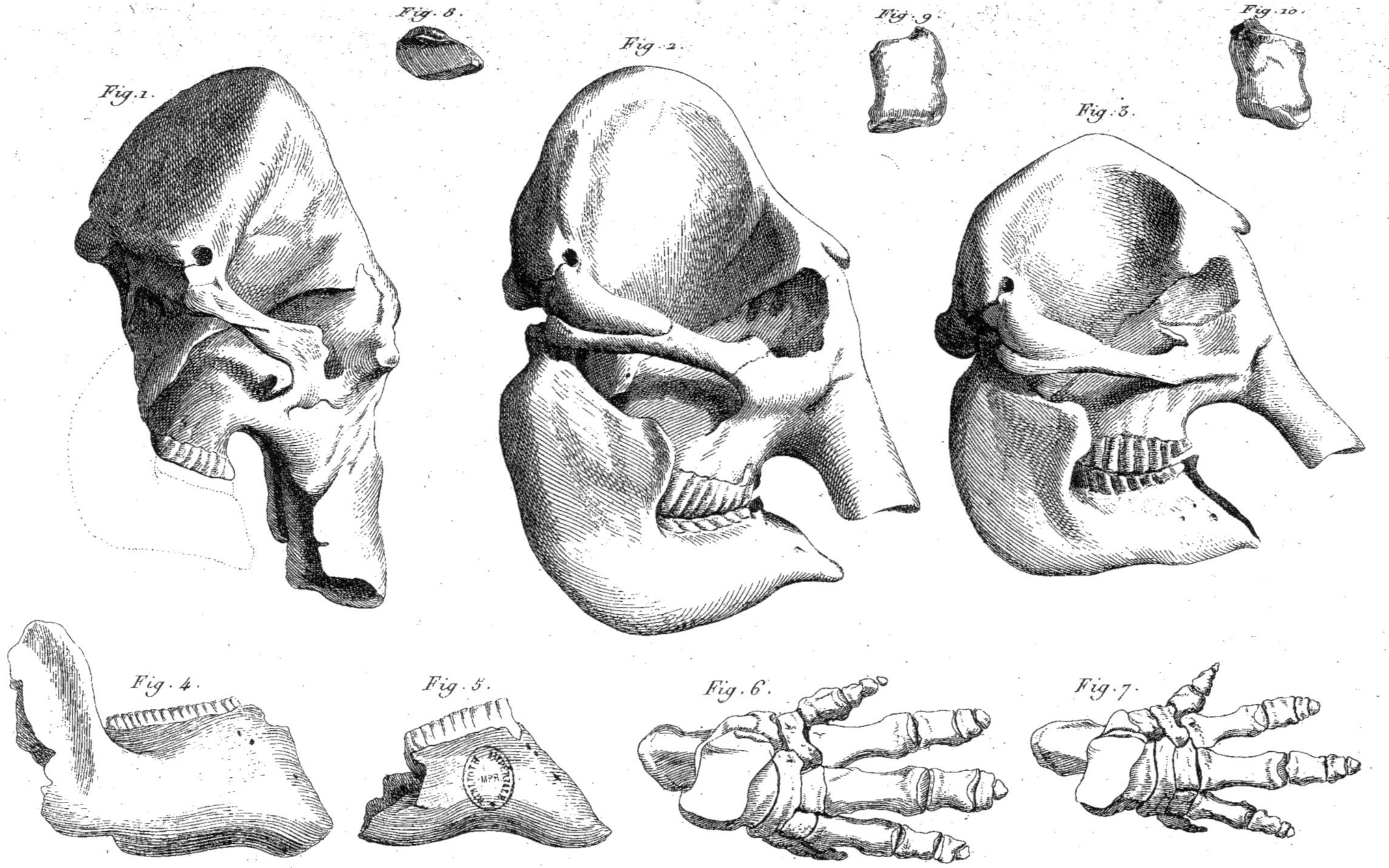

ÉLÉPHANS PL. II.

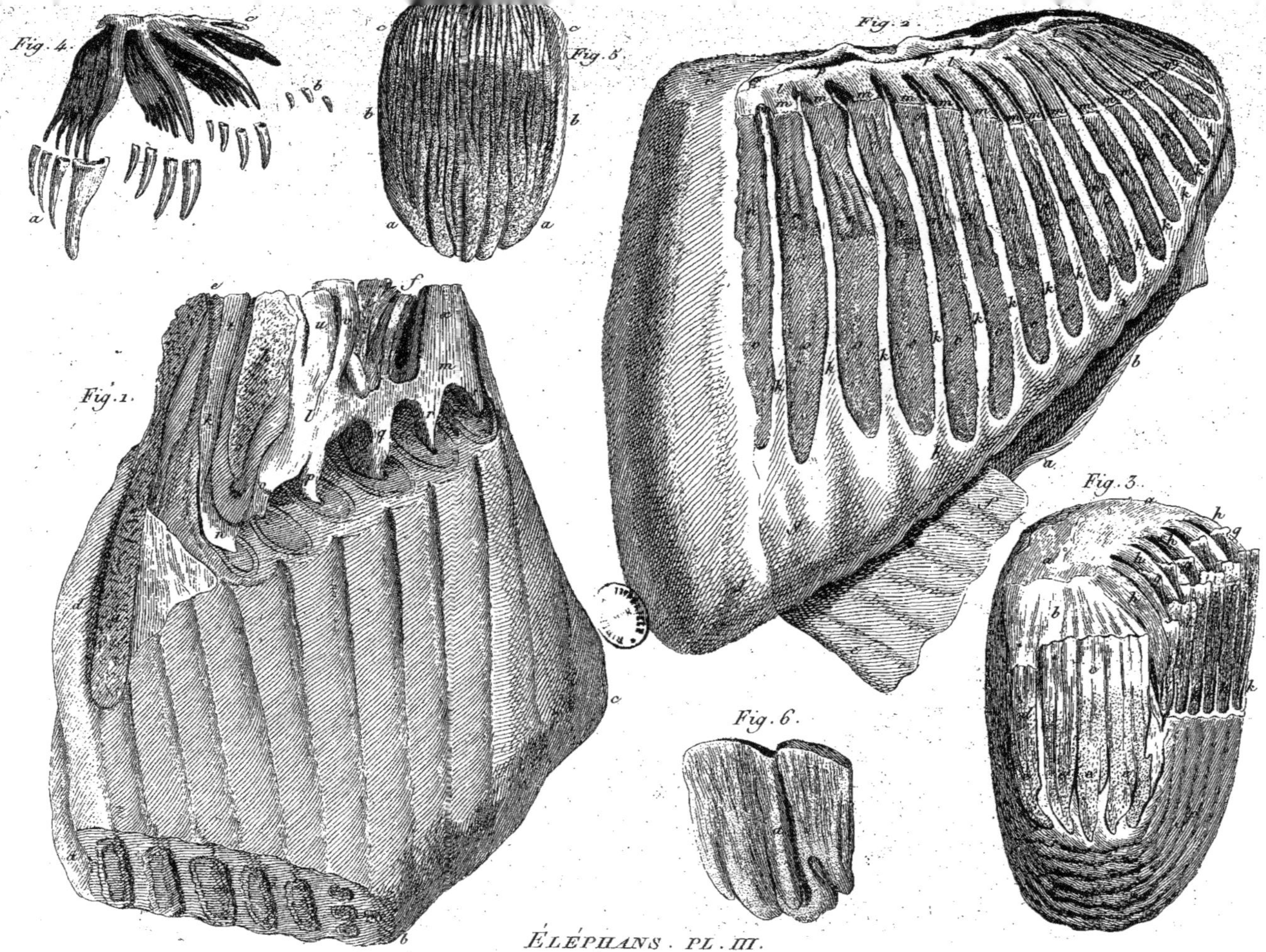

ÉLÉPHANS . PL . III.

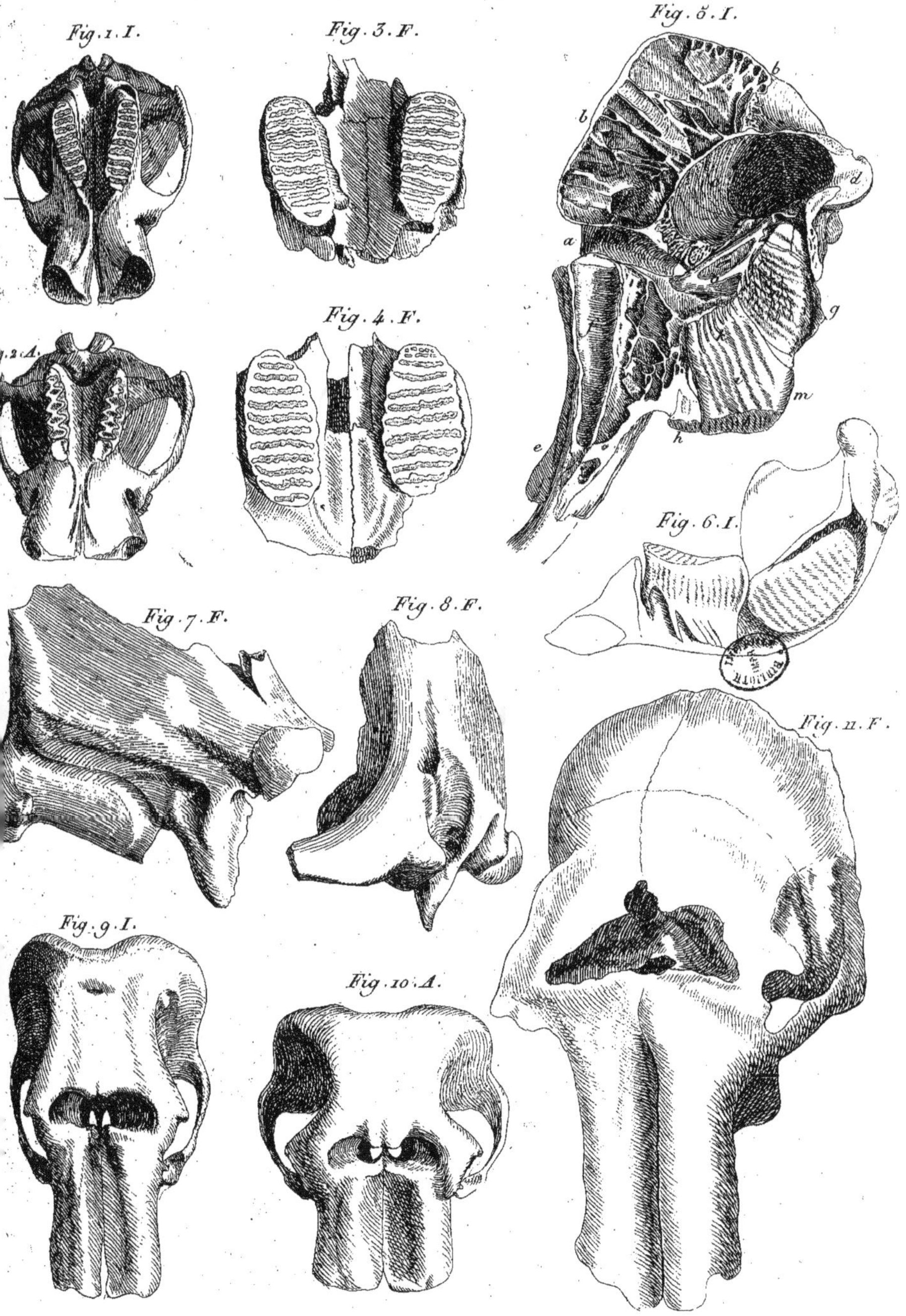

ÉLÉPHANS. PL. IV.

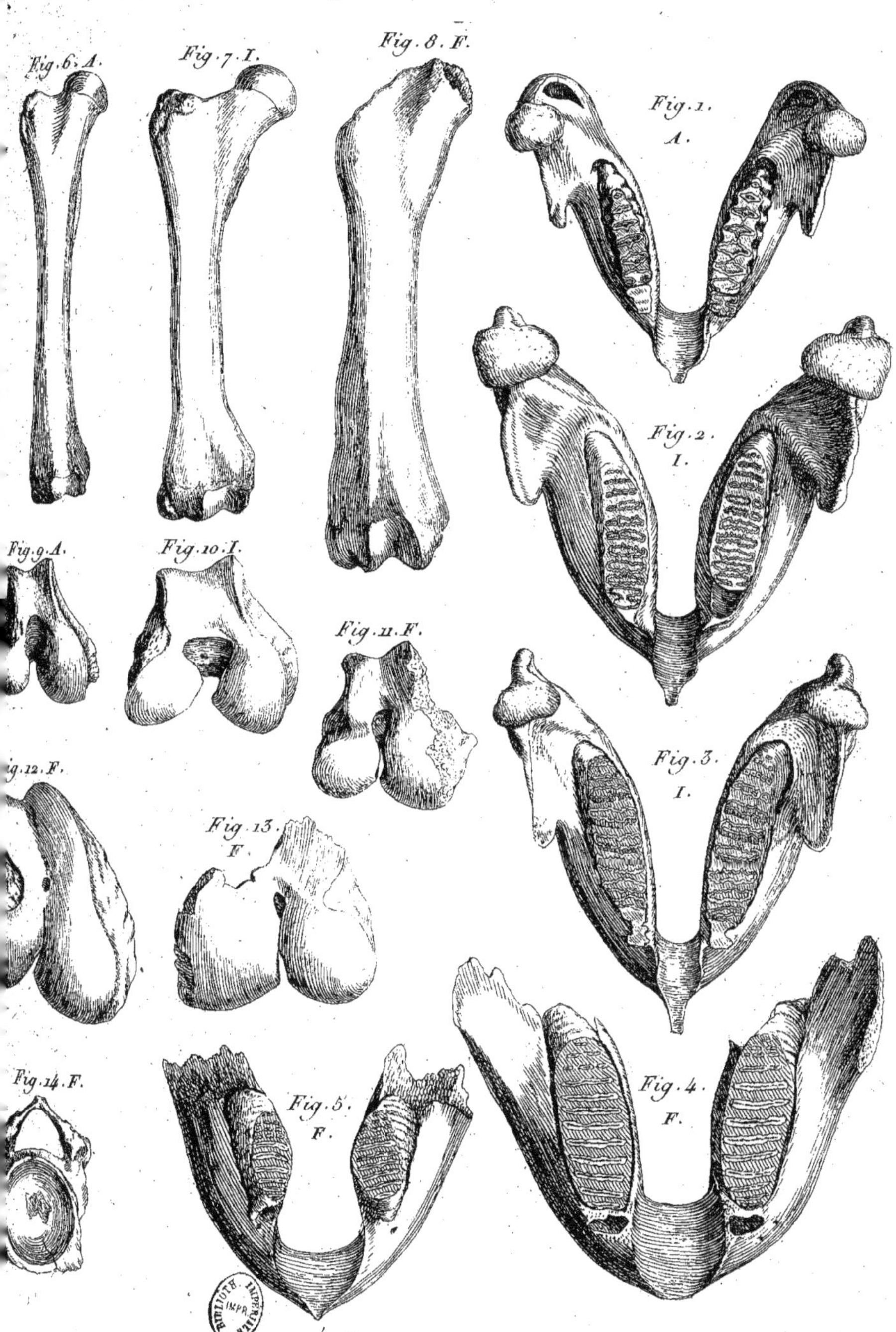

ÉLÉPHANS. PL. V.

Fig. 1.

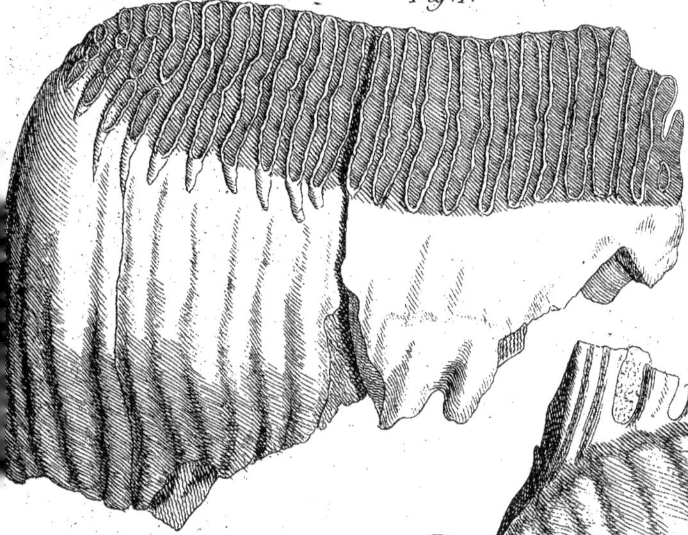

Fig. 2.

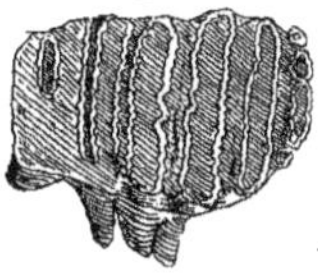

Fig. 3.

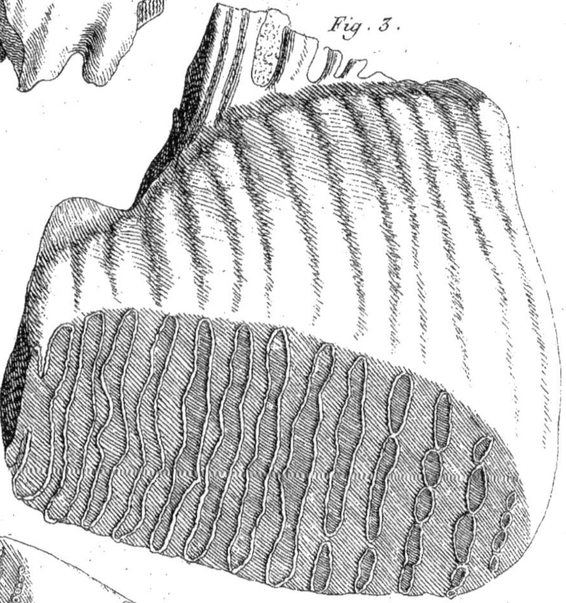

Fig. 4.

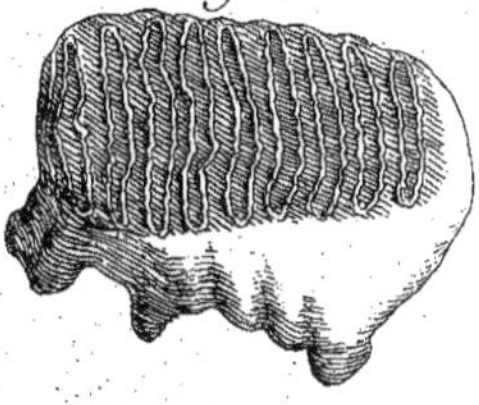

Fig. 5.

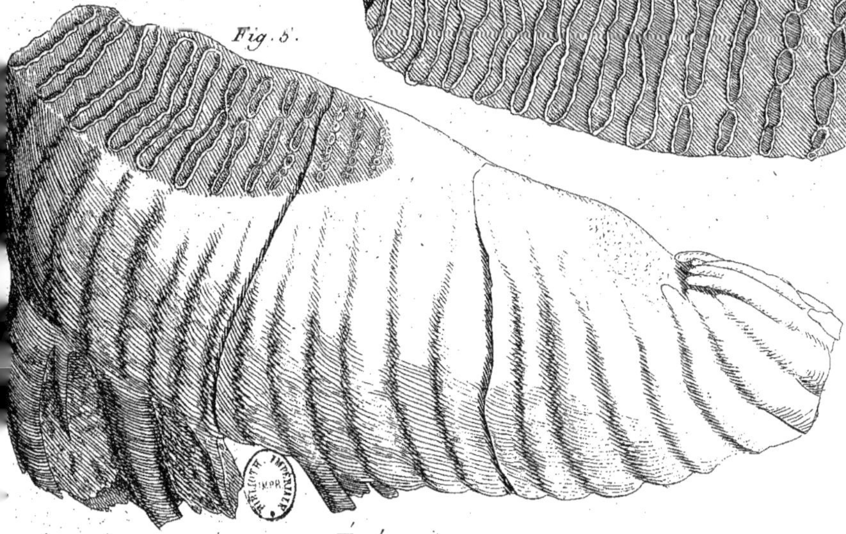

ÉLÉPHANS PL. VI.

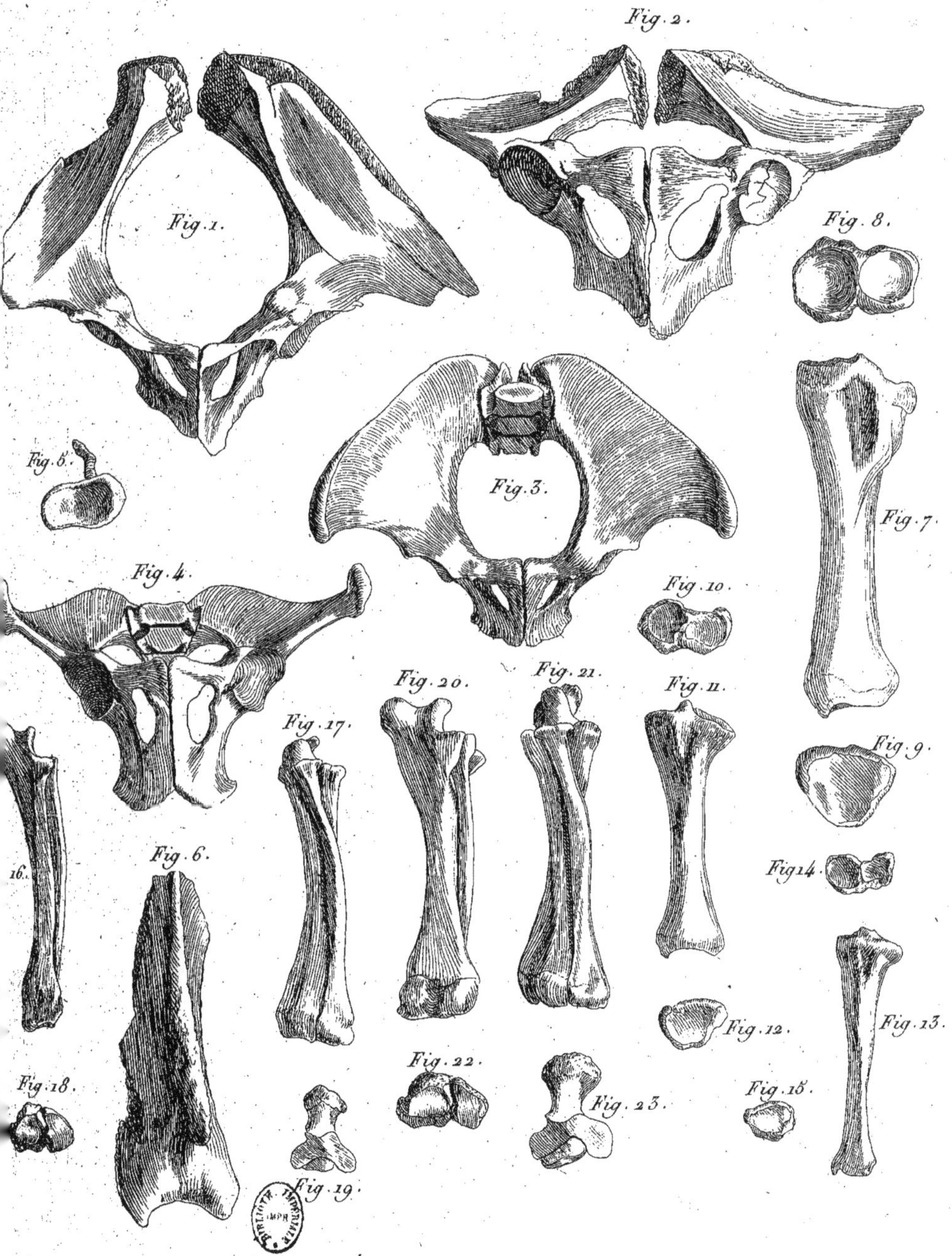

ÉLÉPHANS . PL . VII .

Fig. 1.

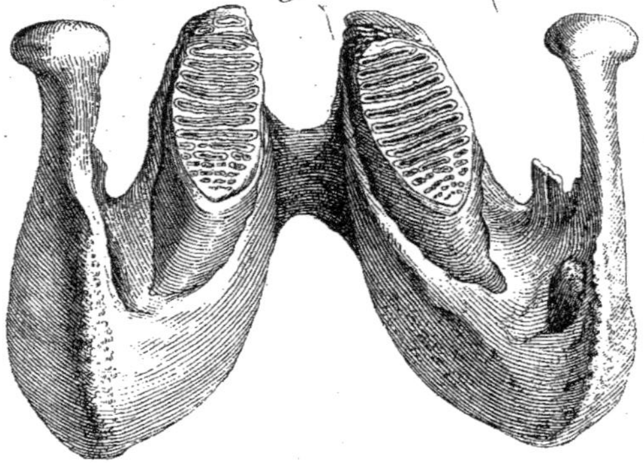

Fig. 4.

Fig. 5.

Fig. 6.

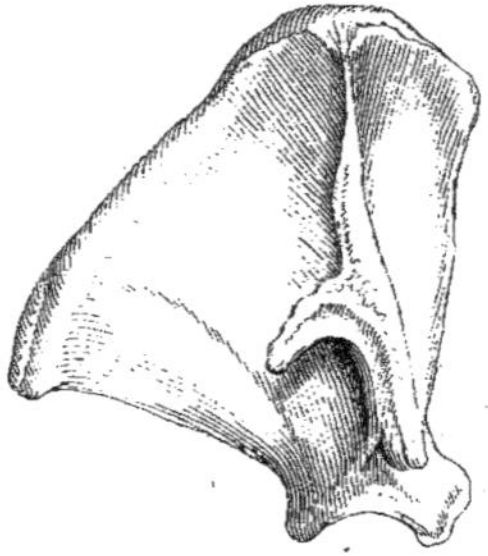

Fig. 7.

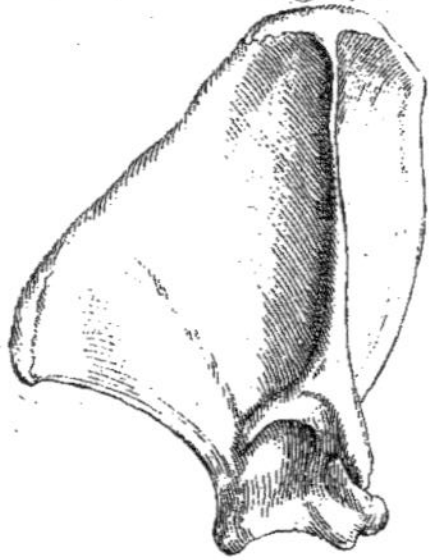

Fig. 2.

Fig. 8.

Fig. 9.

Fig. 10.

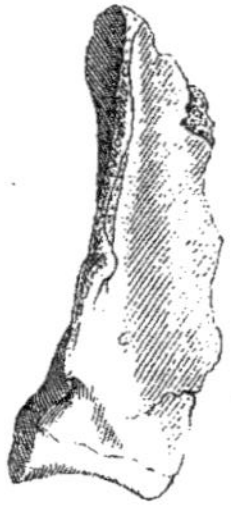

Fig. 11.

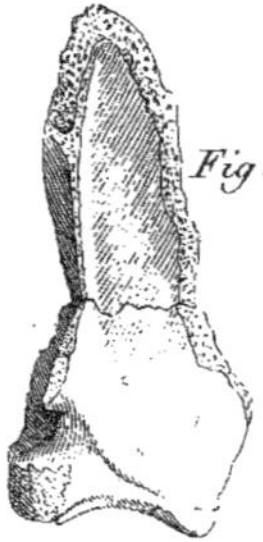

ÉLÉPHANS PL. VIII.

SUR LE GRAND MASTODONTE,

Animal très-voisin de l'éléphant, mais à mâchelières hérissées de gros tubercules, dont on trouve les os en divers endroits des deux continens, et surtout près des bords de l'Ohio, dans l'Amérique Septentrionale, improprement nommé MAMMOUTH *par les Anglais et par les habitans des États-Unis.*

NON seulement c'est ici le plus gros de tous les animaux fossiles; c'est encore le premier qui ait convaincu les naturalistes qu'il pouvoit y avoir des espèces détruites: la grosseur monstrueuse de ses dents mâchelières, les pointes formidables dont elles sont hérissées, ne pouvoient en effet manquer d'attirer l'attention; et il étoit bien aisé de s'assurer qu'aucun des grands animaux que nous connoissons n'en a de cette forme ni de ce volume. Aussi, quoique Daubenton ait pensé pendant quelque temps qu'une partie d'entr'elles pouvoient appartenir à l'hippopotame (1), il ne tarda pas à revenir à une opinion meilleure, et Buffon déclara bientôt que « *tout porte à croire*

(1) Hist nat., XII, in-4.°, p. 73, n.os MCVI, MCVII, MCVIII et MCXIII.

» *que cette ancienne espèce, qu'on doit regarder comme » la première et la plus grande de tous les animaux ter» restres, n'a subsisté que dans les premiers temps, et » n'est point parvenue jusqu'à nous* (1). » Néanmoins, il n'étendit pas son assertion au-delà des grosses dents postérieures, et continua de regarder les dents moyennes et à demi-usées comme des dents d'hippopotame (2). Il continua aussi à attribuer à l'éléphant le gros fémur trouvé dans le même lieu que ces dents, comme le lui avoit attribué Daubenton en 1762 (3), quoique *William Hunter* eût fait voir, dès 1767 (4), qu'il offroit, ainsi que les dents et la mâchoire inférieure, des différences sensibles avec ces mêmes parties dans l'éléphant.

Ce dernier anatomiste étoit tombé de son côté dans une double erreur qui a influé sur les dénominations impropres appliquées depuis à cet animal.

Il avoit imaginé que le *mammouth* des habitans de la Sibérie, dont il n'avoit jamais vu d'ossemens, étoit le même que l'animal de l'Amérique Septentrionale (5); et quoiqu'il ait depuis été réfuté par *Pallas*, lequel démontra suffisamment, ainsi que nous l'avons vu, que le *mammouth* est un véritable éléphant, les Anglais et les habitans des Etats-Unis ont continué de détourner, comme *William Hunter*, la signification de ce mot et de l'appliquer à notre *mastodonte :* en quoi ils ont été suivis par presque tous ceux qui en ont parlé.

L'autre erreur introduite par *William Hunter* est que ce

(1) Epoques de la Nature. (*Note* 9.)
(2) *Id. ib.*
(3) Mém. de l'Ac. des Sc., 1762.
(4) Transact. phil., tome LVIII, p. 42.
(5) *Ibid.*, p. 38.

prétendu *mammouth* devoit être, d'après la structure de ses dents, un *carnivore* (1) inconnu. Quoique Camper ait déjà rejeté cette idée (2), comme elle rendoit encore cet être en quelque sorte plus merveilleux, elle a aussi été adoptée presque généralement, et a procuré au *mastodonte* la dénomination d'*éléphant carnivore* qui lui convient moins encore, s'il est possible, que celle de *mammouth*.

Depuis lors, les compilateurs ont sans cesse confondu le vrai *mammouth* de Sibérie, qui est du genre de l'*éléphant*, avec ce prétendu *mammouth* d'Amérique, et il en est résulté les récits les plus embrouillés. C'est ce qui nous détermine aujourd'hui à proposer pour l'animal fossile d'Amérique un nom générique nouveau qui fasse disparoître ces fausses dénominations de *mammouth* et d'*éléphant carnivore*, lesquelles ne peuvent donner que des idées contraires à la réalité.

Cette mesure est d'autant plus convenable, que nous verrons bientôt que, d'après les règles aujourd'hui généralement reçues en zoologie, cet animal doit former un genre particulier qui comprend plusieurs autres espèces. Nous empruntons le nom de *mastodonte* de deux mots grecs qui signifient *dents mammelonnées*, et qui expriment par conséquent son principal caractère.

Au reste, ce n'est que par une longue suite de travaux, de réflexions et de comparaisons qu'il a été possible d'arriver aux connoissances plus exactes que nous rassemblons aujourd'hui sur son sujet. Il y a près de cent années qu'on s'en occupe.

---

(1) Transact. philos., tome LVIII, p. 42.
(2) Nova Act. Petrop., tome I, p. II, p. 221.

La première mention qu'on en trouve date de 1712. Le docteur *Mather*, dans une lettre au docteur *Woodwardt* (*Transact. phil.*), annonce des os et des dents d'un volume monstrueux, découverts en 1705 à *Albany*, dans la *Nouvelle-Angleterre*, aujourd'hui dans l'Etat de *New-Yorck*, près de la rivière d'*Hudson.* Il les croyoit des os de géant, et propres à confirmer ce que dit la Genèse d'anciennes races d'hommes gigantesques. Il paroît néanmoins que cette annonce ne fit pas grand effet, et que l'on oublia encore ces os pendant près de trente ans.

En 1739, un officier français nommé *Longueil*, naviguant dans l'*Ohio* pour se rendre sur le *Mississipi*, quelques sauvages de sa troupe trouvèrent, à peu de distance de ce fleuve, sur le bord d'un marais, des os, des mâchelières et des défenses: cet officier rapporta, l'année d'après, un fémur, une extrémité de défense et trois mâchelières, à Paris, où nous les conservons encore. Ce sont les premiers morceaux de cet animal qu'on ait vus en Europe, et c'est d'après le lieu où ils ont été trouvés qu'on lui a donné généralement les noms d'*animal*, d'*éléphant* et de *mammouth de l'Ohio*, quoiqu'il y ait de ses os dans bien d'autres endroits, comme nous l'allons voir

Le fémur et la défense furent déclarés par Daubenton appartenir à l'*éléphant*, et les mâchelières, toutes les trois intermédiaires et à six pointes, à l'*hippopotame.* « *Car on* » *ne peut guère soupçonner* (ajoutoit-il) *que ces dents* » *aient été tirées de la même tête avec la défense, ou* » *qu'elles aient fait partie d'un même squelette avec le fé-* » *mur dont il s'agit ici; en le supposant, il faudroit aussi* » *supposer un animal inconnu qui auroit des défenses*

» *semblables à celles de l'éléphant, et des dents molaires* » *semblables à celles de l'hippopotame* (1). » Il avoit détaillé encore davantage les raisons qu'il croyoit avoir de ne point admettre un tel animal dans son Mémoire lu à l'Académie le 28 août 1762.

Cependant cette opinion existoit déjà chez plusieurs personnes.

Un autre officier français nommé *Fabri* avoit annoncé à Buffon, dès 1748, que les sauvages regardoient ces ossemens épars en divers endroits du Canada et de la Louisiane, comme provenant d'un animal particulier qu'ils nommoient le *père aux bœufs* (2).

Les grosses dents à 8 et 10 pointes, qu'on ne pouvoit raisonnablement confondre avec celles de l'hippopotame, étoient déja connues. *Guettard*, dans les Mémoires de l'Académie pour 1752, en avoit fait graver une, trouvée avec d'autres os dans un marais qui occupoit le fond d'un cul-de-sac, entre deux montagnes, et sans doute l'une de celles qu'avoient rapportées *Longueil* et ses compagnons.

Les Anglais, maîtres reconnus du Canada par la paix de 1763, ne tardèrent point à donner à ces recherches une nouvelle activité. Le géographe *George Croghan* trouva en 1765 beaucoup de ces os à 4 milles au sud-est des bords de l'*Ohio*, dans le pays aujourd'hui nommé *Kentuckey*, sur un banc élevé, toujours le long d'un grand marais salé, et probablement le même qu'avoient visité les compagnons de *Longueil*;

(1) Hist. nat., XI, descr. du cab. du roi, MXXXV.
(2) Buff., Epoques de la nat., Note just. 9.

les dents à tubercules et les défenses y étoient pêle-mêle, sans aucune mâchelière d'éléphant : l'idée d'un animal particulier se confirmoit donc de plus en plus.

Ce M. *Croghan* envoya en 1767 plusieurs caisses de ces morceaux à Londres, soit à lord *Shelburne*, soit à *Franklin*, soit à d'autres, et *Collinson* en fit passer une grosse dent à *Buffon*(1), et publia sur le tout une notice dans le 57.e volume des *Transactions*. Il attribuoit encore les défenses à l'éléphant.

Dans le nombre des pièces envoyées par *Croghan* étoit une demi-mâchoire inférieure, aujourd'hui déposée au Muséum britannique : c'est celle que décrivit *William Hunter* dans les *Transactions philosophiques* pour 1768 (2). Il s'en servit pour démontrer que l'animal en question, tout en différant sensiblement de l'éléphant, n'avoit rien de commun avec l'hippopotame, et il lui attribua positivement les défenses trouvées avec ces dents. Mais Buffon ne paroît pas avoir connu ce Mémoire, et n'en fait nulle mention dans ses *Epoques de la nature*, imprimées, comme on sait, en 1775. Il y fit connoître, le premier, que ces mêmes dents à huit et dix pointes se trouvent aussi dans l'ancien Continent. Il en publia une, pl. I et II, que lui avoit donnée le comte de *Vergennes* en 1770, et qu'on avoit découverte dans la *petite Tartarie* en faisant un fossé. C'est une des plus grosses que l'on ait jamais eues : elle pèse onze livres quatre onces. Une seconde, rapportée de *Sibérie* par l'abbé *Chappe*, fut représentée pl. III. Nous conservons l'une et l'autre dans ce Muséum.

---

(1) Epoques de la nature, pl. IV et V.
(2) Tome LVIII, cité plus haut.

Pallas annonça la même chose, en 1777, pour les dents à six pointes. Il en fit graver une fort usée des monts *Ourals* (1).

A cette même époque et dans ce même volume, p. 219, *Camper* montra de nouveau que l'animal aux grosses dents avoit de plus grandes analogies avec l'éléphant qu'avec l'hippopotame, et qu'il étoit fort probable qu'il avoit une trompe; que dans aucun cas il ne pouvoit être considéré comme carnivore. C'étoit un grand pas de fait dans la connoissance de notre animal; mais le grand anatomiste à qui on le devoit en fit bientôt un rétrograde.

Un morceau considérable du crâne et quelques autres os avoient été trouvés en 1785 par le docteur *Brown*, et exposés à la curiosité publique dans la galerie de peinture de M. *Charles Willson Peale*, à Philadelphie, où ils donnèrent à ce dernier l'idée du beau Muséum d'Histoire naturelle qu'il a formé depuis (2).

M. *Michaëlis*, professeur à Marpurg, s'étant procuré des dessins de grandeur naturelle de ces os, les fit voir à *Camper*, et celui-ci prenant la partie du palais où les dents se rapprochent, pour la partie antérieure, regarda les apophyses ptérygoïdes comme des os intermaxillaires, et ne trouva par conséquent aucune place pour des défenses. Il déclara donc en 1788, *Nov. Act.*, tome II, p. 259 et suiv., qu'il s'étoit trompé; que l'animal de l'Ohio avoit le museau pointu et sans défenses; qu'il ne ressembloit pas à l'éléphant, et que lui-même ne savoit plus que penser de sa vraie nature.

---

(1) Acta Petrop., 1777, part. II, p. 213, tab. IX.

(2) Voyez l'Epître de *Rembrandt Peale* à son père, en tête de la *Disquisition on the mammoth, etc.*

Il paroît que M. *Michaëlis* avoit aussi avancé cette opinion dans deux écrits que je n'ai pu me procurer, mais qui sont insérés dans le *Magasin de Gœttingen*, pour les sciences et la littérature, 3.e année, 6.e cahier, et 4.e année, 2.e cahier.

M. *Autenrieth*, professeur de Tubingen, ayant eu la complaisance de m'envoyer des copies de ces mêmes dessins, me les expliqua tout autrement et suivant leur véritable situation; mais malgré tout mon respect pour les lumières de ce savant, avec lequel je suis lié d'une véritable amitié depuis ma première jeunesse, l'autorité de *Pierre Camper* étoit faite pour laisser encore des doutes.

Je m'adressai au fils de ce célèbre anatomiste, M. *Adrien Camper*, qui étoit d'autant plus en état d'éclaircir la question, que son illustre père avoit acquis, peu de temps avant sa mort, le morceau même qui avoit servi d'original au dessin, cause de tout l'embarras.

Ce savant respectable soutint d'abord l'opinion de son père avec un zèle bien naturel pour la mémoire d'un si grand homme; mais après de nouvelles objections de ma part et un nouvel examen de la sienne, il m'écrivit enfin, le 14 juin 1800 : « Le résultat de mes recherches sur l'inconnu de l'Ohio » n'est pas conforme à ce que j'en avois promis dans ma pré» cédente; *le morceau en question n'est pas le fragment an-* » *térieur, mais le postérieur des mâchoires.* » Et il me démontra cette proposition par une foule de raisons nouvelles et délicates, fondées sur les connoissances étendues d'anatomie comparée qu'il a acquises auprès de l'un des plus grands maîtres que cette science ait eus.

M. *Adrien Camper* a rendu compte de cette discussion,

dans la *Description anatomique d'un éléphant mâle*, par son père, qu'il a publiée en 1802, p. 22.

Mais pendant que nous travaillions ainsi en Europe sur quelques fragmens de cet animal, M. *Peale* continuoit à en recueillir les os, et il avoit été assez heureux pour en obtenir deux squelettes presque complets qui ont décidé la question pour toujours.

C'est au printemps de 1801 qu'il apprit qu'on venoit de trouver, l'automne précédent, plusieurs grands ossemens en creusant une marnière dans le voisinage de *Newburg*, sur la rivière d'Hudson, dans l'Etat de *New-York* et à soixante-sept milles de la capitale. Il s'y rendit aussitôt avec ses fils, et ayant trouvé une partie considérable du squelette chez le fermier qui l'avoit tiré de la terre, il l'acquit et l'envoya à Philadelphie. Il y avoit un crâne très-endommagé dans sa partie supérieure : la mâchoire inférieure avoit été brisée, les défenses mutilées par la maladresse et la précipitation des ouvriers. Il fallut attendre la fin de la récolte pour continuer les recherches. On les reprit donc en automne : la fosse fut vidée de l'eau qui s'en étoit emparée; des pompes y furent entretenues pour la débarrasser de celle qui y abondoit à mesure que l'on avançoit; aucuns frais ne furent épargnés : mais après plusieurs semaines de travail et la découverte de toutes les vertèbres du cou, de plusieurs de celles du dos, des deux omoplates, des deux humérus, radius et cubitus, d'un fémur, d'un tibia et d'un péroné, d'un bassin mutilé et de quelques petits os des pieds qui se trouvèrent tous entre 6 et 7 pieds de profondeur, il en manquoit encore plusieurs des plus importans, comme la mâchoire inférieure, etc.

Pour tâcher de les obtenir, M. *Peale* se rendit à onze milles de là, vers un petit marais d'où l'on avoit tiré quelques côtes huit ans auparavant. Il y fit encore travailler quinze jours, et recueillit diverses pièces, mais non celles qui lui manquoient.

Il se retiroit, désespérant presque de réussir, lorsqu'ayant passé le *Wallkill*, il rencontra un fermier qui avoit trouvé quelques os trois ans auparavant, et qui le conduisit sur le lieu de sa découverte. C'étoit encore un marais à vingt milles à l'ouest de la rivière d'*Hudson*.

Après plusieurs jours d'un nouveau travail, il eut le bonheur d'y déterrer une mâchoire inférieure complète, accompagnée de plusieurs os principaux; rapportant donc comme en triomphe les précieux fruits de cette pénible campagne de trois mois, il en forma deux squelettes, copiant artificiellement sur les os de l'un ceux qui manquoient au côté opposé.

On peut dire maintenant que, d'après ce travail, l'ostéologie de ce grand animal est entièrement connue, si l'on en excepte seulement la partie supérieure du crâne.

Le plus complet de ces deux squelettes est placé dans le Muséum de M. *Peale* à *Philadelphie*; l'autre a été apporté par l'un de ses fils, M. *Rembrandt Peale*, à *Londres*, où on le fait voir publiquement. M. *Rembrandt Peale* a en donné une description qu'il a bien voulu m'adresser, et dont j'ai tiré le récit précédent des travaux de son père : j'en profiterai encore beaucoup par la suite (1).

On a donné dans divers journaux anglais, français et allemands, des notices, soit du squelette, soit de ces deux bro-

---

(1) *Account of the Skeleton of the mammouth, etc.* Londres 1802 in-4.º, et d'une édition fort augmentée; *an Historical Disquisition on the Mammouth*, ib. 1803.

chures (1); et c'est aussi d'après ce squelette qu'a été fait l'article inséré par M. *Domeyer*, dans le IVe tome des *Nouveaux Ecrits de la Société des Naturalistes de Berlin*, in-4°.

Ce que je vais en dire moi-même est pris de différens matériaux. Nous ne possédons en ce Muséum que le fémur rapporté par Longueil, beaucoup de dents de toutes les sortes, deux défenses, et une demi-mâchoire inférieure assez mutilée. Je dois à la complaisance de MM. *Michaëlis* et *Wiedemann* les mêmes dessins de grandeur naturelle, communiqués autrefois à *Camper*, et je les ai tous fait graver, réduits au cinquième. M. *Adrien Camper*, devenu propriétaire des pièces d'après lesquelles ces dessins ont été faits, m'en a envoyé les mesures et les descriptions. Enfin, M. *Everard Home*, célèbre anatomiste anglais, a bien voulu me faire faire l'esquisse du squelette que l'on montre à Londres; je l'ai fait graver pl. V. Ces secours, joints aux renseignemens et aux figures déjà publiées par d'autres, et que j'ai cités précédemment, m'ont mis en état de donner de l'animal une idée suffisante, et de déterminer sa taille et tous ses caractères.

Le dépôt le plus célèbre des os du mastodonte, celui qu'ont visité *Longueil*, *Croghan* et tant d'autres, celui qui lui a fait donner le nom d'*animal de l'Ohio*, porte lui-même celui de *big-bone-strick*, ou *great-bone-lick*.

Il est à la gauche et au sud-est de l'*Ohio*, à quatre milles du fleuve, trente-six milles au-dessus de l'embouchure de la

---

(1) Voyez *Gazette universelle littéraire* de *Halle*, avril 1804, n.° 111, p. 82, et divers numéros du *Magasin de Physique de M. Voigt*. Voyez aussi dans le *Journal de Physique*, ventose an 10, p. 200, une notice de M. *Valentin*.

rivière de *Kentockey* (1), presque vis-à-vis celle de la rivière dite la *Grande Miamis*. C'est un lieu enfoncé entre des collines, occupé par un marais d'eau salée, dont le fond est d'une vase noire et puante. Les os se trouvent dans la vase et dans les bords du marais, au plus à quatre pieds de profondeur, suivant le rapport que nous en a fait le général Collaud qui avoit été sur les lieux.

Mais, comme nous l'avons déjà dit, il y a des os, non-seulement en d'autres endroits des rives de l'*Ohio*, mais par toute l'Amérique Septentrionale.

On lit dans le *Journal de Physique et de Médecine de Philadelphie*, publié par le savant docteur *Barton*, Iere partie, p. 154 et suiv., une relation détaillée de cinq squelettes presque entiers, trouvés en 1762 par des sauvages *shawanais*, beaucoup plus haut, à trois milles de la rive gauche de l'Ohio; comme à l'ordinaire, dans un lieu salé et humide, mais à peu près uni jusqu'à une très-grande distance : une mâchelière et un fragment de défense en avoient été portés au fort Pitt.

M. le baron *de Bock* d'Ansbach, dans un Mémoire adressé il y a quelques années à l'Institut, donne la description d'une dent trouvée sur la rive droite de l'Ohio, entre les deux rivières de Miamis, par M. *Craegh*, major d'artillerie au service des Etats-Unis. Elle a passé du cabinet de M. *Schmiedel*, dans celui de M. *Ebel* à Hanovre; et c'est la même dont parle *Merck* (3.e lettre, p. 28, *note*).

Le général *Collaud* assuroit en avoir vu près de la rivière des *Grands Osages* qui se jette dans le *Missouri*, peu au-

---

(1) *Volney*, Tableau du climat et du sol des Etats-Unis d'Amérique, I, p. 100.

dessus de son confluent avec le *Mississipi.* Ils y sont dans des fondrières semblables à celles de *Great-bone-lick.*

M. *Smith Barton*, professeur à l'université de Pensylvanie, et l'un des hommes qui ont le mieux mérité du Nouveau-Monde, en y propageant les connoissances utiles, vient de m'adresser une confirmation de ce témoignage.

Il m'écrit « *qu'un voyageur intelligent a vu dans un en-* » *droit particulier, près de la rivière des* INDIENS OSAGES, *des* » *milliers d'ossemens de cet animal, et qu'il y a recueilli,* » *entr'autres, dix-sept défenses, dont quelques-unes avoient* » 6 *pieds de long et un pied de diamètre : mais la plu-* » *part de ces os étoient dans un grand état de décompo-* » *sition.* (1) »

M. Barton a même eu la complaisance de m'en envoyer une molaire.

M. *Jefferson*, dans ses *Observations sur la Virginie* (trad. fr., p. 101), rapporte qu'un M. *Stanley*, emmené par les sauvages à l'ouest du *Missouri*, en vit de grands dépôts sur les bords d'une rivière qui couloit elle-même vers l'ouest. Suivant le même auteur, on en a trouvé sur la branche de la *Tennésie*, nommée *Nord-Holston*, derrière les *Alleganny s* de la *Caroline*, par 36° degrés de latitude nord, aussi dans des marais salés.

C'étoit, à cette époque, le lieu le plus méridional où l'on en ait eu connoissance ; mais M. *William Dunbar* annonce dans le VI.ᵉ volume des *Transactions de la Société américaine*, p. 40 et 55, qu'il s'en est trouvé en quatre ou cinq en-

(1) Extrait d'une lettre de M. *Smith Barton*, de Philadelphie, en 1806.

droits différens de la *Louisiane*, à l'ouest du *Mississpi*, mais toujours dans ses alluvions.

Quant au nord, M. *Smith Barton* m'écrit qu'on n'en a point déterré jusqu'à présent plus haut que le 43.e degré, du côté du *lac Erié*.

Ce même savant me donne des détails extrêmement précieux sur une découverte récente, faite dans le comté de *Withe* en *Virginie*, à l'ouest des trois grandes chaînes et près du comté de *Green-Bryard* où se sont trouvés les os du *megatherium*.

M. *Barton* en a reçu lui-même la relation datée de *Williamsburg* en *Virginie*, le 6 octobre 1805, de M. l'*Evêque Madisson*, principal du collége de *Guillaume et Marie* en *Virginie*, et l'un des hommes les plus éclairés des Etats-Unis.

M. *Pichon*, ci-devant consul général aux Etats-Unis, avoit bien voulu me donner aussi une notice de cette même découverte.

A cinq pieds et demi sous terre, sur un banc de pierre calcaire, reposoient assez d'os pour qu'on espère d'en pouvoir reconstruire le squelette. Une des dents pesoit dix-sept livres.

Mais ce qui rend cette découverte unique parmi les autres, c'est qu'on recueillit au milieu des os une masse à demi-broyée de petites branches, de gramens, de feuilles, parmi lesquelles on crut reconnoître surtout une espèce de roseau encore aujourd'hui commune en Virginie, et que le tout parut enveloppé dans une sorte de sac, que l'on regarda comme l'estomac de l'animal : en sorte qu'on ne douta point que ce ne fussent les matières mêmes que cet individu avoit dévorées.

Le fond de toute cette contrée est une pierre calcaire pleine d'impressions de coquillages; les cavernes y donnent beaucoup de nitre, de sulfate de soude et de magnésie. On y a trouvé depuis peu du sulfate de barite, et il y a différentes sources minérales (1).

Il ne manque pas non plus de ces os en deçà des trois grandes chaînes des *Alleganny s*, des *North-Mountains* et des *Montagnes-Bleues*. Sans parler des grands dépôts de la vallée de l'*Hudson*, que nous avons indiqués plus haut et où M. *Peale* a rassemblé ses deux squelettes, M. *Autenrieth* m'écrit qu'il y en a dans plusieurs des parties antérieures de la *Pensylvanie;* et je vois par une lettre de *J. Drayton* de Charles-Town à *sir John Sinclair*, dont *milord comte de Buchan* a bien voulu me communiquer un extrait, qu'il y en a aussi, de même que des os d'*éléphant* ou *vrai mammouth*, dans les parties antérieures de la *Caroline*.

Le savant naturaliste M. *Bosc* a été témoin d'une découverte de cinq mâchelières en parties décomposées, faite en creusant le canal de *Caroline*, à quinze milles de *Charles-Town*, dans du sable pur, à 3 pieds de profondeur.

Enfin M. *Barton* m'écrit qu'on en a trouvé récemment dans l'Etat de *New-Jersey*, à quelques milles de *Philadelphie*.

Je n'en ai vu encore aucun morceau de l'Amérique Méridionale : toutes les dents apportées du *Pérou* par *Dombey* et M. *de Humboldt*, ainsi que de *Tierra firme* par ce dernier, sont d'une autre espèce, quoique du même genre, ainsi que

(1) Extrait d'une lettre de M. *Smith Barton*, datée de Philadelphie le 14 octobre 1805.

nous le verrons bientôt. Je soupçonne bien que celles du *Brésil* et de *Lima*, mentionnées par *William Hunter* (*Trans. phil.* LVIII, p. 40), sont dans le même cas. Quant à l'ancien continent, si l'on excepte les trois dents de *Pallas*, de l'*abbé Chappe* et de *Vergennes*, citées ci-dessus et appartenant véritablement à la même espèce que celles de l'*Ohio*, toutes celles dont j'ai eu connoissance sont encore d'espèces différentes.

Ainsi, autant qu'on les connoît, les os de ce grand animal, très-communs dans l'Amérique Septentrionale, sont rares partout ailleurs; mais partout où on les trouve, ils ne sont qu'à peu de profondeur; et cependant en général ils ne sont pas beaucoup décomposés.

Ils ne sont pas non plus roulés, et offrent, comme presque tous les os fossiles, la preuve qu'ils sont aux lieux où on les trouve, à peu près depuis l'époque de la mort de l'animal.

Ceux de la rivière des Grands Osages, dont j'ai parlé ci-dessus, avoient quelque chose de particulier dans leur position; c'est qu'ils étoient presque tous dans une situation verticale, comme si les animaux s'étoient simplement enfoncés dans la vase.

Les substances ferrugineuses dont ils sont teints ou pénétrés sont la principale preuve de leur long séjour dans l'intérieur de la terre.

Des indices d'un séjour ou d'un passage de la mer sur eux paroissent être plus rares que dans les os d'éléphans. Je n'ai point vu de restes de coquilles ou de zoophytes sur les os de grands *mastodontes* que j'ai examinés, et je ne trouve dans aucune relation qu'il y en ait eu dans les lits d'où ils ont été tirés; circonstance d'autant plus singulière, qu'on devroit être tenté de considérer ces marais salans où l'on en trouve le plus, comme les restes d'un liquide plus étendu qui auroit détruit ces animaux.

M. *Barton* pense que ces eaux salées ont contribué à la belle conservation de cette sorte de fossiles. Il a même recueilli dans la lettre qu'il a bien voulu m'écrire à ce sujet, deux témoignages qui paroissent prouver qu'on en a de temps en temps déterré des parties molles encore reconnoissables; ce qui, à cause de la chaleur du climat, est beaucoup plus étonnant que pour les *mammouths* ou *vrais éléphans fossiles* et les *rhinocéros* du nord de la *Sibérie*.

Les sauvages qui en virent cinq squelettes en 1762, rapportèrent qu'une des têtes avoit encore « *un long nez, sous* » *lequel étoit la bouche* ». M. *Barton* pense que ce *long nez* n'étoit autre chose que la trompe.

Kalm, en parlant d'un grand squelette qu'il croyoit d'éléphant, selon les idées de son temps, et qui fut découvert par les sauvages dans un marais du pays des *Illinois*, dit que la » *forme du bec étoit encore reconnoissable*, *quoique à moi-* » *tié décomposée* ». Il y a grande apparence, à ce que croit M. *Barton*, qu'il s'agit encore ici au moins de la racine de la trompe.

Ces deux faits rendroient assez vraisemblable l'opinion que les parties de plantes triturées, trouvées auprès du squelette du comté de *Wythe*, étoient en effet les matières qui remplissoient l'estomac de l'individu dont ce squelette venoit.

On montre en ce moment à Paris une pièce qui, si elle étoit suffisamment authentique, confirmeroit toutes les autres et feroit presque douter que l'espèce fût éteinte. C'est une semelle avec ses cinq ongles. Le propriétaire assure la tenir d'un Mexicain, qui lui a dit l'avoir achetée à des sauvages de l'ouest du Missouri, lesquels l'avoient trouvée dans une caverne avec une dent. Mais cette semelle est si fraîche; elle paroît si manifestement avoir été enlevée au pied avec un instrument tranchant; enfin elle est si parfaitement semblable à celle d'un éléphant, que je ne puis m'empêcher de soupçonner quelque fraude, au moins dans le récit du Mexicain.

On imagine aisément qu'il n'a pas manqué d'hypothèses sur l'origine de ces os, ou sur les causes de la destruction des animaux qui les ont produits.

Les sauvages *Shavanais* croient qu'il existoit avec ces animaux des hommes d'une taille proportionnée à la leur, et que le grand être foudroya les uns et les autres (1).

Ceux de *Virginie* disent qu'une troupe de ces terribles animaux, détruisant les daims, les buffles et les autres animaux créés pour l'usage des Indiens, le grand homme d'en haut avoit pris son tonnerre et les avoit foudroyés tous, excepté le plus gros mâle, qui présentant sa tête aux foudres, les secouoit à mesure qu'ils tomboient, mais qui ayant été à la fin blessé par le côté, se mit à fuir vers les grands lacs, où il se tient jusqu'à ce jour (2).

De pareils contes prouvent suffisamment que ces Indiens n'ont aucune connoissance de l'existence actuelle de l'espèce dans les pays qu'ils parcourent.

Lamanon, après beaucoup d'autres, supposoit que c'étoit quelque *cétacé* inconnu; mais c'est qu'il n'en avoit vu que les dents, et qu'il ne savoit point que la forme de ses pieds réfute cette conjecture.

---

(1) *Barton*, journal cité, p. 157.

(2) *Jefferson*, Notes sur la Virg., trad. fr., p. 99.

Un certain M. *de la Coudrenière* ayant trouvé dans une relation du Groënland, que les sauvages de ce pays prétendent avoir un animal noir et velu, de la forme d'un ours, et de six brasses de haut, en dérive non-seulement le *mastodonte*, mais encore l'*éléphant fossile* ou *mammouth*, qu'il confondoit avec lui (1).

C'est probablement aussi cette confusion des deux espèces qui aura fait penser à M. *Jefferson* que *le centre de la zone glaciale est le lieu où le* MAMMOUTH *arrive à toute sa force, comme les pays situés sous l'équateur sont les lieux de la terre les plus propres à nourrir l'éléphant* (2).

Nous commençons, comme à notre ordinaire, l'examen des os du *mastodonte*, par les dents.

1.° *Les mâchelières.*

Nous avons à en déterminer la *forme*, les *différences*, le *nombre* et les *successions*.

1.° La *forme* est ce qui a le plus frappé en elles.

Leur couronne est en général rectangulaire, un peu plus étroite en arrière dans les postérieures.

Elle n'a que deux substances, la substance intérieure dite osseuse, et l'émail. Celui-ci est très-épais; il n'y a point de cément ou cortical.

C'est une différence très-importante avec l'éléphant, qui, jointe à la forme, rapproche le *mastodonte* des animaux qui cherchent les racines, tels que l'*hippopotame* et le *cochon*, au

(1) Journal de Physique, tome XIX, p. 363.
(2) *Jefferson*, ubi sup., p. 106.

lieu de le placer avec les purs *herbivores*, tels qu'est l'*éléphant;* mais pour tout le reste il y a une grande analogie avec l'éléphant.

Cette couronne est divisée par des sillons ou espèces de vallées très-ouvertes en un certain nombre de collines transversales, et chaque colline est divisée elle-même par une échancrure en deux grosses pointes obtuses et irrégulièrement conformées en pyramides quadrangulaires un peu arrondies.

Cette couronne, tant qu'elle n'a pas été usée, est donc hérissée de grosses pointes disposées par paires.

Il y a déjà bien loin de là aux dents des carnivores, qui n'offrent qu'un tranchant principal et longitudinal, divisé en dentelures comme celui d'une scie.

Au fond même, il n'y a qu'une différence de proportion entre ces collines transverses divisées en deux pointes, et les petits murs transverses à tranchant divisé en plusieurs tubercules des dents de l'éléphant.

Ceux-ci sont seulement des collines plus nombreuses, plus élevées, plus minces, séparées par des vallons plus étroits, plus profonds, et que le cortical comble entièrement.

Néanmoins cette dernière circonstance est essentielle, en ce qu'elle fait que la couronne de l'*éléphant* est plate de très-bonne heure, tandis que celle du *mastodonte* est long-temps mammelonnée.

Le *mastodonte* devoit donc faire de ses dents le même usage que le *cochon* et l'*hippopotame*, qui sont dans le même cas que lui. Il devoit surtout s'attacher aux végétaux tendres, aux racines, aux plantes aquatiques; mais il ne faisoit point sa nourriture d'une proie vivante.

On en trouve beaucoup d'autres preuves dans le reste de ses formes, comme nous le verrons.

Puisqu'il vivoit en grande partie de végétaux, il usoit donc ses dents ; et en effet on en trouve dont les pointes sont émoussées, d'autres où elles sont usées jusqu'à la base des pyramides ; d'autres, enfin, où toutes ces bases sont réunies en une seule surface carrée entourée d'émail.

Comme les pointes sont en pyramides quadrangulaires, leur coupe est une losange.

Les dents à demi usées offrent donc sur leur couronne des rangées transversales, de deux losanges chacune.

Les racines de ces dents ne se forment, comme toutes les autres, qu'après la couronne. On ne les trouve complètes que dans des dents déjà au moins un peu usées.

L'émail étant très-épais, le collet de la dent est très-renflé.

On distingue les racines de ce mastodonte à des lignes tranverses enfoncées, signes très-marqués des accroissemens successifs.

2.° Les *différences* des dents du *mastodonte* consistent surtout dans le nombre des pointes, et dans le rapport de la longueur à la largeur.

J'en connois de trois sortes :

De presque carrées, à trois paires de pointes ;

De rectangulaires, à 8 pointes,

Et d'autres encore plus longues, à dix pointes et un talon impair.

Les premières sont toujours celles qu'on trouve le plus usées. Je n'en connois pas une qui ne le soit à moitié, et plusieurs le sont jusqu'au collet.

Les dernières, au contraire, sont très-rarement usées, et ont presque toujours leurs pointes entières.

Cette circonstance indique leur position. Les dents à six

pointes sont antérieures et paroissent les premières ; celles à dix, les dernières.

L'analogie le confirme ; dans l'éléphant, les lames transverses sont toujours plus nombreuses dans les dernières dents.

Enfin, l'observation directe le confirme encore mieux : c'est dans cet ordre qu'on les a trouvées dans les crânes et les mâchoires qui en contenoient plusieurs.

3.° *Leur nombre* résulte de ce qui vient d'être dit.

Le *mastodonte* auroit au moins douze mâchelières, c'est-à-dire trois partout, s'il les avoit toutes à la fois dans la bouche ; comme l'*éléphant* en auroit trente-deux.

Il n'y a qu'une objection à faire à cette manière de voir. Comme on n'a point encore vu une dent à dix pointes dans un même morceau avec les restes d'une à huit pointes, on pourroit croire que ces deux sortes n'étoient pas destinées à se succéder, mais à se répondre, et que les unes sont les inférieures et les autres les supérieures. Je n'ai rien trouvé dans la brochure de M. Peale qui pût éclaircir ce doute ; mais il me paroît que la comparaison des mâchoires inférieures du *Muséum britannique* (*Trans. phil.* LVIII), de Philadelphie (*Essais de Géol.* pl. XIV), et de Michaëlis (notre pl. III, fig. 1, 2 et 3), avec celle de notre Muséum (pl. IV, fig. 1 et 2), donne une solution satisfaisante. Les trois premières portent des dents à huit pointes, et la quatrième une à dix. Il faut bien que ces deux sortes de dents se soient succédées.

Il seroit intéressant d'examiner dans les deux premières mâchoires s'il n'y auroit point en arrière un germe de dent à dix pointes. Celle de *Michaëlis* me le fait soupçonner : on y voit vers A des restes d'une cavité qui a bien pu être une loge de germe.

Peut-être y a-t-il aussi dans la première jeunesse une petite dent à quatre pointes en avant, qui tombe de bonne heure. M. *de Beauvois* m'assure qu'on voit un reste d'alvéole en avant des dents à six pointes d'une mâchoire qui appartient au docteur Barton. Mais je n'ai jamais vu de ces dents à quatre pointes dans cette grande espèce.

Si elles existent, il faudra encore ajouter quatre mâchelières au nombre total de celle du *mastodonte*, et il en aura seize. Mais, comme dans l'*éléphant*, ces dents ne sont jamais toutes ensemble dans la bouche.

4.° *Leur succession* se fait, comme dans l'*éléphant*, d'avant en arrière. Quand la dernière commence à poindre, celle de devant est usée et prête à tomber. Il ne paroît pas qu'il puisse y en avoir plus de deux à la fois de chaque côté; à la fin même il n'y en a plus qu'une, comme dans l'*éléphant*. Dans la mâchoire inférieure de notre Muséum, (pl. IV, fig. 1), où la dent à dix pointes est déjà un peu usée, on ne voit plus en avant qu'un reste d'alvéole à demi rempli.

Mais on voit encore une dent à six pointes et une à *huit*, dans le crâne de la pl. II.

Ainsi, le nombre effectif des mâchelières qui peuvent agir ensemble est de huit dans la jeunesse, et de quatre seulement à la fin de la vie.

Ce résultat diminue déjà beaucoup les idées que s'étoient faites de la taille du *mastodonte*, ceux qui lui supposoient un nombre de dents mâchelières approchant du nôtre et qui les croyoient toutes égales aux plus grandes. *Buffon*, par exemple, dit : « *La forme carrée de ces énormes dents mâchelières » prouve qu'elles étoient en nombre dans la mâchoire de » l'animal, et quand on n'y en supposeroit que six ou même*

» *quatre de chaque côté, on peut juger de l'énormité d'une » tête qui auroit au moins seize dents mâchelières pesant » chacune dix ou onze livres.* » (*Epoques de la nature.* Note justif. 9.)

C'est d'après cette idée qu'il supposoit cet animal d'une grandeur supérieure à celle même des plus grands éléphans; tandis que nous verrons qu'il n'y a point encore de preuve qu'il ait atteint 12 pieds de hauteur, et que, selon Buffon lui-même, les éléphans des Indes en ont quelquefois jusqu'à 15 ou 16.

Notre pl. I représente quatre de ces dents de *mastodonte* à moitié grandeur.

Fig. 5 en est une à six pointes à demi-usées: elle est copiée d'après un dessin qu'a bien voulu m'envoyer M. *Blumenbach.*

Nous en avons au Muséum trois pareilles, anciennement rapportées par *Fabri.* Ce sont elles que *Daubenton* (*Hist. nat.* XII, n.° 1106, 1107, 1108), et *Buffon* (*Epoques de la nature*, pl. V) ont prises pour des dents d'*hippopotames gigantesques.*

Elles sont aisées à distinguer par ces *losanges*, dont notre figure donne une idée fort juste, et qui diffèrent beaucoup des trèfles de l'*hippopotame.*

D'ailleurs l'*hippopotame* n'a jamais que quatre trèfles et non pas six.

M. *Faujas* possède une dent semblable, beaucoup moins usée, et notre Muséum en a acquis depuis peu une qui l'est de manière que toutes les losanges se confondent ensemble. (Voyez pl. IV, fig. 4.)

Celle de Sibérie, donnée par *Pallas* (*Act. Petrop.*, 1777, p. II, pl. IX, fig. 4), ne les a encore réunies que deux à deux.

La longueur de ces dents va de 0,095 à 0,11, et leur largeur de 0,08 à 0,09 ; et ce ne sont pas toujours les plus longues qui sont les plus larges, de manière qu'il y en a de plus ou moins approchantes de la forme carrée.

Fig. 4 de notre pl. I est une dent à huit pointes et un talon dont les sommets commencent à s'entamer. Elle m'a été communiquée par M. *Tonnelier ;* elle est longue de 0,17, large de 0,08.

M. *Faujas* en a une à peu près dans le même état.

Celle du cabinet de M. *Ebel* est usée un peu plus profondément, ainsi que celle de *Guettard* (*Acad. des Sc.*, 1752, pl. II), et celle que M. *d'Hauterive*, conseiller d'Etat, a donnée à notre Muséum. Celle que rapporta l'abbé *Chappe* de *Sibérie* ne l'est presque point, non plus que celle qu'envoya *Collinson* à *Buffon*. (Voyez *Epoques de la nature*, pl. III et IV.)

La mâchoire du Muséum britannique (*Trans. phil.*, LVIII, p. 34), et celle des *Essais de Géol.*, pl. XV, paroissent chacune porter une dent semblable, aussi encore entière.

La dent de *petite Tartarie*, donnée par *Vergennes* (*Epoques de la nat.*, pl. I et II, et *Essais de Géol.*, pl. XIV, fig. 3), est la seule dent à huit pointes que j'aie encore vue sans talon. Elle fait donc exception à cet égard, et d'après cela M. *Faujas* n'auroit peut-être pas dû la choisir pour exemple et type de l'espèce.

Ses proportions sont même un peu différentes des autres : elle est plus large à proportion de sa longueur, et diminue moins en arrière.

M. *Blumenbach* a pris un meilleur exemple en donnant une dent à huit pointes et un talon, encore parfaitement intacte. (*Abbild.*, pl. XIX, et *Manuel*. trad. fr. II, p. 408.)

Notre fig. 2 est une dent à dix pointes et un talon non encore usés, donnée à notre cabinet par M. *Dufresne*. C'est une des plus grandes que j'aie vues. Elle a 0,225 de long, et 0,1 de large.

Fig. 1 et 3 en est une autre plus petite, mais du même nombre de pointes, déjà en partie usée, du cabinet de M. *de Drée*. Sa couronne, fig. 3, est propre à donner une idée des différentes figures que prennent les disques, à mesure que la détrition avance.

Celle de notre mâchoire inférieure, pl. IV, est à peu près dans le même état. Elle est longue de 0,207, large de 0,114.

2.° *La mâchoire inférieure*

Est la partie qu'on a connue le plus tôt après les dents molaires. La moitié, représentée *Trans. phil.*, LVIII, en donnoit une idée suffisante.

On y voyoit déjà, 1.° que cet animal, comme l'éléphant et le morse, n'avoit en bas ni incisive ni canines; 2.° que sa mâchoire inférieure se termine en avant, encore comme dans l'éléphant et le morse, en pointe creusée d'une espèce de canal; mais que cette pointe est beaucoup moins longue et moins aiguë qu'à l'éléphant; 3.° que l'angle postérieur, quoique obtus, y est prononcé et non pas arrondi circulairement comme il l'est dans l'éléphant.

Le condyle, partie la plus caractéristique de la mâchoire inférieure, y étoit mutilé; mais on peut en prendre une idée dans la fig. 2 de notre pl. II, que je dois à l'obligeance de M. *Rembrandt Peale*. La mâchoire du *mastodonte* y est vue par devant, et peut être comparée à celle de l'éléphant de la fig. 3. On y voit que le condyle diffère peu de celui de l'éléphant; ce qui se joint aux formes des dents pour montrer que l'animal n'est point *carnivore*. Toute la partie montante est moins haute à proportion; et l'apophyse coronoïde s'élève au niveau du condyle, tandis qu'elle est beaucoup plus basse dans l'éléphant.

La mâchoire inférieure du squelette de M. *Peale* est longue de 2' 10" angl. ou 0,86, et pèse 63 livres. Notre moitié mutilée, pl. IV, a, de sa pointe jusqu'à quelque distance derrière la molaire (de *a* en *b*, fig. 1 et 2), 0,54; ce qui fait juger qu'entière elle auroit été un peu plus grande. La hauteur de sa partie dentaire est de 0,175, et son épaisseur de 0,114. Elle pèse 26 livres 3 onces.

Celle d'un éléphant de 8' n'a que 0,65 de long.

3.° *Le crâne.*

On en a connu d'abord, par les descriptions de *Michaëlis* et de *Camper*, le propre fragment représenté dans notre pl. II, fig. 1, 2 et 3, avec lequel correspond le morceau des fig. 4 et 5 qui a dû tenir à l'autre, de manière que *a*, *b*, fig. 5, touchoit *a'b'*, fig. 3; et que la dent A, fig. 5, se trouvoit être la congénère de la dent A', fig. 3. Ainsi B est l'apophyse malaire de l'os maxillaire; C C, les *apophyses ptérygoïdes* des *os palatins*; D, le bord postérieur du palais; E, E, la suture qui sépare les os palatins des maxillaires, etc.

Nous avons vu que *Michaëlis* et *Camper* avoient considéré ce morceau dans un sens inverse; qu'ils prenoient l'extrémité postérieure pour l'antérieure, et les os palatins pour les intermaxillaires.

Il y avoit cependant dès lors des raisons suffisantes à alléguer contre leur opinion.

1.° Les mâchelières antérieures auroient été plus grandes que les postérieures, au contraire de tous les herbivores, et même de la mâchoire inférieure de cet animal-ci.

2.° Elles auroient été moins usées, chose non moins contraire à l'analogie et même au raisonnement.

3.° Il n'y auroit point eu de trou incisif, etc.

Voilà une partie de ce que j'alléguai à M. *Adrien Camper*, et ce qui le détermina à faire un nouvel examen de ce morceau; examen d'où il résulta de nouvelles lumières qui achevèrent de convaincre mon savant ami.

1.° En nettoyant le morceau de l'argile durcie qui le recouvroit encore, il mit au jour les sutures palatines qui avoient échappé à son père.

2.° Il découvrit les trous *sphéno-palatins* F, F, fig. 2, et la division de leur canal dans les trous G, H, etc., fig. 3, pour la conduite du nerf au palais, etc.

Il étoit impossible que de pareils indices fussent trompeurs; aussi la découverte d'un crâne avec son museau, faite par M. *Peale*, vint-elle bientôt confirmer ce que nous avions reconnu.

Mais ce premier morceau nous indiquoit déjà à lui seul les caractères suivans pour le *mastodonte*.

1.° Ses mâchelières divergent en avant, tandis que celles des *éléphans* ordinaires convergent plus ou moins, et que celles de l'*éléphant fossile* ou vrai *mammouth* des Russes sont presque parallèles.

Il n'y a que le *cochon* et l'*hippopotame* qui se rapprochent un peu du *mastodonte* à cet égard.

2.° Son palais osseux s'étend fort au-delà de la dernière dent:

le *sanglier d'Ethiopie* seul en approche à cet égard parmi les herbivores.

3.° Les apophyses ptérygoïdes de ses os palatins ont une grosseur sans exemple parmi les quadrupèdes.

4.° L'échancrure au devant de cette apophyse a quelque rapport avec celle de l'*hippopotame*, qui est pourtant beaucoup plus étroite, etc.

Le crâne plus complet de M. *Peale* nous donne encore quelques autres caractères.

5.° M. *Rembrandt Peale* nous dit qu'on ne voit point de trace d'orbite à la partie antérieure de l'arcade; ce qui doit avoir placé l'œil beaucoup plus haut que dans l'*éléphant*.

6.° Les os maxillaires, ainsi qu'on peut le voir par notre pl. II, fig. 1, ont beaucoup moins d'élévation verticale que dans l'éléphant, et ressemblent davantage aux animaux ordinaires.

7.° Par la même raison, l'arcade zygomatique est moins élevée, surtout en arrière; ce qui correspond d'ailleurs avec la forme de la mâchoire inférieure. La position de l'oreille dépend de celle de l'arcade.

8.° Cette proportion influe beaucoup sur la position des condyles occipitaux, si élevés dans l'*éléphant* au-dessus du niveau du palais, et presque à ce niveau dans le *mastodonte*.

9.° Mais pour ce qui regarde les grandes cellules qui donnent tant d'épaisseur au crâne de l'*éléphant*, en écartant ses deux lames, et qui sont toutes des prolongemens des différens sinus du nez, le *mastodonte* paroît les avoir absolument semblables. C'est ce que montrent toutes les figures de notre pl. II. Il est impossible de savoir précisément à quelle hauteur s'élevoit le sommet de la tête, puisque cette partie manque au crâne de M. *Peale*. Mais sa pesanteur, celle des mâchelières, et plus encore celle des défenses, ne permettent pas de douter que l'occiput ne fût très-élevé pour donner des attaches suffisantes aux muscles releveurs; par conséquent, le *mastodonte* devoit encore à cet égard ressembler beaucoup à l'*éléphant*.

M. *Peale* n'a pas donné la longueur du crâne de son squelette ; mais, à en juger par les figures, elle doit être à peu près de 1,136. La portion qui est au cabinet de M. Camper (pl. II), a 18" angl. ou 0,455, depuis le devant de la dent à six pointes, jusqu'au bord postérieur des apophyses ptérygoïdes. En calculant sa longueur totale d'après la proportion indiquée par les figures de M. *Peale*, elle seroit de 0,91. Le *mastodonte* de M. *Peale*, supposé haut de 10 pieds, cette tête auroit donc appartenu à un individu de 8. Un *éléphant* de 8 pieds n'a que 0,8 du bord alvéolaire aux condyles occipitaux. Ainsi la tête du *mastodonte* est un peu plus longue, à proportion de la hauteur du corps, que celle de l'*éléphant*.

4.° *Les défenses.*

Le devant de la mâchoire inférieure indiquoit bien qu'il devoit y avoir à la supérieure quelques dents sortant de la bouche, comme à l'*eléphant* ou au *morse*.

Les défenses qui se trouvent assez fréquemment avec les mâchelières de *mastodonte* le confirmoient : ce fut d'abord l'opinion de *Camper*, avant qu'il eût donné dans l'erreur que nous venons de réfuter.

A la rigueur, cependant, il étoit possible que les défenses vinssent d'un autre animal que les dents hérissées de pointes, et *Daubenton* l'avoit conjecturé ainsi.

C'est donc M. *Peale* qui a le premier véritablement prouvé que le *mastodonte* a des défenses, en découvrant un crâne encore pourvu de leurs avéoles.

Elles sont implantées dans l'os incisif, comme celles des *éléphans*. Elles sont composées, comme ces dernières, d'un ivoire, dont le grain présente des losanges curvilignes : il doit être à peu près impossible de distinguer une tranche d'ivoire d'*éléphant*, d'une d'ivoire de *mastodonte*.

Tel est du moins ce que j'observe sur une défense de cette dernière espèce que j'ai sous les yeux, et qui vient d'être apportée à notre Muséum, de l'ouest des *Alleganny s*, avec la portion de mâchoire inférieure dejà plusieurs fois citée.

Mais M. *Peale* s'exprime autrement sur celles de son squelette.

« Une section transversale de la défense de l'*éléphant* (dit-il) » est toujours *ovale ;* celle du *mastodonte* est parfaitement » *ronde*. L'*ivoire* des premières est *uniforme*, les secondes » offrent deux substances *distinctes ;* l'interne a le tissu de » l'ivoire, mais sa consistance est beaucoup moindre. L'externe » n'a point ce tissu, est beaucoup plus dure que l'ivoire, et » forme une enveloppe épaisse sur toute la défense ». (*Hist. disq. on the mammoth.*, p. 50.)

Mais ces distinctions ne sont point exactes, car,

1.° Les défenses d'*éléphant* sont souvent plus ou moins rondes, et au contraire celle de *mastodonte* que j'ai sous les yeux est elliptique.

2.° Celles d'*éléphant* ont une enveloppe d'une matière dont le tissu n'est pas celui de l'ivoire, dont les fibres sont convergentes vers le centre, et qui, quoique moins dure que l'*émail* ordinaire, en est cependant une espèce.

« La bande de la circonférence (dit Daubenton) est quelquefois composée de fibres droites transversales qui aboutiroient au centre, si elles étoient prolongées ». (*Hist. nat.* tome XI, *in*-4.)

C'est d'ailleurs une observation que tout le monde peut faire sur les défenses lorsque leur surface n'a pas été usée.

Notre défense de *mastodonte* ressemble en cela à celle de l'*éléphant*.

3.° Ce peut être une cause accidentelle qui a ramolli l'intérieur des défenses trouvées par M. *Peale*, en les décomposant plus ou moins, quoique les os trouvés en même temps ne fussent presque point altérés. On a découvert récemment que l'ivoire fossile est sujet à être décomposé, en changeant par une cause encore inconnue son phosphate de chaux en fluate de chaux.

Notre défense de *mastodonte* intacte n'a point d'acide fluorique, ainsi que s'en sont assurés MM. *Vauquelin* et *Laugier*, qui ont bien voulu l'analyser. Peut-être celles de M. *Peale* en ont-elles.

La courbure de ces défenses varie autant que dans les *éléphans*. Celle du dessin de M. *Michaëlis*, pl. III, fig. 4 et 5, est presque droite. La nôtre, pl. IV, fig. 3, est légèrement arquée. Une très-grande, trouvée avec la tête du squelette de Philadelphie, est presque courbée en demi-cercle. Comme elle avoit été mutilée, on n'a pu en placer au squelette même qu'une copie en bois. Elle a 10' 7'' angl. ou 3,17 de longueur, en suivant la circonférence (1). Leurs alvéoles ont 8''

(1) Remb. Peale, Hist. disq., p. 61.

angl. ou 0,202 de profondeur. La pointe n'est pas tout-à-fait dans le même plan que la base, et forme un commencement de tire-bourre.

Il paroît que leur direction, à la sortie de l'alvéole, est un peu plus oblique en avant que dans l'éléphant.

On les avoit d'abord placées, comme dans l'éléphant, la pointe en haut : dans cet état elles avoient 6" ou 0,15 de distance entre leurs bases, et 8' 9" ou 2,65 entre leurs pointes (1).

M. *Rembrand Peale* s'est déterminé depuis à les mettre dans une position renversée, c'est-à-dire la convexité en avant, et la pointe revenant en bas et en arrière.

Il donne lui-même les motifs suivans de ce changement (2).

1.° L'abaissement du condyle occipital, et la forte courbure des défenses, élevoient la pointe de celles-ci à une trop grande hauteur au-dessus du sol, et de la tête même de l'animal.

Il n'auroit pu les abaisser assez pour s'en servir à quoi que ce soit.

2.° Les défenses trouvées à l'un des endroits mentionnés ci-dessus sont usées à leur extrémité ; de manière qu'il faudroit, en supposant que cette extrémité ait été en haut, imaginer aussi que l'animal l'usoit sans utilité contre des rochers escarpés et verticaux. Il est plus naturel de croire qu'il les usoit en cherchant des coquillages ou en fouillant les bords des rivières et des lacs.

Ces raisons ne paroîtront peut-être pas péremptoires à tout le monde.

---

(1) Extrait d'une lettre de *Philadelphie*, 23 mars 1802, dont M. *Everard Home* a bien voulu m'adresser copie.

(2) Hist. disq., p. 52.

L'éléphant fossile, ou vrai *mammouth* des Russes, avoit souvent des défenses tout aussi fortement courbées que le *mastodonte*, et cependant elles avoient leur pointe en haut.

On ne conçoit guères plus à quoi elles auroient pu servir dans la position que M. *Peale* leur assigne, que dans celle que l'analogie leur indique.

Le *morse* (*trichecus rosmarus*) a, il est vrai, des défenses dirigées vers le bas; mais c'est un animal à membres raccourcis, destiné principalement à nager dans l'eau : et, dans cet élément, des défenses semblables peuvent servir; mais le *mastodonte*, dont les membres sont si élevés, vivoit à terre sans aucun doute.

Il a très-bien pu user le devant ou la convexité de ses défenses en les frottant contre des arbres, contre des rochers ou de toute autre manière.

Enfin le *babiroussa*, dont les défenses se dressent verticalement vers le haut, et recourbent leur pointe spiralement en arrière et en dessous, a bien moins encore l'air de pouvoir s'en servir que le *mastodonte* n'a dû faire des siennes; cependant il s'en sert, et les use précisément par leur côté convexe, comme le *mastodonte*.

Ainsi, jusqu'à ce que l'on ait trouvé un crâne de *mastodonte* avec ses défenses encore implantées, rien n'autorise, selon nous, à les placer autrement que dans les éléphans.

5.° *Si le mastodonte avoit une trompe.*

Le *mastodonte* avoit donc une tête volumineuse; des dents mâchelières épaisses et compactes en augmentoient le poids; des défenses longues et pesantes l'augmentoient aussi, et portoient en outre le centre de gravité encore plus loin du point d'appui: ce sont les raisons qui ont rendu le cou de l'*éléphant* court; celui du *mastodonte* devoit donc l'être aussi: comme ses jambes sont très-élevées, ainsi que nous l'allons voir, il n'auroit pu atteindre à terre avec sa bouche, s'il n'avoit pas eu une trompe; ses défenses l'en auroient d'ailleurs empêché, quand même les autres circonstances ne l'auroient pas fait. S'il eût vécu dans l'eau, comme les *phoques*, les *morses* et les *cétacés*, ces raisons n'auroient pas été démonstratives; mais il n'y vivoit pas, car ses pieds ne sont pas faits pour nager.

Il est donc indubitable qu'il avoit une trompe et qu'il ressembloit aux éléphans en ce point comme en tant d'autres.

6.° *Les os du tronc.*

Il n'est guère possible aujourd'hui de vérifier par le fait la conclusion du raisonnement précédent, puisque les parties molles ont dû disparoître dans presque tous les cas; mais on peut constater du moins la partie des *prémisses* qui concerne le *cou.*

Les vertèbres en sont effectivement minces, et forment un cou qui est bien loin de permettre aux lèvres de descendre jusqu'au niveau des pieds de devant.

On en peut juger par notre figure du squelette, pl. V, et par une figure particulière de l'*atlas*, pl. VI, fig. 3 et 4; cette première vertèbre ressemble beaucoup à celle de l'*éléphant.*

M. *Peale* dit que les apophyses épineuses des trois dernières vertèbres du cou sont moins longues que dans l'éléphant.

La seconde, la troisième et la quatrième dorsales ont de très-longues apophyses. Elles décroissent ensuite rapidement jusqu'à la douzième, après laquelle elles deviennent très-courtes (1). *L'éléphant* les a plus uniformes; ce qui suppose plus de force dans ses muscles de l'épine et dans son ligament cervical.

Il y a sept vertèbres cervicales, dix-neuf dorsales et trois lombaires. *L'éléphant* a une vertèbre dorsale et une paire de côtes de plus; mais peut-être celles de *mastodonte* s'étoient-elles perdues.

Les côtes sont autrement faites que dans l'*éléphant*: minces près du cartilage, épaisses et fortes vers le dos. Cette différence est surtout très-remarquable dans la première. Les six premières paires sont très-fortes en comparaison des autres, qui deviennent aussi fort courtes à proportion; ce qui, joint à la dépression du bassin, indique que le ventre étoit moins volumineux que dans l'éléphant (2).

7.° *L'extrémité antérieure.*

1.° *L'omoplate* paroît avoir été plus étroite encore que celle de l'*éléphant d'Afrique*, et avoir eu cependant l'apophyse récurrente placée aussi haut que dans l'éléphant des Indes, comme on peut s'en assurer en comparant celle du squelette de notre pl. V avec les fig. 6 et 7 de notre pl. VIII sur les éléphans. Du reste, cette omoplate a tous les caractères de celles des éléphans, et en particulier cette apophyse récurrente qui n'appartient qu'à ce genre et à quelques rongeurs.

(1) Hist. disq., p. 54.
(2) Hist. disq., p. 56.

Celle du squelette de M. *Peale* a 3' 1" angl. ou 0,935 de longueur.

Un fragment considérable aujourd'hui au cabinet de M. Camper, et gravé pl. VI, fig. 1 et 2, montre que l'épine est caverneuse intérieurement.

La facette articulaire est longue de 0,22, large de 0,14. La longueur totale de ce qui reste de l'os est de 0,75.

L'*acromion* y manque : mais M. *Peale* le représente très-long et très-pointu (1).

2.° *L'humérus*. M. *Peale* remarque en général que les os longs de l'extrémité antérieure sont beaucoup plus épais à proportion que ceux de l'extrémité postérieure, et que la différence des uns et des autres à cet egard est plus sensible que dans l'éléphant.

En effet, l'humérus du squelette, pl. V, et deux autres du cabinet de M. Camper, pl. VII, fig. 1 et 2, et pl. VIII, fig. 3 et 4, ont surtout leur crète inférieure remontée beaucoup plus haut que dans l'éléphant, quoique leur forme générale soit à peu près la même.

Le plus grand est long de 0,84; sa largeur en bas est de 0,235. Sa crète monte à 0,42, c'est à dire à moitié de sa longueur; tandis que celle de l'éléphant ne va qu'aux 2 cinquièmes.

L'humérus du squelette de M. *Peale* a 2' 10" angl. ou 0,86.

3.° *L'avant-bras*. Je n'en ai point de renseignement particulier. M. *Peale* se borne à dire que la largeur extrême des

---

(1) Histor. disquis., f. VII.

deux os fait que la direction oblique du radius au-devant du cubitus y est plus sensible que dans aucun autre animal. J'en conclus que leur disposition est à peu près la même que dans l'éléphant.

Le radius du squelette a 2' 5" 6"' angl. ou 0,745 de longueur. C'est, avec l'humérus, un peu plus que le rapport de 6 à 7. Dans l'*éléphant* ce rapport est comme 6 à 8. Ainsi l'avant-bras du *mastodonte* est plus long, et son bras plus court à proportion que ne le sont ceux de l'*éléphant.*

Le rapport de l'humérus à l'omoplate est encore plus différent. Dans l'*éléphant*, il est comme 8 à 6 et demi; c'est-à-dire que l'humérus est plus long de plus d'un cinquième. Dans le *mastodonte*, au contraire, il est comme un peu plus de 8 à 9 : ainsi l'humérus y est plus court de près d'un neuvième.

On ne peut élever de doute sur la vérité de ces rapports, parce que les os des extrémités ayant été trouvés ensemble, il est à peu près certain qu'ils venoient tous du même individu.

8.° *L'extrémité postérieure.*

1.° Le *bassin* est beaucoup plus déprimé que dans l'éléphant, à proportion de sa largeur : son ouverture est aussi beaucoup plus étroite ; c'est ce que dit M. *Peale*, et ce qui se verra aussi en comparant le bassin en profil du squelette, pl. V, avec celui de notre pl. I d'éléphans, et l'esquisse de ce même bassin, vue de face, pl. V, fig. 4, avec la fig. 3 de notre pl. VII sur les éléphans. Cette forme de bassin devoit rendre l'abdomen plus petit et par conséquent les intestins moins volumineux que dans l'éléphant; ce qui s'accorde avec la structure des dents pour faire regarder le mastodonte comme moins exclusivement herbivore.

M. *Peale* dit que la largeur du bassin de son squelette est de 5' 8" anglais; mais je crains qu'il n'y ait à cet endroit une faute d'impression, ou qu'il n'ait entendu le contour.

2.° *Le fémur* est la partie qui a été décrite la première. *Daubenton* fit graver celui de notre Muséum dans les Mémoires de l'Académie pour 1762. Sa masse énorme frappe véritablement au premier coup d'œil, surtout sa largeur, qui le distingue beaucoup de celui de l'éléphant, même fossile. Il est aussi plus aplati d'avant en arrière à sa partie inférieure, parce que le canal qui répond à la rotule y est plus court.

Il est long de 1,088, large en haut, entre la tête et le grand trochanter, de 0,44; en bas, de 0,29; au milieu, de 0,18. Son diamètre antéro-postérieur est en haut de 0,15; au milieu, de 0,104, et en bas de 0,21. Le diamètre de sa tête est de 0,18.

Le fémur du squelette de M. *Peale* est long de 3' 7" angl. ou 1,085. C'est à peu près comme le nôtre.

3.° *Le tibia.* Celui du squelette de M. *Peale* est long de 2' angl. ou 607; ce qui lui donne avec son fémur un rapport comme de 6 à 10.

M. *Peale* pense que ce rapport est moindre que dans l'éléphant; mais je n'ai pas trouvé la chose ainsi : nos deux squelettes des Indes ont les fémurs de 0,92, et les tibia de 0,56. Ce qui donne également le rapport de 6 à 10 à peu près. Néanmoins si, comme il est problable, l'abdomen du mastodonte est moins gros que celui de l'éléphant, son genou doit paroître plus dégagé du ventre.

Nous donnons, pl. VIII, les figures d'un tibia du cabinet de M. Camper, au cinquième de leur grandeur : il faut seulement observer que le graveur les a mises la tête en bas. Ce tibia est long de 0,71; large en haut de 0,25, en bas de 0,21; ce qui le rend plus épais à proportion que le tibia de l'éléphant. M. *Adrien Camper* m'ajoute que la malléole interne est aussi plus crochue et plus allongée que dans l'éléphant.

Je ne puis rien dire sur le péroné.

9.° *La taille en général.*

En additionnant ensemble les longueurs de l'humérus et du radius, et celles du fémur et du tibia, on trouve pour la hauteur de l'extrémité de devant 1,60, et pour celle de derrière 1,69.

L'éléphant de 8 pieds a ces mêmes hauteurs, ou plutôt ces mêmes sommes, de 140 et de 148. Ainsi le rapport des extrémités entre elles est à peu près le même dans les deux espèces, quoique celui de leurs parties ne le soit pas.

Cette hauteur des extrémités, considérée seule, donneroit 9 pieds, ou près de trois mètres, de hauteur totale pour le *mastodonte ;* mais comme l'omoplate de celui-ci est de près d'un tiers plus longue, on peut accorder quelque chose de plus à sa taille. M. *Peale* a donné à son squelette 11 pieds anglais, ou 10' 1" au garrot. Nous croyons qu'il l'a un peu trop élevé en plaçant les omoplates trop bas, et en ne ployant pas assez les articulations. C'est aussi l'opinion du célèbre anatomiste M. *Everard Home*, qui a vu lui-même ce squelette. Au reste, celui-ci eût-il réellement *dix pieds*, il seroit toujours au plus de la taille des éléphans les plus communs aujourd'hui dans les Indes, et resteroit fort éloigné de ces dimensions gigantesques qu'on se plaît ordinairement à attribuer au *mastodonte*. Et comme les grands os que possèdent, soit le *Muséum britannique*, soit le nôtre, soit celui de M. *Camper*, ne surpassent pas beaucoup en volume ceux que M. *Peale* a rassemblés en squelette, on ne peut pas dire que ces derniers sont venus de quelque individu de taille médiocre.

En calculant d'après les plus grandes dents que l'on ait eues isolément, calcul souvent sujet à de l'exagération, on trouveroit tout au plus qu'elles appartenoient à des individus de onze pieds trois ou quatre pouces; et le *tibia*, cité ci-dessus, du cabinet de M. *Camper*, en indiqueroit un de onze pieds huit pouces. Ainsi, comme nous l'avons dit au commencement de ce chapitre, il n'y a point encore de morceau qui prouve que le *mastodonte* ait atteint, encore moins surpassé, douze pieds de roi, de hauteur au garrot.

Le squelette de M. *Peale* a 15' anglais ou 4,55 depuis le *menton* jusqu'au *croupion*, comme il s'exprime. Je pense qu'il a voulu dire depuis le bout du museau jusqu'au bord postérieur de l'ischion.

L'*éléphant* n'a pas cette dimension beaucoup plus considérable que sa hauteur. Un *éléphant* de dix pieds ne seroit pas tout-à-fait long de onze, ou de 3,57. Ainsi le *mastodonte* étoit beaucoup plus allongé à proportion de sa hauteur que l'*éléphant*. C'est ce dont on peut prendre une idée fort juste, en comparant notre pl. V avec notre pl. I sur les éléphans.

10.° *Les pieds.*

Selon M. *Peale* (*Hist. disq.*, p. 57), les os des pieds de derrière sont remarquablement plus petits que ceux des pieds de devant; mais la même chose a lieu dans l'éléphant. Dans ceux de devant, les deuxièmes phalanges se terminent, selon le même auteur, par des rainures qui semblent indiquer que les troisièmes, ou les onguéales, avoient plus de mouvement que dans l'éléphant, et ressembloient davantage à celles de l'hippopotame.

Voilà à quoi se bornent les renseignemens que j'ai pu obtenir; mais je ne doute pas que les os du tarse et du carpe, examinés séparément, n'offrissent encore des caractères distinctifs.

11.° *Résumé général.*

De toute cette description il résulte :

Que *le grand mastodonte*, ou *animal de l'Ohio*, étoit fort semblable à l'éléphant par les défenses et toute l'ostéologie, les mâchelières exceptées; qu'il avoit très-probablement une trompe; que sa hauteur ne surpassoit point celle de l'éléphant, mais qu'il étoit un peu plus allongé et avoit des membres un peu plus épais, avec un ventre plus mince; que, malgré toutes ces ressemblances, la structure particulière de ses molaires suffit pour en faire un genre différent de celui de l'éléphant; qu'il se nourrissoit à peu près comme l'hippopotame et le sanglier, choisissant de préférence les racines et autres parties charnues des végétaux; que cette sorte de nourriture devoit l'attirer vers les terrains mous et marécageux; que néanmoins il n'étoit pas fait pour nager et vivre souvent dans les eaux comme l'hippopotame, mais que c'étoit un véritable animal terrestre; que ses ossemens sont beaucoup plus communs dans l'Amérique Septentrionale que partout ailleurs; qu'ils y sont mieux conservés, plus frais qu'aucuns des autres os fossiles connus; et que néanmoins il n'y a pas la moindre preuve, le moindre témoignage authentique, propre à faire croire qu'il y en ait encore, ni en Amérique, ni ailleurs, aucun individu vivant.

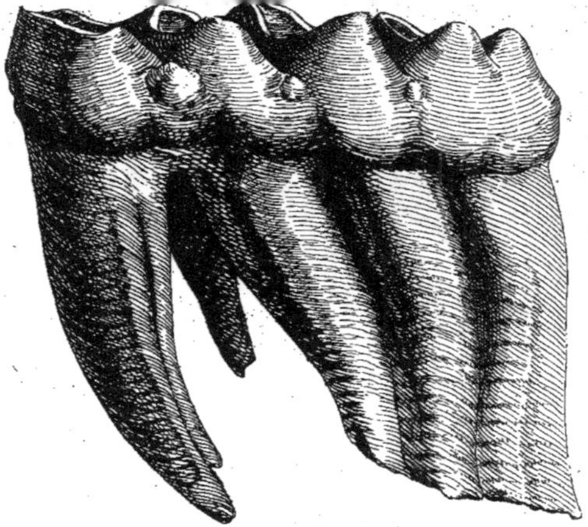

Fig. 2.

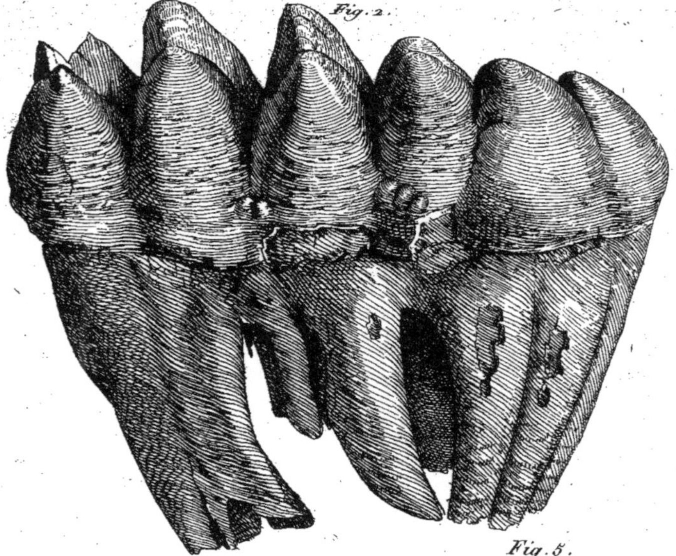

Fig. 4.

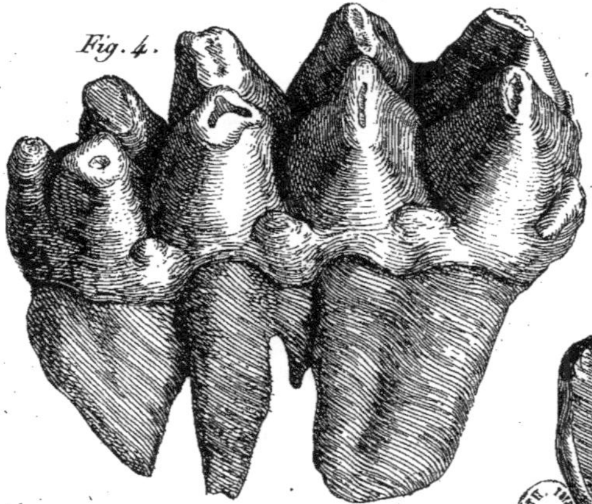

Fig. 3.

Fig. 5.

1/2

Grand MASTODONTE. PL. I.

L

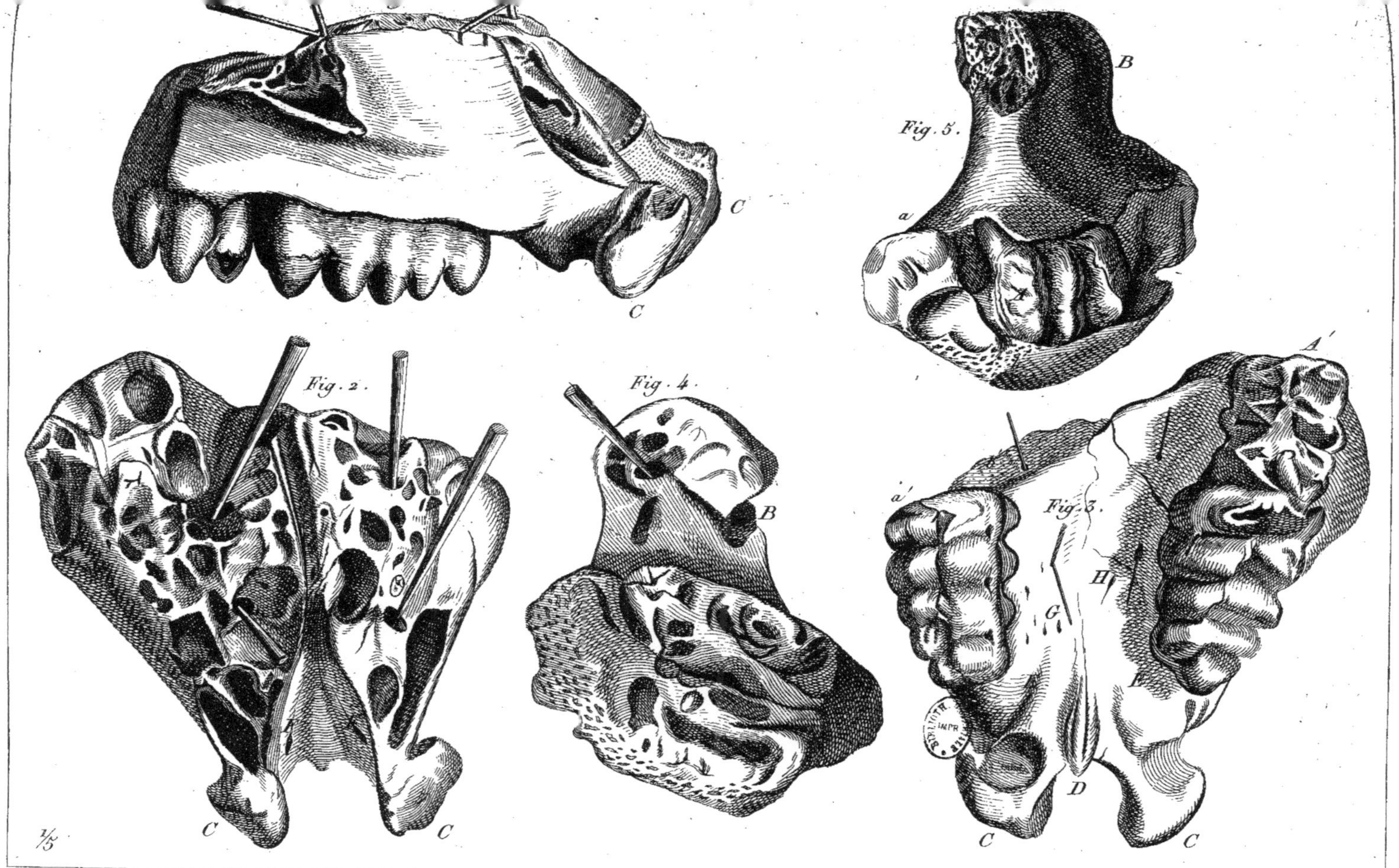

Grand MASTODONTE. PL. II.

Fig. 4.

Fig. 5.

Fig. 1.

Fig. 2.

Fig. 3.

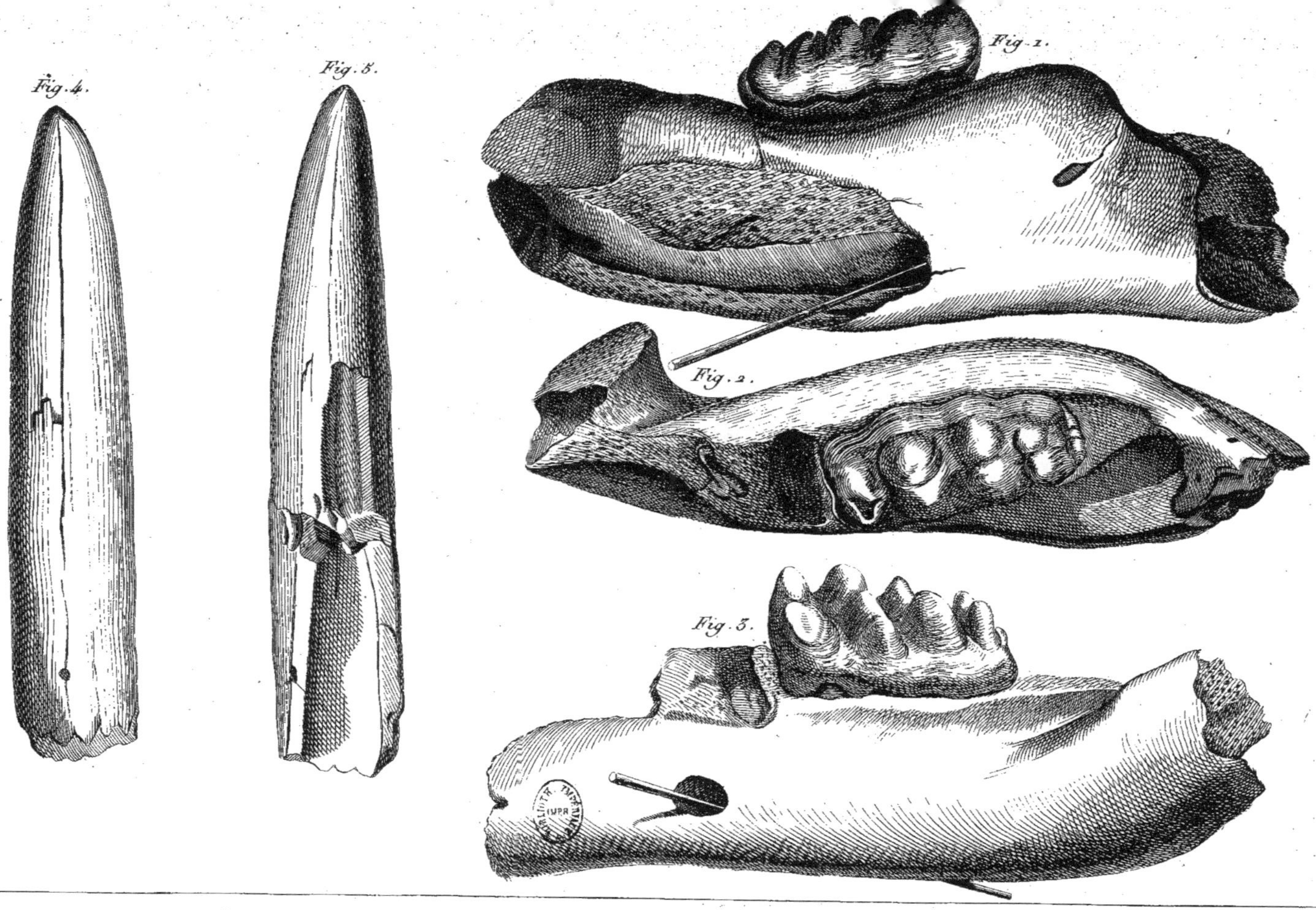

1/5

Grand MASTODONTE. PL. III.

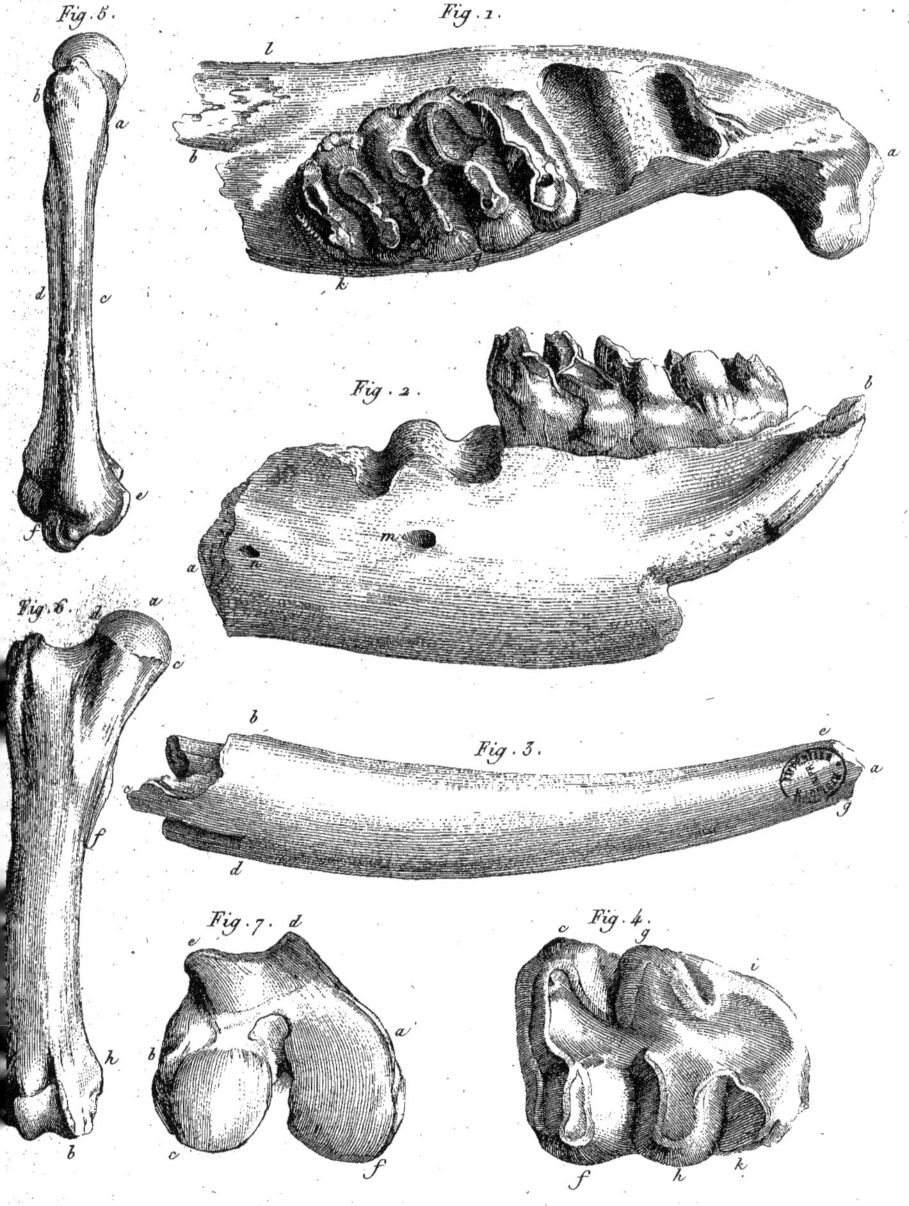

Grand MASTODONTE. PL. IV.

...llard del.

Couet sculp.

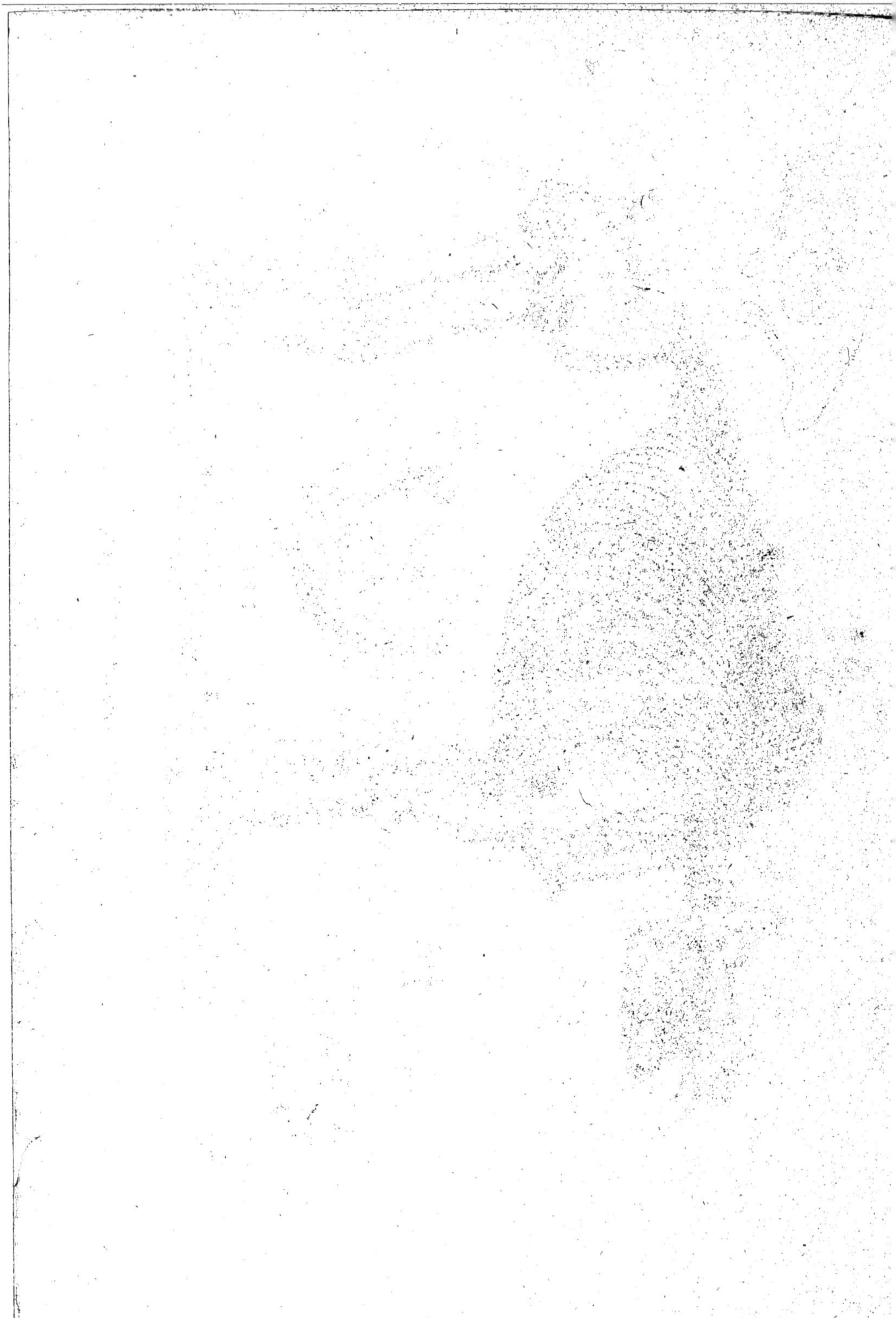

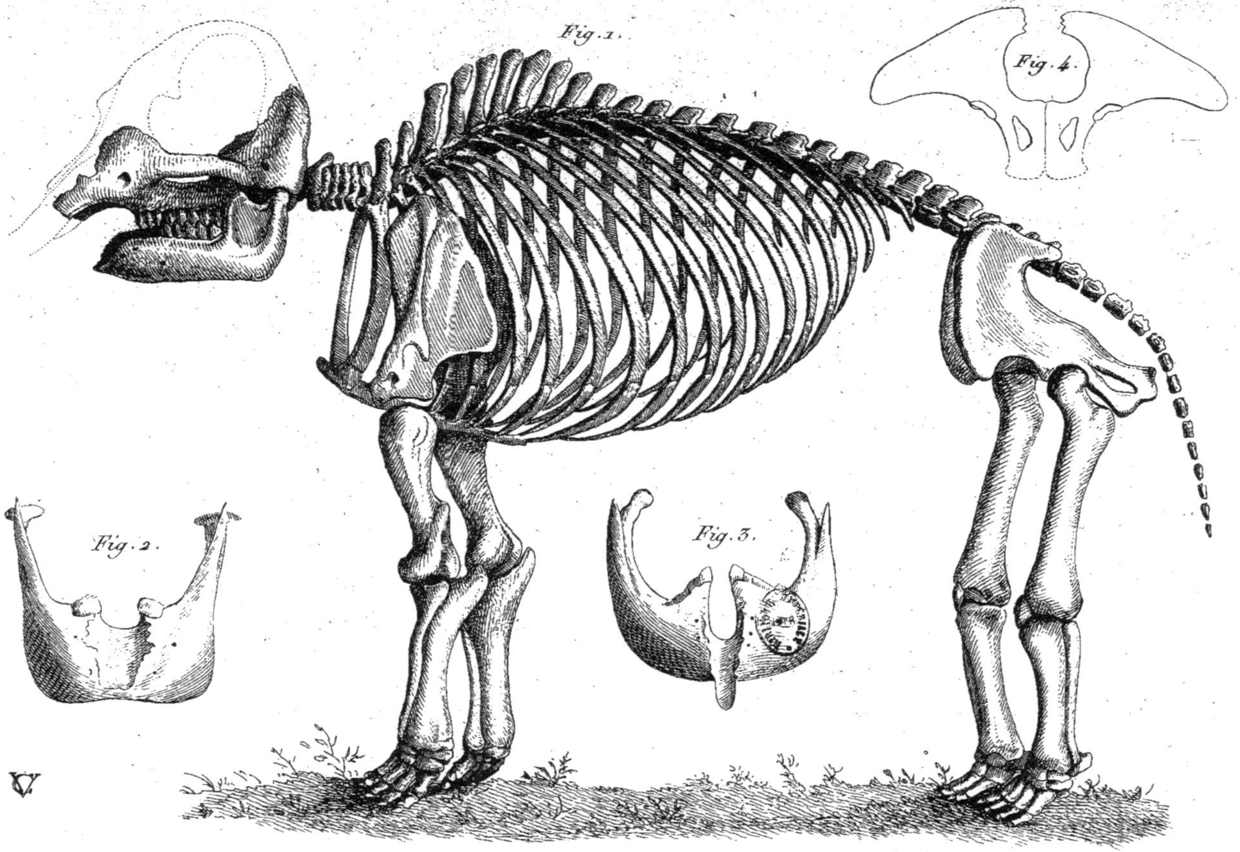

Grand MASTODONTE. PL. V.

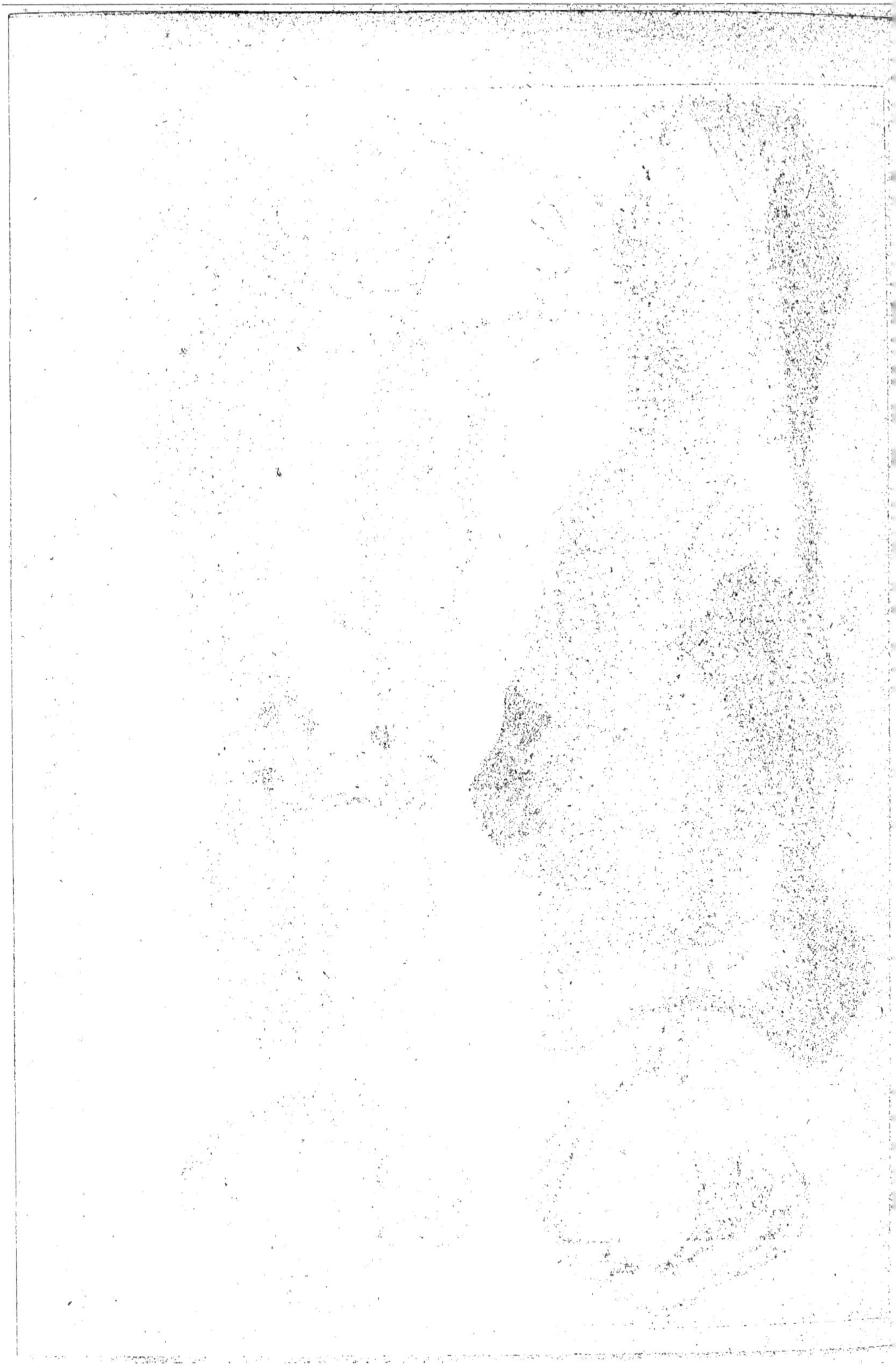

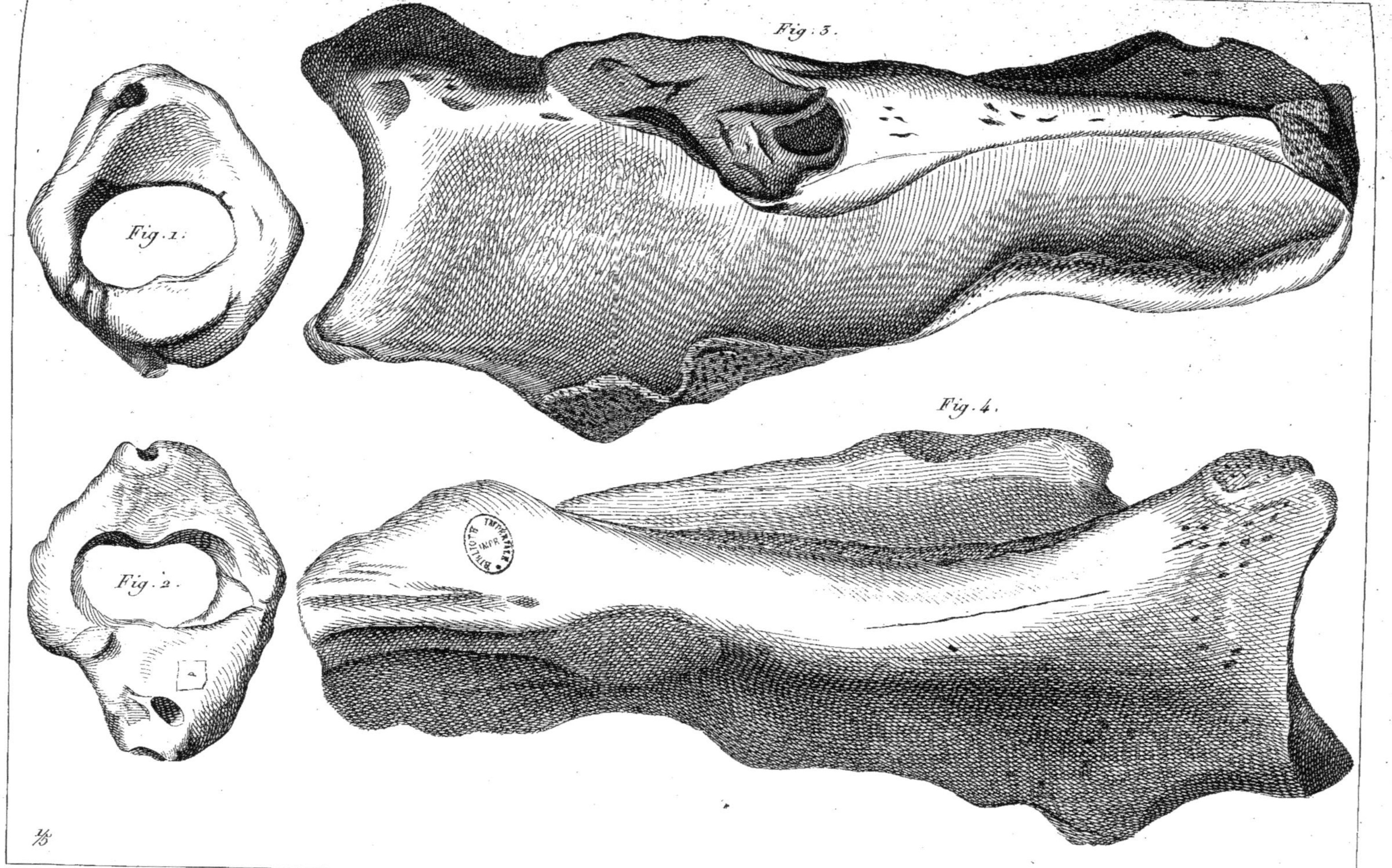

Grand MASTODONTE. PL. VI.

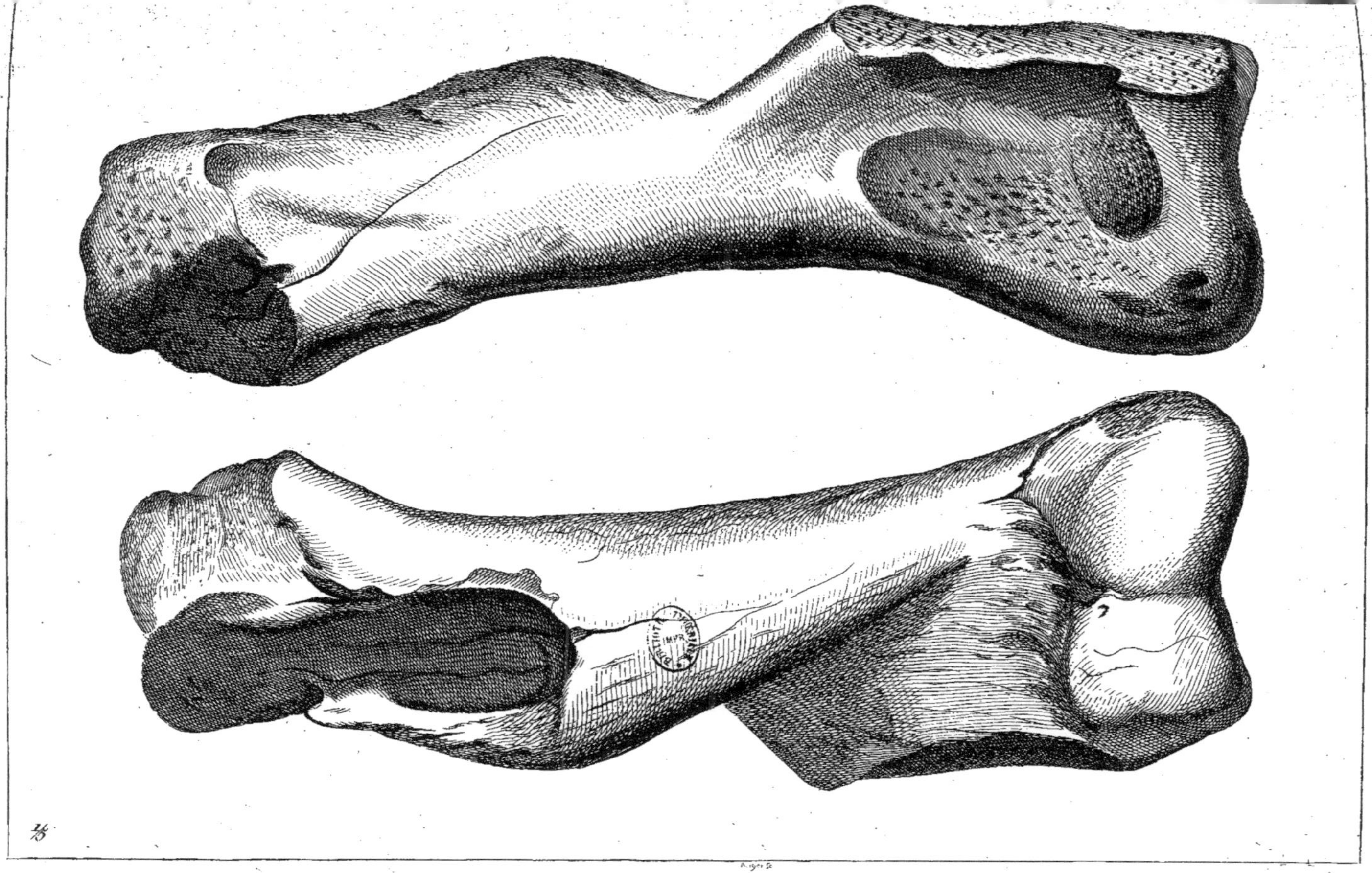

Grand MASTODONTE. PL. VII.

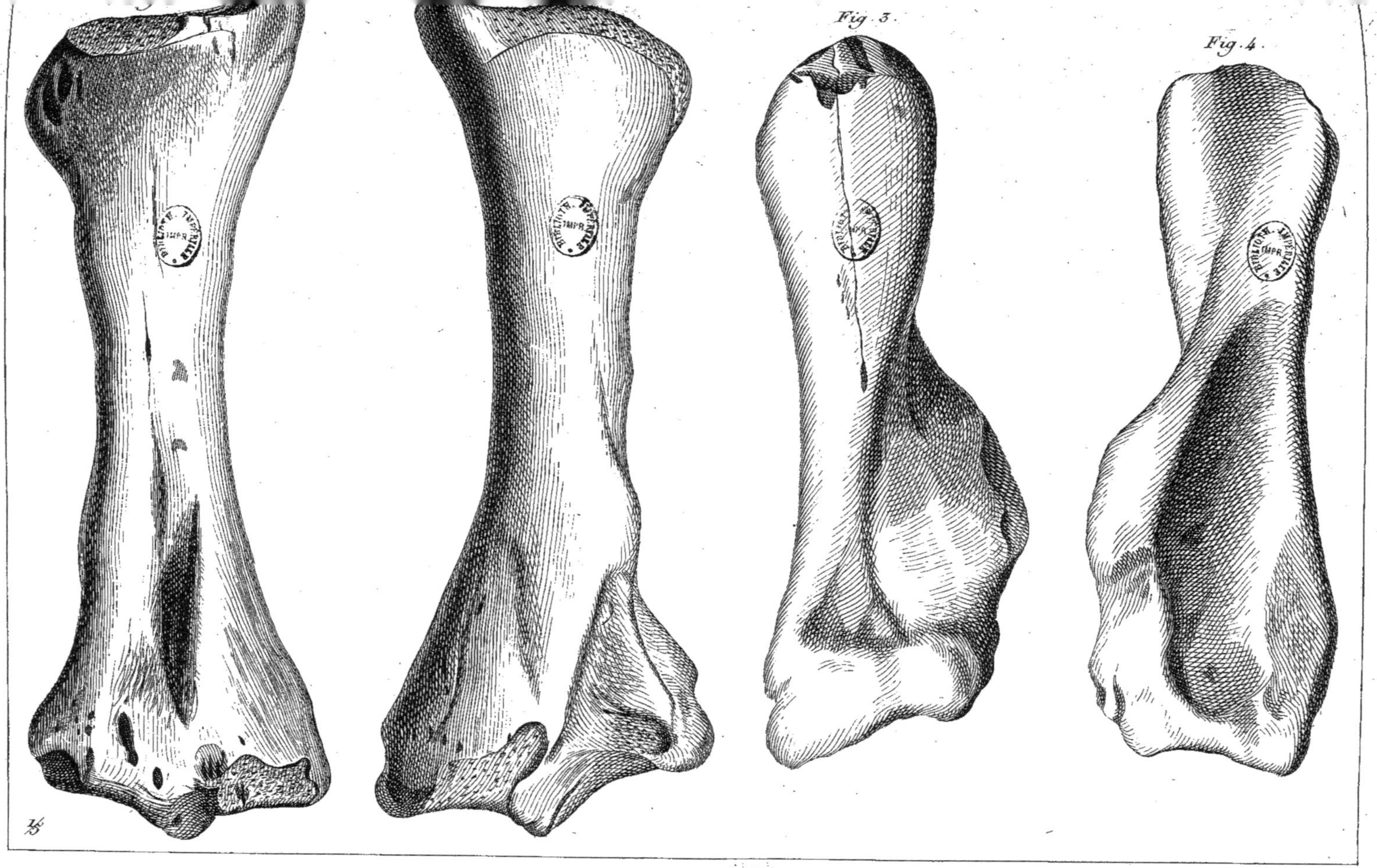

Grand MASTODONTE. Pl. VIII.

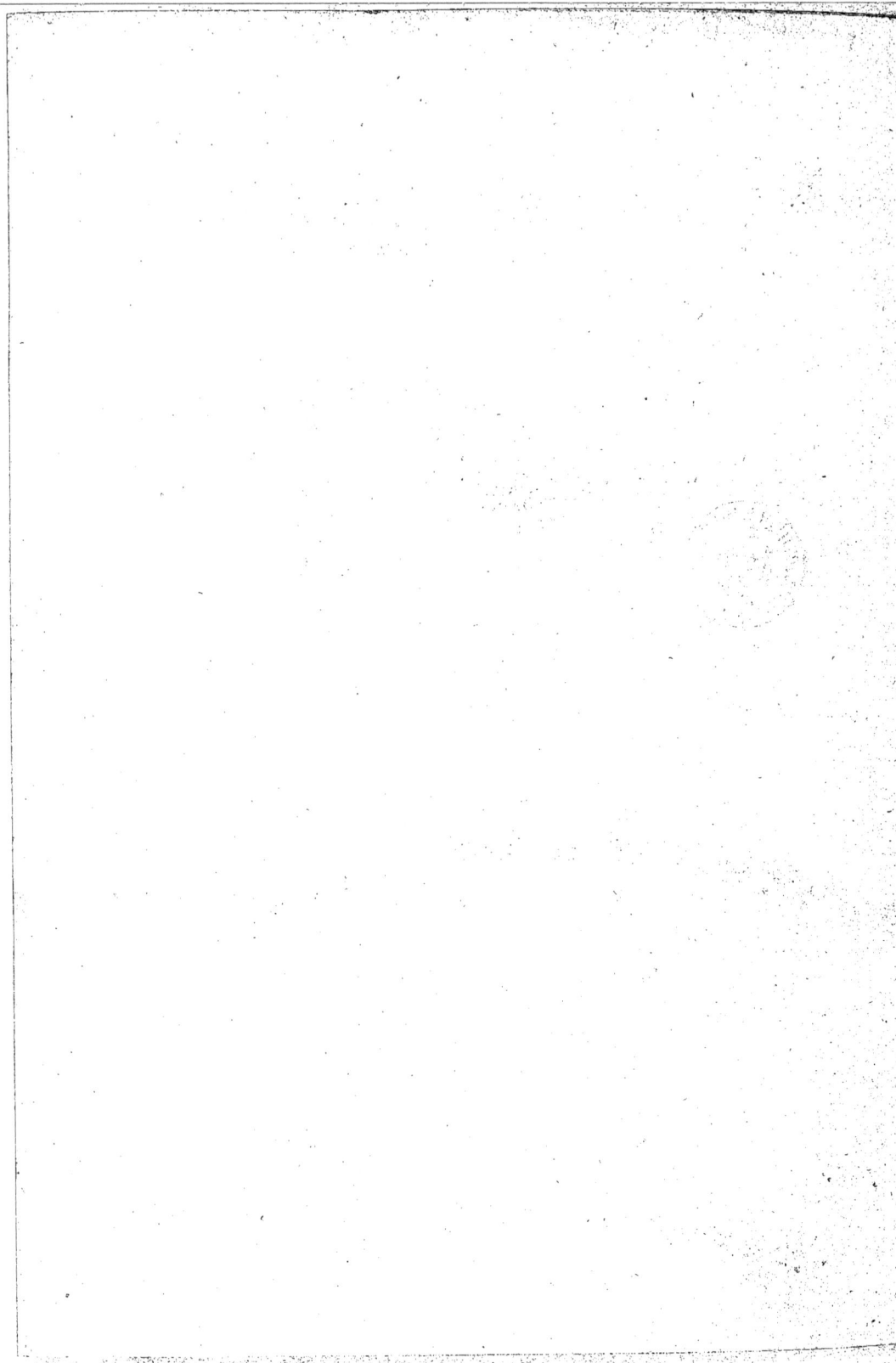

SUR DIFFÉRENTES DENTS

DU GENRE DES MASTODONTES,

Mais d'espèces moindres que celles de l'Ohio, trouvées en plusieurs lieux des deux continens.

Nous avons vu, dans le chapitre précédent, que la première gravure d'une grande molaire de l'*Ohio* est celle que *Guettard* publia en 1752; mais ces dents et l'animal dont elles provenoient n'acquirent une véritable célébrité en Europe qu'entre 1760 et 1770, par les Mémoires de *Collinson* et de *William Hunter*.

Long-temps auparavant il existoit des notices de quelques-unes de celles dont je vais parler; mais les naturalistes y avoient fait peu d'attention, faute d'objets de comparaison; et lorsque les dents de l'*Ohio* vinrent à être connues, on confondit les autres avec elles, de manière qu'il m'a été réservé de montrer les différences spécifiques de celles dont on avoit fait mention avant moi, et d'en faire connoître pour la première fois plusieurs qui étoient ignorées.

La première a été publiée par *Grew* en 1681 (*Mus. Soc. reg.*, pl. 19, fig. 1) sous le titre de *Dent pétrifiée d'un animal de mer. Camper* cite cette figure (*Nov. Act. petrop.*, II, 259) comme si elle étoit de l'espèce de l'*Ohio.*

En 1715, *Réaumur*, décrivant les mines de turquoises de *Simorre*, et faisant voir que ces turquoises n'étoient que des os et des dents de différentes espèces, pétrifiés et imprégnés de quelque oxide métallique, fit graver un fragment d'une dent semblable à celle de *Grew*, croyant aussi qu'elle pouvoit venir de quelque animal marin. (*Mém. de l'Ac. des Sc.* 1715, in-12, pag. 268.)

En 1755, *Dargenville* en représenta une entière qu'il jugeoit également d'un poisson inconnu. (Oryctologie, pl. 18, fig. 8.) *Knorr* en donna une autre dans ses Monumens, sup. pl. VIII, c.; et *Walch*, dans son Commentaire sur ces planches, se borna à renvoyer à *Dargenville.* Ni l'un ni l'autre de ces ouvrages n'indiqua l'origine de son morceau.

On avoit fait venir dans l'intervalle quelques échantillons des dents de *Simorre* pour le cabinet du roi. *Daubenton* les décrivit, mais sans figures (*Hist. nat.* XII, n.° 1109, 1110 et 1111, et y joignit (n.° 1112) le morceau représenté par *Réaumur*, sous le titre de *dents pétrifiées ayant des rapports avec celles de l'hippopotame*, tandis qu'il nommoit celles de l'*Ohio* à six pointes, les seules qu'il connût alors de cette grande espèce, *dents fossiles d'hippopotame.*

Il distinguoit donc dès lors les unes des autres, jusqu'à un certain point; mais bientôt on les confondit entièrement.

Joseph Baldassari décrivit et représenta en 1767, dans les Mémoires de l'*Académie de Sienne*, tome III, p. 243, deux portions considérables de mâchoire inférieure, trouvées au

Monte Follonico près de *Monte Pulciano*, et en jugea les dents absolument semblables à celle de *Guettard.*

Une de ces dents, très-grande, fut trouvée à Trévoux en 1784, et indiquée par M. *de Morveau*, dans le t. VI de l'Académie de *Dijon*, p. 102, comme si elle eût été de l'espèce de l'*Ohio.*

Camper en parle aussi sous ce nom (*Nov. Act. petrop.* II), et *Merck* en fait autant. (*III.e lettre*, p. 28, note.)

On peut donc dire que les naturalistes n'avoient pas donné à ces dents toute l'attention qu'elles méritoient, et j'eus lieu d'être fort surpris lorsque je m'aperçus, par ma correspondance, qu'elles étoient assez communes en différens lieux de l'*Europe* et de l'*Amérique.*

En effet, outre celles de *Toscane*, de *Simorre* et de *Trévoux*, j'en ai vu de *Sort* près de *Dax*, dans le cabinet de feu M. de *Borda*; M. *Defay* m'en a prêté de *Montabusart* près d'*Orléans*; M. de *Jussieu* m'en a fait connoître de *Saxe*; M. *G.-A. Deluc* m'en a communiqué une des environs d'*Asti* en Piémont; M. *Fabbroni* m'a envoyé des plâtres de celles du *val d'Arno* qui sont au cabinet de Florence; M. *Faujas* m'en a rapporté les dessins de trois, trouvées en différens points de la *Lombardie.* Toutes celles que *Dombey* et M. de *Humbold* ont rapportées du *Pérou*, et celles que ce dernier a trouvées au *Camp-des-Géans*, près de *Santa-Fé* en *Tierra-Firme*, sont encore semblables. Enfin M. *Alonzo* de *Barcelonne* a bien voulu m'envoyer le dessin d'une qui a été prise dans la province de *Chiquitos* au *Paraguay*, presque au centre de l'Amérique-Méridionale.

J'en ai encore eu plusieurs, soit en dessin, soit en nature, dont on n'a pu m'indiquer l'origine, mais qui, jointes aux précédentes et à celles dont on avoit déjà parlé avant moi, achèvent de prouver que les animaux qui les ont fournies doivent avoir laissé une assez grande quantité de leurs dépouilles.

Toutes ces dents sont hérissées, comme celles du grand *mastodonte*, de pointes coniques plus ou moins nombreuses qui s'usent par la mastication ; et comme nous verrons par la suite que les formes de quelques os trouvés avec ces dents ressemblent aussi à ceux du grand *mastodonte*, et qu'il y a lieu de croire qu'elles étoient accompagnées de défenses, on peut en conclure, avec assez de probabilité, que les animaux dont elles proviennent étoient aussi du genre des *mastodontes*.

Mais ces dents se distinguent aussi toutes de celles du grand *mastodonte* de l'*Ohio* par quelques caractères spécifiques. Le principal et le plus général est que les cônes de leur couronne sont sillonnés plus ou moins profondément, et tantôt terminés par plusieurs pointes, tantôt accompagnés d'autres cônes plus petits sur leurs côtés ou dans leurs intervalles : d'où il résulte que la mastication produit d'abord sur cette couronne plusieurs petits cercles, et ensuite des trèfles ou figures à trois lobes, mais jamais de losanges.

Ce sont ces trèfles qui ont fait prendre quelquefois ces dents pour des dents d'hippopotame. Nous avons vu ci-dessus que *Daubenton* leur trouvoit quelques rapports ; et à l'article de l'hippopotame, nous avons aussi rapporté des jugemens semblables de *Pierre Camper* et de M. *Faujas :* mais il est aisé de prévenir le renouvellement de cette erreur. Indépendamment de la grandeur, les dents de l'hippopotame n'ont jamais que quatre trèfles, et celles dont nous parlons en ont ordinairement six ou dix. Il n'y a que les antérieures, sur lesquelles on pourroit hésiter ; mais nous verrons à leur article qu'on les distingue aussi aisément.

Il est plus difficile d'assigner les caractères spécifiques de ces diverses dents entre elles; car elles ne se ressemblent pas entièrement. Il y a d'abord les différences de position dans la mâchoire, que l'on peut juger par le nombre des pointes; il y a ensuite celles de l'âge, qui se déterminent par le degré de la détrition : mais après celles-là il s'en trouve dans la grandeur, les proportions et les détails de leur configuration, qui paroissent devoir les faire rapporter au moins à trois espèces.

Examinons et comparons successivement ces dents d'après ces rapports.

Je commence par une dent de *Simorre*, pl. I, fig. 4. C'est celle que décrit Daubenton, *Hist. nat.*, XII, n.° 1109.

Longue de 0,116, large de 0,06, elle est déjà à moitié usée. De ses six paires de pointes, les deux antérieures sont confondues en un disque à quatre lobes, *a*, *b*; une des mitoyennes, *c*, est déjà en trèfle, laissant encore un petit disque rond isolé; l'autre, *d*, est elliptique, bilobée; les dernières, *e*, *f*, n'offrent encore que quatre disques, dont un seulement commence à se lober. On voit qu'un peu plus usée, cette dent auroit eu trois disques à quatre lobes. En arrière, est un talon de deux pointes mousses sillonnées, dont l'une, *g*, est plus haute.

Cette couronne est moins usée, et par conséquent plus haute, du côté des disques non lobés, *a*, *d*, *e*, que nous verrons bientôt être l'externe. Deux grosses racines rompues l'une et l'autre se dirigent en arrière; la postérieure, *i*, est de beaucoup la plus grosse: enfin il y a en avant, en *k*, un aplatissement qui fait juger que cette dent étoit précédée par une autre dans la mâchoire.

J'ai trouvé la même dent encore implantée dans le palais, dans le cabinet de M. *de Borda* à Dax. Elles a les mêmes éminences, avec les mêmes figures et les mêmes proportions, pl. III, fig. 2; seulement, elle est un peu plus petite et moins usée, les deux disques antérieurs n'étant pas encore confondus.

Elle y est effectivement précédée d'une dent à deux paires de pointes, *a*, *b*, et l'on voit en arrière, *c*, qu'elle devoit être suivie d'une autre encore.

J'ai trouvé une troisième fois la même dent parmi celles que Dombey a rapportées du Pérou (pl. I, fig. 7) implantée dans une portion de palais, et parfaitement semblable à celle de Simorre par les contours et les proportions, mais un peu plus usée. Les deux disques du milieu sont déjà confondus en un disque quadrilobé, et les deux postérieurs sont tout prêts de l'être. Il n'y a plus de petite dent en avant; son alvéole a déjà disparu, et le corps de la dent subsistante commençoit même à s'entamer vers *a*. En arrière est encore, vers *b*, un reste de l'alvéole de la dent qui suivoit celle-ci.

La dent du Pérou est précisément longue comme celle de Simorre, quoiqu'il en manque un peu en avant, et a 0,05 de plus dans sa plus grande largeur.

Malgré l'éloignement des lieux, il m'est donc impossible de ne pas reconnoître ces deux dents comme de la même espèce.

Ces pièces constatent donc déjà, outre la forme de cette dent, qu'il y en avoit deux autres à la mâchoire supérieure de l'animal, une en avant qui n'avoit que quatre pointes, et une en arrière.

Elles constatent de plus que ces dents se poussoient d'arrière en avant comme dans l'éléphant et le mastodonte, et que les antérieures disparoissoient à une certaine époque.

Je crois encore qu'on peut en conclure que la dent antérieure étoit susceptible de remplacement de haut en bas, comme dans l'*hippopotame* dont les dents de remplacement ne laissent pas de tomber aussi. Ma raison est que cette petite dent de *Dax* n'est pas encore usée, et qu'il faut qu'elle soit venue après la grande, qui l'est.

Le morceau de *Dax* nous fait aussi reconnoître une dent de *Simorre* de notre Muséum (pl. I, f. 2), à demi-usée, et présentant une figure à quatre lobes en avant, et deux disques ronds en arrière.

Une dent pareille (pl. III, fig. 14), mais non usée, et n'offrant que ses quatre cônes, est dans le cabinet de M. *Hammer* qui en ignore l'origine : seulement elle a un petit talon qui pourroit faire croire que c'est celle de la mâchoire opposée, par conséquent l'inférieure; car celle de *Dax*, qui est la supérieure, n'a point de talon, non plus que celle de *Simorre*.

Peut-être aussi est-ce la dent de lait.

L'*identité* d'espèce des dents de *Simorre* et de celles qu'avoit apportées *Dombey* une fois bien constatée, nous pouvons aller plus loin.

Parmi les morceaux de *Dombey*, est un fragment considérable de mâchoire inférieure (pl. III, fig. 4, au quart de sa grandeur). Il se termine en avant par une espèce de bec, comme celui de l'*éléphant* et du *mastodonte*. Ainsi notre espèce actuelle n'avoit, comme ces deux-là, ni incisives ni canines en bas.

Ce morceau contient deux dents : la postérieure, longue de 0,175, large de 0,075, avoit cinq paires de pointes dont les postérieures sont plus courtes; les deux premières sont déjà réunies en figures quadrilobées; les deux suivantes sont prêtes à l'être; les deux dernières et le talon sont intacts. Telle est donc la molaire postérieure inférieure de notre animal.

Ici c'est le côté externe qui est le plus usé : par conséquent c'est l'interne qui est le plus saillant; et cela devoit être ainsi, pour que les dents d'en bas correspondissent à celles d'en-haut, où l'inverse a lieu.

Ce sont les pointes externes qui forment des trèfles, et en haut ce sont les internes; encore suite d'une loi générale dans les herbivores : quand les deux côtés d'une dent ne se ressemblent pas, ils sont placés en sens contraire dans les deux mâchoires. Ainsi les ruminans ont la convexité des croissans de leurs dents supérieures en dedans, et celle des inférieures en dehors.

On voit aisément, par la convexité de cette longue dent en arrière, qu'il n'y en avoit point derrière elle.

Celle qui est en avant est tellement usée et mutilée qu'on ne peut distinguer sa figure; mais j'ai bientôt trouvé moyen d'y suppléer.

Nous avons au Muséum une dent de Simorre à six pointes, qui diffère de la première, parce qu'elle n'a pas de talon. Voyez pl. III, fig. 3, *Daub.*, XII, n.° 1110. Il étoit naturel de croire que c'étoit celle qui répondoit à cette première dans la mâchoire inférieure. Cela étoit d'autant plus naturel à croire, que les dernières dents inférieures de l'*hippopotame* diffèrent aussi, par l'absence d'un talon, des supérieures qui leur correspondent.

La mâchoire inférieure de *Baldassari* en donne la certitude : on y voit cette dent à six pointes en place et sans talon.

Il ne nous reste donc à connoître que la postérieure supérieure pour avoir toutes les mâchelières de notre animal.

Il n'est pas difficile de voir que c'est la dent de *Trévoux*, pl, I, fig. 5.

Ce n'est qu'un germe encore entièrement intact et sans racines, long de 0,185, large de 0,08; haut, depuis le collet jusqu'au sommet d'une des pointes, de 0,06. Cinq sillons profonds le divisent en six rangées d'éminences, chacune subdivisée en deux, excepté la dernière. Les éminences partielles d'un côté ont en avant une partie saillante qui leur auroit nécessairement donné la figure d'un trèfle, si la dent étoit usée à demi. Celles du côté opposé seroient restées elliptiques. Celles-ci sont donc les intérieures. La dernière éminence, ou le talon, est un gros mammelon impair, entouré d'autres plus petits.

Il y a donc un talon ou un amas impair d'éminences de plus qu'à la dent postérieure inférieure; et c'est encore une analogie avec l'*hippopotame* et un rapport avec la supérieure moyenne.

Toutes ces dents, comparées une à une avec leurs correspondantes dans le grand *mastodonte* de l'*Ohio*, offrent un caractère très-sensible dont je me servirai pour dénommer cette espèce : c'est qu'elles sont beaucoup plus étroites à proportion de leur longueur.

Une fois ces caractères obtenus, il nous a été aisé de reconnoître les dents ou portions de dents isolées de cette espèce qui se sont offertes à nous.

Pl. I, fig. 3 du cabinet de M. *de Drée*, est la moitié antérieure d'une supérieure postérieure dont toutes les pointes ne font que de commencer à s'entamer. Les racines n'y sont pas développées.

Pl. II, fig. 10 du cabinet de M. *Hammer*, en est une dont la détrition est plus avancée et les racines plus développées.

Pl. IV, fig. 1 et 2, est dans le même état. Elle a été trouvée à la *Rochetta di Tanaro*, près d'*Asti*, et appartient à M. *Dincisa* à *Milan*. M. *Faujas* m'en a donné le dessin : elle est d'un blanc de cire.

Pl. I, fig. 6, du *Pérou*, rapportée par *Dombey*, en est une dont la détrition est déjà profonde en avant, et, je ne sais par quelle raison, pas encore commencée en arrière.

Pl. II, fig. 13, du *val d'Arno*, envoyée par M. *Fabbroni*, est la partie postérieure d'une, non encore usée.

Pl. IV, fig. 3, du cabinet de l'Université de *Padoue*, est la même partie, plus usée. J'en dois encore le dessin à M. *Faujas*. Elle est teinte en roux vif, et son émail est très-luisant.

Pl. I, fig. 1, de *Simorre* (*Daub.* 1111), est un germe d'inférieure postérieure, cassé en avant.

Pl. II, fig. 8, du *val d'Arno*, est la partie postérieure d'une inférieure de derrière, peu usée.

Pl. II, fig. 6, du *Camp-des-Géans*, rapportée par M. *de Humbold*, est la même partie, nullement usée; et fig. 4, une partie moins considérable qui commençoit à s'user.

Pl. III, fig. 1, de *Simorre*, est la première rangée d'une postérieure supérieure non encore sortie ni usée.

Quelques morceaux se sont trouvés trop mutilés pour être aussi parfaitement déterminés : tel est le dessin envoyé par M. *Fabbroni*, d'une dent du val d'Arno, cassée aux deux bouts (Pl. II, fig. 9) ; la dent cassée longitudinalement, trouvée aux environs d'*Asti* par M. *G.-A. Deluc* (Pl. II, fig. 7) ; celle du cabinet du comte d'*Ario* à Padoue, trouvée dans les Alpes *cénédoises*, et cassée en arrière. (Pl. IV, fig. 4.)

Tous ces morceaux viennent bien de la même espèce que les autres dents, quoique l'on ne puisse pas assigner leur place.

Mais j'ai en outre quelques dents bien entières, bien reconnoissables pour appartenir au même genre que les précédentes, et qu'il m'est cependant impossible de ranger dans la même espèce.

Telle est la dent de Saxe, envoyée autrefois par le professeur de Gottingue, *Hugo*, à Bernard *de Jussieu*, et que l'illustre neveu de celui-ci a bien voulu me communiquer, Pl. II, fig. 11, entièrement semblable en figure et en proportions à celle de la fig. 4, pl. I. Elle est exactement d'un tiers moindre.

Je ne connois pas d'espèces sauvages où il y ait des différences de taille aussi fortes; et il faut bien se souvenir qu'il ne s'agit pas ici de l'âge, puisque les dents une fois faites ne croissent plus.

La dent de *Montabusard*, pl. III, fig. 6, correspond si bien à celle de Saxe pour sa largeur, que je ne doute pas que ce ne soit un germe de l'une des postérieures de la même espèce, cassé en avant.

Les autres dents sont trop carrées : elles ont les mêmes proportions que celles à six pointes de l'*Ohio*, et pourroient être prises pour elles, sans ces figures de trèfles que l'on ne peut confondre avec les *losanges* du *mastodonte de l'Ohio*.

J'en ai eu de deux grandeurs.

Les plus grandes ont les mêmes dimensions que leurs correspondantes de l'*Ohio*. M. *de Humbold* en a rapporté une qu'il a trouvée près du volcan d'*Imbaburra*, au royaume de *Quito*, à 1200 toises de hauteur. Elle est assez décomposée et encore enduite de cendres volcaniques. Son émail est teint en roussâtre; elle est longue de 0,12, et large de 0,085. Voyez pl. II, fig. 1.

Le même célèbre voyageur en a trouvé un autre échantillon à la cordilière de *Chiquitos*, entre *Chichas* et *Tarija*, près *Santa-Crux de la Sierra*, à 15° de latitude australe. C'est un fragment très-mutilé, dont une racine très-grosse est encore longue de plus de 6 pouces. La substance osseuse est teinte en roux et l'émail est noirâtre à sa surface.

C'est encore à cette espèce que je rapporte la dent de la même province de *Chiquitos*, dont M. *Alonzo* m'a envoyé le dessin. (Pl. II, fig. 12.) Comme elle n'est pas entière en avant, on ne peut assigner sa place; mais je juge à son talon qu'elle est, ou la moyenne, ou la postérieure d'en haut.

Les dents carrées plus petites ont un tiers de moins, et sont par conséquent aux précédentes comme la petite dent de *Saxe* est à celle de *Simorre*. M. *de Humbold* est encore celui qui les a découvertes. Je lui en dois une qu'il a rapportée de la *Conception* du *Chili*; elle est fort usée, mais bien conservée, teinte en noir, longue de 0,08, et large de 0,06. Voyez pl. II, fig. 5.

Ainsi l'on peut regarder comme certain qu'outre le grand *mastodonte de l'Ohio*, et celui de moindre taille qui se trouve également à *Simorre* et en plusieurs lieux de l'Europe et de l'Amérique, il y en a encore trois autres espèces, savoir : celle de *Saxe* et de *Montabusard*, semblable à celle de *Simorre*, mais d'un tiers plus petite; et les deux d'Amérique, à dents intermédiaires carrées, dont l'une égale l'espèce de l'*Ohio*, et l'autre est encore d'un tiers moindre.

Je nommerai donc la grande espèce, *mastodonte de l'Ohio ;*

Celle de *Simorre* et d'ailleurs, *mastodonte à dents étroites;*

Celle des petites dents, *petit mastodonte;*

La grande à dents carrées, *mastodonte des Cordilières;*

Et la plus petite, *mastodonte humboldien.*

Ainsi le genre se trouvera composé de cinq espèces, toutes également inconnues aujourd'hui sur la terre.

Après avoir ainsi rapporté toutes les dents des espèces secondaires de *mastodontes* à leur place et à leurs espèces, il s'agiroit de reconnoître et de décrire les autres os; mais nous en avons fort peu, et presque tous appartiennent à l'espèce *à dents étroites.*

Nous ne possédons ici du *crâne* que les deux foibles portions de palais indiquées ci-dessus, et qui étant rompues de toute part ne fournissent aucun caractère.

Le palais du Muséum britannique, représenté par *Camper* (*Nov. Act. petr.*, II, pl. VIII), appartient à cette espèce, et non pas à la grande de l'*Ohio*, comme le croyoit ce savant anatomiste. Un dessin de grandeur naturelle, que je dois à M. *Wiedemann*, montre, dans la molaire postérieure, toutes les formes de nos dents étroites, qui ont été rendues presque méconnoissables dans la gravure. Or nous apprenons par ce morceau que les molaires supérieures du *mastodonte à dents étroites* divergent en avant comme celles du *grand mastodonte de l'Ohio.*

L'analogie rend probable que les quatre espèces dont nous parlons aujourd'hui avoient des défenses comme celle de l'*Ohio*. Nous avons une probabilité de plus par rapport à celle à dents étroites, en ce que *Daubenton* dit (*Hist. nat.* XI, n.° 1011) qu'il a reconnu de l'ivoire parmi les morceaux envoyés des mines de turquoises de *Simorre*. Cet ivoire venoit vraisemblablement des mêmes animaux que les mâchelières qui donnent les turquoises.

Mais pour avoir une preuve directe, il faudroit qu'une défense, ou au moins son alvéole, eût été trouvée avec une mâchelière adhérente; et cela n'est point arrivé.

La *mâchoire inférieure* est bien celle d'un animal à longues défenses. Celle du *Pérou*, pl. III, fig. 4, est fort semblable, dans ce que nous en avons, à celle de l'*Ohio* : seulement elle est moins haute à proportion ; son bord inférieur est moins rectiligne, et sa surface externe plus bombée. Les trous mentonniers sont aussi plus avancés. Sa longueur, depuis l'extrémité de la grande mâchelière jusqu'à l'angle antérieur, est de 0,35. La même dimension est de 0,40 dans celle de l'Ohio : c'est précisément la proportion de leurs grosses dents, longues de 0,20 et 0,175. Mais la proportion de la largeur de ces dents est bien différente : 0,115 et 0,075. La dénomination de *mastodonte à dents étroites* est donc bien justifiée.

La hauteur de la mâchoire du *Pérou* est de 0,12; celle de l'*Ohio*, de 0,18. Leur épaisseur, vis-à-vis le milieu de la grosse dent, 0,14 et 0,15. Ainsi la première est moins haute, mais plus bombée à proportion.

Je n'ai eu pour tout autre os qu'un *tibia* rapporté du Camp-des-Géans par M. *de Humbold*, et fort mutilé à tous ses angles ; ce qui rend ses caractères peu déterminés.

Il est représenté au quart de sa grandeur, pl. III, fig. 8, 9, 10 et 11.

Quoique un peu plus épais à proportion que celui de l'*Ohio*, il ne paroît pas s'en éloigner beaucoup par les formes. Long de 0,40, large en haut de 0,15, on voit aussi qu'il est plus court, à proportion des dents; car celles-ci, ainsi que les mâchoires, ne sont moindres que d'un huitième, et lui l'est de plus d'un tiers. Le *mastodonte* à dents étroites auroit donc été beaucoup plus bas sur jambes; ainsi sa trompe auroit été plus courte, etc. Mais il ne faut pas se laisser aller aux conjectures sur un seul ossement.

Si l'on pouvoit s'en rapporter à une mauvaise gravure, on auroit encore une mâchoire de ce genre, celle que *Joseph Monti* a prise pour une portion de tête de *morse*. Son petit traité à ce sujet est intitulé : *De Monumento diluviano nuper in agro bononiensi detecto*. Bologne, 1719, in-4.°, cinquante pages.

Nous donnons, pl. IV, fig. 6 et 7, une copie au tiers de la grandeur de l'objet dont il s'agit. Un coup d'œil jeté sur ces deux figures fera juger sans doute à nos lecteurs comme à nous qu'elles représentent une mâchoire inférieure, dont on voit d'un côté le dessous, et dont les dents percent le côté opposé de la pierre. Les deux branches sont rompues en arrière avec la pierre elle-même, et montrent par leur coupe qu'elles sont fort épaisses. Le petit trou qu'on y remarque est le canal maxillaire. En avant elles se réunissent en une pointe allongée qui paroît n'avoir porté aucune dent. Il n'y a de chaque côté qu'une mâchelière longue, étroite, et dont toutes les éminences sont usées; de manière qu'on n'y voit qu'un disque allongé de matière osseuse, entouré d'un bord d'émail.

Si, comme il est probable, la partie antérieure n'avoit point de dents, cette mâchoire inférieure ne pourroit appartenir qu'au genre *mastodonte*. Dans tous les cas, elle ne peut venir d'aucun animal connu; car il n'y en a aucun qui réunisse tous les caractères que le morceau montre, tels que l'épaisseur et la rondeur des branches, la longueur des dents et la pointe antérieure.

Ce fossile avoit été trouvé au pied du *mont Blancano*, à 10 milles de *Bologne*, dans une pierre sableuse bleuâtre, mélangée de coquilles de mer. La portion conservée avoit 7 pouces de long. Chaque branche en avoit 8 de tour, et étoit un peu comprimée vers l'insertion de la dent. Celles-ci étoient longues de 3 pouces, à peu près comme les intermédiaires de notre petit mastodonte. Il faudroit donc supposer que la partie de la mâchoire qui contenoit la grosse dent étoit enlevée. Or, en mesurant le contour de notre mâchoire du Pérou, à l'endroit de la séparation de ces deux dents, on le trouve de 13 pouces; ce qui est plus considérable qu'il ne faudroit. Son bec antérieur ne paroît pas non plus avoir été à beaucoup près aussi long à proportion que celui de la mâchoire fossile de *Monti.*

Cet auteur, quoique botaniste assez habile, entendoit peu de chose à l'anatomie comparée. Il n'avoit jamais vu de tête de *morse:* mais sachant par ses lectures que cet animal portoit deux longues défenses à la mâchoire supérieure; persuadé d'ailleurs qu'un fossile trouvé avec des coquilles de mer ne pouvoit appartenir qu'à un animal marin, il s'imagina que les deux branches de cette mâchoire étoient les racines ou les alvéoles de ces défenses, et la pointe formée par leur réunion, une espèce de pédicule qui les attachoit au crâne.

On voit qu'il étoit difficile d'arriver à une conclusion plus absurde; et cependant, sur la seule autorité de *Joseph Monti*, on a rangé jusqu'à ce jour ce fossile à l'article du *morse* (*rosmarus trichecus*), dans les listes des genres de *mammifères* trouvés à l'état fossile.

Dargenville, Orict., p. 334; *Walch*, dans son Commentaire sur *Knorr.*, ed. allem., tom. II, 2.e partie, p. 170; *Linnæus*, Syst. nat., ed. XII, tome III, p. 156; *Gmelin*, edit. Lin. III, 387, semblent s'être accordés à copier cette erreur bizarre.

Il paroît que les *mastodontes* de moindre taille, et particulièrement l'*espèce à dents étroites*, sont plus souvent enfouis avec des corps marins, que ne l'est la grande *espèce de l'Ohio*.

A la vérité, Réaumur n'en parle point dans sa Description des minières de turquoises de *Simorre*; il dit seulement que les dents et les os sont sur une terre blanchâtre, recouverts et encroûtés d'un sable fin, gris, et quelquefois bleuâtre, mêlé de petites pierres, sur lequel est un autre lit de sable semblable à celui de rivière.

Les grosses dents sont accompagnées de dents plus petites, trop mal dessinées sur les planches pour qu'on puisse les déterminer exactement. Cependant les unes m'ont paru les dents antérieures à quatre pointes du même animal, et les autres, celles du *tapir fossile*.

Je ne sais pourquoi *Réaumur*, et tous ceux qui ont écrit d'après lui, mettent *Simorre* en *bas Languedoc*. Cette petite ville, aujourd'hui du département du *Gers*, appartenoit au comté d'*Estarrac* en *Gascogne;* elle est sur la rivière de *Gimont*. On trouve des dents semblables, selon *Réaumur*, un peu plus bas, à *Gimont* même, ainsi qu'à *Auch* sur la rivière de *Gers*. Je sais qu'on trouve aussi dans ce dernier endroit des dents de *tapir gigantesque*.

Il ne reste pas la même incertitude sur le morceau de M. *de Borda*. Il avoit été trouvé à *Sort* non loin de *Dax*, département des Landes, dans une couche vraiment marine, avec des mâchoires d'une espèce de *dauphin* dont je parlerai ailleurs, des *glossopètres*, et des mâchoires que j'ai reconnues pour venir de *diodons* et de *tétrodons*, lorsque le propriétaire me les fit voir dans son cabinet.

Baldassari ne dit point de quoi la mâchoire qu'il décrit étoit immédiatement accompagnée, mais seulement qu'elle fut découverte par l'éboulement d'un monticule, et que le pays des environs est plein de corps marins; qu'il y a même de grosses vertèbres de cétacés au milieu du *monte Follonico*.

La dent de *Trévoux* avoit été prise par un M. *Lollière* dans l'intérieur d'un monticule de sable; on ne dit rien des autres fossiles qui pouvoient s'y trouver.

Les os fossiles de *Montabusard* appartiennent à beaucoup d'animaux différens, et notamment à des *palæotherium*. Ils sont dans un calcaire argileux rougeâtre, à 18 pieds sous la surface, et sur de la craie, avec quelques coquilles que M. *de Fay* a jugées des *limaçons de mer*. (1)

Nous avons vu que la mâchoire inférieure de *Joseph Monti* est incrustée dans de la pierre sableuse coquillière.

Quant aux os de l'Amérique-Méridionale, les anciens auteurs espagnols en ont fait beaucoup de récits merveilleux. Ce sont eux qui ont donné lieu à tout ce qu'on rapporte des géans qui doivent avoir existé autrefois au Pérou, et sur lesquels on peut consulter la Gigantologie espagnole de *Torrubia*, ou mieux encore le récit de *Pedro Creça*, copié par *Garcilasso*, lib. IX, cap. IX.

On trouve aussi quelque chose sur ces prétendus os de géans dans divers voyageurs. *Legentil* dit en avoir vu des restes dans son voyage au *Pérou*, et même que ses guides lui

(1) *Defay*. La Nature considérée dans plusieurs de ses opérations, etc., p. 57.

montrèrent les traces de la foudre qui les avoient détruits (1).

On conserve encore à *Lima*, soit dans le cabinet public, soit chez divers particuliers, de ces dents qui passent pour être de géans (2).

C'est probablement sur une tradition semblable que l'un des lieux où l'on trouve le plus de ces os, près de *Santa-Fé de Bogota*, est nommé le *Camp-des-Géans*. M. *de Humbold* dit qu'il y en a un amas immense. Ceux qu'il a rapportés sont pénétrés de sel marin.

On parle beaucoup plus souvent encore des os de géans du Mexique : mais comme nous n'avons pas vu de dents venues de l'Amérique-Septentrionale qui appartinssent aux espèces dont nous traitons maintenant, nous pensons que les os du Mexique seront plutôt de la grande espèce de l'Ohio, ou même de l'éléphant fossile; car nous savons que l'on trouve l'une et l'autre en ce pays-là.

Ce que les os de l'Amérique-Méridionale ont de plus particulier dans leur gisement, c'est l'extrême hauteur où ils se trouvent quelquefois. Le *Camp-des-Géans* est à 1300 toises au-dessus du niveau de la mer; l'endroit d'auprès de *Quito* et du volcan d'*Imbaburra*, à 1200. Nous avons vu que les dents de *mastodonte* y sont incrustées dans de la cendre volcanique.

Dombey n'a point laissé de note sur le lieu des morceaux qu'il a rapportés; il dit seulement qu'ils étoient pénétrés de parcelles d'argent natif. Il ne m'a pas été possible d'en retrouver les traces; mais ils étoient incrustés en plusieurs endroits d'un sable ferrugineux endurci. Comme au Pérou les paillettes

---

(1) Nouv. Voy. autour du monde, par M. Legentil, 1728, I, 74 et 75.

(2) Journ. littér. de Gœttingen, 27 févr. 1806.

d'argent se trouvent souvent dans le sable, il est possible qu'il y en ait eu d'attachées à ces os.

Don *George Juan* (1) dit que l'on trouve des filets d'argent dans les ossemens des Indiens qui ont péri anciennement dans les mines. Peut-être ces deux faits ont-ils quelque liaison.

Il est fâcheux que les prétendues *turquoises* que fournissoient les dents déterrées à *Simorre* n'aient pas acquis dans le commerce un prix suffisant pour faire continuer les fouilles: nous aurions probablement aujourd'hui un plus grand nombre de parties de l'animal à qui elles appartenoient; mais, outre que la plupart n'avoient point de consistance et éclatoient quand on vouloit les chauffer, celles même qui résistoient à l'action du feu y prenoient rarement une couleur bien égale et bien vive.

(1) Voyage au Pérou, trad. fr. in-4. I, 527.

Fig. 1.

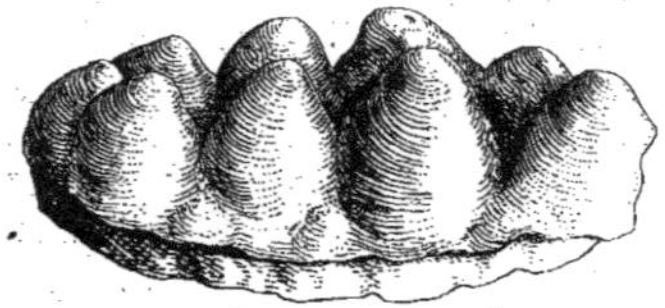

Fig. 2.

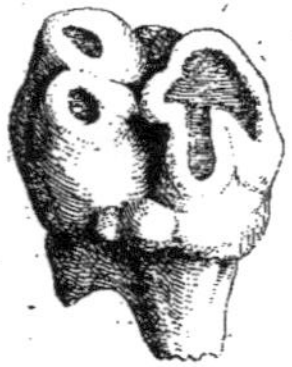

Fig. 3.

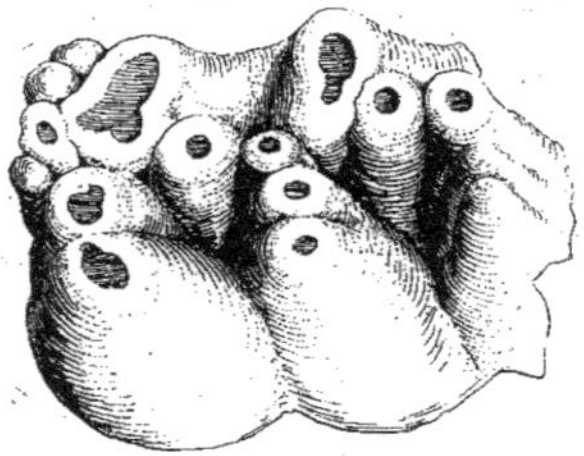

Fig. 4.

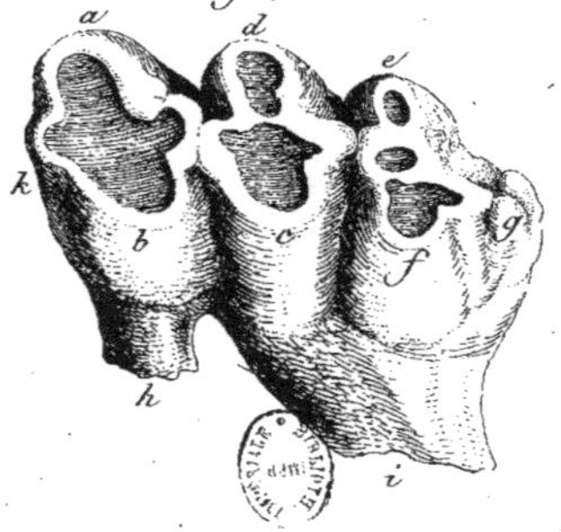

Fig. 5.

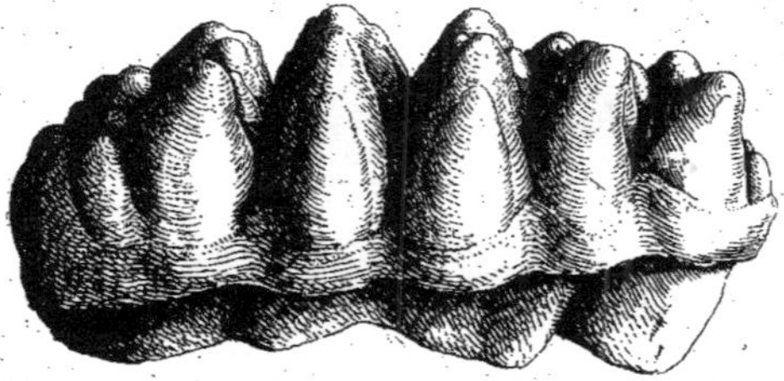

Fig. 6.

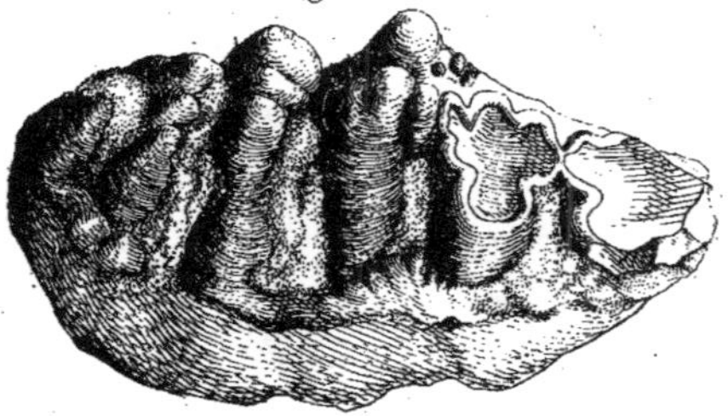

Fig. 7.

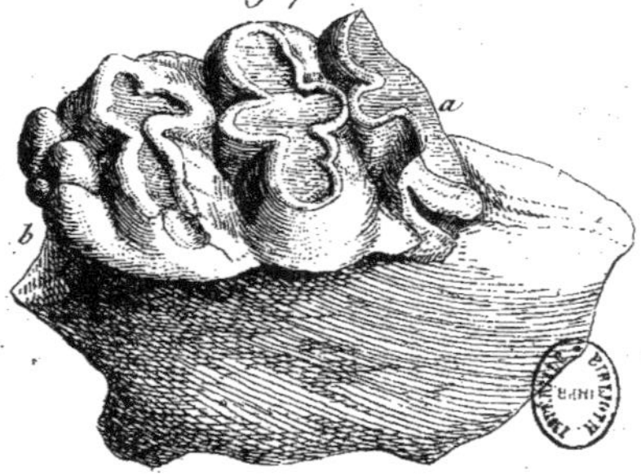

$\frac{1}{2}$

DIVERS MASTODONTES. PL. I.

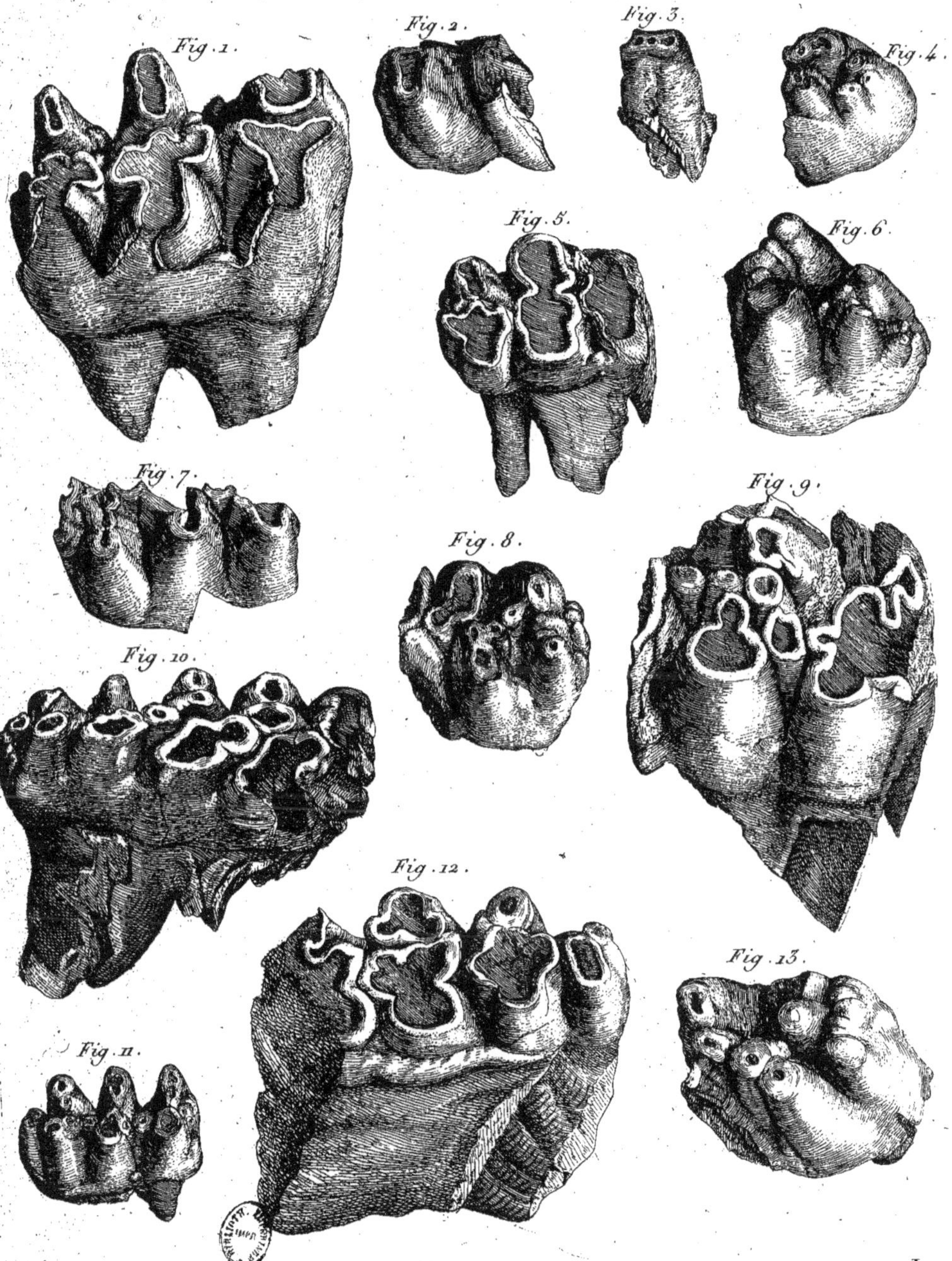

$\frac{1}{2}$ DIVERS MASTODONTES. PL. II. L

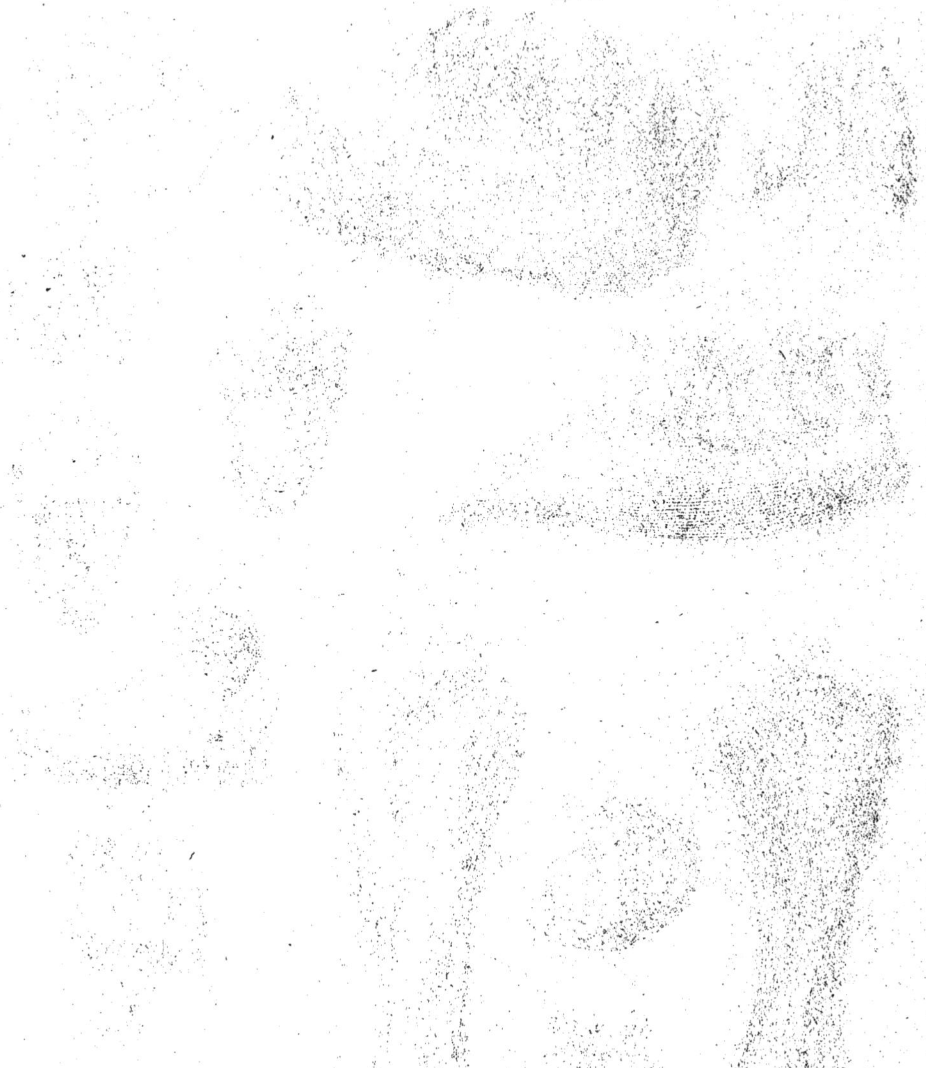

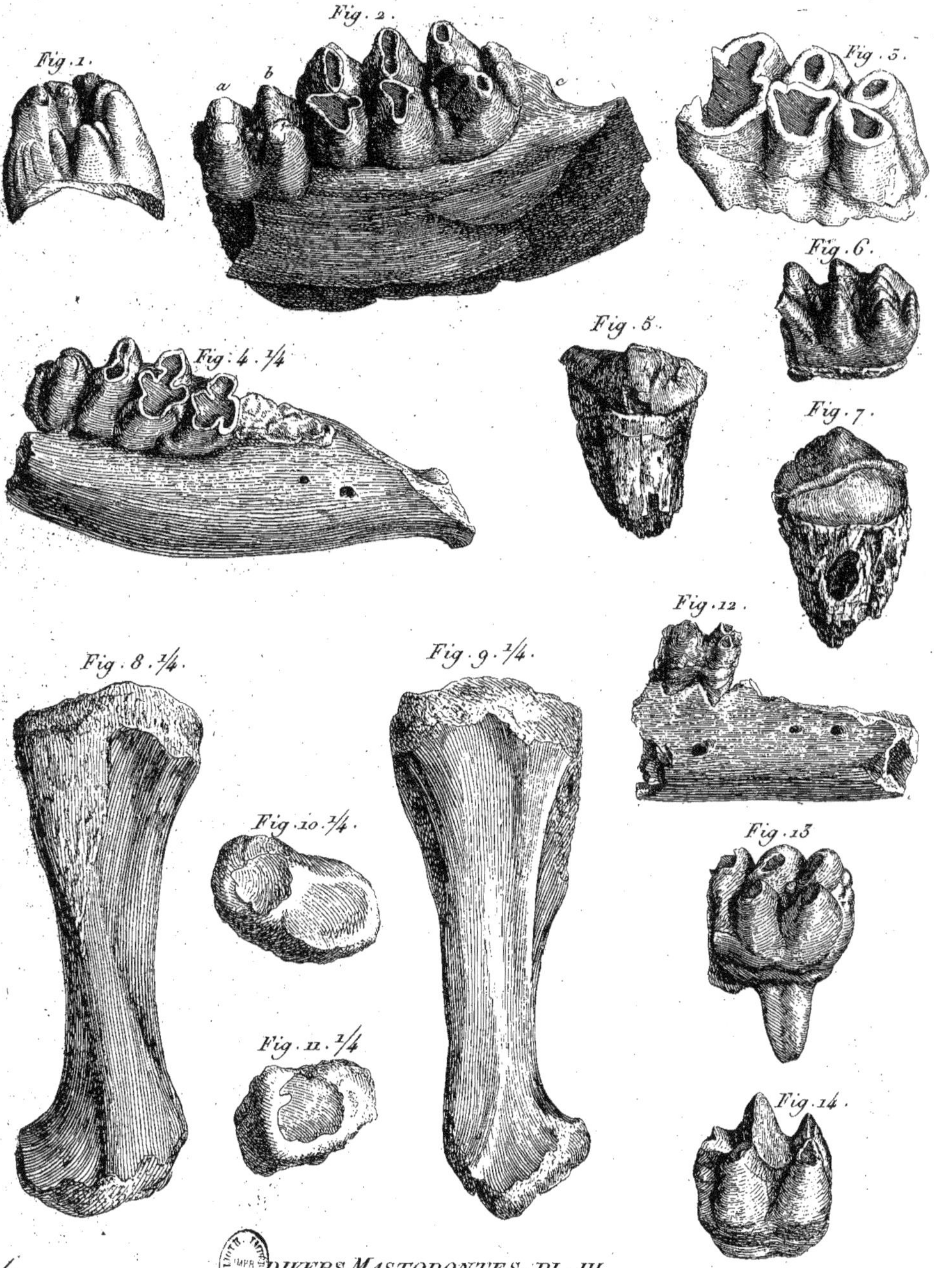

1/2 DIVERS MASTODONTES. PL. III. L

Fig. 3.

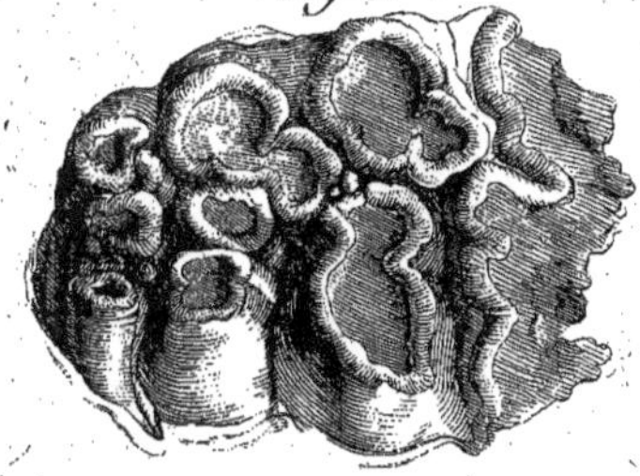

Fig. 1.

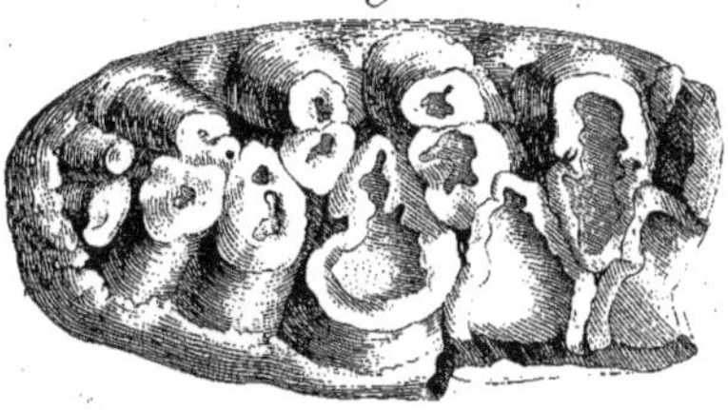

Fig. 4.

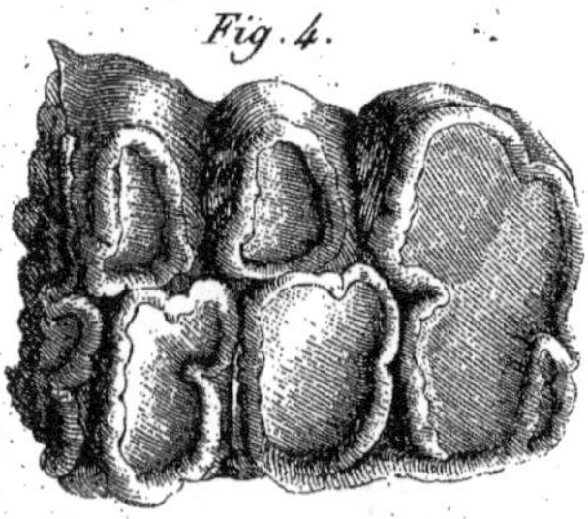

Fig. 2.

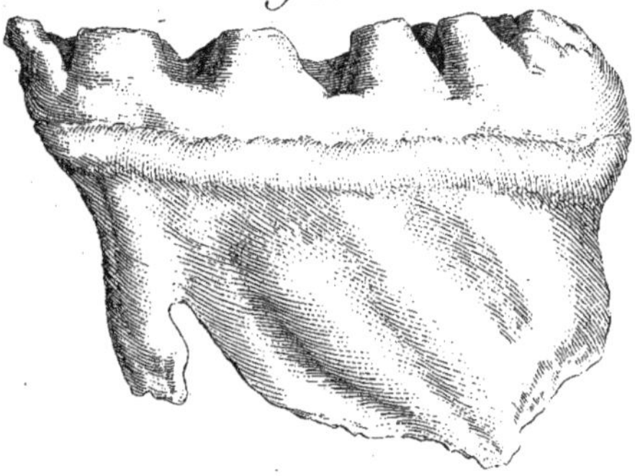

Fig. 5.

Fig. 7.

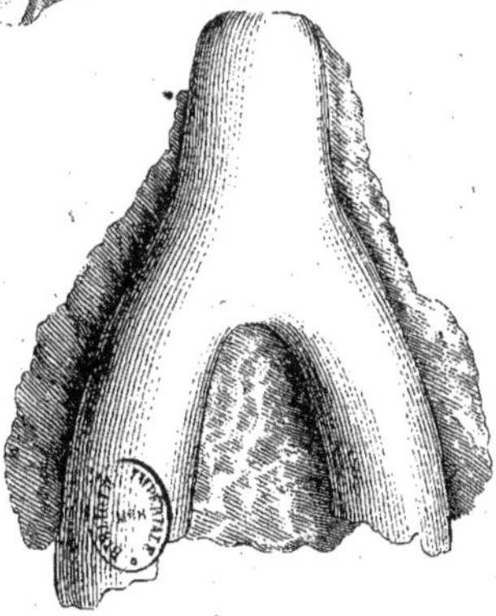

Fig. 6.

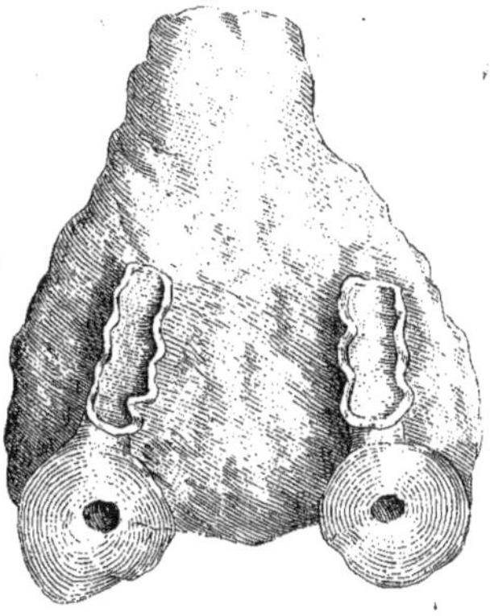

Fig. 8.

Fig. 9.

DIVERS MASTODONTES. PL. IV.

Couet sculp.

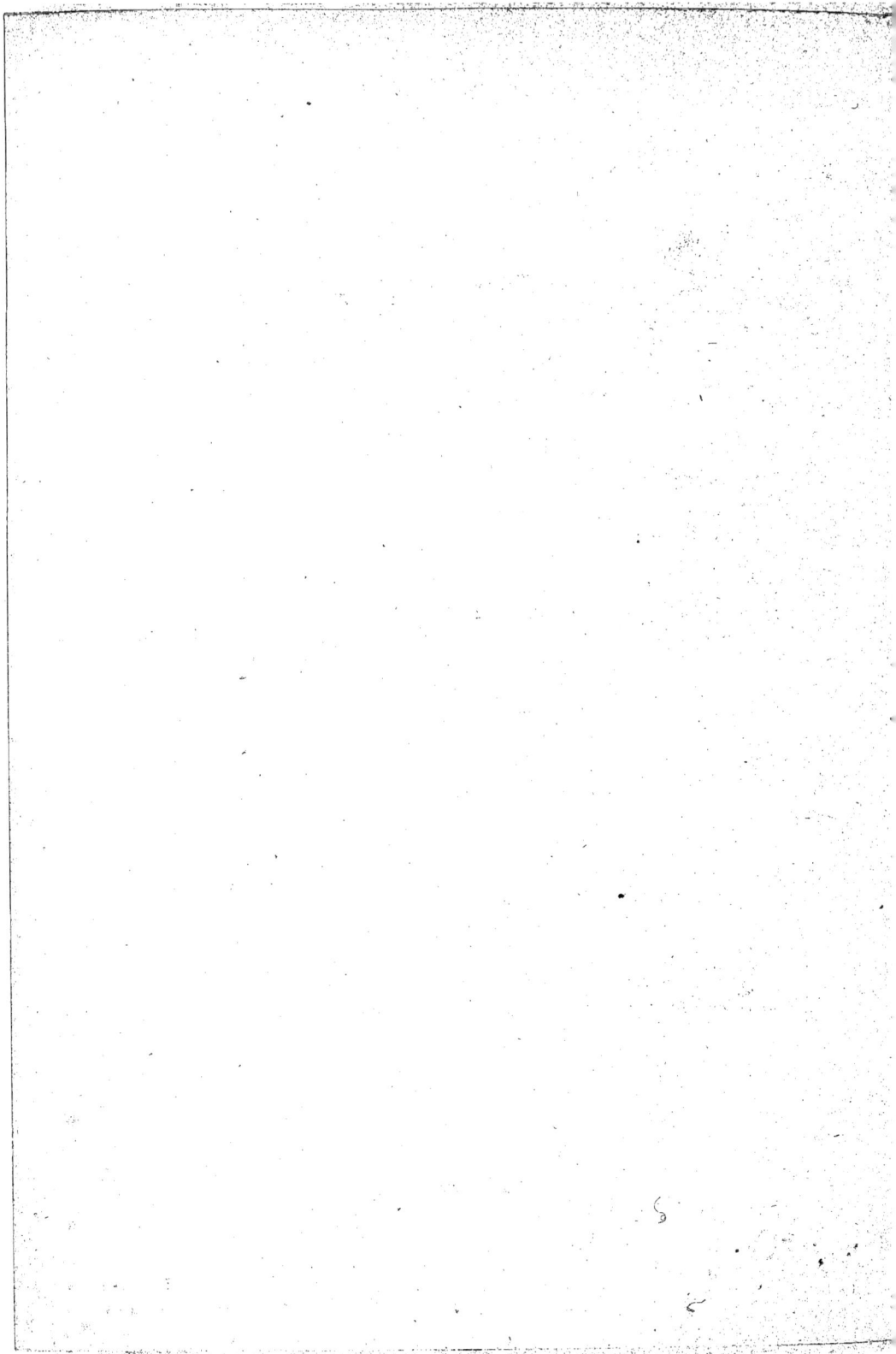

RÉSUMÉ GÉNÉRAL

DE LA PREMIÈRE PARTIE.

Les terrains meubles qui remplissent les fonds des vallées et qui couvrent la superficie des grandes plaines nous ont donc fourni, dans les seuls ordres des *pachydermes* et des *éléphans*, les ossemens de onze espèces, savoir : un *rhinocéros*, deux *hippopotames*, deux *tapirs*, un *éléphant* et cinq *mastodontes*.

Toutes ces onze espèces sont aujourd'hui absolument étrangères aux climats où l'on trouve leurs os.

Les cinq *mastodontes* seuls peuvent être considérés comme formant un genre à part et inconnu, mais très-voisin de celui de l'éléphant.

Toutes les autres appartiennent à des genres aujourd'hui encore existans dans la zone torride.

Trois de ces genres ne se trouvent que dans l'ancien continent : les *rhinocéros*, les *hippopotames* et les *éléphans*; le quatrième, celui des *tapirs*, n'existe que dans le nouveau.

La même répartition n'a pas lieu dans les ossemens fossiles. C'est dans l'ancien continent que l'on a déterré les os de *tapirs*; et il s'est trouvé quelques os d'*éléphans* dans le nouveau.

Ces espèces, appartenantes à des genres connus, diffèrent néanmoins sensiblement des espèces connues, et doivent être considérées comme des espèces particulières, et non pas comme de simples variétés.

La chose ne peut être sujette à aucune contestation pour le *petit hippopotame* et pour le *tapir gigantesque*.

Elle est encore bien certaine pour le *rhinocéros fossile;*

Un peu moins évidente pour l'*éléphant* et le *petit tapir fossiles*, il y a cependant des raisons plus que suffisantes pour en convaincre l'anatomiste exercé.

Enfin, le *grand hippopotame* est le seul de ces onze quadrupèdes fossiles dont on n'ait point assez de pièces pour pouvoir dire positivement s'il différoit ou ne différoit point de l'*hippopotame* aujourd'hui vivant.

Sur les onze espèces, une seule, le *grand mastodonte*, avoit été reconnue avant moi pour un animal perdu : deux autres, le *rhinocéros* et l'*éléphant*, avoient bien été déterminées quant au genre; mais je suis le premier qui aït montré avec quelque exactitude leurs différences spécifiques; sept, savoir : le *petit hippopotame*, les deux *tapirs* et les quatre *mastodontes de moindre taille,* étoient entièrement inconnues avant mes recherches; enfin la onzième, le *grand hippopotame*, reste encore aujourd'hui sujette à quelques doutes.

Tel est le résultat ostéologique de cette première partie de notre ouvrage. Tels sont les divers degrés de certitude auxquels nous avons pu amener les différentes propositions dont ce résultat se compose.

Quant au résultat *géologique*, il consiste principalement dans les remarques suivantes.

Ces différens ossemens sont enfouis presque partout dans des lits à peu près semblables; ils y sont souvent pêle-mêle avec quelques autres animaux également assez semblables à ceux d'aujourd'hui.

Ces lits sont généralement meubles, soit sablonneux, soit marneux; et toujours plus ou moins voisins de la surface.

Il est donc probable que ces ossemens ont été enveloppés

par la dernière ou l'une des dernières catastrophes du globe.

Dans un grand nombre d'endroits, ils sont accompagnés de dépouilles d'animaux marins accumulées; mais dans quelques lieux moins nombreux, il n'y a aucune de ces dépouilles: quelquefois même le sable ou la marne qui les recouvrent ne contiennent que des coquilles d'eau douce.

Aucune relation bien authentique n'atteste qu'ils soient recouverts de bancs pierreux réguliers, remplis de coquilles marines, et par conséquent que la mer ait fait sur eux un séjour long et paisible.

La catastrophe qui les a recouverts étoit donc une grande inondation marine, mais passagère.

Cette inondation ne s'élevoit point au-dessus des hautes montagnes; car on n'y trouve point de terrains analogues à ceux qui recouvrent les os, et les os ne s'y rencontrent point non plus, pas même dans les hautes vallées, si ce n'est dans quelques-unes de la partie chaude de l'Amérique.

Les os ne sont ni roulés ni rassemblés en squelette, mais épars et en partie fracturés. Ils n'ont donc pas été amenés de loin par l'inondation, mais trouvés par elle dans les lieux où elle les a recouverts, comme ils auroient dû y être, si les animaux dont ils proviennent avoient séjourné dans ces lieux, et y étoient morts successivement.

Avant cette catastrophe, ces animaux vivoient donc dans les climats où l'on déterre aujourd'hui leurs os; c'est cette catastrophe qui les y a détruits, et comme on ne les retrouve plus ailleurs, il faut bien qu'elle en ait anéanti les espèces.

Les parties septentrionales du globe nourrissoient donc autrefois des espèces appartenant aux genres de l'*éléphant*, de l'*hippopotame*, du *rhinocéros* et du *tapir*, ainsi qu'à celui du *mastodonte*, genres dont les quatre premiers n'ont plus aujourd'hui d'espèces que dans la zone torride, et dont le dernier n'en a nulle part.

Néanmoins, rien n'autorise à croire que les espèces de la zone torride descendent de ces anciens animaux du Nord qui se seroient graduellement ou subitement transportés vers l'équateur. Elles ne sont pas les mêmes ; et nous verrons, par l'examen des plus anciennes momies, qu'aucun fait constaté n'autorise à croire à des changemens aussi grands que ceux qu'il faudroit supposer pour une semblable transformation, surtout dans des animaux sauvages.

Il n'y a pas non plus de preuve rigoureuse que la température des climats du Nord ait changé depuis cette époque. Les espèces fossiles ne diffèrent pas moins des espèces vivantes, que certains animaux du Nord ne diffèrent de leurs congénères du Midi; l'*isatis* de Sibérie, par exemple (*canis lagopus*), du *chacal* de l'Inde et de l'Afrique (*canis aureus*). Elles ont donc pu appartenir à des climats beaucoup plus froids.

Ces résultats, déjà en grande partie indiqués dans l'article de l'éléphant, me paroissent tous rigoureusement déduits des faits exposés dans cette première partie.

Ils seront confirmés par les ossemens de carnassiers, de ruminans et autres, trouvés dans les mêmes couches meubles ; mais avant de parler de ceux-là, nous allons traiter des *pachydermes* incrustés dans des couches pierreuses régulières, et recouverts par des bancs réguliers marins. Ils appartiennent à une époque beaucoup plus ancienne que ceux dont nous avons traité jusqu'ici ; et nous allons voir aussi qu'ils diffèrent beaucoup plus qu'eux de tous les animaux aujourd'hui vivans ; ce sont vraiment eux qui semblent reparoître dans cet ouvrage comme une création toute nouvelle.

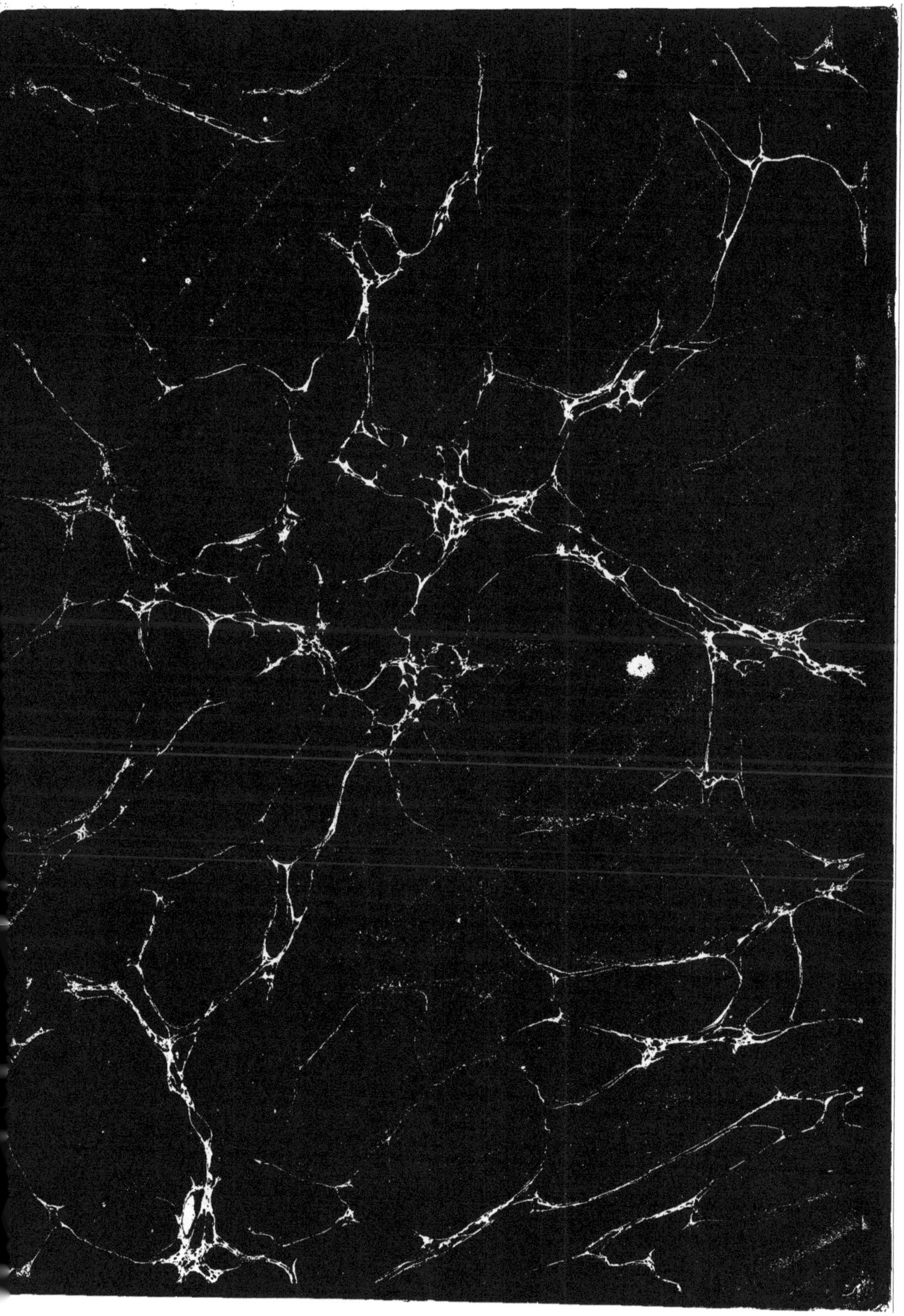

CUVIER

RECHERCHES
SUR LES
…SSEMENTS FOSSIL…
…QUADRUPÈD…

2

www.ingramcontent.com/pod-product-compliance
Lightning Source LLC
Chambersburg PA
CBHW060518220326
41599CB00022B/3360
* 9 7 8 2 0 1 9 6 0 3 5 9 5 *